新时代高质量发展绿色城乡建设技术丛书

中国建科

URBAN REGENERATION
GREEN GUIDELINES

城市更新
绿色指引

生态景观 / 历史文化 /
交通 / 总图 / 市政 / 结构 /
机电 / 室内专业

中国建设科技集团　编　著

崔　愷　景　泉　贾　濛　刘　畅　主编

中国建筑工业出版社

图书在版编目（CIP）数据

城市更新绿色指引 = URBAN REGENERATION GREEN
GUIDELINES. 生态景观 / 历史文化 / 交通 / 总图 / 市政 / 结构 /
机电 / 室内专业 / 中国建设科技集团编著；崔愷等主编.
北京：中国建筑工业出版社，2024. 10. --（新时代高
质量发展绿色城乡建设技术丛书）. -- ISBN 978-7-112
-30372-4

Ⅰ. TU985.1

中国国家版本馆 CIP 数据核字第 2024SH2684 号

责任编辑：何　楠　徐　冉
书籍设计：锋尚设计
责任校对：赵　力

新时代高质量发展绿色城乡建设技术丛书
城市更新绿色指引　生态景观/历史文化/交通/总图/市政/结构/机电/室内专业
URBAN REGENERATION GREEN GUIDELINES
中国建设科技集团　编　著
崔　愷　景　泉　贾　濛　刘　畅　主　编

*

中国建筑工业出版社出版、发行（北京海淀三里河路9号）
各地新华书店、建筑书店经销
北京锋尚制版有限公司制版
天津裕同印刷有限公司印刷

*

开本：787毫米×1092毫米　1/16　印张：31½　字数：826千字
2024 年 7 月第一版　　2024 年 7 月第一次印刷
定价：**199.00**元
─────────────────────
ISBN 978-7-112-30372-4
（43733）

新时代高质量发展绿色城乡建设技术丛书

中国建设科技集团 编著

丛书编委会

修 龙 | 文 兵 | 孙 英 | 吕书正 | 于 凯 | 汤 宏 | 徐文龙 | 孙铁石
张相红 | 林 青 | 樊金龙 | 刘志鸿 | 张 扬 | 宋 源 | 赵 旭 | 张 毅 | 熊衍仁

指导委员会

傅熹年 | 李猷嘉 | 崔 愷 | 吴学敏 | 李娥飞 | 赵冠谦 | 任庆英
郁银泉 | 李兴钢 | 范 重 | 张瑞龙 | 李存东 | 李颜强 | 赵 锂

工作委员会

李 宏 | 孙金颖 | 李 静 | 陈志萍 | 许佳慧
杨 超 | 韩 瑞 | 王双玲 | 焦贝贝 | 厉春龙

《城市更新绿色指引 生态景观/历史文化/交通/总图/市政/结构/机电/室内专业》

中国建设科技集团 编著

主　　编	崔 愷 景 泉 贾 濛 刘 畅						
副 主 编	任祖华 赵文斌 连 荔 胡建丽 洪于亮 张 路 赵 昕 李俊民 董 强 李静威 胡晓晓 刘琴博 徐 斌 周 晔 刘 赫						
指导专家	李存东 白红卫 侯 清 井润胜 郑兴灿 李跃飞 李颜强 霍文营 赵 锂 潘云钢 张 青 郭晓明						
参编人员	生态景观	贾 瀛 刘 环 关午军 杨 莹 颜玉璞 孙 昊 刘丹宁 邸 青 程洪伟 崇晓泽 岳雨杉 刘祥玲瑞					
	历史文化	张墨晶 卢俊媛 伍清如 任腾飞 曾之琳 李海霞					
	交　　通	顾文津 杜倩雨 郭佳樑 郝世洋					
	总　　图	李可溯 徐 超 成 立 刘 文					
	市　　政	道路电气 张晓军 桥　　梁 赵宏伟 给水排水 王志祥 供　　热 王 鑫 燃　　气 王卫林					
	结　　构	张 恺 边 超 孙海林 周袁凯 练贤荣					
	机　　电	给水排水 石小飞 刘志军 李茂林 暖　　通 祝秀娟 李 莹 符竹舟 张祎琦 强　　电 肖 彦 李战赠 弱　　电 张月珍 李胜杰					
	室　　内	龚 进 韩文文 张哲婧 米 昂 李 申 朱思邈 马 冲					

序

经历了近四十年的高速城市化发展，我国的城市全面进入了存量发展、逐步更新的时期。或许是因为城市化这台快车刹得太急，我们还处在巨大的惯性中：脚下在减速，上身还在前进，眼睛还在望向远方，头脑也被这种突如其来的不平衡状态搞得发懵，如果不能抓住一个坚固的扶手肯定就会摔倒！这恐怕就是我们今天的状态，需要快速反应过来并抓住扶手！

城市是人类为了更有效率地生活和工作而聚集在一起的地方。不断提高效率和改善生存条件的需求促进了技术的进步，反过来也使人们对技术有了依赖性。其结果造成人们要用越来越多的资源和能源以技术手段维持城市的运行和扩张，以便容纳更多的人到城市中来。当经济好的时候，城市便可以快速膨胀；当经济下行的时候，城市便会萧条破败。那些为提高消费能力而发展起来的技术体系在经济下行期到来时面临着挑战，难以为继。再加上人类过度消耗资源而改变的生态环境使得各种自然灾害频频来袭，人们的生活和工作也面临着严重危机。

面对城市问题要在短期内找到解决的办法几乎不可能。不能指望外部因素转好、内部困境解除，一切回归之前；也不能指望再回到高投入、高消费、高产出、高利润的理想模式，将城市进一步扩张而忽略现存的问题。唯一的办法就是冷静下来，认真反思，寻找解决问题的务实办法，探索一条少投入、多节约、挖潜力、增效益的可持续的存量更新路径。不仅是为了渡过难关，更是让城市的发展进入一种真正的、长久的、可持续发展的轨道。

如果从这个思路考虑问题，我们的视角就要放低一点，态度就要转变过来。比如，不是要去与国家生态红线博弈，为城市膨胀再去争取多少土地资源，而是应该在城市既有建成区中利用许多分散的公园、绿地、大广场、宽马路，以及闲置用地多种树、多增绿，把绿地连点成线，连线织网，让城市内的公共空间成为宜人的生态系统和城市绿脉；比如，不仅要畅想下一批新建的房子成为高质量、新技术集成的好房子，而且更要努力将城市中大量的历史街区、老旧小区和既有建筑改造成安全、节能、绿色、宜居宜业的好房子；比如，不是要一味关注地下空间的大规模开发和地下轨道交通的不断扩展，而是要把大量既有的落后混乱的地下管网体系和排涝体系梳理清、改造好、管理好，让城市真正有长久的韧性和安全；比如，不是要一遍遍为城市风貌的亮丽去花费资金粉饰化妆，而是去探索市民参与，多主体合作，渐进式、内生型的有机更新模式，让老百姓的生活真正得以改善，让社会关系更加和谐，文化传脉得以传承。

凡此种种新思路、新视角、新的解题方式都有赖于我们要对以往为新建工程而订立的一系列规范、标准、规程进行全面的审视和修订。目前从刚刚开始的存量更新实践中发现了许多问题，不适用的规范和标准让设计束手束脚，有一种自己绊自己的感觉。若不改现行的规范、标准，恐怕大量的存量建筑都要拆除重建，这不仅在经济上难以承受，而且也会造成新一轮的问题，影响环保和碳排放的达标，也是一种资源的浪费。

本套"城市更新绿色指引"系列图书的推出，就是想从设计和技术的角度引导城市绿色更新的路径，提出了一些设计思路，也会推动对这些掣肘的规范条文进行探讨和改进。总之，这一系列书之所以称为"指引"，我想也是与同行共同探讨的一种态度。在城市更新十分复杂而艰难的进程中，很难有标准答案，很难有最终的最佳解题办法。一定是因地制宜、一地一策。但只要态度好、路径对、方法得当，就一定能找到好办法，找到技术的创新点和建筑空间资源重构的奇思妙想！让我们心中怀着对城市绿色生态的美好憧憬，怀着对存量发展中设计创新价值的满满自信，走进我们的城市街区，陪伴着我们的城市前行，且走且珍惜……前景一定是光明的！

我理解，这也许就是我们在城市发展急刹车时能够找到的扶手。

崔愷

2024年7月1日

前言

近年来，城市环境日益复杂，高质量发展需求日趋迫切，当此变革之际，崔愷院士提议编写"城市更新绿色指引"系列图书，从设计和技术的角度引导城市绿色更新的路径。《城市更新绿色指引 规划/建筑专业》聚焦规划和建筑专业的系统性思考和价值观确立，以本土设计为思想基础，从城市更新面临的问题、流程、模式及场景等方面提出了适应中国当代情况的、系统性的城市绿色更新设计理论；《城市更新绿色指引 生态景观/历史文化/交通/总图/市政/结构/机电/室内专业》则更加关注多专业协同和工程落地实践。由于近年来我的大量工程实践都聚焦于城市更新领域，崔院士建议由我统筹组织《城市更新绿色指引 生态景观/历史文化/交通/总图/市政/结构/机电/室内专业》的编写工作，对我来说，虽感责任重大，却也义不容辞，更加珍惜这次静心思考设计得失、总结经验教训的宝贵机会。

城市更新进程复杂而艰巨，坚持因地制宜、一地一策的路径和方法正是中国建科一直以来所坚守的问题解决之道。崔院士对本套丛书倾注了很大心血，提出了全周期、多专业的图书整体框架，对各专业的框架体系、主要内容和实施案例都提出了具体建议，确保城市绿色更新设计理论的系统性贯穿始终和最终落实，为全书核心理念把准了方向。在此基础上，崔院士还对书稿进行了多轮细致审阅，确保了"城市更新绿色指引"的专业协同联动、案例精准适配。

在集团的整体调度和各位专家的悉心指导下，各专业同仁都以饱满的热情和严谨的态度投入到编写、绘制中。尽管过程中有过争论和分歧，但在大家共同努力下，本书框架经过了多轮颠覆与重组，内容经过了多轮的发散与收束，最终回答了城市更新设计与实践中的三个重要问题：

首先，如何实现理念贯通？城市更新具有多主体、多维度的特征，不同主体间利益诉求及发展目标存在差异，而我们始终将"绿色"作为一以贯之的基本理念。近年来，随着业界同仁们的技术深耕与理论钻研，"绿色"的内涵正在不断拓展与完善，其既是城市更新的源动力，又是城市更新良性发展的基本原则，涵盖了城市建设的经济、社会、空间、文化等多种维度，确保了设计师们得以不忘初心、方得始终，不断践行与完善着"绿色"理念。

其次，如何促进专业协同？城市更新的复杂问题需要多专业协同解答，每个专业都需要放在更大的语境下思考自身定位，并共同协调立场、统一价值，才能做到统筹资源、避免浪费。本书在八个专业章节的基础上，市政进一步细分为道路、桥梁、管线综合、给水排水、供热、电气、燃气，设备进一步细分为给水排水、暖通、电气、智能化，从不同维度上覆盖了城市更新相关专业，既方便查阅本专业相关技术措施，也便于专业间联动。

最后，如何梳理建设时序？城市更新的过程是漫长而曲折的，受到多种因素的影响。本书相关专业依据城市更新实践的时序先后及尺度大小展开，遵循"生态—文化—人本"的基本脉络，专业内部根据"现状分析—系统认知—专业协同—韧性持续—施工工艺—创新发展—特色发掘"的建设时序提出典型问题，便于读者把握城市更新中的时序特征。

本书以绿色理念回应复杂的城市更新场景，以系统性、协同性、时序性促进相关专业的交流与协作，纳入大量设计案例，前沿引领性与案例生动性并重，既可以作为传达绿色理念的理论书，又可以作为解答城市更新相关问题的工具书；既可以是本专业梳理、提炼技术措施策略的平台，又可以是了解相关专业最新进展的跳板；既可以向资深设计师传达更绿色、更系统的思维方式，又可以向行业入门者普及更基础、更广泛的基础知识。

希望本书成为业界人士乃至大众思考绿色发展观念、理性面对城市更新复杂场景的一个契机。欢迎各位同仁结合自身专业背景，因地制宜、因形就势、因人而异，在本书的框架基础上多多建言提议，不断发展扩充与完善相关设计策略与技术措施，为我国城市环境高质量发展注入新的生机与活力。

景泉

2024年7月9日

使用指南
Guideline Instructions

专业划分

　　城市更新涉及的主体众多，涉及的专业复杂，根据《城市更新绿色指引　规划/建筑专业》所提出的街区、环境、建筑、设施四大类更新要素，充分利用更新地段所特有的气候、土地环境、地域文化、工艺材料、社会政治经济、科学技术、城市空间脉络等本土资源要素，结合设计机构常规专业设置情况，除去规划、建筑专业，本书按城市更新参与专业划分为生态景观、历史文化、交通、总图、市政、结构、机电、室内八大部分，其中市政进一步拆分为道路、桥梁、管线综合、给水排水、供热、电气、燃气七个部分，机电进一步拆分为给水排水、暖通、电气、智能化四个部分，便于相关专业针对性阅读。

更新设计要素																			
街区层面										环境层面				建筑层面					设施层面
功能布局	空间格局	空间肌理	开放系统	生态系统	路网结构	慢行系统	天际线	视廊标志		绿化	广场	街道界面	设施小品	建筑形体	建筑功能	建筑空间	建筑界面	建筑性能	交通设施　公服设施　市政设施

生态景观	历史文化	交通	总图	市政	结构	机电	室内

日照	风态	温湿环境	地形地貌	地质水文	土壤植被	空间文脉	精神文脉	乡土材料	乡土工艺	人口特征	权益关系	片区发展	适宜技术	绿色技术	区域肌理	空间结构	交通系统	景观系统
气候资源			土地环境资源			地域文化资源		工艺材料资源		社会政治经济资源			科学技术资源		城市空间脉络资源			
本土资源要素																		

各专业编号对应

生态景观	历史文化	交通	市政	总图	结构	机电	室内
L	M	N	O	P	Q	R	S

　　市政专业细分：道路O1/桥梁O2/管线综合O3/给水排水O4/供热O5/电气O6/燃气O7

　　机电专业细分：给水排水R1/暖通R2/电气R3/智能化R4

城市更新专业设置逻辑图（规划、建筑除外）

目标协同

基于《城市更新绿色指引 规划/建筑专业》五大更新目标转译形成本书各专业通用目标：因地制宜、绿色低碳、创新发展。

因地制宜

详细分析既有城市空间，梳理本土资源要素，主要包括三方面：

首先，应对城市存量空间发展趋势，改造升级既有城市街区及建筑，提升城市空间获得感、幸福感、安全感、归属感。

其次，发掘可再利用资源，补全主要及辅助技术措施，提升物理性能，促进人气集聚及活力提升。

最后，提炼城市文化特色及城市记忆，实现文化传承延续，应用本土材料及本土营建技术，创新性激活并应用历史遗产，协同产业创新发展。

绿色低碳

聚焦绿色低碳城市发展趋势，引入相关策略、技术及设备措施，主要包括两方面：

首先，聚焦人居环境改善和城市综合功能升级，从建筑及周边场地空间的物理性能、舒适度、安全韧性、节能水平等角度促进各专业协调统一，共同推进绿色城市更新。

其次，从场地生态绿色环境到建筑单体热工性能实现联动，以生态绿色一体化为目标，基于不同空间尺度打造环境友好型的人居社会。

创新发展

面向城市未来发展，提供具有较强适应性的城市空间，主要包括两方面：

首先，提升各专业策略、技术、装备的适变性，形成随城市发展及建筑功能变化而进化的技术路线。

其次，紧扣未来城市发展趋势及国家战略方向，提前开展技术布局，应对远期挑战。

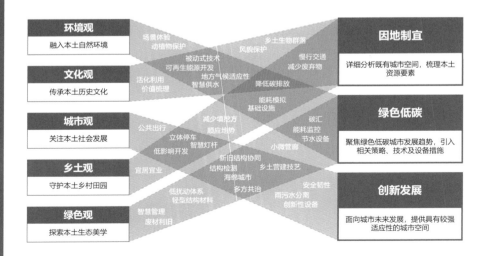

问题发掘

找准问题是城市更新的基础工作，决定了策略方向的准确性和技术措施的适用性。以下列举了通用性的问题研判依据原则，各专业问题研判需在此基础上体现专业特征，并依据时序性展开论述。

问题时序一：现状分析不足

描述项目前期对既有状况的访查与判断，例如状态评估、结构检测、历史考据、资源盘点、实地踏勘、人员访谈等。

问题时序二：系统认知缺失

指出本专业相关问题所处的宏观、中观、微观尺度，以明确各项技术措施所对应的应用场景。

问题时序三：专业协同不足

包括本专业内部子项间、与其他专业间、与其他相关主体间的设计协同问题。

问题时序四：韧性持续不足

包括远期发展、可持续性、功能适应性相关问题，以及安全韧性相关问题。

问题时序五：施工工艺落后

从实施角度提出问题，包括与原有结构、空间、设备设施的整体协同、轻量化介入、低扰动等。

问题时序六：创新发展不足

从绿色低碳、工业装配、数字智能等专题提出新材料、新技术、新装备应用不足的问题。

问题时序七：特色发掘不足

这是造成千城一面的根本原因，包括对专业自身、城市特征、历史文脉等内容缺乏回应等。

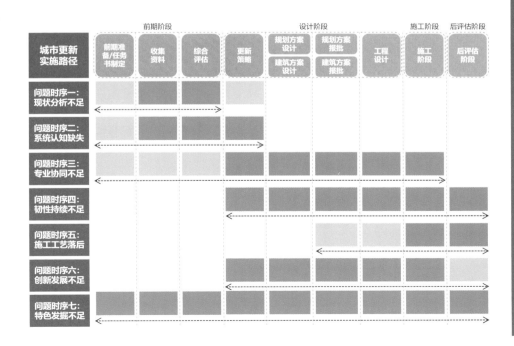

基本原则

问题导向

基于各专业在城市更新工程实践中面临的相关问题开展研究，展现基于本土设计思想价值观、以"土"为本的设计原则和在本土设计模式语言指导下，城市更新相关专业的创新性和独特性，在我国城市大规模增量建设转为存量提质改造和增量结构调整并重的背景下，探索本土化的城市更新发展路线。

目标导向

通过更新要素拆解、更新目标转译、更新模式语言传达、更新场景设定，形成各专业章节内问题研判、设计原则、设计策略及技术措施部分，实现所有专业的理论联动，确保在统一的理论框架下撰写，同时在技术措施条目及章节最后引入案例分析，辅助说明各技术措施要点及其综合应用方法。各专业章节内组织形式协调统一。

实用导向

在设计策略、技术措施及设计案例选取上专业内指导性和专业间可读性并重，打破过往城市更新相关导则、指南中普遍存在的专业壁垒，促进专业间知识信息交流，确保规划师、建筑师、景观设计师、室内设计师及各专业工程师之间达成理解与共识，共享知识信息，提升城市更新协同效率。

打破过往技术策略以文字综述为主的模式，引入分析图、表格、效果图、照片，图文并茂。每个技术措施条目结合案例片段，并配属综合典型案例，形象生动。控制各条目字数体量，避免大段文字出现，提升可读性。

城市更新专业协同方式复杂，专业界限模糊，在更新时序和边界划分上存在一定交叉，本书注意到强相关性专业之间的协同与区分，包括：总图与市政，交通与市政中的道路部分，市政中的给水排水和电气部分与设备中的给水排水和电气部分等。

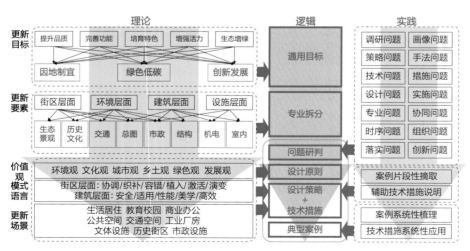

本书逻辑图

目录

Ecology & landscape

1

1.1 — 1.5

生态景观

Ecology & landscape

1

生态景观

History & culture

2

历史文化

History & culture

2

2.1—2.5

历史文化

Transportation

3

3.1—3.5

交通

Masterplan

4

4.1 — 4.5

总图

Municipal engineering

5

5.1 — 5.5

市政

Structural engineering

6

6.1—6.5

结构

Mechanical electrical & plumbing

7

7.1—7.5

机电

Interior design

8

8.1 — 8.5

室内

1

1.1—1.5

生态景观

ECOLOGY & LANDSCAPE

本章逻辑框图

问题研判

- 现状研究片面主观 问题研判存在偏差
- 上位规划传导不畅 专业衔接不够紧密
- 应急避险准备不足 城市韧性有待提升
- 生态系统能效不高 生态价值转化不畅
- 公服设施配给不足 环境品质有待提高
- 景观风貌逐步趋同 城市魅力不断削减
- 材料工法因循守旧 技术标准亟待更新

设计原则

- 科学全面
- 整体优化
- 韧性提升
- 生态优先
- 以人为本
- 文化传承
- 可持续性

设计策略 & 技术措施

设计策略	技术措施
拓展研究手段 支持科学决策	城市体检引领，系统梳理问题；数据指标量化，科学反映问题；线上线下结合，客观分析问题
系统思维引领 加强共商共治	系统思维引领，部门专业协同；尊重自然演进，重视规划反馈；广泛听取意见，加强共商共治
提升城市韧性 人水和谐共生	协同防洪体系，提升城市安全；生态理水治水，流域综合提质；市政海绵联动，细化雨水管理；预留防灾空间，提升应急能力
落实生态优先 推进绿色更新	开展系统修复，筑牢安全屏障；保护原生群落，乡土植被利用；场地见缝插绿，设计融合生态；基础设施改造，整合生态功能
完善城市空间 体现人性关怀	人车系统分离，安全舒适慢行；补充公共服务，便捷城市生活；强化空间互动，丰富场景体验；全龄友好设计，体现人性关怀
文化传承创新 彰显地域特色	顺应地形气候，彰显地域特色；保留原有要素，展现新旧演变；再现历史场景，引发情感共鸣；高效利用土地，释放存量空间
资源高效利用 可持续性设计	实现功能集成，节能设计创新；公共设施整合，生态材料应用；生态材料应用，节能长效运维；规划设计创新，落实有机更新

典型案例

- 北京模式口历史街区城市更新环境整治
- 北京西单商业区环境整治工程
- 北京龙潭中湖公园改造提升工程
- 北京雁栖湖"国际合作高峰论坛"景观提升项目
- 重庆长长滨片区城市更新项目
- 重庆丰都县长江-龙河滨水空间城市设计
- 重庆綦江区铁路文创园城市更新项目
- 长垣护城河更新项目
- 周口市川汇区沙南再行动城市更新项目
- 南宁园博园更新项目
- 崇左主城区空间品质提升项目
- 山西太原五一广场片区城市更新项目
- 天津墟拉机厂片区城市更新项目
- 第十四届中国（合肥）国际园林花卉博览会博小镇（二期）项目设计
- 丰满水电站全面治理（重建）工程景观工程及单体建筑改造设计
- 深圳市心山城市绿道建设项目

未来展望

- 数据筑基 智慧赋能
- 生态优先 绿色开发
- 文化引领 场景构建
- 能源优化 低碳发展

1.1 问题研判

城市生态问题的治理和环境品质的提升，是城市更新工作中一项重要内容。结合近年来城市更新项目的实践案例，提炼总结生态景观领域城市更新面临的若干共性问题如下：

1.1.1 现状研究片面主观，
问题研判存在偏差

生态景观专业聚焦建筑外部空间的更新，牵涉利益甚广，产权主体多样，问题需求复杂多变。传统的研究手段和方法大多局限于人力踏勘、民意采访调研以及经验推断，定性分析多，定量分析少，往往容易混淆主次矛盾，得出片面的调查结论。

1.1.2 上位规划传导不畅，
专业衔接不够紧密

城市更新需要打通纵向和横向两个维度的信息传导：纵向需要打通上位规划、城市设计与场地实际问题、市民使用需求之间的信息传导。既确保区域发展的整体思路执行不走样，又能够与属地实际需求相协调；横向需要打通城市管理各归口部门、参与更新各专业之间的信息传导。"麻雀虽小，五脏俱全"，城市更新面对的问题多是综合而多变的。目前多数常规项目采用的"专业细分、流水作业"的工作模式，不利于解决这样的复杂问题，因其沟通成本高、专业之间难同步、团队成员之间需要不断的磨合和训练。

1.1.3 应急避险准备不足，
城市韧性有待提升

提升城市应对极端天气和自然灾害的能力，是城市更新中一项重要的补短板工作。沿海、滨江及内河水系发达的城市坐拥较好资源禀赋的同时，也容易产生水资源配给不平衡、蓄滞洪能力不强、水生态失调、水环境利用低效等问题，具体表现为：①滨海、滨江区域应对海潮、洪峰韧

性不足，防洪防浪设施不达标；②内河水系污染断流，钢筋混凝土河渠隔绝物质能量交互，水质、水环境持续恶化；③城市排涝及海绵系统联动不畅，调蓄能力不足。

城市内涝实景照片

1.1.4 生态系统能效不高，
生态价值转化不畅

城市生态景观资源天然存在差异，如空间结构破碎、构成要素状况不佳、综合效益低下等，导致城市整体生态景观系统能效不高、生态价值转化不畅。具体表现为：①城市重要生态区域受到扰动，如：山火等自然灾害或矿山开采、房地

森林火灾导致生态屏障大面积受损

产开发等人为破坏，导致生态安全屏障严重受损；②原生植被大规模退化，外来物种人为入侵；③城市绿道、滨水廊道不连续，绿色空间破碎化；④绿地率、绿视率低于平均标准。

1.1.5 公服设施配给不足，环境品质有待提高

伴随社会的发展，人民对于生活环境品质的高质量需求越来越迫切，我国城市目前的公共服务设施由于年代久远、权属交叠、维护不当等原因，配给不足、形象不佳、老旧破损、缺乏吸引力和人性化的问题普遍存在。具体表现为：①慢行系统不畅通，慢行体验不舒适；②公共服务设施不齐全，布置间距超出服务半径；③设施使用率低，场地空置率高；④缺少适合"一老一小"和特殊人群使用的空间和设施。

老城区街巷线杆林立、风貌杂乱

1.1.6 景观风貌逐步趋同，城市魅力不断削减

城市的特色源于独特而厚重的地域文化，是城市的灵魂。全球城市景观建设正逐步趋同，形式语言相似、材料工法单一、缺乏精神内核，看似拆旧建新，实则千篇一律、千城一面，造成了城市文化和城市魅力的不断流失。具体表现为：①大兴土木，天然地貌特征消失；②拆旧建新，历史文化痕迹灭失；③原住民外迁，地道风物、乡愁故事遗失。

手法雷同、缺乏特色的商业街景观实景照片

1.1.7 材料工法因循守旧，技术标准亟待更新

生态景观建设领域大多还是石材、砖瓦、防腐木等传统材料的利用，以及砌筑、干挂、湿贴等简单工法的复制。新技术、新材料尚不成熟，其质感表现、环保性、实用性与耐久性均待提升，优质的产品往往由于较高的成本难以得到市场的广泛认可，技术的更新迭代缺乏动力。

既有的勘察设计工作机制、管理制度、规范标准都是按照正向设计、新建工程制定的，与城市更新面临的实际问题不适配，诸如部分防火规范、安全退距的条款要求等，严重制约了更新工作的合理创新和实施效率，造成很多不必要的浪费，亟待出台适配城市更新工作的技术体系和管理体系。

1.2 设计原则

1.2.1 科学全面

城市更新需要系统性地审视资源约束趋紧、气候环境变化、服务人群多样等复杂情况下的城市现状与问题，并综合考虑技术、社会、经济、环境等多个方面的影响因素，寻找项目的破题方向。这也要求生态景观设计采取的研究手段与设计方法与时俱进，强化问题研究的科学性与全面性，以便对错综复杂的影响因子赋予权重，在左右为难当中作出最为理性的判断。

1.2.2 整体优化

城市更新是对城市空间资源的再配置，实现城市空间结构和功能布局的再优化。一方面需要与城市周边区域相协调、实现片区的整体更新；另一方面需要协调统筹生态、社会、经济等城市子系统，实现城市更新与生态环境的协调发展，确保城市的健康发展与生态系统的可持续性相辅相成。

1.2.3 韧性提升

我们的祖先在与大自然的博弈中积累了大量的生存智慧，提出"天人合一""人与天调"的发展理念，在今天看来仍是非常先进的。在城市更新中我们倡导尊重规律、顺应自然，增补和完善城市应对海潮、洪水、台风、暴雨等自然灾害的韧性空间和韧性措施，学会应对自然气候的剧烈变化，与自然达成默契：探寻规律，适时进退，和谐共生。

1.2.4 生态优先

生态优先、绿色发展是指导我国城市建设发展方向的纲领性要求，也是城市寻求高质量发展的必由之路。补齐生态短板，重塑被破坏的生态安全格局，挖掘并提升城市的生态价值，是制定城市更新方向、切入点的重要考量依据。我国的营城史上，以水定绿、以蓝绿定城的案例比比皆是，在当下的城市更新中，更需要强化生态的引领作用，加强对自然本底的保护和修复，推动生态资源效益提升，积极应对气候变化等生态风险，平衡人类活动与自然环境之间的关系，创造更健康、宜居、可持续的城市。

1.2.5 以人为本

"人民城市人民建，人民城市为人民"。人的意志主导着城市的发展方向，生态景观设计应充分了解和尊重不同人群的需求、文化、价值观和生活方式，尽可能充分满足人的各项需求。一方面，应补充完善城市综合服务功能，增强居民福祉；另一方面应强化人文关怀，打造全龄友好的生态景观空间。

1.2.6 文化传承

特定的地理环境、人群和由此产生的特定交互方式共同塑造了一个地区独有的空间特征与文化形态。城市更新应尊重文化特征，识别核心文化价值并加以保护和传承，使城市更新项目更具地域属性，得到文化认同。

1.2.7 可持续性

能源利用和环境保护与城市更新息息相关，也是实现可持续设计的重要途径。采用可持续的设计方法可以最大限度地减少资源消耗，降低对环境的负担，实现城市更新的长期可持续性，适应未来发展需要。

1.3 设计策略及技术措施

L-1 拓展研究手段，支持科学决策

L-1-1 城市体检引领，系统梳理问题

城市体检通过在生态宜居、健康舒适、安全韧性、交通便捷、风貌特色、整洁有序、多元包容、创新活力八个方面建立城市体检指标体系，系统梳理问题、有效支撑城市更新项目决策。

L-1-2 数据指标量化，科学反映问题

在城市更新中，除传统调研分析方法外，还可采用POI（Point of Internet）数据、街景图像、地理信息系统等多样化的技术手段、以数据指标量化的方式分析场地信息、研判场地问题，使结论更加科学、可靠。

示范案例：哈密城市体检

对哈密的城市更新体检过程中，在生态景观领域从禀赋、结构、要素、效益四个方面，制定了16项评估指标，对城市中心城区的生态景观状况进行量化评估，用数据说话，指导后续更新工作，还可用于更直观地展现更新后的绩效成果。

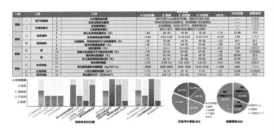

哈密中心城区体检生态景观评估成果分析图

L-1-3 线上线下结合，客观分析问题

新时代的城市更新更加强调公众参与，除了传统的访谈、现场踏勘调研等线下方法，也拓展了大数据收集、社交媒体等线上渠道，可以更加全面客观地了解区域情况。

示范案例：阜成门内大街更新项目

2017年阜成门内大街一期更新改造过程中，将161号临街门店改造为临时展厅，展示片区更

阜成门内大街一期更新改造临时展厅实景照片

新整体思路和改造方案图纸、模型，设置留言簿，向广大过往市民征询意见建议，收到了上百条有效意见，取得了很好的成效。

2020年阜成门内大街二期更新工作启动，在前期调研过程中利用大数据手段，对地质博物馆前广场区域全天不同时段手机IP数量连续取样，研判场地使用规律，指导后续更新设计。

L-2 系统思维引领，加强共商共治

L-2-1 系统思维引领，部门专业协同

参与更新工作的团队，包括管理单位、规划设计单位和施工单位，都应主动打破条框，系统思维引领，掌握全局全貌。了解全局工作部署、项目整体推进难点要点，才能实现部门之间、专业之间、流程之间的无缝衔接、高效联动。

L-2-2 尊重自然演进，重视规划反馈

在城市更新中经常遇到上位规划在城市自然演进过程中出现较大差异，难以全面执行的问题。应在城市体检或制定城市更新专项规划中，尊重演进规律，正视矛盾问题，重视规划反馈，建立反馈和调整的机制，既要管控，又避免一刀切。

L-2-3 广泛听取意见，加强共商共治

城市公共空间景观营造是对广大城市居民最普惠、最具获得感的民生福祉，因此承载了众多的关

注和期待。公众参与公共空间建设的热情很高，需求多样。应建立长效通畅的沟通机制，悉心听取基层治理需求和百姓使用需求，运用我们专业的知识技能，为他们解决实际问题，避免由于更新带来新的问题和困难。建设高品质城市公共空间是以"绣花"功夫精细化推进街区治理的集中体现。

示范案例：阜成门内大街更新项目

该项目更新设计初期，在行道树之间设置移动花箱，大幅增加绿化量，街区风貌显著优化，但也为后期管养增加了不小的压力。运行两年之后，植物显著衰败，花箱中不乏垃圾、烟头等杂物，严重影响街区风貌，存在安全隐患。在与街道管理者交流沟通后，后续的更新设计中，在有条件立地栽植的区域，增加实土绿化；立地条件不佳的区域，慎重摆放移动花箱，营造简洁、干净的街区环境。

L-3 提升城市韧性，人水和谐共生

L-3-1 协同防洪体系，提升城市安全

防洪堤的修建可以为城市带来更多的安全保障，但随着城市的发展，防洪设施建设初期的设计建造标准可能已无法达到当下的标准要求，且由于建成区的限制，导致很难通过水利设施的重修提升城市整体防洪能力，需要借助生态景观的思维方式提升城市应对洪水的韧性。

示范案例：厦门体育中心

厦门体育中心位于翔安新区，临海而建，直面厦门本岛，与本岛最优环境的五缘湾板块隔岸相望，同时位于空港廊道，成为鸟瞰视角下的一颗明珠。

优越的选址在打造城市景观的同时也面临着自然灾害的考验。场地西南侧现状为滩涂区域，地势较低，存在被海潮淹没的可能。将这一区域设计为内湾水面，通过人工沙滩与主体建筑周边的硬质场地衔接。面向大海的方向通过堤坝与一南一北两个闸机控制内湾水位稳定，同时保证水体流动控制水质及人工沙滩的品质，形成大海与体育中心之间的安全缓冲区域，在解决安全问题

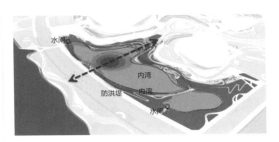

厦门体育中心内湾空间结构分析图

厦门体育中心内湾剖面分析图

的同时利用内湾空间打造出厦门最大的人工沙滩。设计过程中防洪设施与城市风貌一体考虑，形成最优解。

示范案例：重庆长滨片区城市更新项目

重庆长滨片区城市更新项目按照长江上游整体防洪达标工程要求，需达到全线100年一遇防洪标准。鉴于依陡峭山势而建密集的城市建成区无法大面积调整地面标高，单纯提升防洪堤顶高度又会严重影响城市风貌并且加大城市内涝隐患，经与水利部门共同商议，决定采取永临结合的手法实现全线防洪达标：临江侧有开敞空间且与新的防洪标准差距不大的区段，采用堆筑景观地形的方式提升防洪能力；临江空间紧凑、建筑密集且与新防洪标准差距较大的区段，调整置换临江建筑首层功能，改为半开敞的城市公共空间，采用韧性防洪策略，水进人退、水退人还，以最小代价实现城市韧性的提升。

L-3-2 生态理水治水，流域综合提质

在城市更新中应抓住城中村改造和内河水系升级改造的契机，融入生态理水治水方法，疏通水网，增强调蓄能力；整理岸线，改善水质，带动水生态系统修复和滨水环境提质增效。

示范案例：龙岩龙津湖公园项目

龙津湖公园采用生态理水策略，深度参与"河湖连通"工程规划设计。基于水系流向和扩大调蓄水面的功能需求，我们打破旧有河道和城中村划定的平面格局大胆重构，利用公园的开敞空间构建10hm²的主湖面和4hm²的湿地，提供近14.4万m³的调蓄库容，并对红坊溪、东肖溪、龙津湖进行连通，有效缓解了主城区雨季时的内涝风险。对河道原本的硬质驳岸利用石笼和植被进行生态重塑，变钢筋混凝土岸线为生态岸线，构

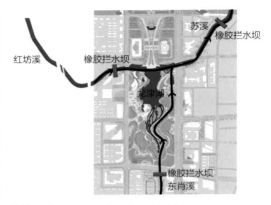

龙津湖片区河湖湿地水系连通规划分析图

建起一套完整的、近自然的"河流—湿地—湖泊"系统，确立了龙津湖公园以水系为骨架的总体格局。

L-3-3 市政海绵联动，细化雨水管理

全国目前很多城市都实施了海绵城市建设，但遇到极端降雨天气仍会出现城市内涝情况。经研判，这种情况多由于市政排涝设施与海绵系统建设于不同时期，相互之间联动不畅，导致无法形成排涝合力，没有发挥预想的效果。因此城市更新应聚焦不同系统之间的功能管线接口、运行管理接口，实现极端天气下真正联动运行。

L-3-4 预留防灾空间，提升应急能力

城市更新过程中可以通过片区更新，统筹腾退更多绿色开放空间作为城市防灾避险场所，如广场、公园、绿地、避难所等，为市民提供疏散和避难的场所。

龙津湖更新前硬质驳岸

更新后生态岸线

L-4 落实生态优先，推进绿色更新

L-4-1 开展系统修复，筑牢安全屏障

1. 重要生态空间修复

重要生态空间修复是指从山、水、林、田、湖、草、沙、生物等要素出发，对城市受到破坏或退化的关键性生态空间进行生态修复的措施。

城市更新需重视对城市重点生态区域开展山水林田湖草一体化系统修复治理工作，通过护山、理水、营林、疏田、清湖、丰草、润土、丰富生

更新后生态湿地效果

物多样性等生态修复技术体系，筑牢生态安全屏障，提升生态价值转化。

示范案例：冬奥会延庆赛区项目

北京冬奥会延庆赛区表土剥离的目的是收集保护高海拔山区珍贵的表土资源，减少表土资源在建设施工过程中的流失浪费，利用剥离的表土进行赛区内的造地复垦，以开展景观重建与生态环境修复等工作。

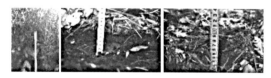

珍贵的表土资源现场实测

表土的采集和收集工作采用人工辅以机械，对于部分坡度较缓且石砾含量较低的区域，如果条件允许，可以考虑机械进场作业。采集时，应尽量达到该区域建议剥离厚度的最大值，在石砾含量过大的局部区域可稍作削减（纯裸露岩石区域不在考虑范围）。采集好的表土分区分块进行编号和记录，有利于统计表土采集量，施工时应有人在现场监督指挥，以免施工可能产生的不必要扰动，并确保施工质量和效率。

表土采集装袋后

2. 生态脆弱界面治理

生态脆弱界面治理是指针对不同生态系统之间的交接带或重合区的植物景观破碎化、群落结构复杂化、水土流失加重问题进行自然修复和人为治理的措施。

示范案例：朝天门广场片区更新项目

在嘉陵江段消落带江滩修复设计中面临着坡岸常年受江水冲刷，损毁严重且持续变化的问题。设计师采用"绣花"式手法，多专业对现场充分踏勘，结合具体问题采取针对性策略。保护总体地势和树木植被；对存在滑移风险的区段通过锚桩和石笼护角进行加固；对裸露地段结合石笼护坡进行喷薄覆绿；对已冲毁的梯道、桩柱等设施进行修补加固。

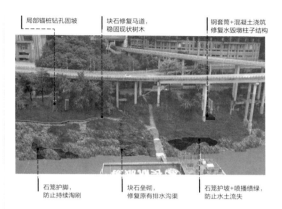

嘉陵江坡岸生态修复策略示意图

老条石修复梯道过程

L-4-2 保护原生群落，乡土植被利用

应当重视原生群落、乡土植被的保护，适地适树，特别是现状大树和古树名木，留住场地记忆，突出场地特征。针对更新过程中原生古树、大树与周边环境的处理，常见的情况有：

1. 古树与现有需更新建筑、构筑物过近且无围栏时，可请古树保护管理部门人员就现状情况进行现场范围划定。围墙围栏之外采取浅基础、轻施工的更新方式，避免过分扰动古树根系。

2. 很多古树生长在老城街巷，不可避免地会与消防通道、车行道路、人行疏散道路发生冲突，可采取局部架空的方式，保证古树保护范围内的根系呼吸与隔离保护。

示范案例：北京八中分校改造

学校主出入口区域有一棵古树，大树周边5m范围内与现状市政路、通学集散道路重合。结合通学等候、出入口标识引导等功能，在古树外围3~5m范围内处设置架空平台、阶梯坐凳，使人的活动空间与古树保护范围重叠却不覆盖占压5m范围内的古树土壤，兼顾更新功能和古树保护要求。一般边界区域利用翻卷收边的铺装形式，避免行人踏入并保证5m范围内的绿地要求。

示范案例：崇礼主城区空间品质提升项目

依照"恢复本底、重塑格局、丰富种类、优化群落、提升风貌"的总体策略，针对崇礼的极寒天气特点，筛选耐寒抗风的本土植物品种，采用乡土植物为主的自然式乔灌草复合型种植，通过针叶林与阔叶林的搭配保证四季景观效果，营造良好的河岸生境。

由于项目工期要求，需反季节施工，在植物种植与养护的过程中，采用保水剂和蒸腾抑制剂运用、苗木假植、遮阴防晒、灌溉管理、修剪与整形等反季节种植养护技术，保证树木的存活率。

序号	中文名	拉丁名
1	油松	Pinus tabuliformis
2	油松（造型）	Pinus tabuliformis
3	樟子松	Pinus sylvestris L. var. mongolica
4	华北落叶松	Larix principis-rupprechtii
5	新疆云杉	Picea obovata
6	白扦	Picea meyeri
7	蒙古栎	Quercus mongolica
8	辽东栎	Quercus wutaishanica
9	白桦	Betula platyphylla
10	黑桦	Betula dahurica
11	五角枫	Acer mono
12	梣叶槭	Acer negundo
13	东北槭A	Acer mandshuricum
14	茶条槭	Acer ginnala
15	榆树A	Ulmus pumila
16	"金叶"榆	Ulmus pumila 'Jinye'
17	国槐	Sophora japonica
18	银中杨	Populus alba 'Berolinensis'
19	垂柳	Salix babylonica 'Pendula'
20	旱柳	Salix matsudana
21	杜梨	Pyrus betulifolia
22	百华花楸	Sorbus pohuashanensis
23	暴马丁香	Syringa reticulata
24	山楂	Crataegus pinnatifida
25	山杏	Armeniaca sibirica
26	山荆子	Malus baccata
27	山荆子	Malus baccata
28	八棱海棠	Malus robusta
29	"紫叶"李	Prunus cerasifera 'Pissardii'
30	紫叶稠李	Padus virginiana 'Canada Red'
31	稠李欧稠李	Padus maackii
32	榆树B	Ulmus pumila
33	东北槭B	Acer mandshuricum
34	银中杨B	Populus alba 'Berolinensis'

乔木

序号	中文名	拉丁名
1	砂地柏	Sabina vulgaris
2	黄丁香	Syringa oblata
3	红瑞木	Yucca smalliana
4	玫瑰	Rosa rugosa
5	黄刺玫	Rosa xanthina
6	绣线菊	Spiraea salicifolia
7	三裂绣线菊	Spiraea trilobata
8	华北珍珠梅	Sorbaria kirilowii
9	金银忍冬	Lonicera maackii
10	西洋接骨木	Sambucus williamsii
11	糯米条	Abelia chinensis
12	大花六道木	Abelia biflora
13	文冠果	Xanthoceras sorbifolium
14	榆叶梅	Prunus triloba
15	锦带花	Weigela florida
16	连翘	Forsythia suspensa
17	水蜡树	Ligustrum obtusifolium
18	"火焰"卫矛	Euonymus alatus 'Fire'
19	小叶锦鸡儿	Caragana microphylla
20	胡枝子	Lespedeza bicolor
21	枸杞	Lycium chinense
22	紫穗槐	Amorpha fruticosa
23	沙棘	Hippophae rhamnoides
24	柠条锦鸡儿	Caragana korshinskii
25	柽柳	Tamarix chinensis
26	火炬树	Rhus typhina

灌木

序号	中文名	拉丁名
1	芦苇	Phragmites australis
2	千屈菜	Lythrum salicaria
3	黄菖蒲	Typha orientalis
4	黄菖蒲	Iris pseudacorus
5	荷花	Nelumbo nucifera
6	荇菜	Nymphoides peltatum

水生花卉

崇礼极寒地区植物选种统计表

保留场地内现状大树，围绕绿色遗产打造延续场地记忆的景观节点。

模式口历史文化街区更新后原生植物保护应用实景照片

L-4-3 场地见缝插绿，设计融合艺境

在城市更新中，存量空间有限的情况下，可运用一定的艺术处理手法巧妙地结合现状场地条件增加绿化，打造良好景观效果，可通过道路绿化、小微空间绿化、立体绿化、雨水管理和社区互动等方式实现。

1. 道路绿化：对道路两侧空间进行绿化提升，空间宽裕的补植乔木及绿化带，空间紧凑的结合台地及活动空间进行绿化。

2. 小微空间绿化分为小微绿地绿化与建筑前区绿化两种方式，包括绿化种植、作物种植、活动型小微绿地、院门绿化、绿色外摆等。

3. 立体绿化：可以分为垂直绿化以及顶面绿化两种方式。包括墙面绿化、悬挂绿化、屋顶绿化、廊架绿化等。

4. 雨水管理可以有组织地收集和利用雨水，包括屋顶花园雨水回收系统、交叉口雨水利用等。

5. 社区互动包括植物认养和园艺展示两种形式，可以有效增加居民互动性，增加社区认同感。

示范案例：北京模式口历史街区城市更新环境整治

用艺术手法修饰现状变电箱的同时，在装饰的网状格栅上增加垂直绿化，同时将变电箱前的部分硬质台地调整为种植池，并在台地前道路上增加休憩座椅和种植箱。

电箱周围更新前后效果对比

案例应用：阜成门内大街更新项目

老城地下管线建设于不同时期，标准不一，做法各异，交接复杂，移改难度大。可通过增设挡墙，增加管道上部覆土的措施，创造种植条件。

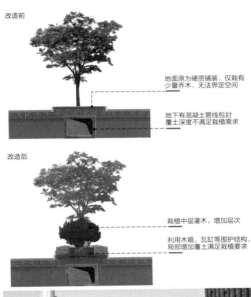

增绿策略分析图及更新前后效果对比

L-4-4 基础设施改造，整合生态功能

城市工程基础设施的建设满足了城市生存和发展所必须的条件，例如高架桥、防洪堤、挡土墙、排水箱涵等。这些超大规模的钢筋混凝土构筑物展现了人类改造自然的巨大能量，同时也极大地占用了本就有限的城市空间。

随着城市治理走向高品质、精细化，人们越来越多地关注这些城市中的超级工程，期待从这些"巨无霸"中挖掘出更多有利于城市发展、能体现城市特点、更注重人民获得感体验感的复合型空间，因此对于城市工程基础设施的生态化改造是城市更新中一项重要课题。

示范案例：朝天门广场片区更新项目

来福士西侧高架桥交汇，桥柱林立，桥下空间长期闲置，在江水的冲刷下地势呈自然放坡，地形最高处达到190m，与步道存在7m左右高差。

在改造设计中充分利用桥下空间，并综合考量嘉陵江消落变化的应对策略：在183m标高设置主要通道，用于衔接贯通环渝中半岛的整个180步道系统；183～189m标高范围内将现状陡坡采用重力式挡墙修筑成五层错落的平台，形成可以停留坐卧的观江场所；189m标高之上整合成一个完整的场地，并通过一套连廊构筑物系统将内侧桥柱遮挡包围起来，希望在为游客提供必要的配套服务设施之外，能够为周边社区居民提供一个休闲娱乐的交往场所，在美化城市滨江界面的同时创造有活力的活动空间，从设计的角度促进城市更新，为城市创造新的人文价值。

构筑物、台地挡土墙自身的结构体系与现状高架桥的结构脱开并保持安全距离，构筑物于±0.000（189.300）标高处设置结构转换层，用于承接构筑物的荷载，同时在此转换层下方避开高架桥的柱子布置自身结构柱，保证双方的结构震动互不影响。同时，在每个与高架桥梁柱交叉的位置都设置了变形缝，避免构筑物自身构件随高架桥的震动变形。在形体与立面设计上采用传统穿斗式形体与现代玻璃盒子形体穿插的方式，用现代钢结构创造出传统与现代融合的形式。

桥下空间改造效果图

L-5　完善城市空间，体现人性关怀

L-5-1　人车系统分离，安全舒适慢行

通过人车分离的设计理念，创造安全、舒适的慢行环境，提高城市的宜居性和居民的出行安全。通过减少机动车辆对行人的影响，营造宁静和绿意盎然的城市街区。

示范案例：阜成门内大街更新项目

阜成门内大街赵登禹路口—西四路口段部分区段人行步道宽度仅1m，临街商铺开门后行人通行困难。通过将车行道宽度由3.25m压缩至3m、非机动车道由2.75m压缩至2.5m，并调整道路中心线，将北侧人行道拓宽至2.5m，实现了安全连续的步行空间。

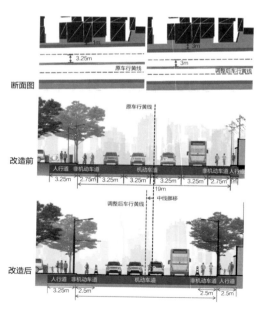

人行步道拓宽策略分析图

示范案例：长垣护城河更新项目

设计结合更新改造，建筑退让留出连续的环城滨河慢行系统空间，协调人车分流。

人车分离的慢行体系效果图

L-5-2　补充公共服务，便捷城市生活

在城市更新中，强调对公共服务的补充和完善，可结合特色节点设置多元化服务设施，以满足不同需求，创造更为便利的城市生活环境，提高城市居民的生活品质。

L-5-3　强化空间互动，丰富场景体验

通过增强城市空间的互动性，丰富场景设计，提高居民在城市中的愉悦体验。城市更新项目可以包括公共艺术装置、社区活动策划等，以激发居民对城市的归属感和参与感。

示范案例：周口川汇区沙南再生行动城市更新项目

在周口川汇区沙南老城街巷改造过程中面临着新老建筑交织，原有街道空间被破坏，街巷风貌杂糅的共性问题。在修复改造过程中，依据历史画作及居民回忆，以街巷景观与建筑立面协同

新街北段风貌重塑效果图

设计的工作模式，恢复街巷原有空间格局。设计上利用回收的老石材及青砖打造景观台地，与钢木结构的景观廊架一同打造街边休憩及文化展示空间，运用景观廊架勾勒消失的历史建筑组团，并对后方的居民楼形成一定的遮挡与消隐，重塑历史街道空间尺度。

L-5-4　全龄友好设计，体现人性关怀

在城市更新项目中，注重设计满足不同年龄段需求的场所，体现对居民的人性关怀。重点关注老弱病残孕等弱势人群的需求，在城市更新中补强适老街区、儿童友好街区、全域无障碍设施建设的短板，创造全龄均可享受的友好城市环境。

示范案例：深圳布心山城市绿道更新项目

围绕周边社区老人、儿童活动需求，设置儿童攀爬游戏、趣味游戏的活动场所以及老人棋牌座椅、健身器材，打造老少咸宜的休闲场所。

全龄友好的活动场所

L-6　文化传承创新，彰显地域特色

L-6-1　顺应地形气候，彰显地域特色

城市更新项目应尊重并充分利用城市所处的气候地带与地形地貌，通过合理规划和设计、扬长避短、彰显地域特色，使城市更加契合自然环境。

示范案例：南宁园博园更新项目

保护原有地貌、现状水系，建园时不推山、不填湖。规划前后山形基本一致，经规划梳理，借自然条件呈现"三湖十八岭"的总体山水格局。

设计顺应地势，现状内40%以上地形地貌被保护，其他区域根据展园布展和造景需求进行土方平整，尽可能减少挖填方量，使规划前后山形山势基本一致；保护现状水体水系，合理利用现状那罇河、坑塘、清水泉、矿坑等水体，结合行洪调蓄要求，规划形成三大湖景系统；保护现状植被，对现状主要30多个品种约2500棵乔木进行就地保护，林地保护范围占全园的45.23%。

更新后保留下来蓝绿交织的山形水系

L-6-2　保留原有要素，展现新旧演变

在城市更新中，要保留并融入原有城市的要素，促使新旧元素相互融合，创造多元而有趣的城市演变，主要包括历史建筑、历史构筑、原生植被等要素的保护及改造提升，以实现城市的历史延续性和发展活力。

1．保护性修复

对于尚有实体要素遗存的历史性构筑，应以保护性修复为主，主要包括修复建筑的结构和外观、保护传统手工艺、维护历史遗址等，以保留城市的历史面貌和文化底蕴。

示范案例：阜成门内大街更新项目

对于白塔寺山门前广场，采用传统材料（尺四方砖、大停泥）和传统工艺砌筑墙体，铺砌地面。传统材料和工艺的使用，使山门前广场空间与寺庙建筑群本体融合无间。

更新后传统材料与传统工艺应用实景照片

2. 展现历史痕迹

在保护性修复的前提下，更新中应坚持原真性的历史观，注重新老元素的对比，区别展现不同时期的建造痕迹，避免"假古董"的表达方式。注重老物件、旧材料的巧妙利用，提升景观的历史感与独特性。

示范案例：九江动力机厂更新项目

筛选铸造、洗刨、组装等流程车间内的机床设备，摆放在厂房轴线进行铸造流程展示；拆除各类粗细管道，搭装组合后配以座面作为厂区坐凳，沿路摆于园区各处；铁水吊车整体搬挪至室外场地，利用空中轨道、吊篮的形式，经结构评估后改造做为特色悬挂旋转坐凳；钢板、漏斗等配件，或直接摆放或简单焊接，改造为种植池用于室外空间分隔和景观装饰。

老旧材料的在地特色化设计效果图

L-6-3　再现历史场景，引发情感共鸣

对于不复存在的历史文化节点，应慎重采用仿古的方式复现，宜采用多样化的方式营造历史文化场景，维护历史原真性。

1. 完善空间功能

历史文化节点的具体设计上应充分考虑所在片区缺失的功能属性。在城市更新中，一方面可以通过小规模的"微改造"，在保持传统风貌的格局上优化当地的基础设施，另一方面也可以在原有格局下引入新的业态与功能，结合新的生活方式，提升城市活力，让老街区成为新的城市热点。

2. 文化场景营造

在完善空间功能的基础上，通过巧妙的景观设计，营造特定的氛围，刻画城市的历史记忆。借助微小空间、立体绿化以及公共艺术的手法，突出保留建筑的特征，展现已经不存在的历史节点，使市民在城市空间中感受到历史的温度和记忆。

通过引入具有文化内涵的元素，激活城市的文化引力，引发居民的情感共鸣。在城市更新中，注重挖掘并展示城市的历史、传统和民俗文化，以塑造富有情感连接的城市形象。

示范案例：周口川汇区沙南再生行动城市更新项目

在保护现存历史建筑的大前提下，利用现代设计思路及手法，展现已经不复存在的历史场景，与历史建筑相结合，展现周口的老城风貌。

在磨盘山码头普济门的设计过程中，设计师首先通过画作对历史上的普济门进行图纸阶段复原，但在与周边场景相结合的时候面临原有环境已经不复存在，现代堤岸尺度过于庞大的问题。原有尺寸的城门无法与周边环境相融合，如果生硬叠加将难以重现磨盘山码头的历史意境。随后展开多个尺度的方案比选，利用脚手架将1∶1的城门立面融入场地中进行对比，结合专家及当地居民的共同评定，最终完成了普济门的设计工作，重现了磨盘山码头的历史场景。

磨盘山码头普济门场景复现效果图及实景

示范案例：朝天门广场片区更新项目

在180步道及节点改造提升过程中充分借鉴了重庆地域文化特点，将砂岩景墙、吊脚楼、老物件、旧石板等设计元素融入节点方案之中，打造出具有重庆特点的滨江休憩空间。

文化要素在滨江环境更新中应用的效果图和实景

L-7 资源高效利用，可持续性设计

L-7-1 高效利用土地，释放存量空间

通过拆除违法建设内容、疏解低效使用的场地，在有限存量里释放出新的可利用空间。通过设计重新排布利用，补强和完善周边需求。

示范案例：阜成门内大街更新项目

释放存量空间拓展出的多功能场所

L-7-2 公共设施整合，实现功能集成

在城市更新中，通过基础设施复合、功能模块组合以及智慧设施的引入，创新提供生态、景观、商业、文化等多元化的服务，满足不同层次的需求，提高场地的服务功能和吸引力。

1. 基础设施复合

对重复、低效、闲置、零散排布的设施进行

整合，打破传统管理条块约束，创新运用科学技术和管理模式，优化外观设计，营造清爽、干净的视觉感受，带来空间环境颜值和品质的提升。

在满足市政安全要求的前提下，应将排危加固的硬性指标和景观整体设计思路结合考虑，将加固的设施结合到景观体系之中。在设计过程中提取设施的功能及形态特点，结合景观种植及互动设施为游人提供更多的交流活动空间。

2. 功能模块组合

通过模块化组合的方式，搭建复合、错动灵活的共享空间，提供多种活动场所，可在用地沿线灵活布局。

3. 智慧装置互动

可通过5G赋能智慧城市等方式，引入创新的理念、技术、产业等，促使城市发展和变革。5G赋能智慧城市指搭建分类场景平台，为技术创新和城市服务持续提供使用者数据，解决城市运行效率难题；利用大数据、云计算等新技术，对各类信息实现智能感知、数据分析及宏观调控。及时调整设施运行和维护策略，打造智慧生态的城市更新街区。

示范案例：阜成门内大街更新项目

为加强市区统筹，利用综合杆将必需的交通指示功能、电车线杆功能、路灯照明功能、交通治安监控功能、旅游引导功能统筹综合，净化街面。

改造前　　　　　　改造后

"多杆合一"实施前后效果对比

示范案例：北京龙潭中湖公园改造提升项目

增加智慧健身设施，并对实时数据进行记录，满足健身需求。

智慧健身设施使用场景

L-7-3 生态材料应用，节能设计创新

生态材料技术应用是指将具有环保性能和可持续发展特点的材料应用于城市更新中，以达到节能减排、资源循环利用、环境保护和可持续发展的目标。

可采用水下太阳能光伏、3D打印、艺术再生混凝土等生态技术和绿色材料，实现"碳达峰""碳中和"目标。

示范案例：崇礼主城区空间品质提升项目

引进水下碲化镉光伏技术，形成可亲可赏的互动水景，配合一体化模块铺装设计，展现科技之美与现代之光。水景池底铺设尺寸为600mm×600mm×110mm碲化镉光伏发电地砖共计420块，单块光伏地板砖的功率为46W，项目总装机容量为19.32kW，预计年发电量25000度左右，每年可实现减排二氧化碳量22.5t。

光伏技术在城市景观更新中应用

示范案例：崇礼庆典广场项目

3D打印景观构筑物采用的ASA复合材料不仅塑造了拱门高度复杂的几何造型和巨大体量，而且由于材料可回收也更为经济环保。

3D打印景观构筑物由5个环形拱门组成，象征奥运五环，最高环顶标高13m，通过框景的手法将视线聚焦于崇礼城区新的地标性建筑物——崇礼冰雪博物馆。

3D打印技术在城市景观更新中应用

示范案例：三丰里公共空间设计项目

采用再生混凝土结合3D打印技术，将老照片以浮雕形式展示；借助3D建模，精准控制生产、加工、安装、调试等全过程，通过钢龙骨干挂的手法与轻质混凝土墙板构成了园中的特色双曲面景墙。

再生混凝土在公共空间更新中应用

L-7-4 规划长效运维 落实有机更新

城市更新应当形成长效运维机制。一方面，应系统梳理空间要素整体管控的方式方法，引导建设管理的有机更新；另一方面，应建立管理层面、设计师和公众联动的建设管理工作机制，形成渐进式的城市更新模式，保障更新成果的长效维持和持续迭代。

设计策略及技术措施

设计策略	策略编号	技术措施	技术措施编号
拓展研究手段，支持科学决策	L-1	城市体检引领，系统梳理问题	L-1-1
		数据指标量化，科学反映问题	L-1-2
		线上线下结合，客观分析问题	L-1-3
系统思维引领，加强共商共治	L-2	系统思维引领，部门专业协同	L-2-1
		尊重自然演进，重视规划反馈	L-2-2
		广泛听取意见，加强共商共治	L-2-3
提升城市韧性，人水和谐共生	L-3	协同防洪体系，提升城市安全	L-3-1
		生态理水治水，流域综合提质	L-3-2
		市政海绵联动，细化雨水管理	L-3-3
		预留防灾空间，提升应急能力	L-3-4
落实生态优先，推进绿色更新	L-4	开展系统修复，筑牢安全屏障	L-4-1
		保护原生群落，乡土植被利用	L-4-2
		场地见缝插绿，设计融合艺境	L-4-3
		基础设施改造，整合生态功能	L-4-4
完善城市空间，体现人性关怀	L-5	人车系统分离，安全舒适慢行	L-5-1
		补充公共服务，便捷城市生活	L-5-2
		强化空间互动，丰富场景体验	L-5-3
		全龄友好设计，体现人性关怀	L-5-4
文化传承创新，彰显地域特色	L-6	顺应地形气候，彰显地域特色	L-6-1
		保留原有要素，展现新旧演变	L-6-2
		再现历史场景，引发情感共鸣	L-6-3
资源高效利用，可持续性设计	L-7	高效利用土地，释放存量空间	L-7-1
		公共设施整合，实现功能集成	L-7-2
		生态材料应用，节能设计创新	L-7-3
		规划长效运维，落实有机更新	L-7-4

1.4 典型案例

① 西入口
② 古韵艺境U型街区
③ 龙王庙城市空间
④ 许愿树及第二过街楼
⑤ 九中电箱设备装饰
⑥ 立体慢行系统
⑦ 居民前场开放场地
⑧ 立体停车系统
⑨ 第一过街楼场所景观
⑩ 商业前区及开放空间
⑪ 东入口"驼铃声声"
⑫ 万泉寺遗址公园

北京模式口历史街区城市更新环境整治项目平面图

北京模式口历史街区城市更新环境整治

项目地点： 北京市石景山区

项目规模： 8.6hm²

项目背景

　　模式口位于北京市中心城西部，毗邻首钢工业遗址区，是北京市历史文化街区。东西向的模式口大街作为京西驼铃古道，是西山永定河文化带中文化线路的重要组成部分。模式口原名"磨石口"，因盛产磨石得名。区域内拥有丰富的文物古迹，如法海寺、承恩寺、田义墓、龙泉寺、龙王庙等，其中法海寺的明代壁画更是驰名中外，具有极高的艺术价值。

问题研判

　　历史风貌逐渐消失，文物保护与文化传承相互割裂，展陈方式陈旧；经营业态单一，主要以服务本地居民日常生活类业态以及部分低端业态为主；生活功能外溢，空间肌理无序拓展，加建情况严重、导致人口密度增加；公共空间被侵占；自然山体、历史文化遗存，历史痕迹被破坏；设施短缺，现状生活设施严重不足，缺少游客服务设施停车无序等。

设计策略及技术措施应用解析

设计策略	策略编号	技术措施	技术措施编号	应用解析
拓展研究手段，支持科学决策	L-1	城市体检引领，系统梳理问题	L-1-1	
		数据指标量化，科学反映问题	L-1-2	
		线上线下结合，客观分析问题	L-1-3	
系统思维引领，加强共商共治	L-2	系统思维引领，部门专业协同	L-2-1	
		尊重自然演进，重视规划反馈	L-2-2	
		广泛听取意见，加强共商共治	L-2-3	
提升城市韧性，人水和谐共生	L-3	协同防洪体系，提升城市安全	L-3-1	
		生态理水治水，流域综合提质	L-3-2	
		市政海绵联动，细化雨水管理	L-3-3	
		预留防灾空间，提升应急能力	L-3-4	
落实生态优先，推进绿色更新	L-4	开展系统修复，筑牢安全屏障	L-4-1	
		保护原生群落，乡土植被利用	L-4-2	✓
		场地见缝插绿，设计融合艺境	L-4-3	
		基础设施改造，整合生态功能	L-4-4	
完善城市空间，体现人性关怀	L-5	人车系统分离，安全舒适慢行	L-5-1	
		补充公共服务，便捷城市生活	L-5-2	
		强化空间互动，丰富场景体验	L-5-3	✓
		全龄友好设计，体现人性关怀	L-5-4	✓
文化传承创新，彰显地域特色	L-6	顺应地形气候，彰显地域特色	L-6-1	✓
		保留原有要素，展现新旧演变	L-6-2	✓
		再现历史场景，引发情感共鸣	L-6-3	
资源高效利用，可持续性设计	L-7	高效利用土地，释放存量空间	L-7-1	
		公共设施整合，实现功能集成	L-7-2	
		生态材料应用，节能设计创新	L-7-3	
		规划长效运维，落实有机更新	L-7-4	✓

L-6-1　顺应地貌气候，彰显地域特色

尊重历史格局，恢复山镇关系。模式口地区良好的山水环境为千百年的城镇发展提供了绝佳的生态本底，也形成了依山建镇、山镇融合的格局。在规划中注重保育背景山林，提出"引绿下山"的策略，将山林景观逐渐融入街区，以"留白增绿、见缝插绿"为手段修复山与镇的破碎关系。

L-4-2　保护原生群落，乡土植被利用

最大限度保护院落、街道的每一棵现状树，形成山林—街道—院落完整的绿化系统结构，将

"绿色"进行串联，形成良好的生态基底；同时通过街区、院落"绿色微更新"方式营造自然宜居的环境。

L-6-2　保留原有要素，展现新旧演变

传承文化精髓，保护更新并举。对各级文保单位提出保护优先，尊重文物的原真性，保护与环境提升并举的设计策略。对模式口整体文化元素进行提取及梳理，将驼铃古道、东方美学、生活场景等文化要素进行系统规划，以环境景观为载体传承文化精髓。

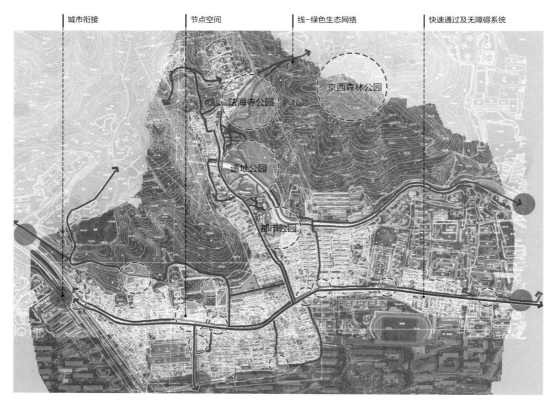

城市衔接　　　　　节点空间　　　　　线-绿色生态网络　　　　快速通过及无障碍系统

京西森林公园

法海寺公园

遗址公园

都市公园

引绿下山分析图

现状街道

L-5-3　强化空间互动，丰富场景体验

提出"艺术计划"的方式辅助激活城市空间，策划一系列艺术活动活化街区、传承文脉、点缀生活，打造模式口高品质环境景观，使之成为京西高品质旅游、生活的新标杆，打造历史文化体验聚集地与时尚策源地。在设计中引入法海寺壁画、驼铃古道之元素。公共空间的艺术介入，或缘起于历史文化的承载，或根植于古道生活的烟火气，且与时代元素、区域吉祥物相映，形成丰富的艺术体验。

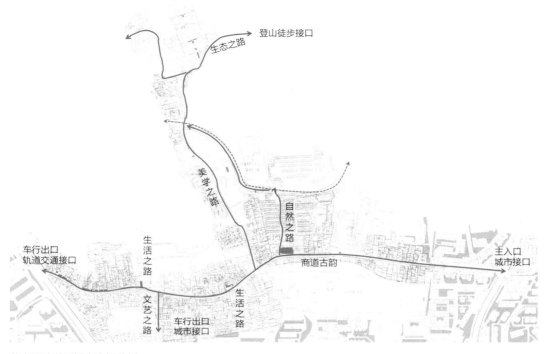

登山徒步接口

生态之路

美学之路

自然之路

车行出口
轨道交通接口

生活之路

文艺之路

车行出口
城市接口

生活之路

商道古韵

主入口
城市接口

艺术活动激活城市空间分析

模式口街区入口

驼铃古道

街区入口

L-5-4　全龄友好设计，体现人性关怀

　　关注惠民乐居，着眼生活服务。设计将历史文化保护传承与"惠民乐居"工程相结合，从以人为本的角度出发，构建关照全人群、全年龄段的环境空间，提升游览品质及生活品质，将生活场景与游览场景相结合，达到生活与游览共生的效果。同时通过调查问卷、集中座谈、邻里访谈等多种方式加强公众参与的力度，充分听取原有住民对区域发展与环境提升的意见与建议，使社会共治的过程成为方案落地的前提条件，制定尊重历史、面向未来的，以人的交往生活为核心的规划。

城市功能家具

L-7-4 规划长效运维，落实有机更新

为了更好地使城市空间随着时间演变健康成长，团队制定了《模式口历史文化街区有机更新手册》作为未来街区有机更新的蓝本指导该区域持续更新。手册主要针对模式口历史文化街区内街道U型空间和院落空间的有机更新提出指导意见，主要面向政府管理人员、街道单位、市民公众、规划设计人员等，同时也是普通市民了解街道的资料性读物。手册对街区的生态价值、文化价值、社区价值进行分析总结，多次开展市民参

与调查问卷和访谈，了解问题、汇总需求。手册提出四大策略，分别为减量高质策略、生态策略、文化艺术策略、生活策略，通过16个核心要素对街道U形空间、院落空间进行整体管控，使昔日京西首驿重焕勃勃生机。远期，从管理层面、设计师、公众三个方面，提出联动保障机制，确保街区建设管理工作的可持续发展。手册的编制是对城市更新的一次探索，在保护历史文化街区本底的基础上，进行渐进式更新，针对性地解决现实问题。

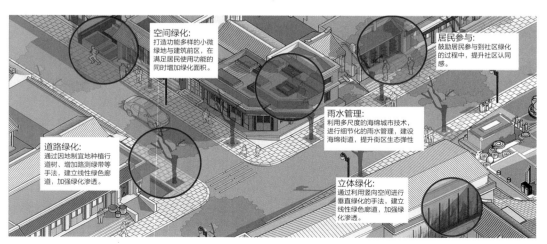

有机更新示意图

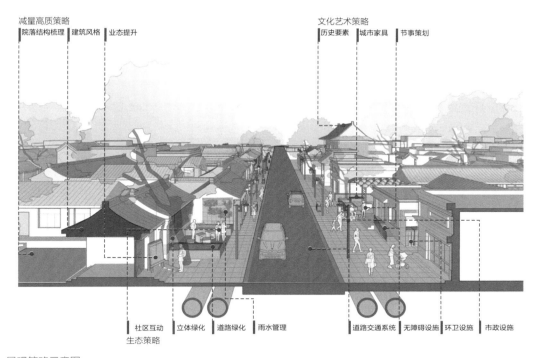

减量高质策略 　　　　　　　　　　　　　　　　　　　　　文化艺术策略

院落结构梳理 | 建筑风格 | 业态提升 　　　　　　　历史要素 | 城市家具 | 节事策划

社区互动 | 立体绿化 | 道路绿化 | 雨水管理 　　　道路交通系统 | 无障碍设施 | 环卫设施 | 市政设施
生态策略

景观策略示意图

北京西单商业区环境整治工程更新后实景照片

北京西单商业区环境整治工程

项目地点：北京西城区

项目规模：区域研究范围80hm²，景观设计范围4.1hm²

项目背景

　　西单商业区地处北京二环线以内的城市中心地段，位于天安门西侧、宣武门内（北侧），与王府井、前门大栅栏并称京城著名的三大传统商业区。整治工程南起宣武门、北至灵境胡同西口、东临横二条东侧、西达华远路西侧，覆盖西单十字路口，南北长约1600m，东西宽约500m，区域研究范围面积约80hm²。西城区政府希望将西单商业区调整建设成为特色浓厚、业态丰富、风貌突出、商脉延续、环境良好、管理有序，多功能、综合性、生态型的现代商业中心区。

问题研判

1. 缺乏统一的景观风貌规划，没有形成自身特点。建筑立面广告、门店牌匾缺乏规范；街面休闲设施不足，照明、绿化、城市家具、标识系统缺乏统一规划。

2. 城市基础配套设施老化，功能短板严重。步行道凹凸不平，配电设施挤占便道，道路铺装品质不高。人车混行现象严重，二层连廊利用率低，存车设施短缺，配套设施不完善。

3. 历史背景体现不足，西单文化广场需进行人本化设计改造；南堂广场文化底蕴有待挖掘；民族大世界、老四团小楼等区域未实现规划，感受不到商业文化底蕴等，与其在首都的商业地位不符。

更新前西单商业街现状实景照片

设计策略及技术措施应用解析

设计策略	策略编号	技术措施	技术措施编号	应用解析
拓展研究手段，支持科学决策	L-1	城市体检引领，系统梳理问题	L-1-1	
		数据指标量化，科学反映问题	L-1-2	
		线上线下结合，客观分析问题	L-1-3	
系统思维引领，加强共商共治	L-2	系统思维引领，部门专业协同	L-2-1	
		尊重自然演进，重视规划反馈	L-2-2	
		广泛听取意见，加强共商共治	L-2-3	
提升城市韧性，人水和谐共生	L-3	协同防洪体系，提升城市安全	L-3-1	
		生态理水治水，流域综合提质	L-3-2	
		市政海绵联动，细化雨水管理	L-3-3	
		预留防灾空间，提升应急能力	L-3-4	
落实生态优先，推进绿色更新	L-4	开展系统修复，筑牢安全屏障	L-4-1	
		保护原生群落，乡土植被利用	L-4-2	
		场地见缝插绿，设计融合艺境	L-4-3	
		基地设施改造，整合生态功能	L-4-4	
完善城市空间，体现人性关怀	L-5	人车系统分离，安全舒适慢行	L-5-1	√
		补充公共服务，便捷城市生活	L-5-2	
		强化空间互动，丰富场景体验	L-5-3	
		全龄友好设计，体现人性关怀	L-5-4	

设计策略	策略编号	技术措施	技术措施编号	应用解析
文化传承创新，彰显地域特色	L-6	顺应地形气候，彰显地域特色	L-6-1	
		保留原有要素，展现新旧演变	L-6-2	√
		再现历史场景，引发情感共鸣	L-6-3	√
资源高效利用，可持续性设计	L-7	高效利用土地，释放存量空间	L-7-1	√
		公共设施整合，实现功能集成	L-7-2	√
		生态材料应用，节能设计创新	L-7-3	
		规划长效运维，落实有机更新	L-7-4	

L-5-1 人车系统分离，安全舒适慢行

改造已有的过街天桥、增设新的天桥、增加室外自动扶梯等以人为本的措施，完善了二层过街步行系统。梳理了整体的交通系统，进而在西单北大街增设中心隔离，彻底实现了人车分流，改变了多年人车混行的局面，改善了整体商圈的交通流线、提升了商区整体的慢行舒适性。

L-7-1 高效利用土地，释放存量空间

将商业街步行空间作了功能带划分，车行道路到商业建筑依次划分为机动车非机动车隔离绿化带、非机动车道路、快速带、无障碍通道、休闲绿化区域、购物步行区域。经过对街道空间重新梳理，有效组织了步行街的人流交通，满足了不同类型人群的需求。

更新后具有复合功能的城市景观带

L-7-2 公共设施整合，实现功能集成

重新整治沿街建筑立面并规范广告牌匾的设计，通过铺装、绿化、城市家具、标识、雕塑等

的系统设计使商业区形成富有文化内涵的独特个性，提升沿街的城市界面。

以西单LOGO为灵感来源着重对休闲绿化区域进行了设计，将绿化、灯具、休闲座椅、垃圾箱、报刊亭、电话亭等街道设施有机地组织在一个固定的区域内，完成了复杂功能的有机整合。

更新后颇具仪式感的南堂广场和两侧静谧的绿色空间

L-6-3 再现历史场景，引发情感共鸣

道路铺装进行了重新设计，以深浅不同的石材无规律地交错铺砌，形成不规则形态肌理，用以承载步行的人文印记，体现新西单对北京历史文化的纪念。

L-6-2 保留原有要素，展现新旧演变

南堂教堂位于西单商业区的最南端，是北京历史最悠久的天主教堂，1996年被国务院列为第四批全国重点文物保护单位。设计充分尊重教堂原有的空间格局，在教堂北侧形成两种空间氛围：一是延续建筑的轴线空间。通过设计小型广

场、镜面水池等强调其景观轴线，通过视线分析，实现了人们在广场上体验建筑体量的要求，形成了以水池倒影展现教堂建筑风貌的空间尺度。二是轴线两侧相对安静的绿化区域。通过线形的青白石座椅将场地围合成由外向内的三个区域，外侧通过草坡与城市道路过渡和衔接。中间是散步区域，随意的砾石小路周边配以特色灯箱、灯带，并结合地被草花、小叶白蜡树阵，营造出闲散而宁静的氛围。区域最中心是下沉的小广场，便于人们交流和举行小型的集会活动。

北京龙潭中湖公园改造提升实景照片

北京龙潭中湖公园改造提升项目

项目地点：北京市东城区

项目规模：总用地面积40hm²

项目背景

　　龙潭中湖公园位于北京首都功能核心区，占地40hm²，其中水域面积11.7hm²，是老城区面积最大的存量绿色公共空间。市民对于龙潭中湖公园的情感很深厚，20世纪80年代，这里是中国最早的一处大型现代游乐场——北京游乐园，运营的25年间它陪伴了几代人的欢声笑语。所以在2010年游乐园结束运营后，龙潭中湖公园要如何更新发展，格外地受百姓关注。从民意征集到城市综合公园的定位定性，再到实施建设，龙潭中湖公园的动向牵动着百万市民的心。重新开放

的龙潭中湖公园大大增加了内城的蓄洪能力，扩大了城市森林的覆盖面积，使得人口密集区的生态环境得到了极大改善，惠及周边近50km²的数百万市民，在满足民众使用需求的同时也充分延续了市民对特定场所的认同感和归属感，也是城市绿色发展，城市文化传承，生态文明建设的典范。

问题研判

　　1. 闲置时间较久，园内植被、驳岸、道路等设施疏于养护呈现百废待兴的状态。改造前园内植被覆盖率约60%，但林相相对单一，不少速生树种面临空洞、干枯等更替情况；驳岸形态随意且多处坍塌；大部分的道路和场地破损严重，已经无法直接利用。

2．山水格局较好，但游乐园时期形成的功能空间结构不再适宜新时期城市公园的使用需求。

3．遗留建筑较多，面临大量的拆除和改造利用工作。改造前全园共有88处建筑，其中47处为违章建筑，其余建筑也均存在不同程度的安全隐患。

4．公园面积较大，投入资金相对紧张，需要足够的"精打细算"才能完成改造内容。同时市区两级投资，涉及施工时序、施工界面的复杂交错。

设计策略及技术措施应用解析

设计策略	策略编号	技术措施	技术措施编号	应用解析
拓展研究手段，支持科学决策	L-1	城市体检引领，系统梳理问题	L-1-1	
		数据指标量化，科学反映问题	L-1-2	
		线上线下结合，客观分析问题	L-1-3	
系统思维引领，加强共商共治	L-2	系统思维引领，部门专业协同	L-2-1	
		尊重自然演进，重视规划反馈	L-2-2	
		广泛听取意见，加强共商共治	L-2-3	√
提升城市韧性，人水和谐共生	L-3	协同防洪体系，提升城市安全	L-3-1	√
		生态理水治水，流域综合提质	L-3-2	
		市政海绵联动，细化雨水管理	L-3-3	
		预留防灾空间，提升应急能力	L-3-4	
落实生态优先，推进绿色更新	L-4	开展系统修复，筑牢安全屏障	L-4-1	
		保护原生群落，乡土植被利用	L-4-2	√
		场地见缝插绿，设计融合艺境	L-4-3	
		基础设施改造，整合生态功能	L-4-4	
完善城市空间，体现人性关怀	L-5	人车系统分离，安全舒适慢行	L-5-1	
		补充公共服务，便捷城市生活	L-5-2	
		强化空间互动，丰富场景体验	L-5-3	
		全龄友好设计，体现人性关怀	L-5-4	√
文化传承创新，彰显地域特色	L-6	顺应地形气候，彰显地域特色	L-6-1	
		保留原有要素，展现新旧演变	L-6-2	√
		再现历史场景，引发情感共鸣	L-6-3	√
资源高效利用，可持续性设计	L-7	高效利用土地，释放存量空间	L-7-1	
		公共设施整合，实现功能集成	L-7-2	
		生态材料应用，节能设计创新	L-7-3	
		规划长效运维，落实有机更新	L-7-4	

L-2-3　广泛听取意见，加强共商共治

20世纪80年代，龙潭中湖公园是中、日合资开发建设的大型现代化游乐园，由北京游乐园有限公司负责日常管理；2010年合营期限届满后，停止经营活动；2012年完成管理权交接工作，对园区进行封闭管理；2018年5月，按照区委、区政府总体工作安排，龙潭中湖改建项目正式开展，通过近30万人次的民意征集，最终将其定性为区域性综合公园。

L-3-1　协同防洪体系，提升城市安全

龙潭中湖是北京城区二环内地势最低的汇水点。也是京城水网的重要蓄水点。改造方案清理干涸的湖底，保护原有的淤泥层，整理驳岸，从护城河引水，设立净化站，将东、中、西三湖水系连通，整体调蓄能力达152331m³，恢复了龙潭湖地区作为北京内城重要蓄洪区的功能。

龙潭中湖公园与周边绿地串联成片

龙潭中湖公园与周边水系串联成网

L-4-2　保护原生群落，乡土植被利用

结合现有林地的各项生态指标，分类梳理现有林木，通过复层混交、异龄更新、丰富色彩、突出水岸等方法形成生态结构稳定，林貌丰富的城市森林。改造后的龙潭中湖公园实现绿地增量16.69%，绿地面积占全园陆地面积的75.91%，与周边的公园、滨河绿地等联动为一体。盘活存量空间的同时，扩大了生态容量。对于改善区域生态环境起着重要的作用。

林貌提质后的公园植被风貌

L-5-4　全龄友好设计，体现人性关怀

将适合不同年龄的各类活动场地巧妙地安置其中，功能与场地特点充分契合，如在2.6km的环湖路上布置健康慢跑道，配合智能打卡桩与周边的公园联合成为可记忆的联动健身体验；在原有建筑拆除后的基址上设立健身活动场地；在原"空中自行车"设施处设立空中栈道等，节约投入的同时让人们感受到熟悉的空间尺度和氛围。

2.6km的环湖健康慢跑道

拆除建筑基址上所布置的康体活动空间

L-6-2　保留原有要素，展现新旧演变

龙潭中湖在近七十年的发展历程中经历过两次大的改造，形成了山水本底及建筑、桥梁、道路、植被等建设项目，特别是游乐园时期还留下了大量的设施。本次改造提升非常重视对场地内现状建设和设施的评估，在此基础上融入城市有机更新的理念和方法，如原地保留摩天轮，并利用东侧一处建筑基址形成下沉广场，与摩天轮一同形成具有多功能的观演空间。

摩天轮与下沉广场共同构成观演空间

游乐园时期的一个小商店，闭园后四周的玻璃已经全部破损，经过专业检测没有安全隐患后进行保留翻新。拆除所有维护结构，顺应原有结构逻辑，内部增加拱形壁柱。将原有建筑改造为室外景观构筑物，成为周边居民和游客拍照打卡的一处美景。

原有建筑改造为室外景观构筑物

园区内的桥梁也得到了很好的改造利用，通往中心岛的一座大桥，也是游乐园时期孩子们最喜欢来的地方，因为那里通向他们最爱的过山车

和大海贼项目。改建过程中，在安全监测合格的前提下，更换栏杆，修复桥面铺装和外立面，一座崭新的大桥恢复了大家的"时光记忆"。

原貌恢复的上岛桥

L-6-3　再现历史场景，引发情感共鸣

写着"北京游乐园"五个大字的金属门头被保留下来，重新打磨粉刷后，一个五彩缤纷的游乐园标志又重新回到了公园内，矗立在童趣天地广场的位置。家长们可以给小朋友讲讲这是他们儿时快乐的娱乐场所，传承美好的回忆。

游乐园时期的导览石碑被保留了下来，配合新的景观营造，归属感扑面而来。

原北京游乐园大门门头的再利用

原北京游乐园导览牌再利用

北京雁栖湖"国际合作高峰论坛"景观提升项目入口区

北京雁栖湖"国际合作高峰论坛"景观提升项目

项目地点： 北京市怀柔区

项目规模： 总用地面积7.2hm²

项目背景

雁栖湖国际会都位于北京市怀柔区，是2014年第22届亚太经济合作组织APEC会议、2017年和2019年"一带一路"国际合作高峰论坛领导人非正式会议的主会场。雁栖岛作为其核心景观，在盛会期间吸引了全世界的目光。雁栖岛周边生态环境十分优越，会时重要节点景观遵循系统整体的设计思维，延续生态山水的本底特色，从中国传统文化礼仪对于"景"与"境"的解读入手，以本土设计语言传递大国文化自信。基于会时领导人使用路线和使用场景，梳理打造国际会都门户景观、会议中心南广场以及范崎路入口形象，营造具有中国传统礼仪精神和文化特色，彰显情景意境和艺术魅力的迎宾空间。

问题研判

1. 重点景观与周边环境风貌协调契合的问题。雁栖湖优越的山水风光构成了其自然资源本底，雁栖岛主体建筑奠定了其汉唐文化基调。因此，重要节点的景观风貌应顺应山水特征，协同建筑语境，体现中国传统文化中"天人合一"的思想价值追求。

2. 文化传承创新和地域特色彰显的问题。国际会都作为主场外交承办地，应传递中国传统文化自信和文化特色，从空间格局、空间体验、空间细部方面共同营造出场所的文化意境和艺术魅力，诠释礼仪之邦的大国气度和风范。

3. 会时需求引导场景及设施布局的问题。景观提升重点需要迎合领导人会时通行路线、使用场景、视线关系、设施需求等，有针对性地强化场景氛围、布局配套服务设施，优化场所空间意向，提升使用舒适度。

设计策略及技术措施应用解析

设计策略	策略编号	技术措施	技术措施编号	应用解析
拓展研究手段，支持科学决策	L-1	城市体检引领，系统梳理问题	L-1-1	
		数据指标量化，科学反映问题	L-1-2	
		线上线下结合，客观分析问题	L-1-3	
系统思维引领，加强共商共治	L-2	系统思维引领，部门专业协同	L-2-1	√
		尊重自然演进，重视规划反馈	L-2-2	
		广泛听取意见，加强共商共治	L-2-3	
提升城市韧性，人水和谐共生	L-3	协同防洪体系，提升城市安全	L-3-1	
		生态理水治水，流域综合提质	L-3-2	
		市政海绵联动，细化雨水管理	L-3-3	
		预留防灾空间，提升应急能力	L-3-4	
落实生态优先，推进绿色更新	L-4	开展系统修复，筑牢安全屏障	L-4-1	
		保护原生群落，乡土植被利用	L-4-2	
		场地见缝插绿，设计融合艺境	L-4-3	
		基础设施改造，整合生态功能	L-4-4	
完善城市空间，体现人性关怀	L-5	人车系统分离，安全舒适慢行	L-5-1	
		补充公共服务，便捷城市生活	L-5-2	
		强化空间互动，丰富场景体验	L-5-3	√
		全龄友好设计，体现人性关怀	L-5-4	
文化传承创新，彰显地域特色	L-6	顺应地形地貌，彰显地域特色	L-6-1	√
		保留原有要素，展现新旧演变	L-6-2	
		再现历史场景，引发情感共鸣	L-6-3	
资源高效利用，可持续性设计	L-7	高效利用土地，释放存量空间	L-7-1	
		公共设施整合，实现功能集成	L-7-2	
		生态材料应用，节能设计创新	L-7-3	
		规划长效运维，落实有机更新	L-7-4	

L-2-1 系统思维引领，部门专业协同

雁栖岛周边汇集了重要的生态资源，山水环抱，重峦叠嶂，其独特的自然美景孕育了丰富的生境类型和人文景观，描绘了一副天然山水人文画卷。在岛内景观设计和提升阶段，设计团队遵循、延续了这一环境特征，通过营造丰富的微地形，搭配多样的植被群落，实现绿色基底包裹人文空间的场所意向。

雁栖岛山水环境

雁栖岛核心景观鸟瞰

在园区风貌的营造方面，结合会时路线，划分三大景观风貌区域，体现欢快热烈的迎宾序曲、清新明亮的自然氛围、中正典雅的礼宾环境。

雁栖岛迎宾大道环境

雁栖岛北段自然环境

会议中心南广场礼宾环境

基于主场外交的特点，设计师需结合会时领导人迎宾路线和停留地点，以空间演绎的手法，提前模拟使用场景，梳理视线关系，布局服务设施。中国传统造园讲求"收"与"放"，这种哲学思想体现在园林的总体布局、空间组织、掇山理水、栽花植木等各个方面，最终营造出具有空间层次和意趣的游览环境。设计团队沿袭了传统造园的思路，针对会时使用需求，梳理出节点、沿线、面域的景观提升区域，分主次、分层次打造疏密有度、收放有致的园林空间，营造出不同视觉体验和心理感受下的景观氛围。

雁栖岛提升区域分析图

L-6-1 顺应地形地貌，彰显地域特色

雁栖岛核心建筑——汉唐飞扬融合了汉唐时期建筑风格与现代建筑艺术，将中国传统的曲线

和屋檐转角与工业、金属以及国际语言相结合，探索了传统文化的现代表达方式。在景观营造层面，设计团队依然沿袭了这一理念。核心岛入口和会议中心南广场是会时国家的门户形象和焦点景观，充分展现中国"礼仪之邦"的称号。通过研究传统文化中的礼仪文化，及其对"景"与"境"影响，解读文化礼仪的门户环境内涵，并应用在重点景观营造层面。

一方面，分别以皇家宫廷、御苑和民宅花园作为研究对象，将传统文化中的门户空间格局、构成要素和尺度关系总结提炼概括，梳理场地与山水、建筑的关系和空间尺度，使重要节点的景观设计与周边环境交融渗透、有机结合。

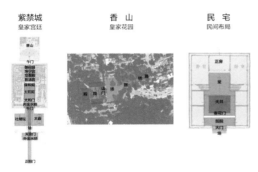

紫禁城、香山及民宅空间分析图

另一方面，以传统文化元素中的符号特征作为研究对象，通过抽象、提炼、借喻、解构、重组等设计手法，凝练出植根于中国传统文化内在结构的景观语言，将其作为形象载体，应用在构筑物、铺装及节点细部，传承与延续中国传统文化的精髓。

空间与符号的表达示意图

核心岛入岛口是整体景观风貌的门户所在。设计团队研究分析了紫禁城入口区的空间序列，提炼出广场—金水桥—门—广场的空间序列模式，并将各元素加以抽象和演变，共同构筑了入岛口礼仪节奏。广场两侧以汉唐夔龙纹为符号特征，营造"祥龙吐瑞"水景序列。主景特色大门的设计风格和设计元素与南广场呼应，以"御冕"为主题，用紫铜材料来表达质感。三座微微拱起的"金水桥"，更加凸显了特色大门的雄伟壮观和礼仪等级，使核心岛入口景区仪态大方，展现大气国风，形成新的门户景观形象。

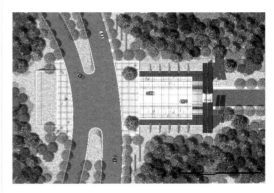

雁栖岛入岛口平面图

入岛口大门及金水桥

入岛口祥龙吐瑞水景

国际会议中心南广场以汉唐盛世文化立意入手，在融入周边环境的同时，利用"中"字布局强调中轴对称的传统礼仪格局，形成了中正、方整的广场气势。在空间序列上，以"聆风汉阙""夔龙纹御道"和"御冕灯阵"等由汉唐文化演绎而成的特色景观元素，营造出层级递进的空间形态以及体验。

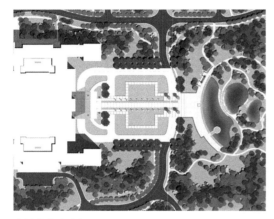

会议中心南广场平面图

会议中心南广场聆风汉阙、御冕灯阵

示范区入口以植物"聆风汉阙"构成入口主景，以阵列式引导元素增强景深关系。通过分析周边交通速度和视线关系，以大气雅致风格的标

志景墙破解场地综合矛盾。通过材质与色彩同核心岛入口景观呼应，延续整体空间联想。

L-5-3 强化空间互动，丰富场景体验

雁栖岛的核心景观设计大量应用了微地形营造，一方面顺应周边自然地貌特征，另一方面起到引导视线、围合空间的作用。在地形塑造的基础之上，结合会时气候特点，精心选用具有地域特色和文化特征，同时兼顾色彩搭配和风貌调性的植被品种，展现具有东方意蕴的礼宾氛围。

贵宾通行路线两侧以微地形草坡引导起伏的视线层次，以淡雅明快的粉紫调花卉色带打造连接入岛口和会议中心南广场之间的车行路环境，形成重点区域之间的过渡空间，体现春日芳菲的会址环境和隆重热烈的迎宾氛围。

迎宾路

会议中心南广场御道两侧增加花带，打造"盛世花轴"。选取代表中国色彩的红与黄，采用渐变色调融合浓烈色彩，与中间红毯相接，彰显大国气度。

示范区入口标志景墙全貌

会议中心南广场

夏园木平台作为会议中心南广场的延伸，是外方领导人临时停歇区域。借鉴中国传统造园步移景异的空间处理手法，体现近人尺度花境的轻松细腻。选材中国传统花卉，搭配国外引进花境材料，营造温馨舒朗的环境，体现汇聚五湖四海，包容共享的理念。

海晏厅建筑外廊为领导人提供了午宴室外茶歇场所，对平台视线对景面进行重点梳理。东侧打造松石组景，呈现具有东方文化意蕴的园林空间。北侧结合旱溪蓄水，种植水生植被和花灌木，衬托幽静雅致的场所氛围。

夏园木平台

海晏厅建筑外廊松石组景

重庆长滨片区城市更新项目储奇门鸟瞰图

重庆长滨片区城市更新项目

项目地点： 重庆市渝中区
项目规模： 总长度4.7km，总用地面积140000m²
项目背景

长滨路改造项目东接来福士，西至菜园坝长

江大桥；纵深从长滨路沿线到朝东路、解放东西路、南区路，囊括湖广会馆、白象街历史街区、太平门遗址片区、滨江公园、燕子岩飞机码头片区、珊瑚公园等区域，是重庆"两江四岸"核心区的重要组成部分，4.7km长的滨江岸线是重庆渝中区城市形象最具代表性的展示界面。

长滨区域集母城独特的江城山水格局和丰富的历史文化资源之大成,然而作为重庆市第一条滨江路,时代的局限性和空间进深短、高差大的条件限制使长滨区域难以应对极端气候频发造成的城市风险、难以匹配重庆城市建设发展的日新月异,不仅威胁城市的生产生活安全,而且极大地限制了市民共享滨江的空间服务供给。伴随着长滨路沿线防洪总体提升以及市政路下穿方案的进行,长滨沿线原有的公共空间得以扩宽,为滨江城市空间设计提供了新的机遇。

问题研判

1. 滨江生态破坏,特色地景消失,面临洪水风险:滨江岸线不能适应水位巨大的消落变化,滨江空间的生产生活面临洪水风险。

2. 割裂城市空间,缺乏连续慢行,难与城市互动:过高过硬的防洪堤岸和快速路的建设割裂了山—水—城的历史空间格局,滨水与陆地联动不足,滨江空间难以利用。迫切需要修复连续、安全、立体的慢行交通体系。

3. 土地价值洼地,空间活力凋敝,商业氛围凋敝:商业业态老旧与同质竞争并存,服务业发展滞后,城市活力凋敝。汽配、运输等低端业态大量集聚,老旧住宅品质不佳且集中连片,与城市生活与旅游服务的未来需求脱节;休闲类等年轻人喜爱的新兴业态几乎完全缺失,城市空间缺乏吸引力;旧家具市场等场地长期占用优质土地,使场地成为渝中区的价值洼地。迫切需要进行产业业态转型,增强区域吸引力。

4. 历史印迹消失,城市记忆模糊,旅游功能滞后:历史人文资源一方面未能较好协调保护与利用的相互关系,文化价值未能得到充分挖掘;另一方面缺乏串联,未能形成讲述重庆城市故事的空间体系。迫切需要激发历史文化与现代城市生活的互动。

设计策略及技术措施应用解析

设计策略	策略编号	技术措施	技术措施编号	应用解析
拓展研究手段,支持科学决策	L-1	城市体检引领,系统梳理问题	L-1-1	
		数据指标量化,科学反映问题	L-1-2	
		线上线下结合,客观分析问题	L-1-3	
系统思维引领,加强共商共治	L-2	系统思维引领,部门专业协同	L-2-1	
		尊重自然演进,重视规划反馈	L-2-2	
		广泛听取意见,加强共商共治	L-2-3	
提升城市韧性,人水和谐共生	L-3	协同防洪体系,提升城市安全	L-3-1	√
		生态理水治水,流域综合提质	L-3-2	
		市政海绵联动,细化雨水管理	L-3-3	
		预留防灾空间,提升应急能力	L-3-4	
落实生态优先,推进绿色更新	L-4	开展系统修复,筑牢安全屏障	L-4-1	
		保护原生群落,乡土植被利用	L-4-2	
		场地见缝插绿,设计融合艺境	L-4-3	
		基础设施改造,整合生态功能	L-4-4	
完善城市空间,体现人性关怀	L-5	人车系统分离,安全舒适慢行	L-5-1	√
		补充公共服务,便捷城市生活	L-5-2	
		强化空间互动,丰富场景体验	L-5-3	√
		全龄友好设计,体现人性关怀	L-5-4	

设计策略	策略编号	技术措施	技术措施编号	应用解析
文化传承创新，彰显地域特色	L-6	顺应地形气候，彰显地域特色	L-6-1	
		保留原有要素，展现新旧演变	L-6-2	√
		再现历史场景，引发情感共鸣	L-6-3	√
资源高效利用，可持续性设计	L-7	高效利用土地，释放存量空间	L-7-1	√
		公共设施整合，实现功能集成	L-7-2	
		生态材料应用，节能设计创新	L-7-3	
		规划长效运维，落实有机更新	L-7-4	

L-3-1 协同防洪体系，提升城市安全

为解决滨江区域所面临的洪水威胁，需设置防洪墙。考虑滨江区域的风貌整体性及景观价值，在满足防洪安全要求的前提下，将排危加固的硬性指标和景观整体设计思路结合考虑。充分利用滨江空间，分层设置永久防洪墙，行成丰富的地形变化，提供了更多的观江视角。临时防洪设施与景观构筑相结合，更高效地完成滨江防洪要求。

L-5-1 人车系统分离，安全舒适慢行

针对山城步道与滨河绿道的人行联系弱、滨江慢行体系不完整的现状问题，设计提出采取阶梯、露台、天桥、上盖等多样化的连接手法实现人车系统分离，在垂直于江岸方向打通山江联系；沿江构建连续舒适的江景步道，建立立体穿梭的通达慢行体系，营造开放共享的连续步行体验。

打通城—江联系的剖面分析图

L-5-3　强化空间互动，丰富场景体验

通过疏通江与城的空间联系、恢复山城空间肌理；整合现有空间、打开沿江界面，增强与市民的交互。

太平门是百年重庆城的重要门户，城外长江东去，城内是一条繁华的长街，宽阔的石阶一直通向江边，曾经是重庆最豪华的街道和金融中心。随着城市的发展，太平门城墙及老街已淹没在现代楼宇之中。2013年7月，太平门被发掘出来，得以重见天日。伴随着富华大厦拆除计划的展开，设计团队将有机会整合现有空间，重现历史上太平门码头的宏伟景象，疏通江与城的空间联系，打造纵向廊道。

设计结合现场调研及历史地图，利用部分现有台阶，打造从太平门遗址到滨江180步道的石阶步道，疏通城与江的步道联系，恢复历史上太平门码头的原有风貌。富华大厦原址西侧植入建筑组团，采用退台式建筑群，体块高低错落，采用坡屋顶的形式呼应吊脚楼历史文脉。建筑体块平行布置依高程而建，形成太平门门洞视线通道，带来观江与观城的双重视觉体验。建筑外摆空间与石阶之间用砂石路相连，并隐藏在草坡地形之间，为游人提供丰富有趣的通行观景游线。

太平门码头纵向廊道的历史实景照片

太平门码头纵向廊道的设计效果图

L-7-1　高效利用土地，释放存量空间

长滨路内侧底商及步道的改造通过拆除违法建设内容、疏解低效使用的场地，在有限存量里释放出新的可利用空间。设计重新排布利用临街步道，补强和完善周边需求，结合底商建筑改造，形成林荫下的通行及外摆空间，为长滨沿线的业态提升带来新的可能。

集约利用滨江空间，将高差大、进深窄的不利条件作为空间特色。通过创造层叠开放的多首层空间带、植入立体升级的新型服务业态、激发缤纷多样的人群休闲活动，升级业态、折叠场景，触发焕然悦动的江边山城生活。

L-6-2　保留原有要素，展现新旧演变

系统梳理并提取长滨片区古城门、码头河街、市井街巷等历史文化要素，复现瓮城、大码头等空间形制，保留历史记忆；保留历史图景中层叠的街巷屋檐，选择小青瓦和金属瓦突出从历史到现代的演变过程，表达长滨区域的历史变迁，打造特色节点。

湖广会馆旁底层商业效果图

燕子岩—飞机码头服务业态效果图

L-6-3 再现历史场景，引发情感共鸣

望龙门缆车由中国著名桥梁专家茅以升主持设计，是中国第一条客运缆车，于1944年7月动工、1945年4月建成、1993年停运，2009年底被列为重庆市文物保护单位。伴随着长滨路的修建及城市的发展，原有靠近江边的缆车站台早已不复存在，在缆车节点设计上遵循历史图片，借助场地在长滨路上恢复站台节点，与高处的站台行成空间上的对望，轨道东侧顺应台阶增加廊架，展现历史场景中层层叠叠的屋瓦形象，西侧借助白象居挡墙，以屋檐结合历史画面的手法再现望龙门缆车繁忙热闹的历史氛围。

望龙门缆车的历史照片

望龙门缆车的设计效果图

重庆丰都县长江—龙河滨水空间实景照片

重庆丰都县长江—龙河滨水空间城市设计

项目地点： 重庆市丰都县

项目规模： 片区详细城市设计面积为43.01km²，重点地块详细设计面积为8.88km²

项目背景

"两水四岸"的规划设计，是丰都城市更新、生态修复和生态园林城市创建的重要窗口和示范标杆。项目遵循谋划、策划、规划、计划四划协

同思路,提出"丰盈之邑,尚善之都"的文化定位与"山水客厅、人文画卷"的规划愿景。从全局谋划一域,打造一个胜景丰盈的山水客厅,成为"长江文化公园的巴渝样本,重庆郊区新城的两高示范",以一域服务全局,打造一个大美尚善的人文画卷,呈现"丰都山水智城的休闲客厅,丰都文化名城的活力阳台"。

问题研判

1. 生态系统能效不高,生态价值转化不畅。丰都县由于过度开发、环境污染和不合理的土地利用,导致当地自然生态系统的结构和功能受到影响,生物多样性减少,森林、湿地等重要生态系统的服务功能减弱,降低了生态系统的自然调节能力和抵御灾害的能力。

2. 公服设施配给不足,环境品质有待提高。丰都县的公共图书馆、体育场馆、公园绿地等文化休闲设施不足或维护不善,难以满足居民日益增长的精神文化需求和休闲健身需求,影响居民的幸福感和城市的文化氛围。

3. 景观风貌逐步趋同,城市魅力不断削减。丰都县作为拥有丰富历史文化和自然景观的地区,一些具有代表性的历史建筑、古迹和传统街区在城市更新过程中没有得到妥善保护和合理利用,或是修复过程中过度商业化,丧失了原有的历史韵味和文化价值,减少了城市的文化辨识度。

设计策略及技术措施应用解析

设计策略	策略编号	技术措施	技术措施编号	应用解析
拓展研究手段,支持科学决策	L-1	城市体检引领,系统梳理问题	L-1-1	
		数据指标量化,科学反映问题	L-1-2	
		线上线下结合,客观分析问题	L-1-3	
系统思维引领,加强共商共治	L-2	系统思维引领,部门专业协同	L-2-1	
		尊重自然演进,重视规划反馈	L-2-2	
		广泛听取意见,加强共商共治	L-2-3	
提升城市韧性,人水和谐共生	L-3	协同防洪体系,提升城市安全	L-3-1	
		生态理水治水,流域综合提质	L-3-2	
		市政海绵联动,细化雨水管理	L-3-3	
		预留防灾空间,提升应急能力	L-3-4	
落实生态优先,推进绿色更新	L-4	开展系统修复,筑牢安全屏障	L-4-1	√
		保护原生群落,乡土植被利用	L-4-2	
		场地见缝插绿,设计融合艺境	L-4-3	
		基础设施改造,整合生态功能	L-4-4	
完善城市空间,体现人性关怀	L-5	人车系统分离,安全舒适慢行	L-5-1	
		补充公共服务,便捷城市生活	L-5-2	
		强化空间互动,丰富场景体验	L-5-3	√
		全龄友好设计,体现人性关怀	L-5-4	√

续表

设计策略	策略编号	技术措施	技术措施编号	应用解析
文化传承创新，彰显地域特色	L-6	顺应地形气候，彰显地域特色	L-6-1	
		保留原有要素，展现新旧演变	L-6-2	√
		再现历史场景，引发情感共鸣	L-6-3	
资源高效利用，可持续性设计	L-7	高效利用土地，释放存量空间	L-7-1	
		公共设施整合，实现功能集成	L-7-2	
		生态材料应用，节能设计创新	L-7-3	
		规划长效运维，落实有机更新	L-7-4	

L-4-1 开展系统修复，筑牢安全屏障

主要从山、水、林、田、湖、草、土、生物等要素出发，对城市受到破坏或退化的关键性生态空间进行生态修复。

通过"护山、理水、营林、疏田、清湖、丰草"六大修复策略，擦亮绿水青山颜值，织补1处山地、10条河流、5处湿地、4条林带，2片农田蓝绿底色。

同时运用最优价值生命共同体和乡野化理论，指导更科学合理地开展"两水四岸"环境设计工作。

最优价值生命共同体：

①坚持3个方针：节约优先、保护优先、自然恢复；②抓住六大特性和核心要素：整体系统性、区域条件性、价值性、有限容量性、迁移性、可持续性六大特性，"水"和"土"两个核心要素；③结合六大策略："护山、理水、营林、疏田、清湖、丰草"六大策略，建设人与自然和谐共生的最优价值生命共同体。

乡野化理论：

①策略：设计乡村形态、增加乡村元素、营造乡村气息、丰富乡愁体验；②手段：栽植野草野花、野菜野果、野灌野乔，融合国际化、绿色化、智能化、人文化的生态设施和绿色建筑，形成乡野化意境。

六大修复策略落位示意图

消落带分时分层分段修复，优化柔化美化滨水岸线。将消落带分成水平4大段分别是硬质淤积岸、硬质冲刷岸、软质淤积岸、软质冲刷岸，垂直3大层分别是163m以下、163～175m、175m以上。

硬质淤积岸修复方法是163m以下严格保护草滩，163～175m采取柔化岸线，丰富生物多样性，175m以上采用乔灌草结合，营造舒适滨水人居环境。硬质冲刷段修复方法是163m以下严格保护草滩、石滩，163～175m采取柔化美化岸线，丰富生物多样性，175m以上采取乔灌草结合，营造舒适滨水环境。软质淤积岸修复方法是163m以下严格保护草滩，163～175m稳定植被，丰富生物多样性，175m以上采取乔灌草结合，营造舒适滨水

人居环境。软质冲刷岸修复方法是163m以下严格保护草滩、石滩，163～175m采取固土护岸，丰富生物多样性，175m以上采取乔灌草结合，营造舒适人居环境。

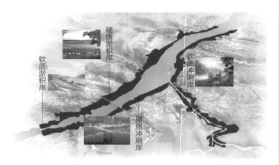

分时分层分段消落带修复策略示意图

L-5-3　强化空间互动，丰富场景体验

围绕场景呈现，锻造情感空间。深入理解并响应居民的实际需求和情感联结，创造既实用又富含文化意义的城市环境，并锻造出12类凝聚情感的日常空间。

这些空间分别提供如婚礼见证、绿色智慧、活力悦动、行舟晚渡、峡湾体验、地标打卡、码头观江、邻里聚会、丰收门户、文艺中心、非遗文创、老滩漫游的情感体验。营造出能够触动人心、促进人群互动和归属感的空间氛围。

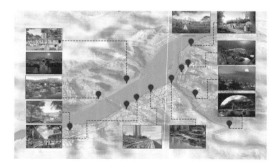

空间场景体系构建示意图

L-5-4　全龄友好设计，体现人性关怀

根据人群需要，策划多类活动，确保全龄全时共享，针对七大段不同特点，有针对性地策划了26项全时活动，16项节事活动。

全龄活动主要有为儿童设置亲子野餐和学习活动，为年轻人提供创新工坊和社交平台，为中年人设立职业培训和休闲活动，以及为老年人规划养生讲座和园艺活动等，实现真正的全龄化参与。

全时活动主要包括生态科普、鬼城游览、滨江漫步、户外团建、登高望远、极限运动、文创市集等。节事活动主要包括鬼城文化节、丰收采摘节、滨江音乐节、摄影大赛及其他运动赛系列等，确保空间的高效利用和居民生活的持续活跃。其强调的是公共空间和活动的全天候可用性，无论是白天还是夜晚，工作日还是周末，都有相应的活动安排。

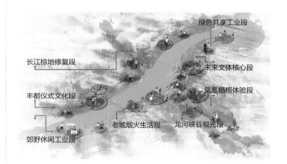

全龄友好的文化节事策划示意图

L-6-2　保留原有要素，展现新旧演变

在设计过程中认识到城市中的历史建筑、街道布局、文化符号等是城市记忆和身份的重要组成部分，因此在更新过程中，优先考虑对这些原有要素进行保护和修复，而不是简单拆除重建。在保护历史遗迹的同时，巧妙地引入现代建筑和设计元素，使新旧建筑和谐共存，形成独特的城市风貌。这种融合不是简单的并置，而是通过设计语言、材料选择、色彩搭配等方面的协调，使新旧之间产生对话，相互衬托，展现时间的层次感。最终围绕现有的8段水岸长卷，打造出12张文化图景。

许多老旧建筑和空间在保持其原有风貌的基础上，被赋予新的使用功能，如将旧工厂改造成创意园区、仓库变成艺术中心、老宅院转型为文化客栈等。这样的功能转换既保留了历史痕迹，又激活了城市空间，满足了现代社会的需求。

最终形成了金穗门、丰收埠、唯善台、来仪阁、霞浦泮、水天坪、幸福坡、呈和居、凤凰港、生息桥、金竹滩、龙河湾12个文化图景。

总之，"保留原有要素，展现新旧演变"的策略，是城市更新中追求发展与保护、传统与现代和谐共生的一种智慧实践，旨在创造一个既传承历史文脉，又充满生机与创新的城市空间。

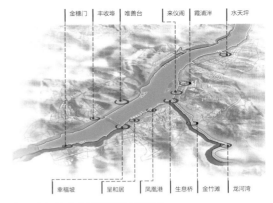

新旧交织的文化图景营造示意图

重庆綦江区铁路文创园城市更新项目效果图

重庆綦江区铁路文创园城市更新项目

项目地点： 重庆市綦江区

项目规模： 总用地面积40.6hm²，其中建设用地规模30.8hm²

项目背景

项目位于重庆市綦江，亚热带湿润季风气候。綦江区是重庆主城都市区重要战略支点城市、西部陆海新通道"重庆南大门"。綦江区自古以来就是控扼巴黔的军事要冲，所在商路也是巴盐外运的重要通道之一。抗战时期的三线工业建设更是使铁路成为綦江城市发展中的重要角色。

长江一级支流綦江贯穿南北，青绿的水色，清净的水质，轻缓的水势为綦江城区奠定了不同于重庆市区的自然氛围和城市风貌基底。綦江是綦江区人民的母亲河，綦江城区依水而建、受"山、水"地形地貌的影响大，形成了老城沿江集中发展的城市格局。綦江城区沿江的石佛岗、代家岗、龙角溪一带历史上是川黔盐道水路和陆路交汇之地，具备丰富的江、城、山等景观要素和明月渡口、老火车站、赵素昂旧居等历史文化资源，老树、农田、老街、堡坎、铁路等也为场地增添了綦江味十足的景观要素。

以綦江为发展主轴，綦江区确立了綦江两岸综合提升的城市更新发展战略，滨江区域成为激发城市活力的关键界面。綦江老火车站片区作为两岸山水资源的汇集地、綦江人民乡愁的承载地，成为再现城市文化，寻回城市记忆的关键空间载体。本次更新确立了以生态景观方法为核心的更新策略，意图在綦江两岸叠筑时空，与本地居民、外来游客共赴一场綦江奇梦。

问题研判

1. 粗放的城市建设使山水基底破坏、沿江低地面临洪泛威胁；

2. 历史遗存湮灭、城市活力缺失，滨江空间价值未得到充分实现。

3. 铁路南北向贯穿整个场地，是极其鲜明的场地特色，如何规避其负面影响也是对设计的一大挑战。

设计策略及技术措施应用解析

设计策略	策略编号	技术措施	技术措施编号	应用解析
拓展研究手段，支持科学决策	L-1	城市体检引领，系统梳理问题	L-1-1	
		数据指标量化，科学反映问题	L-1-2	
		线上线下结合，客观分析问题	L-1-3	
系统思维引领，加强共商共治	L-2	系统思维引领，部门专业协同	L-2-1	
		尊重自然演进，重视规划反馈	L-2-2	
		广泛听取意见，加强共商共治	L-2-3	
提升城市韧性，人水和谐共生	L-3	协同防洪体系，提升城市安全	L-3-1	
		生态理水治水，流域综合提质	L-3-2	
		市政海绵联动，细化雨水管理	L-3-3	
		预留防灾空间，提升应急能力	L-3-4	
落实生态优先，推进绿色更新	L-4	开展系统修复，筑牢安全屏障	L-4-1	√
		保护原生群落，乡土植被利用	L-4-2	√
		场地见缝插绿，设计融合艺境	L-4-3	
		基础设施改造，整合生态功能	L-4-4	
完善城市空间，体现人性关怀	L-5	人车系统分离，安全舒适慢行	L-5-1	√
		补充公共服务，便捷城市生活	L-5-2	
		强化空间互动，丰富场景体验	L-5-3	√
		全龄友好设计，体现人性关怀	L-5-4	
文化传承创新，彰显地域特色	L-6	顺应地形气候，彰显地域特色	L-6-1	√
		保留原有要素，展现新旧演变	L-6-2	
		再现历史场景，引发情感共鸣	L-6-3	√
资源高效利用，可持续性设计	L-7	高效利用土地，释放存量空间	L-7-1	√
		公共设施整合，实现功能集成	L-7-2	
		生态材料应用，节能设计创新	L-7-3	
		规划长效运维，落实有机更新	L-7-4	

L-7-1　高效利用土地，释放存量空间

　　构建空间结构时充分考虑场地狭长沿江的基础特征，以在场地北侧设置特色体验驱动区、中部打造文化景观驱动区的方式形成能级较高的活力核心，激活片区发展；依托綦江，充分发掘场地资源，形成多个滨水及街区内部公共空间，释放存量空间、提升空间价值。

　　以悦活滨江景观轴在滨江慢行串联丰富节点；

以城市变迁体验轴建立起綦江东站与场地的顺畅联系，增强游客与场地的交互、提升空间利用效率。

L-6-1　顺应地形气候，彰显地域特色

　　设计尊重场地、尊重自然，结合场地既有公共空间体系特质，坚持低扰动、轻建设的设计手法，保留老城肌理、采取针灸式介入，通过延伸获取横向连接、与片区融为整体，让魅力生态公共空间有机生长。

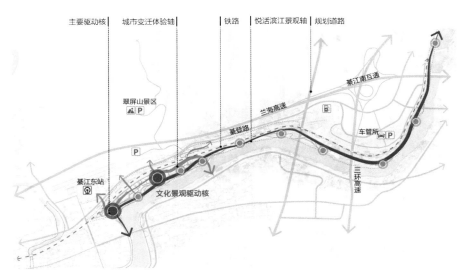

功能格局分析图

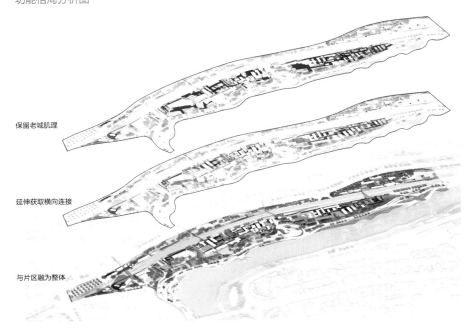

有机生长的设计策略示意图

L-4-1 开展系统修复，筑牢安全屏障

场地是典型的河谷地形，根据高程、坡度等特质，梳理汇水区域与内部汇水廊道，在汇水廊道上构建汇水湿地、水上运动场、汇水台地与汇水花园等不同形式的功能空间，加强场地与河流的纵向联系，打通山水连廊。同时加强铁路两侧生态联系，构建横向的生态廊道。

L-4-2 保护原生群落，乡土植被利用

系统梳理场地本土生境特征、植被基础条件和乡土植物资源开发潜力，通过恢复生态本底、丰富植物品种、优化群落组合，构建滨江生境、湿地生境、林地生境、农田生境、老街区绿地和铁路沿线生境六类特色生境，营造场地整体植物氛围。

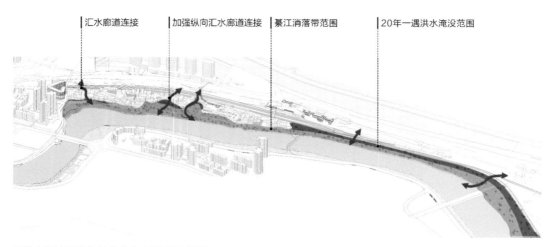

汇水廊道连接　　加强纵向汇水廊道连接　　綦江消落带范围　　20年一遇洪水淹没范围

以纵向汇水廊道为核心的生态联系示意图

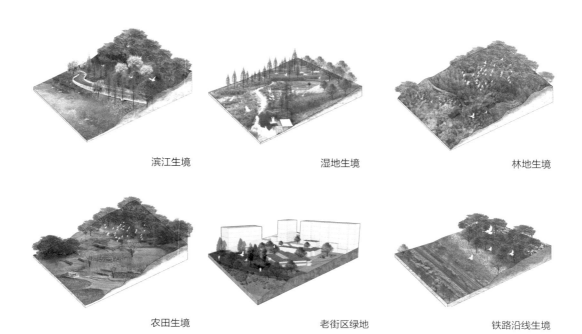

滨江生境　　　　　　湿地生境　　　　　　林地生境

农田生境　　　　　　老街区绿地　　　　　铁路沿线生境

特色生境的典型模式示意图

L-5-1　人车系统分离，安全舒适慢行

充分利用典型河谷地形的场地高差，构建立体步道、地面步道和滨水步道的多层级步道系统，化不利条件为有利优势，提供丰富多样的慢行体验。

立体绿道：利用建筑屋顶、高架桥整合场地高差，联通步行，减弱铁路、高等级道路对道路的切割，高效利用空间，丰富慢行体验。

地面绿道：现有步行路结合公共空间提升整体景观，补足南侧农田、林地缺失步道区域，南北贯通连续步道。

滨水绿道：结合码头、滨水活动平台增加滨水步道，提供舒适宜人的滨水慢行空间。

L-5-3　强化空间互动，丰富场景体验

结合立体线索路径，在片区内各处开放空间，以轻量化、装置化、艺术化的方式置入城市家具、艺术装置，使游客与城市空间产生更多互动，为游客提供独特的场景体验。

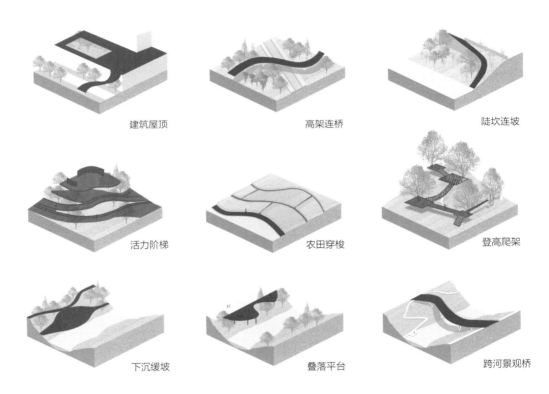

慢行系统的典型模式示意图

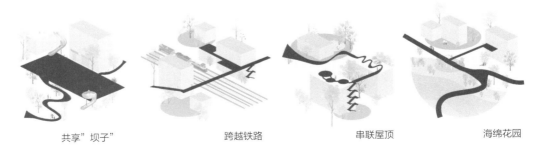

立体路径的典型模式示意图

铁路花园设计效果图

L-6-3　再现历史场景，引发情感共鸣

深度挖掘綦江历史文化基因和现代城市特质，提取盐马古道、水陆要津、军事屏障、工业基地、山水石景和文创新区等文化元素进行设计转译，通过水陆码头、文化互动广场、文化科技体验场馆和文创参与活动的设计，营造具有场地特色的文化场景。叠合智能导航、数字解说、虚拟体验等智能手段，形成可知可感可玩的多维历史体验。

在休憩广场、步道等人流较多的位置，结合铺装打造创意场景。滨河步道沿线，通过史料研究，将铺装与教育、历史与思想、人文与时间用现代的设计语言融汇在一条"时光之河"之中。赵素昂故居处以金属板嵌入场地铺装，形成材质上的凸显与反差。经过时间的洗礼，形成独特的时光印记。码头、广场、铁路博物馆等富有綦江铁路故事的节点广场处以回收铁轨作为主要素材，结合碎石及刻字石板嵌入场地铺装，讲述铁路故事。

明月渡设计效果图

钢板示例-五律诗
尺寸：1000mm×800mm
内容：钢板雕刻榜副榜李毓璜作此五律诗，描绘泛舟某江的诗情画意

钢板示例-月涵湖水
尺寸：2000mm×800m
内容：某江八景第五景，杨荣以此为题诗，记录月涵湖水之水天一色。

花岗岩石板示例一綦江八景
尺寸：1200mm×800mm
内容：綦江县城南门外，綦江河岸明月沱，江水迴旋，清澈澄荡，每当星月光辉映入水中，微风细浪，河水飘摇如金色波澜。

1938   1941

明月渡文化场景营造手法示意图

长垣护城河更新项目效果图

长垣护城河更新项目

项目地点： 河南省长垣市

项目规模： 老城区护城河（西北、西南、东南三段）总长度约为4.2km（包含0.9km新增河道），水面面积约5.7hm²。

项目背景

长垣市老城区地处黄泛平原，先民通过疏浚城壕或堤外低地以容蓄城内积涝，同时取土挖塘垒高城内地面，不但形成了排蓄结合的护城河与坑塘湿地内外相连的水系统，同时也形成了老城中间高、四周低，称为"龟背形"的城市形态。长垣的护城河水系统不但具有生态防御与雨洪安全功能，而且是具有历史价值的理想景观人居模式。然而近年来老城水系连贯性受到巨大破坏，水环境污染、滨水界面凋敝、文化特色消失等问题日趋严重。本次更新紧扣长垣水城关系的现存问题，充分利用既有的水城格局，确定以河兴城的技术框架体系，通过织补老城水绿格局，灵活运用各项更新设计手法，将护城河更新为展现长垣历史文化、满足市民日常休闲游憩需求、提升长垣整体城市形象与品牌的城市带状公园，从而激活老城整体生命价值。

问题研判

1. 当前水系不连通、水体污染严重。

2. 场地现状局部植被长势良好，但缺乏整体植被风貌，部分植被不连续、长势不佳。

3. 当前护城河沿岸交通不连续、慢行空间不成体系、路面质量和人行体验不佳。

4. 当前河道与城市的界面封闭，沿河公共空间缺乏或质量不佳，缺乏集聚和吸引效力。

5. 老城文化资源埋没严重，历史文化序列破碎。

设计策略及技术措施应用解析

设计策略	策略编号	技术措施	技术措施编号	应用解析
拓展研究手段，支持科学决策	L-1	城市体检引领，系统梳理问题	L-1-1	
		数据指标量化，科学反映问题	L-1-2	
		线上线下结合，客观分析问题	L-1-3	

续表

设计策略	策略编号	技术措施	技术措施编号	应用解析
系统思维引领，加强共商共治	L-2	系统思维引领，部门专业协同	L-2-1	
		尊重自然演进，重视规划反馈	L-2-2	
		广泛听取意见，加强共商共治	L-2-3	
提升城市韧性，人水和谐共生	L-3	协同防洪体系，提升城市安全	L-3-1	
		生态理水治水，流域综合提质	L-3-2	
		市政海绵联动，细化雨水管理	L-3-3	√
		预留防灾空间，提升应急能力	L-3-4	
落实生态优先，推进绿色更新	L-4	开展系统修复，筑牢安全屏障	L-4-1	√
		保护原生群落，乡土植被利用	L-4-2	
		场地见缝插绿，设计融合艺境	L-4-3	
		基础设施改造，整合生态功能	L-4-4	
完善城市空间，体现人性关怀	L-5	人车系统分离，安全舒适慢行	L-5-1	√
		补充公共服务，便捷城市生活	L-5-2	
		强化空间互动，丰富场景体验	L-5-3	
		全龄友好设计，体现人性关怀	L-5-4	
文化传承创新，彰显地域特色	L-6	顺应地形气候，彰显地域特色	L-6-1	
		保留原有要素，展现新旧演变	L-6-2	√
		再现历史场景，引发情感共鸣	L-6-3	√
资源高效利用，可持续性设计	L-7	高效利用土地，释放存量空间	L-7-1	√
		公共设施整合，实现功能集成	L-7-2	
		生态材料应用，节能设计创新	L-7-3	
		规划长效运维，落实有机更新	L-7-4	

L-7-1 高效利用土地，释放存量空间

　　针对河道与城市的界面封闭，滨河区域活力低下的问题，设计通过清除两侧危旧建筑和闲置用地，整合现有绿地与公共空间，增强城市与滨水界面的交互性，提升老城活力。

"书香桥影"水上商街设计效果图

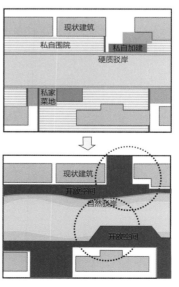

滨河界面改造模式示意图

L-4-1　开展系统修复，筑牢安全屏障

针对河道岸线过于平直，生态系统单一的问题，设计提出石砌驳岸、台地驳岸、缓坡驳岸和抛石驳岸四类生态驳岸改造方法，为生物提供栖息地，形成护城河稳定健康的自然生物群落，筑牢生态安全屏障。

生态驳岸设计效果图

L-3-3　市政海绵联动，细化雨水管理

以长垣古城图卷中大小坑塘相接的水面为形态原型，结合场地高差设置阶梯状净水湿地，通过层叠的跌水加强植物和砂石的过滤效果，增加

净水湿地设计效果图

曝气过程，提升水质净化效果。种植丰富的水生植物和少量乔灌木，打造集生态和历史意象于一体的科普示范基地。

L-5-1　人车系统分离，安全舒适慢行

设计构建了连续的环城滨河慢行系统，通过人车分流提升慢行系统安全性，并架设了更多景观连桥，方便跨河交通。

环城滨河慢行系统设计效果图

L-6-3　再现历史场景，引发情感共鸣

深度挖掘长垣历史上"三善之地"的名称由来，利用条带状水景和种植带，隐喻"沟渠深治，田地整齐"的历史景象；通过商业业态和树阵广场，回应"商贾繁荣，树木葱茏"的历史景象；结合高差设置亲水平台，创造安静氛围，回应"满院清净"的历史景象，实现历史文化的现代景观转译，营造具有文化底蕴的现代城市景观。

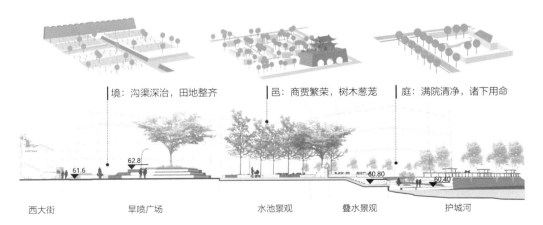

境：沟渠深治，田地整齐　　　　邑：商贾繁荣，树木葱茏　　　庭：满院清净，诸下用命

西大街　　　旱喷广场　　　水池景观　　　叠水景观　　　护城河

"三善之地"历史文化转译示意图

"三善蒲芳"子路文化广场设计效果图

L-6-2 保留原有要素，展现新旧演变

对于城墙遗址公园，以城墙后方高大的乔木作为背景，城墙周边搭配低矮的草本地被植物，尽量避免在城墙前侧使用小乔木（可搭配1～2棵

分支点高于城墙，树冠较为开阔的大乔木），预留景观视廊，便于露出城墙墙面。水边可使用芦苇、荻等竖向线条、较为朴素的水生植物。营造肃穆的景观环境，与城墙遗址的整体气氛匹配。

城墙遗址公园特色场景设计效果图

周口川汇区沙南再生行动城市更新项目磨盘山码头更新后实景

周口川汇区沙南再生行动城市更新项目

项目地点： 河南省周口市

项目规模： 总用地面积105835m²

项目背景

周口原称周家口，是因漕运商贸兴起的城市，城水相依的先天优势是城市格局演变的源头和产业发展的根脉，是城市发展的活态博物馆，当年

的"周口八景"享誉四方。如今沿河的寨城渡口大部分已不复存在，但老照片和画作中的渡口码头、船桅、河街、城寨、基岩、老建筑无不证明着周口的历史。十省通衢的地理优势使之成为中原商贸文化交流的集萃。

在文化引领城市发展转型背景下，为贯彻落实中共中央办公厅、国务院办公厅《关于在城乡建设中加强历史文化保护传承的意见》，市委市政府启动申报国家历史文化名城，以申报促保护，以保护促发展，编制历史文化名城保护规划，将三寨区域划定为历史城区，将南寨老街划定为历史文化街区。项目范围东至中州路、西至滨江国际星城、南至西大街，北至沙颍河，面积26hm²。

周口沙南老城街区历史文化遗存丰富，保存有省级文物1处、市级文物4处，一般文物7处，历史建筑18处，历史街巷11条。项目充分尊重街区原有肌理，以码头—街巷为骨架，恢复城水格局，复兴城市功能。

问题研判

1. 历史遗存湮灭、城市活力缺失。周口沿河有众多渡口，各具特色且与街巷一起构成了老城的基本框架，而今渡口遗迹已埋藏于水利设施之下不见踪迹。街道原有的特色风貌也因近年来的粗放管理建设而消失殆尽。

2. 滨河带堤高于城，临水不亲水，城与堤、堤与水的关系不紧密。游人只能在河堤上远观，原有的街巷—码头—河滩的城市结构被打断，失去了渡口城市的原有风貌。

3. 街区文化点散布不连续，缺乏引导。U形界面不连续，空间尺度失衡。

设计策略及技术措施应用解析

设计策略	策略编号	技术措施	技术措施编号	应用解析
拓展研究手段，支持科学决策	L-1	城市体检引领，系统梳理问题	L-1-1	
		数据指标量化，科学反映问题	L-1-2	
		线上线下结合，客观分析问题	L-1-3	
系统思维引领，加强共商共治	L-2	系统思维引领，部门专业协同	L-2-1	
		尊重自然演进，重视规划反馈	L-2-2	
		广泛听取意见，加强共商共治	L-2-3	
提升城市韧性，人水和谐共生	L-3	协同防洪体系，提升城市安全	L-3-1	
		生态理水治水，流域综合提质	L-3-2	
		市政海绵联动，细化雨水管理	L-3-3	
		预留防灾空间，提升应急能力	L-3-4	
落实生态优先，推进绿色更新	L-4	开展系统修复，筑牢安全屏障	L-4-1	
		保护原生群落，乡土植被利用	L-4-2	
		场地见缝插绿，设计融合艺境	L-4-3	
		基础设施改造，整合生态功能	L-4-4	
完善城市空间，体现人性关怀	L-5	人车系统分离，安全舒适慢行	L-5-1	
		补充公共服务，便捷城市生活	L-5-2	
		强化空间互动，丰富场景体验	L-5-3	
		全龄友好设计，体现人性关怀	L-5-4	
文化传承创新，彰显地域特色	L-6	顺应地形气候，彰显地域特色	L-6-1	√
		保留原有要素，展现新旧演变	L-6-2	√
		再现历史场景，引发情感共鸣	L-6-3	√

续表

设计策略	策略编号	技术措施	技术措施编号	应用解析
资源高效利用，可持续性设计	L-7	高效利用土地，释放存量空间	L-7-1	
		公共设施整合，实现功能集成	L-7-2	
		生态材料应用，节能设计创新	L-7-3	
		规划长效运维，落实有机更新	L-7-4	

L-6-1 顺应地形气候，彰显地域特色

滨河改造方案伴随着防洪设施的改造升级，加强河堤、公园、寨墙下空间的主题打造和场景营造，实现各个空间的有机联通、功能互补，重现老城格局。

堤岸设计遵循不占库容，不占行洪截面，不降防洪标准，永久建构筑物标高不低于50年一遇水位线的设计原则，通过将部分倾斜坡岸改造为垂直挡墙的方式，营造出宽阔的观江休闲空间。河堤上方依据历史画作，增设服务建筑组团，补

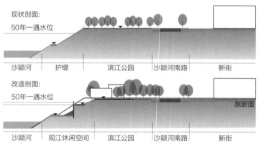

空间联通、功能互补，重现历史滨水环境效果图

齐场地功能。河堤下方结合大台阶及现有坡道的更新，连通滨河空间各个节点，形成富有变化的观景体验。吊脚楼、河街、台阶、梯道、桅杆等元素共同修复了码头渡口的历史场景。

L-6-2 保留原有要素，展示新旧演变

在城市更新的设计实践中，在对历史建筑加以保护修缮的前提下，对周边景观的打造应注重新老元素的对比，避免"假古董"的表达方式。将现代工艺和表达方式与历史遗存区别开来。充分考虑老城所缺失的功能属性，在完善功能的基础上，借助微小空间、采用立体绿化以及公共艺术等手法，突出保留建筑的特征，展现已经不存在的历史节点。

周口老城的河堤区域结合历史资料及照片、画作，着重展现周家口"（周家口集）周围十余里，三面夹河，舟车辐辏，烟火万家，樯桅树密，

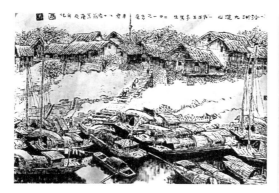

周口老城河堤区域的历史场景画作

周口老城河堤区域的夜景效果图

水陆交会之乡，财货堆积之薮"的历史场景。具体设计上充分发掘每个古码头的风貌特点，形成富有周口特色的漕运码头带，渡口节点与沙颍河南路交接处应打通街巷与码头的空间联系，恢复老城格局。

L-6-3　再现历史场景，引发情感共鸣

　　每个城市都有独特的地域文化特色，这是前人智慧的沉淀，也是城市内涵、品质的重要标志，承载着当地人一代代的共同记忆。在周口老城改造过程中注重当地人的情感寄托，在改造提升的过程中保留居民的共同记忆。结合景观设计，运用场景表达出居民潜意识中的集体共鸣，将老街区中的新场景打造成新的城市热点。

　　周口老城内部以老街、新街、南山货街、红石板路、文化街五条历史街巷为主要框架，其中老街、新街在南段合并为一条街，整体呈现Y字形，似剪刀状，当地百姓形象地将这段约90m长的合并路段称为剪股街，非常有特色。承载着城市与渡口的联系以及百姓的日常生活，历史也为每条街巷留下了特有的印记。

　　红石板路位于老街与新街之间，东西长约98.5m，宽约2.7m，为清乾隆年间修造，周围原是明清时期居民建筑群，街道从建筑群中间东西向穿过，街面铺有清代红条石，又称红石胡同、中正街。现有老石板251块，平铺在街道上。由于多雨季节街道水流不通、年久失修等原因保存状况一般。改造工程保障原有排水功能，结合历史画作及相关历史资料尽最大限度恢复红石板路面原貌，保障原有排水功能，恢复历史氛围。

　　剪股街作为连接现代商业中心与老城的门户节点，在设计中打造为展现老城风貌的生活商街。打造具有吸引力的，展现当地特色的街巷场景。剪股街入口处结合历史资料，营造出老街的门户氛围，衔接商街。老街与南山货街交汇处打造具有向心力的广场空间，形成具有周口人内心归属感的精神场所。

剪股街运营活动场景效果图

南宁园博园更新项目鸟瞰效果图

南宁园博园更新项目

项目地点： 广西壮族自治区南宁市

项目规模： 研究范围总面积约658hm²，其中园博园主园区用地275hm²，临时配套服务区用地49hm²，遗址公园区用地15hm²。

项目背景

南宁市于2018年12月举办第十二届中国（南宁）国际园林博览会。本届园博园选址位于南宁市中心东南方向约12km的顶蛳山地块。规划范围内地块为典型的岭南丘陵地貌，现状由18处丘陵、8处梯田状农田、多处废弃采石场、北部现状河道、中部清水泉、南部矿坑等多处水体以及小规模村落组成。整体地形地貌丰富多变，丘陵起伏，江水蜿蜒，植被良好，既具有山、水、林、泉、湖等优越的造园条件，又有典型的内河流域淡水性贝丘遗址国家文物保护单位，还具有壮族的歌、瑶族的舞、苗族的节、侗族的楼等地方文化底蕴。

问题研判

项目核心是把原有荒废的山林、水体、采石场、养鱼塘等恢复生态功能，展示中国园林园艺的功能，给区域发展注入活力，使其成为一处人们喜欢的场所。

设计策略及技术措施应用解析

设计策略	策略编号	技术措施	技术措施编号	应用解析
拓展研究手段，支持科学决策	L-1	城市体检引领，系统梳理问题	L-1-1	
		数据指标量化，科学反映问题	L-1-2	
		线上线下结合，客观分析问题	L-1-3	
系统思维引领，加强共商共治	L-2	系统思维引领，部门专业协同	L-2-1	
		尊重自然演进，重视规划反馈	L-2-2	
		广泛听取意见，加强共商共治	L-2-3	

续表

设计策略	策略编号	技术措施	技术措施编号	应用解析
提升城市韧性，人水和谐共生	L-3	协同防洪体系，提升城市安全	L-3-1	√
		生态理水治水，流域综合提质	L-3-2	
		市政海绵联动，细化雨水管理	L-3-3	√
		预留防灾空间，提升应急能力	L-3-4	
落实生态优先，推进绿色更新	L-4	开展系统修复，筑牢安全屏障	L-4-1	√
		保护原生群落，乡土植被利用	L-4-2	√
		场地见缝插绿，设计融合艺境	L-4-3	
		基础设施改造，整合生态功能	L-4-4	
完善城市空间，体现人性关怀	L-5	人车系统分离，安全舒适慢行	L-5-1	
		补充公共服务，便捷城市生活	L-5-2	
		强化空间互动，丰富场景体验	L-5-3	
		全龄友好设计，体现人性关怀	L-5-4	
文化传承创新，彰显地域特色	L-6	顺应地形气候，彰显地域特色	L-6-1	√
		保留原有要素，展现新旧演变	L-6-2	
		再现历史场景，引发情感共鸣	L-6-3	√
资源高效利用，可持续性设计	L-7	高效利用土地，释放存量空间	L-7-1	
		公共设施整合，实现功能集成	L-7-2	
		生态材料应用，节能设计创新	L-7-3	
		规划长效运维，落实有机更新	L-7-4	

L-6-1 顺应地形地貌，彰显地域特色

园博园规划范围内属于典型的"两广丘陵"地貌，现状由18处丘陵、8处梯田状农田、十几处废弃采石场、北部那遵河及水塘，中部清水泉，南部矿坑水体以及小规模村落组成。现状场地地势总体南高北低，起伏多变，多连绵不断的低矮山丘。规划后的竖向基本顺应地形，对场地进行适度改造，尽量保留现状特征。规划前后山形基本一致，现状内50%以上地形地貌被保护。经规划梳理借自然条件呈现"三湖十八岭"的总体山水格局。

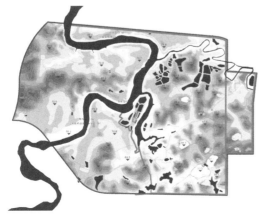

更新前地形地貌分析图

更新后地形地貌分析图

蓝绿交织的水系山形实景照片

L-3-1   协同防洪体系，提升城市安全

　　规划设计统筹考虑园区防洪堤坝工程，结合地形顺势而设，最大限度地保留现状植被，打造一条依山借势、环山绕谷、去直取弯、尽可能减少土方量的生态堤坝。

L-3-3   市政海绵联动，细化雨水管理

　　在现有废弃的水塘，坑塘的基础上，联通水域形成景观湖面，分别结合北侧行洪需要的玲珑湖、中部核心区域的清泉湖、南侧矿坑修复的七彩湖，规划后的水体面积约55.6hm²，占园区面积22.14%。

形神合一的生态防洪堤示意图

防洪堤	参数
设防等级	50年一遇
堤底宽度	39.5~47m
堤顶宽度	8~11m
堤顶标高	77.00m

整个园区坚持生态排水，充分利用现状坑塘作为雨水调蓄空间，依据现状地形地势采用源头管控、过程引导、末端调蓄等方式，将园博园打造为成体系的海绵生态系统。

芦草塘改造利用原有的19个鱼塘，将其连通形成整体，收集雨水、引入江水形成动力水源，结合乡土水生植物、引鸟植物种植，打造百草丰茂、水塘层叠的生态净化系统。

L-4-1　开展系统修复，筑牢安全屏障

由于早期挖沙挖矿的无序进行，园博园不少地方被挖成了大小不一的深坑。设计遵循土石清理、安全避让、崖壁修整、植被恢复、路径介入、文化再生六大策略，以实现模拟自然演替的生态植被系统，保障安全稳固的矿坑山水风貌，最小环境干预的多样游览体验。

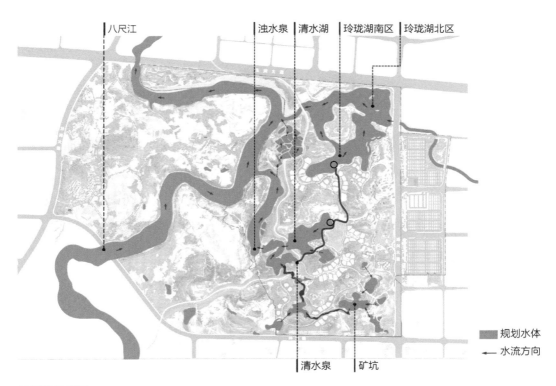

规划水体
← 水流方向

水系规划示意图

废弃鱼塘改造成的雨水花园

生机盎然的芦草叠塘景观

更新后的峻崖潭

更新后的台地园

L-4-2　保护原生群落，乡土植被利用

通过前期对现状植被情况进行调研、分析，场地现状用地主要以农田、林地为主，其中农田占35.91%，林地占45.23%。根据现状植被分布和生长情况，划定保护范围，对保护范围内的植被进行保留，对30多个品种，约2500棵乔木进行了就地保护。

规划设计秉持生态优先、因地制宜、文化融入、景观特色的原则，修复失衡的生态环境，尽量保留并利用现有植被，维持场地内的生态平衡，凸显地域特征，以乡土树种及地域性植物群落为主要元素，适地适树，体现地域特征和乡土风情。

罗汉松作为广西极具特色的地域植物，神韵清雅挺拔，自带一股雄浑苍劲的傲人气势。罗汉松园就以保留的山石和生态修复的山体为依托，通过精心搭配造型各异的罗汉松，塑造出盆景式园林，以松迎宾。

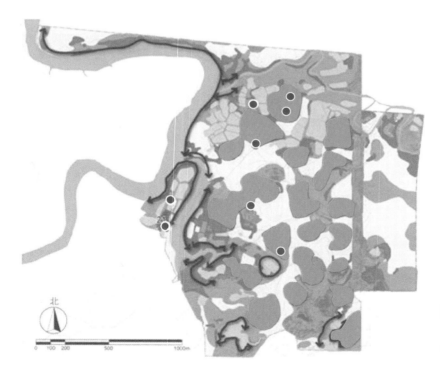

北

▨	现状林地
●	现状主要特大树
⟷	现状水岸植被

现状植被分析图

因地制宜的旱溪花谷

地域特色的植物生态景观

山水诗意的罗汉松园

L-6-3 再现历史场景，引发情感共鸣

园区设计在文化策略上，将壮族的歌、瑶族的舞、苗族的节、侗族的楼等广西民族文化元素融入景观规划与小品设计中，以现代语汇诠释广西本土风貌，展示地域文化之美。

铜鼓是中国古代的一种打击乐器，以广西数量最多，分布最广。铜鼓广场便以壮乡铜鼓纹饰作为铺装地面，展现民族符号的同时亦可容纳多民族歌舞表演来烘托迎宾氛围。铜鼓桥就是研究了不同时期的铜鼓图案和象征寓意进行的元素提炼和演绎。

铜鼓文化元素符号分析图

铜鼓桥

凤凰花冠是玲珑岛上的玲珑揽翠景区的标志性景点，取意凤凰来栖的美丽传说。南宁有凤凰城的别称，凤凰花冠则以民族形式和仿生形态为创意来源，寓意吉祥、护佑南宁。

凤凰花冠

崇礼主城区空间品质提升项目鸟瞰图

崇礼主城区空间品质提升项目

项目地点：河北省张家口市崇礼区

项目规模：总用地面积423hm²

项目背景

　　崇礼区隶属于河北省张家口市，距北京约220km，地处内蒙古高原与华北平原的过渡地带，是北方小城镇的典型代表。作为2022年冬奥会雪上项目的主竞赛场地之一，崇礼走上了冬奥的舞台，吸引了世界的目光。面对千载难逢的历史机遇，崇礼主城区面临着城镇风貌缺少统筹、特色空间品质不足、城镇建设与自然割裂等多重困境。面对小城镇建设的主要矛盾，基于四大思考维度和设计策略，我们提出了塑造城镇特色、提升复合功能、应用创新技术、升级管理模式等城市更新路径。通过实施城市更新行动，赋能小城镇面貌更新与价值提升，促进全时全季旅游活力，带动周边产业经济发展，为城镇居民提供感受生活的新场景，打造出城景交融的小镇风貌和生态友好的人居环境。通过崇礼主城区景观空间品质提升实践，完善了城镇服务设施，提升了公共空间品质，给崇礼留下绿色可持续的冬奥遗产和向世界展现生态人居的城市样本，使其在后冬奥时期持续发挥价值。

问题研判

　　1. 生态系统能效不高，生态价值转化不畅。崇礼区处于城市与乡村的过渡地带，大部分北方植物难以适应当地的极寒气候，城市绿道、滨水廊道不连续，绿色空间破碎化。

　　2. 公共服务设施配给不足，环境品质有待提高。崇礼区发展建设水平相对落后，空间品质不适应现代社会生活需求，缺少符合时代特征的城镇新形象。在日常使用中暴露出城市建设短板，存在公共设施缺乏、绿色空间不足、硬件陈旧破损等问题。

　　3. 材料工法因循守旧，技术标准亟待更新。城市更新建设管理问题分散且复杂，整体提升过程中缺乏创新性的解决方案，新技术、新材料尚不成熟。

设计策略及技术措施应用解析

设计策略	策略编号	技术措施	技术措施编号	应用解析
拓展研究手段，支持科学决策	L-1	城市体检引领，系统梳理问题	L-1-1	
		数据指标量化，科学反映问题	L-1-2	
		线上线下结合，客观分析问题	L-1-3	
系统思维引领，加强共商共治	L-2	系统思维引领，部门专业协同	L-2-1	
		尊重自然演进，重视规划反馈	L-2-2	
		广泛听取意见，加强共商共治	L-2-3	
提升城市韧性，人水和谐共生	L-3	协同防洪体系，提升城市安全	L-3-1	
		生态理水治水，流域综合提质	L-3-2	
		市政海绵联动，细化雨水管理	L-3-3	
		预留防灾空间，提升应急能力	L-3-4	
落实生态优先，推进绿色更新	L-4	开展系统修复，筑牢安全屏障	L-4-1	
		保护原生群落，乡土植被利用	L-4-2	✓
		场地见缝插绿，设计融合艺境	L-4-3	
		基础设施改造，整合生态功能	L-4-4	
完善城市空间，体现人性关怀	L-5	人车系统分离，安全舒适慢行	L-5-1	
		补充公共服务，便捷城市生活	L-5-2	✓
		强化空间互动，丰富场景体验	L-5-3	
		全龄友好设计，体现人性关怀	L-5-4	
文化传承创新，彰显地域特色	L-6	顺应地形气候，彰显地域特色	L-6-1	
		保留原有要素，展现新旧演变	L-6-2	
		再现历史场景，引发情感共鸣	L-6-3	
资源高效利用，可持续性设计	L-7	高效利用土地，释放存量空间	L-7-1	✓
		公共设施整合，实现功能集成	L-7-2	
		生态材料应用，节能设计创新	L-7-3	✓
		规划长效运维，落实有机更新	L-7-4	

L-4-2　保护原生群落，乡土植被利用

摸清崇礼全域生态基底，发掘可保留的植被基础条件和乡土植物资源的开发潜力，提出"恢复本底、重塑格局、丰富种类、优化群落、提升风貌"的总体策略。针对崇礼的极寒天气特点，筛选耐寒抗风的本土植物品种，并根据局部小气候补充选用了适宜生长但尚未引进的部分品种，丰富了崇礼城区景观植被的品种库。

采用乡土植物为主的自然式乔灌草复合型种植，通过针叶林与阔叶林的搭配保证四季景观效果，营造良好的河岸生境。

由于项目工期要求，需反季节施工，在植物种植与养护的过程中，采用保水剂运用、蒸腾抑制剂运用、苗木假植、遮阴防晒、灌溉管理、修剪与整形等反季节种植养护技术，保证树木的存活率。

乡土植物乔灌草复合型种植

L-5-2 补充公共服务，便捷城市生活

　　根据崇礼主城区的道路现状及周边用地功能，对裕兴路和长青路进行道路交通集成系统规划，因地制宜地提出设置综合设施带的设计理念。在城市道路中分设无障碍、绿化带以及综合设施带，打造可持续发展的道路景观，为未来设施增设预留空间。综合设施带一般位于人行道最外侧条带，宽1.0～2.0m，与机动车道相邻，统一安置电箱、公交站牌、多功能杆、景观小品等道路设施。交通空间品质提升专项包含道路交通集成规划、道路沿线廊道景观规划设计、无障碍设计及停车场规划设计等，致力于解决城市道路交通拥堵、市政基础设施不足等城市问题，一体化考虑道路断面空间布局，统筹布局各类交通设施，配合提升整体街道风貌，构建绿色高效、生态便捷的交通体系。

　　设计团队在选址规划阶段、设计实施阶段、后期管控阶段进行整体把控，景观与交通双专业团队协同，系统对接19个道路相关部门，协调各

更新后整洁便利的道路综合设施带

专业部门在主体设计及专项设计的设计界面及成果，为业主提供一站式解决方案，加强道路交通提升的整体性和完整性。通过道路交通集成的整体提升，崇礼主城区道路风貌焕然一新，不仅道路功能设施更加完善，风格统一的设施小品也更能展现崇礼地域文化与小镇特色。

L-7-1 高效利用土地，释放存量空间

　　口袋公园节点位于裕兴路与张承高速交叉口的桥下区域，面积约0.5hm^2。场地现状为城市荒地，多条道路阻隔了西侧黑山湾湿地公园与东侧城市用地的交通联系。连接城市的口袋公园，在最小程度的自然扰动基础上，设置了丰富的活动空间与复合功能的运动场地，为原本被遗忘的城市荒地重新赋予意义和体验。公园设计理念为将自然融入运动空间，通过设置入口艺术地形、下

更新前闲置的城市荒地

更新前缺少统一规划的公共服务设施

更新后复合功能的城市口袋公园

沉活力广场与林下休憩场地等区域，为崇礼市民与游客提供停驻游赏、运动游乐、林下休憩的运动休闲空间。

街边游园节点位于崇兴路沿线的崇和花园小区东侧，面积约1.3hm²。作为居民小区周边的城市公共空间，现状为荒置场地亟待利用。通过林荫下的条形座椅为居民提供了舒适的休憩场所，复层植物搭配展现出丰富的季相风貌，选择乡土抗性植物也降低了后期养护成本。游园中纵向游赏型道路为游憩活动提供了舒适步道，横向交通型道路保证了崇和花园小区与崇兴路之间的步行连通性。更新后的游园为儿童创造了亲近自然的机会，为老人提供了邻里交流的情感纽带，为小镇带来了温暖和活力，成为周边居民10分钟生活圈内的重要绿色公共空间。

更新前闲置的城市荒地

更新后全龄友好的街旁游园

L-7-3 生态材料应用，节能设计创新

半圆广场节点为主城区北部端点的标志性广场，现状景观缺乏亮点与特色。设计首次引进水下碲化镉光伏技术，将电加热、多流旋光灯带矩阵、数字控制技术等进行集成创新，形成可亲可赏的互动水景。水景池底采用碲化镉光伏发电地砖，年发电量25000度左右，每年可实现减排二氧化碳量22.5t。在旱喷模式下，水景成为互动性景观装置，市民与游客可在光伏板上开展亲水活动；在水景模式下，冬季水温可控制在零上5℃左右，水下炫彩程控灯光与喷泉点缀，成为崇礼主城区一道亮丽风景。更新后的半圆广场不仅成为崇礼主城区的标志性打卡点，也是聚集人气与活力、展现绿色技术的景观亮点。

更新前缺少特色的城市广场

更新后采用光伏材料的网红打卡点

3D打印拱门位于庆典广场节点，与崇礼主城区新的地标性建筑物——崇礼冰雪博物馆的流线造型相得益彰，是崇礼山水之间的点睛之笔。3D打印景观构筑物由5个环形拱门组成，象征奥运五环，最高环顶标高13m，通过框景的手法将视线聚焦于崇礼冰雪博物馆。基于崇礼的极端气候特点和景观构筑物的复杂结构要求，设计采用3D打印技术制作基础模块，通过分段打印、现场组装完成奥运拱

门的整体搭建；应用ASA复合材料不仅塑造了拱门的巨大体量和高度复杂的几何造型，由于材料可回收也更为经济环保，是一次新材料、新工艺在景观行业的有力探索。更新后的庆典广场成为崇礼大型体育赛事的主要集散地，标志性的奥运拱门也为冬奥之城崇礼增加了独特的城镇魅力。

更新前缺乏亮点的现状场地

更新后采用3D打印技术的城市地标

革命主题群雕

"首义门"城门

"千年记忆"轴线

❶ 主题群雕
❷ 国旗广场
❸ "千年记忆轴线"
❹ 百年历史群雕
❺ 纪念浮雕墙
❻ 地铁出入口A
❼ 地铁出入口B
❽ 地铁出入口C
❾ 地铁出入口D
❿ 地铁出入口E
⓫ 地铁出入口F

国旗广场

纪念浮雕墙

山西太原五一广场片区城市更新项目景观平面图

山西太原五一广场片区城市更新项目

项目地点： 山西省太原市

项目规模： 8.31hm²

项目背景

　　山西太原五一广场位于迎泽大街核心区域，是太原最为核心的城市公共空间之一，地理位置极佳，周边有始建于元代的纯阳宫全国重点文物保护单位，山西省文化馆、艺术博物馆等文化单位，亦有省政府等众多机关单位。本次五一广场片区城市更新项目总体规划面积为8.31hm²，包括原五一广场范围（南、北广场）、周边道路、道路人行道等城市空间。

五一广场的前身是明太原府城的八座城门和关城之一的"承恩门"故址。1911年辛亥革命爆发结束了满清政府在山西的统治，为纪念这一天，承恩门改名为"首义门"。太原解放后，太原人民将难以修复的旧城垣、城楼等拆除，几经修整，在现五一广场的中心建立了坐北朝南的检阅台和观礼台。十一届三中全会以后，拆除了观礼台。

问题研判

1. 作为太原重要的历史片区，已经逐渐失去原有的历史信息，周边文化风貌不符。

2. 周边建筑风貌呈现出杂乱且无序的状况，建筑功能与风貌亟待提升。广场地下空间闲置破败，成为城市消极空间。

3. 现状南北地块呈分裂布局，且与迎泽大街、五一路等主要交通干道空间关系不清晰，总体城市空间关系混乱。

4. 该区域城市交通环境拥堵，人车混行问题严重，交通效率低且混乱。

设计策略及技术措施应用解析

设计策略	策略编号	技术措施	技术措施编号	应用解析
拓展研究手段，支持科学决策	L-1	城市体检引领，系统梳理问题	L-1-1	
		数据指标量化，科学反映问题	L-1-2	
		线上线下结合，客观分析问题	L-1-3	
系统思维引领，加强共商共治	L-2	系统思维引领，部门专业协同	L-2-1	√
		尊重自然演进，重视规划反馈	L-2-2	√
		广泛听取意见，加强共商共治	L-2-3	
提升城市韧性，人水和谐共生	L-3	协同防洪体系，提升城市安全	L-3-1	
		生态理水治水，流域综合提质	L-3-2	
		市政海绵联动，细化雨水管理	L-3-3	
		预留防灾空间，提升应急能力	L-3-4	
落实生态优先，推进绿色更新	L-4	开展系统修复，筑牢安全屏障	L-4-1	
		保护原生群落，乡土植被利用	L-4-2	
		场地见缝插绿，设计融合艺境	L-4-3	
		基础设施改造，整合生态功能	L-4-4	
完善城市空间，体现人性关怀	L-5	人车系统分离，安全舒适慢行	L-5-1	√
		补充公共服务，便捷城市生活	L-5-2	√
		强化空间互动，丰富场景体验	L-5-3	
		全龄友好设计，体现人性关怀	L-5-4	
文化传承创新，彰显地域特色	L-6	顺应地形气候，彰显地域特色	L-6-1	
		保留原有要素，展现新旧演变	L-6-2	
		再现历史场景，引发情感共鸣	L-6-3	√
资源高效利用，可持续性设计	L-7	高效利用土地，释放存量空间	L-7-1	
		公共设施整合，实现功能集成	L-7-2	
		生态材料应用，节能设计创新	L-7-3	
		规划长效运维，落实有机更新	L-7-4	

L-2-2 尊重自然演进，重视规划反馈

深入研究历史信息，尊重原城市历史格局以及城市演进过程中形成的城市肌理，将太原府城历史格局与现状进行比较研究，以首义门片区历史格局作为参考，同时结合上位规划的南北轴线建设，矫正城市轴线，形成庄重规整的城市礼仪空间，构建老城门户，连接纯阳宫及周边历史风貌。同时在北广场恢复首义门城门，在南广场设置国旗广场与英雄纪念雕塑，通过"千年城道"将南北广场进行连接，形成"历史与英雄"的对话，构成庄严肃穆的城市礼仪空间。

城市轴线模型还原示意图

更新后五一广场鸟瞰图

L-2-1 系统思维引领，部门专业协同

广场改造与地铁开发相结合，通过轨道交通、市政、景观、建筑等多专业统筹协调，系统性更新地下空间业态与广场周边低端业态。通过广场空间布局的调整及首义门的建设，有力地改善了区域总体风貌，形成具有历史信息的城市环境景观，并以此次建设为契机带动太原影都、五一百货大楼等广场周围建筑的系统性更新，逐步提升片区总体风貌与文化气息。

更新后五一广场

L-5-1 人车系统分离，安全舒适慢行

通过对城市车行交通环境的调研与计算，系统性梳理片区交通环境，提出将城市空间改造与交通环境提升相结合的策略，通过对南北广场路由、路板、交通设施的重新调整，使新首义门广场作为车行组织的环岛，提升地面车行效率，改善区域交通压力。本次改造与地铁开发建设相结合，在北广场地下建设地铁线路及换乘大厅，改善出行方式；地铁出入口与广场人行出入口的结合，有效实现人车分流，完善人行系统。

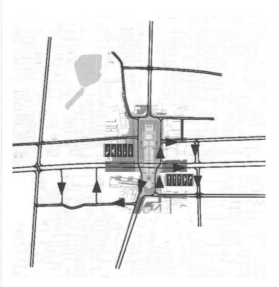

机动车交通组织分析图

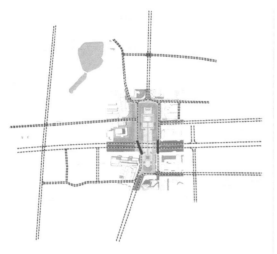

慢行交通组织分析图

L-5-2　补充公共服务，便捷城市生活

改造广场原有紫藤廊架，以保留紫藤为出发点，改造原有休闲空间，补足便民服务设施，为市民提供良好的公共空间体验。

L-6-3　再现历史场景，引发情感共鸣

运用艺术介入方法提升公共空间品质与文化气息；在南广场设置英雄主题群雕，邀请雕塑大师专题创作，为英雄之城增添传世精品，塑造场所精神。在北广场端部设置太原府城铜制地雕，记录老城历史格局，增强互动性。

更新后紫藤廊架

更新后铜制地雕

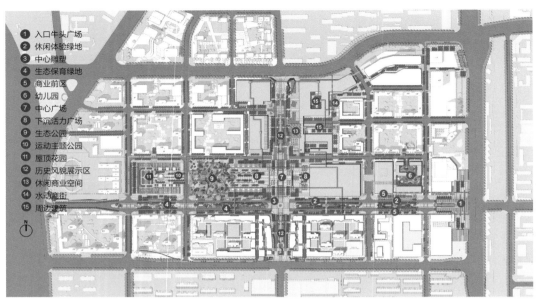

① 入口牛头广场
② 休闲体验绿地
③ 中心雕塑
④ 生态保育绿地
⑤ 商业前区
⑥ 幼儿园
⑦ 中心广场
⑧ 下沉活力广场
⑨ 生态公园
⑩ 运动主题公园
⑪ 屋顶花园
⑫ 历史风貌展示区
⑬ 休闲商业空间
⑭ 水动商街
⑮ 周边建筑

天津拖拉机厂片区城市更新项目景观平面图

天津拖拉机厂片区城市更新项目

项目地点： 天津市南开区

项目规模： 59hm²

项目背景

天津拖拉机厂地块占地约59hm²，东西两侧紧邻中环线、城市快速路和地铁六号线，交通便捷；毗邻天津大学、南开大学等高校科研院所、科技企业密集，产业优势突出；北边界与天津科贸街、南开光电子产业园相衔接，经济发展活跃；西北部毗邻天津侯台风景区，自然环境优越。

天津拖拉机厂前身为天津汽车制配厂，是中国大中马力轮式拖拉机的骨干企业。中国第一台汽油机、第一辆汽车、第一批中马力轮式拖拉机都是在这里诞生的。老一辈无产阶级革命家毛泽东、刘少奇、周恩来、朱德都曾亲临视察和指导工作。

随着城市发展与城市更新工作的深入开展，天津拖拉机厂地块将成为集时尚消费、科贸创意、生态宜居为一体，体现天津工业历史风貌的区域中心。

问题研判

1. 工业遗存碎片化，地块内工业遗存大多被当作废物变卖，所留遗存消失殆尽，只有片段保留。

2. 生态系统低质化，区内现状植物群落茂盛且杂乱，缺乏养护，呈野蛮生长态势。

3. 空间系统无序化，片区局部建筑拆除，原有厂区格局被破坏。

设计策略及技术措施应用解析

设计策略	策略编号	技术措施	技术措施编号	应用解析
拓展研究手段，支持科学决策	L-1	城市体检引领，系统梳理问题	L-1-1	
		数据指标量化，科学反映问题	L-1-2	
		线上线下结合，客观分析问题	L-1-3	
系统思维引领，加强共商共治	L-2	系统思维引领，部门专业协同	L-2-1	√
		尊重自然演进，重视规划反馈	L-2-2	
		广泛听取意见，加强共商共治	L-2-3	

续表

设计策略	策略编号	技术措施	技术措施编号	应用解析
提升城市韧性，人水和谐共生	L-3	协同防洪体系，提升城市安全	L-3-1	
		生态理水治水，流域综合提质	L-3-2	
		市政海绵联动，细化雨水管理	L-3-3	√
		预留防灾空间，提升应急能力	L-3-4	
落实生态优先，推进绿色更新	L-4	开展系统修复，筑牢安全屏障	L-4-1	
		保护原生群落，乡土植被利用	L-4-2	√
		场地见缝插绿，设计融合艺境	L-4-3	
		基础设施改造，整合生态功能	L-4-4	
完善城市空间，体现人性关怀	L-5	人车系统分离，安全舒适慢行	L-5-1	
		补充公共服务，便捷城市生活	L-5-2	
		强化空间互动，丰富场景体验	L-5-3	√
		全龄友好设计，体现人性关怀	L-5-4	
文化传承创新，彰显地域特色	L-6	顺应地形气候，彰显地域特色	L-6-1	
		保留原有要素，展现新旧演变	L-6-2	
		再现历史场景，引发情感共鸣	L-6-3	
资源高效利用，可持续性设计	L-7	高效利用土地，释放存量空间	L-7-1	
		公共设施整合，实现功能集成	L-7-2	
		生态材料应用，节能设计创新	L-7-3	
		规划长效运维，落实有机更新	L-7-4	

L-2-1　系统思维引领，部门专业协同

系统性梳理空间逻辑和现状问题，重塑文化脉络。重新定义天津拖拉机厂地块在城市发展中的总体定位，同时通过对厂区原有布局及生产过程的研究，抽取原有厂房之间的工艺流程作为景观设计的连接线索，将"工艺流程"作为串联室内室外各个空间节点的重要逻辑链接历史信息，协同建筑、景观、室内、展陈、标识等各专业配合，重塑场地工业文化脉络。

L-3-3　市政海绵联动，细化雨水管理

打造由雨水花园、生态草沟、下凹绿地等生态措施共同建构的低影响开发系统（LID），为整个区域的生态安全格局提供保障。

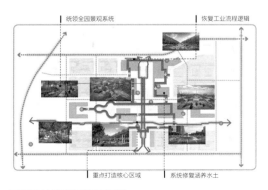

景观设计线索链接分析图

生态织补分析图

L-5-3 强化空间互动，丰富场景体验

沿历史脉络系统打造不同主题的重点空间、富有活力的室内外公共空间系统；设置服务生活的便民设施，服务游客的休闲娱乐设施，构建宜居宜游的生活场景；以工业主题设计景观小品，承载天津拖拉机厂的历史记忆，重塑场所精神。

L-4-2 保护原生群落，乡土植被利用

保留场地中原有高大乔木及稳定的植物群落，修复生态基底，构建更优价值生态系统。结合乡土植物群落打造"城市荒野花园"，为城市生物多样性营造提供保障。

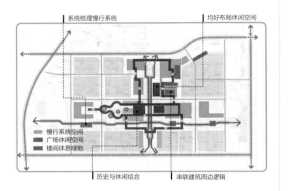

重点空间打造分析图

第十四届中国（合肥）国际园林博览会园博小镇（二期）项目鸟瞰实景照片

第十四届中国（合肥）国际园林博览会园博小镇（二期）项目设计

项目地点： 安徽省合肥市

项目规模： 5.1hm²

项目背景

本项目为第十四届中国（合肥）国际园林博览会的核心区域园博小镇，园林博览会展会占地323hm²，园博小镇二期约占5.1hm²。合肥园博

会选址位于原合肥骆岗国际机场，骆岗国际机场1977年成为合肥的空港门户，2013年5月停用。作为在老机场遗址上建造的园博园，现场存留大量的老机场构件、肌理及现状植被，具有较高的历史文化纪念意义。

该项目设计以"保留记忆、新老对话"为改造原则，园博会开园期间作为重要的配套服务设施及管理设施使用，闭园后则向市民开放，并导入科创、文旅、文创、体验等服务业态为合肥市民提供一处特色鲜明的科创文化休闲小镇，最终成为合肥市"文化创意、科技包新"为特色的多功能地标街区。

问题研判

作为废弃机场用地，原场地建筑和景观功能衰退，转换为城市公共空间使用时，明显缺少公众活力，需要进行整体提升。然而大时代背景要求城市建设降本增效，用最少的笔墨实现赋能再生。原骆岗国际机场原空间格局和机场建（构）筑物保存较完整，有强烈的时代印记，因此设计需要考虑如何在兼顾场地特征的前提下，更有针对性地进行城市有机更新，有效提升空间品质及吸引力。

原骆岗国际机场留有大量历史文化遗存，包括一些标志性机场构筑物、废弃构件、废弃工字钢、老旧砖墙、信号灯、老枕木等，如何激活场地记忆，再生工业构件，在满足公众使用需求的情况下，讲好这段机场故事也是设计重点之一。

传统园博园的运营模式为单一购票入园模式，参观展园为主，相应配套设施为辅，因此产生诸多会后运营问题。传统展园作为园区的核心引流要素，会随时间推移而逐渐失去公众吸引力，进而导致整个园区失去城市活力。如何打破传统思维，使得园博园能实现内驱性更新，保持民众吸引力，带动周边地块发展，呈现可持续增长的态势是破题关键。

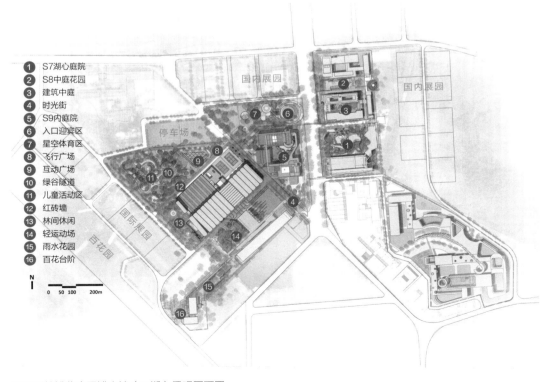

① S7湖心庭院
② S8中庭花园
③ 建筑中庭
④ 时光街
⑤ S9内庭院
⑥ 入口迎宾区
⑦ 星空体育区
⑧ 飞行广场
⑨ 互动广场
⑩ 绿谷隧道
⑪ 儿童活动区
⑫ 红砖墙
⑬ 林间休闲
⑭ 轻运动场
⑮ 雨水花园
⑯ 百花台阶

国际园林博览会园博小镇（二期）景观平面图

设计策略及技术措施应用解析

设计策略	策略编号	技术措施	技术措施编号	应用解析
拓展研究手段，支持科学决策	L-1	城市体检引领，系统梳理问题	L-1-1	
		数据指标量化，科学反映问题	L-1-2	
		线上线下结合，客观分析问题	L-1-3	
系统思维引领，加强共商共治	L-2	系统思维引领，部门专业协同	L-2-1	
		尊重自然演进，重视规划反馈	L-2-2	
		广泛听取意见，加强共商共治	L-2-3	
提升城市韧性，人水和谐共生	L-3	协同防洪体系，提升城市安全	L-3-1	
		生态理水治水，流域综合提质	L-3-2	
		市政海绵联动，细化雨水管理	L-3-3	√
		预留防灾空间，提升应急能力	L-3-4	
落实生态优先，推进绿色更新	L-4	开展系统修复，筑牢安全屏障	L-4-1	
		保护原生群落，乡土植被利用	L-4-2	√
		场地见缝插绿，设计融合艺境	L-4-3	
		基础设施改造，整合生态功能	L-4-4	
完善城市空间，体现人性关怀	L-5	人车系统分离，安全舒适慢行	L-5-1	
		补充公共服务，便捷城市生活	L-5-2	
		强化空间互动，丰富场景体验	L-5-3	√
		全龄友好设计，体现人性关怀	L-5-4	
文化传承创新，彰显地域特色	L-6	顺应地形气候，彰显地域特色	L-6-1	
		保留原有要素，展现新旧演变	L-6-2	√
		再现历史场景，引发情感共鸣	L-6-3	
资源高效利用，可持续性设计	L-7	高效利用土地，释放存量空间	L-7-1	√
		公共设施整合，实现功能集成	L-7-2	
		生态材料应用，节能设计创新	L-7-3	
		规划长效运维，落实有机更新	L-7-4	√

L-7-1 高效利用土地，释放存量空间

对城市存量空间点进行有机更新。整体场地设计不进行大刀阔斧的重建，而是依托现状遗留下来的空间院落结构，肌理与空间尺度，进行点状提升，有机更新。其一，尽量保留场地原生大树和水系路网，保留场地原生肌理，对铺装、小品、绿化等景观要素进行更新，提升景观的使用性、观赏性与舒适度，满足新的功能需要。例如S7餐饮文创区，现状为20世纪80年代机场办公庭院，水系完整、林木繁茂，场地更新拒绝大

刀阔斧的重建，而是保护现状林木与水系、梳理驳岸、提升铺装，同时点状增加一系列锈钢板景观小品，以轻介入的方式实现亮点提升和新旧对比。其二，点状置入新的吸引力设施，通过景观手法创造新旧交融的景观环境。例如在星空运动主题园区。引入油罐互动、景观夜游、科技交互、无动力设施等特色项目，将原本荒废杂草丛生的空地变成奇幻和充满活力的运动体验空间，服务于不同年龄层人群，为场地赋能，实现更新。

现状院落空间结构及原生植被分析图

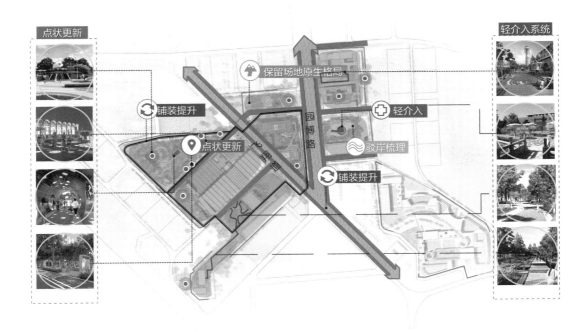

点状更新提升分析图

L-6-2 保留原有要素，展现新旧演变

以"旧"焕新，讲述机场故事。作为在废弃机场上建设的园博园，我们充分尊重场地印记，注重对机场遗存的再利用，再现骆岗国际机场历史故事。首先在整体空间规划上，契合机场主题

讲述一场浩瀚星空的故事，充分利用场地内遗存的大型构件，水塔、飞控塔等，结合场地建筑、景观院落、流线特征、新增构筑物等、形成"星团—星塔—新星—星链—星尘"五个层级的空间结构，另外根据旧机场空间功能：民航水塔泵房

地块、航司办公和机场宾馆地块、原加油站和油料运输地块和空管办公地块，对应转化为"水塔、办公服务、能源、空管"四大机场景观主题，结合景观主题来进行风貌展示和功能策划，营造出具有人文记忆的机场星空小镇。其次对场地中遗存的大量机场废弃构件、废弃工字钢、老旧砖墙、信号灯、老枕木等进行合理转化与再利用，转化为景观小品，景墙、座椅、互动装置、灯具、铺装、标识等。场地中还特别利用了机场遗留的飞机储油罐，转化为油罐互动隧道、景观小品建筑等，植入特色油罐主题。最后利用片区慢行系统打造一条雕刻机场故事的体验流线，该流线通过串联多个院落及片区，将分散的片区及记忆连接起来。最终实现在保留历史印记的基础上，让场地焕发新生机。

L-7-4　规划长效运维，落实有机更新

打破传统园博园先建设后运营的传统理念，以运营为导向进行整体规划设计。本项目是一个新模式的探索，在设计初始就有运营团队介入，从运营角度提出合理化建议。设计过程相较于传统模式增加了难度，更需要多专业、多角度的协调磨合。本次项目在新模式下也取得了一些经验，拒绝刻意空洞的营造，尊重当地历史文化和老百姓生活习惯、喜好，脚踏实地做老百姓喜闻乐见，乐于参与的城市空间。

L-5-3　强化空间互动，丰富场景体验

园博小镇（二期）作为园博园配套的综合型服务小镇，根据服务功能分为五大区。分别是S7餐饮文创区，S8餐饮区，S9酒店区，S10体育公园，S11北区体育公园和南区雨水花园。五大区域充分结合场地业态定位，与原机场肌理有机结合，为游客提供丰富的体验空间。S7、S8区域为原机场安检庭院、民航安全监督管理局庭院，现场有大量茂密的现状树林和水系，围合出清晰院落布局，在保留原有空间格局基础上，结合餐饮文创业态进行重点空间精品提升。S9区域为原有机场宾馆地块，仍延续原酒店业态及空间结构布局，引入全新品牌酒店运营商，进行建筑景观优化提升。S10、S11区域为原气象观测庭院、加油站和油料运输庭院，前期运营统筹规划为运动板块，增加全民综合运动体验楼，旁边的公共园区配合运动主题，规划为大众星空运动主题园区。开园后园博小镇核心区的确成为最热门的区域，其丰富的空间体验、机场故事、灯光娱乐、设施互动，吸引人流络绎不绝。正所谓人间烟火气最抚凡人心，园区最终实现可持续发展。

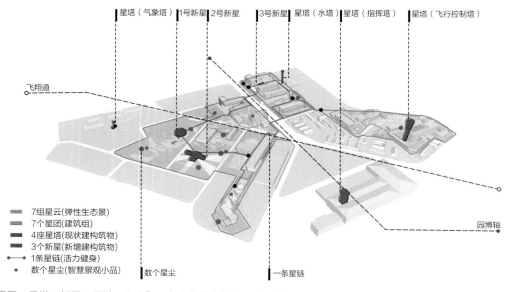

"星团—星塔—新星—星链—星尘"一套完整的空间体系空间分析图

现状油罐更新前后

遗留红砖墙更新前后

星空运动公园

水杉林更新后

L-4-2　保护原生群落，乡土植被利用

　　尊重场地本底，依托现状的林木和水系肌理进行设计，景观和建筑空间都进行合理避让，最大限度保留场地原生大树。清理林下杂乱植被，适当补种适生乡土植物，同时预留弹性空间种植低养护植物，给场地自然生长的空间。

L-3-3　市政海绵联动，细化雨水管理

　　不刻意营造，依据高差顺势而为。场地西南侧作为园区汇水低点，现状生长大量水杉，景观顺势而为打造生态雨水花园，种植耐水、挺水植物，植入透水滤水的栈桥和生态石笼，形成自然生长的生态景观。

现状原生大树更新后

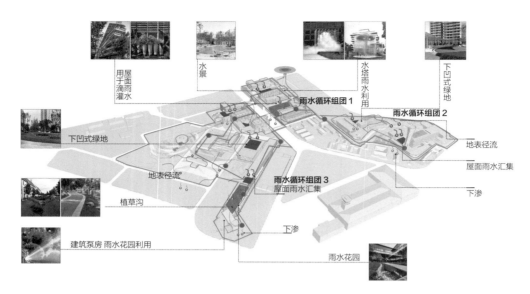

用屋面滴雨灌水
水景
水塔雨水利用
下凹式绿地
下凹式绿地
雨水循环组团1
雨水循环组团2
地表径流
屋面雨水汇集
下渗
地表径流
雨水循环组团3
屋面雨水汇集
植草沟
下渗
建筑泵房 雨水花园利用
下渗
雨水花园

海绵系统构建分析图

S11南区雨水花园景观

丰满水电站全面治理（重建）工程鸟瞰实景照片

丰满水电站全面治理（重建）工程景观工程及单体建筑造型设计

项目地点： 吉林省吉林市

项目规模： 67hm²

项目背景

本项目位于吉林省丰满市，第二松花江干流上，上游紧邻松花湖风景区，下游距吉林市区16km。丰满水电站旧坝于1937年开始建造，作为中国最早建成的大型水电站，为中国水电事业贡献巨大力量，被誉为"中国水电之母"。随着时代发展需要，丰满水电站于2012年起进行全面治理重建，在原丰满大坝下游120m处新建一座大坝满足新时代发电需求，原旧坝局部保留作为工业遗址对外开放，形成世界唯一的"一址双坝"的奇观。本项目难度颇高，设计肩负着讲述这段沧桑历史的使命感，同时要兼顾生产与公共旅游的协调，还要满足新时代绿色花园厂区的综合要求。本项目目标为打造集工业观光、爱国教育、生态科普、生产办公于一体的生态花园式厂区，充分展示丰满水电站的工业之美、生态之美、人文之美，向厂区辉煌的历史和绿色的未来致敬。

问题研判

丰满水电站历史悠久，每个时期都在中国水电发展史上留下了不可磨灭的印记，随着新坝建设投产，旧坝作为历史遗迹保留。园区内缺乏系统性的景观规划来综合展示水电厂厚重的历史文化，如何讲好这段"过去、现在、未来"的水电故事是本项目的难点。

丰满水电站作为水电项目，最核心的新坝和旧址都具有非常强烈的水电特色，配套的园区整体设计需要凸显水电特色，与坝体本身的工业雄浑之美和谐统一。同时现状遗存了大量坝体拆改建设时期的工业构件，需要结合创新的展陈形式，综合展现坝体工艺和技术设备，满足公众科普需求。

园区紧邻国家4A级景区松花湖旅游景区及松花湖自然保护区，自然资源得天独厚。如何处理水电景观和大自然间的山水关系，包括如何保护原生林风貌、打造生物多样性、延续岸线风貌等生态系统也是本项目的难点。

丰满水电站全面治理（重建）工程景观平面图

设计策略及技术措施应用解析

设计策略	策略编号	技术措施	技术措施编号	应用解析
拓展研究手段，支持科学决策	L-1	城市体检引领，系统梳理问题	L-1-1	
		数据指标量化，科学反映问题	L-1-2	
		线上线下结合，客观分析问题	L-1-3	
系统思维引领，加强共商共治	L-2	系统思维引领，部门专业协同	L-2-1	
		尊重自然演进，重视规划反馈	L-2-2	
		广泛听取意见，加强共商共治	L-2-3	
提升城市韧性，人水和谐共生	L-3	协同防洪体系，提升城市安全	L-3-1	
		生态理水治水，流域综合提质	L-3-2	
		市政海绵联动，细化雨水管理	L-3-3	
		预留防灾空间，提升应急能力	L-3-4	
落实生态优先，推进绿色更新	L-4	开展系统修复，筑牢安全屏障	L-4-1	√
		保护原生群落，乡土植被利用	L-4-2	
		场地见缝插绿，设计融合艺境	L-4-3	
		基础设施改造，整合生态功能	L-4-4	

续表

设计策略	策略编号	技术措施	技术措施编号	应用解析
完善城市空间，体现人性关怀	L-5	人车系统分离，安全舒适慢行	L-5-1	
		补充公共服务，便捷城市生活	L-5-2	
		强化空间互动，丰富场景体验	L-5-3	
		全龄友好设计，体现人性关怀	L-5-4	
文化传承创新，彰显地域特色	L-6	顺应地形气候，彰显地域特色	L-6-1	√
		保留原有要素，展现新旧演变	L-6-2	√
		再现历史场景，引发情感共鸣	L-6-3	√
资源高效利用，可持续性设计	L-7	高效利用土地，释放存量空间	L-7-1	
		公共设施整合，实现功能集成	L-7-2	
		生态材料应用，节能设计创新	L-7-3	
		规划长效运维，落实有机更新	L-7-4	

L-6-3 再现历史场景，引发情感共鸣

丰满水电站历史悠久，建厂多年来不同时期的历史故事形成了一条引人入胜的历史线索。主要分为三个阶段，第一阶段（1937～1949年）从1937年日本关东军强征20万中国劳工开工建设丰满水电站开始，到1942年11月，大坝基本完工，并于次年开始发电，截至1945年日本投降，共完成机组安装容量的50%。开启了重建和发展的大门。第二阶段（1949～1988年）为新中国成立后的续建、改建，预示着丰满进入了一个新时代，水电站恢复发电，1960年完成一期工程。第三阶段（1988～2019年），2005年二期、三期扩建工程竣工；2006年，永庆反调节水库通过验收。2011年整体划归国网新源控股有限公司2012年丰满水电站全面治理（重建）工程开工。2018年于开始原大坝拆除，新坝于2019年9月开始运行，旧坝体作为历史遗迹保留。

景观脉络提取水电站时间发展之脉，以时间线索串联整个场地。在历史的车轮滚滚向前的背景下，邀请游客穿越时间，见证克服挑战、展望未来的叙事化场景。

园区参观流线按历史时期分为四部分，分别为"沧桑岁月""艰苦卓绝""更新改造""走向未来"，运用历史场景营造、点题雕塑、地面线索串接、分时期工业展陈等多种手法串联历史脉络，充满时光沉积的厚重感，用绵延的线索实现实景虚景交融，叙述着一代代水电人的光荣与梦想，打造岁月变迁的风景长卷。

沧桑岁月段讲述了从日本侵占东北期间建设丰满水电站到日本投降、再到丰满解放，整体氛围以纪念感、沧桑感、厚重感为主，纪念式的叙事空间，简洁而充满力量的锈钢景墙记录着那一段伤痕累累的历史，在缀满鲜花的白桦林间穿梭，让游客沉浸在那段动荡悲怆的历史时期中。艰苦卓绝段主要讲述新中国建立初期，中国水电人自主攻克技术难关的喜悦，景观整体手法转为开阔昂扬，沿着疏朗开阔的草坡徐徐向上，展示新中国建立后的水轮机核心技术，树阵广场下新老大坝的厂图对比诉说无数新中国水电人的艰辛奋斗。这个片区的整体景观是对新生、自立和辉煌的庆祝，过去的挑战被重新塑造为进步的垫脚石。更新改造段以水电站二期改造、三期扩建背景展开，这个时期丰满水电站成为东北电网中的基石，发挥着举足轻重的作用，此片区完整保留了一段20世纪80～90年代厂区桁行架，实景虚景结合，讲

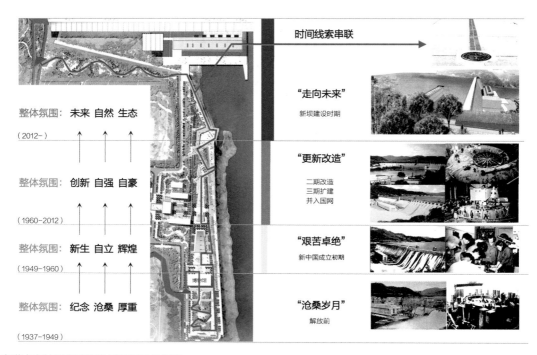

时间线索串联

"走向未来"
新坝建设时期

"更新改造"
二期改造
三期扩建
并入国网

"艰苦卓绝"
新中国成立初期

"沧桑岁月"
解放前

整体氛围： 未来 自然 生态
（2012-）

整体氛围： 创新 自强 自豪
（1960-2012）

整体氛围： 新生 自立 辉煌
（1949-1960）

整体氛围： 纪念 沧桑 厚重
（1937-1949）

丰满水电站历史脉络及景观氛围分析图

述这段更新发展的历史。走向未来段讲述新坝的建设故事，整体景观手法生态而舒展，大片绿地与简洁的清水混凝土穿插，墙体上展示了大坝的先进工艺，每一道转角都将访客的视线引向大坝，用浪漫低调的方式烘托新坝主体。

沧桑岁月实景

水轮机组纪念草坪实景

L-6-1 顺应地形气候，彰显地域特色

位于松花江上的混凝土大坝是整个园区最大的场地特色，也正是景观设计一切创作行为的基点。大坝的雄壮、混凝土的敦厚、水的流畅，都为造景垫定了大手笔的基调，整个园区的景观气质与大坝的雄伟结构浑然一体。造景手法开阔舒展，流线型景观、简洁的草坡、缀花的草坪、质朴的白桦林、砾石的铺砌、苍劲的景墙，设计用减法来体现水电景观和东北地域特色的浑厚质朴，虽然简洁但不粗糙，空间节奏的开合变化、每一处视线转折、每一种材料运用都经过精细推敲，力图用最少的笔墨来讲述一段跌宕起伏的水电发展史。

L-6-2 保留原有要素，展现新旧演变

项目重视对大坝工业构件的保护利用，以此展现工业印记，唤醒时代的记忆。通过选择品相较好、尺度适宜、工业展示价值较高的构件进行展示和再利用，其形式包括直接展示（面层防腐防锈处理）、表面艺术处理后展示（锈色处理、彩漆色处理等）、选取部分展示、部分转化为景观小

观坝平台

转轮 NO.1、2、4、27　桥基 NO.34　转轮 NO.3、26　新坝混凝土切片展示　新坝实体构件展示　工业构建展廊转子、磁场变阻、
新坝工艺丝网印刷图片　　滤油机阻波器、变压器、
新坝工艺二维码扫描　　NO.14、30、36、

桥基 NO.34　1号发电机整套 NO.5　日本制箱柜组、表机盘、　工业构建再利用(座椅)互感器、避雷器、
变阻器、开关柜、操作柜　开关NO.19、22、23、32.33
NO.6、7、8、11

大坝工业构件的保护与再利用示意图

品等四种形式。工业构件的再利用不仅确保了工业遗产的保存，更将其提升到艺术境界，使工业的质朴之美与自然美景和谐共存。

现状保留厂房桁架实景照片

老坝工业构件展陈实景照片

L-4-1　开展生态修复，筑牢安全屏障

丰满水库又称为"松花湖"，一年四季风光不同，尤其金秋时节满山红叶，层林尽染，十分壮观。1988年，松花湖风景区被批准为国家4A级旅游景区。发源于长白山天池的松花湖水，经发电后变热，在一定气压、温度和风向等条件作用下，江面升起的雾气形成了独特的雾凇景观。

针对园区内外的生态环境，使用最新生态技术，提升环境品质，维护厂区及松花湖水域生态安全和可持续发展。首先，充分研究松花湖自然保护区的山林生态本底，按照生态结构要求布局绿地系统，严格依据松花湖保护区乡土适生苗木清单选种，根据海拔分布、临水地域特征，四季季相等，将原生林延续至园区内部，建立与当地动植物相辅相成的综合绿地体系，将园区融于松花湖风景区的大山大水之中。其次，针对园区特有的雾凇景观，在岸线植物配置上遴选多种乡土垂枝型植物，进而更好展示雾凇景观。最后，因水电站建设将河流截断，丰满水电站采用了人工鱼道的设施方案，解决因大坝导致上下游鱼类联系阻断及洄游鱼类无法正常洄游完成繁殖等问题，本项目针对鱼道周边生态环境进行生境修复，辅助创造一个有利于水生生态系统繁荣稳定的现代生态水坝环境，保护生物多样性，促进人类发展与自然环境的和谐共存。

本项目不是单纯打造功能单一的水坝公园，而是打造一个生产、生活、纪念、参观、游览、体验、生态保育多重功能于一身的未来化园区，通过合理管控、场地修复、生态鱼道、山林保育，雨水收集，土壤改良等方式，使其成为一个真正面向未来的生态花园式厂区。

生态环境修复

生态鱼道

深圳布心山城市绿道更新项目效果图

深圳布心山城市绿道更新项目

项目地点： 深圳市龙岗区

项目规模： 红线范围122.18hm²，设计道路总长度12.49 km，建筑总面积1164m²。

项目背景

龙岗区位于创新之城深圳市，素有"中国工业第一区"的美誉。近年来，龙岗区持续探索以绿为底、"双碳"引领的工业大区"两山"转化新路径，山环水润的生态格局是龙岗区城市发展建设和生态保护的重要工作目标。

布心山横跨龙岗、罗湖两区，处于生态高地与高度城市化之间的过渡地带，周边学校和住区分布密集。布心山生态空间资源潜力大，城市服务功能期待高。

本次更新尊重场地特质、积极保护和利用生态资源，提出以儿童、学生为切入点，服务全龄家庭的设计目标，营造从城市回归自然的连续路径。

问题研判

1. 现状建设场地内部配套设施不足，公园整体形象缺失。

2. 现有道路覆盖低，不成系统，资源点未形成有效串联。

3. 亟待以城市更新促进城市空间功能完善与价值提升。

设计策略及技术措施应用解析

设计策略	策略编号	技术措施	技术措施编号	应用解析
拓展研究手段，支持科学决策	L-1	城市体检引领，系统梳理问题	L-1-1	
		数据指标量化，科学反映问题	L-1-2	
		线上线下结合，客观分析问题	L-1-3	
系统思维引领，加强共商共治	L-2	系统思维引领，部门专业协同	L-2-1	
		尊重自然演进，重视规划反馈	L-2-2	
		广泛听取意见，加强共商共治	L-2-3	
提升城市韧性，人水和谐共生	L-3	协同防洪体系，提升城市安全	L-3-1	
		生态理水治水，流域综合提质	L-3-2	
		市政海绵联动，细化雨水管理	L-3-3	
		预留防灾空间，提升应急能力	L-3-4	
落实生态优先，推进绿色更新	L-4	开展系统修复，筑牢安全屏障	L-4-1	
		保护原生群落，乡土植被利用	L-4-2	√
		场地见缝插绿，设计融合艺境	L-4-3	
		基础设施改造，整合生态功能	L-4-4	
完善城市空间，体现人性关怀	L-5	人车系统分离，安全舒适慢行	L-5-1	
		补充公共服务，便捷城市生活	L-5-2	√
		强化空间互动，丰富场景体验	L-5-3	
		全龄友好设计，体现人性关怀	L-5-4	√
文化传承创新，彰显地域特色	L-6	顺应地形气候，彰显地域特色	L-6-1	√
		保留原有要素，展现新旧演变	L-6-2	
		再现历史场景，引发情感共鸣	L-6-3	√

续表

设计策略	策略编号	技术措施	技术措施编号	应用解析
资源高效利用，可持续性设计	L-7	高效利用土地，释放存量空间	L-7-1	√
		公共设施整合，实现功能集成	L-7-2	√
		生态材料应用，节能设计创新	L-7-3	
		规划长效运维，落实有机更新	L-7-4	

L-7-1 高效利用土地，释放存量空间

最大化利用现状道路，连通断点，形成贯通东西的通路，构建场地主脉。根据场地特质、生态资源禀赋与周边用地功能，明确划定山林寻趣、山城之环、山间四时三大主题段落，提供不同自然体验。充分利用多重条件限制下的可用空间，形成丰富多彩的景观游憩节点，激活整体场地的活力。

L-5-2 补充公共服务，便捷城市生活

根据用地布局的分析评价，结合市民游憩需求、项目总体定位以及分区功能定位，对规划范围内的休闲活动节点进行策划和布局，以提升空间连续性、丰富度、特色性。对休憩平台、观景

总体功能格局示意图

平台、眺望塔等休闲构筑物的位置、数量、规模、风格进行协调设计，构建休闲与服务于一体的特色景观服务体系。

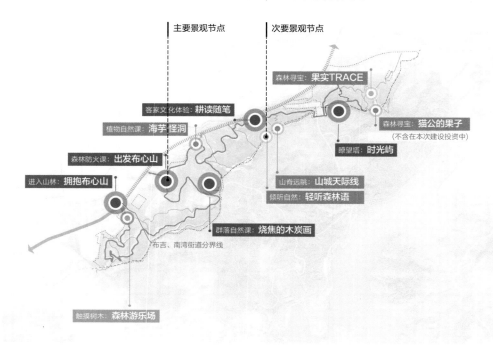

特色景观服务体系示意图

L-6-1　顺应地形气候，彰显地域特色

针对场地入口处地形变化大，功能需求多的特点，以山为设计原点，提取地形等高线、依山势构建屋檐，形成依据地势层层退台的低干预设计，满足登山步道、服务中心、活动广场、林荫空间和绿色出行等综合需求。

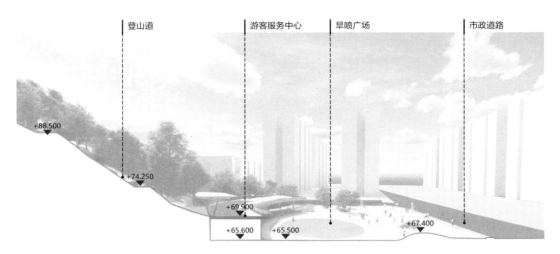

场地入口处剖面分析图

场地入口处退台设计示意图

L-4-2   保护原生群落，乡土植被利用

系统梳理场地本土生境特征、植被基础条件和乡土植物资源开发潜力，以现状自然植物群落保育为主，延续原有的植物氛围，增加物种的多样性和植物层次，提高植物的景观性，营造山林间的绿荫空间。

在场地较好的原生植被基础上，保留现有上层植物的绿色基底，中下层栽植特色开花植物或观赏性高的植物，突出植物的花叶色彩。在地被花卉组合之上，选择突出芳香疗愈功能的核心花卉，营造山林花境、芳香地被。

在原有植物本底的基础上，增加开花、色叶植物以此来突出植物的季相变化，同时根据场地特色栽植特色果树、营造特色植物观景段，形成独特的观景体验，使游人能够从植物的花、叶、果感受四季的变化。

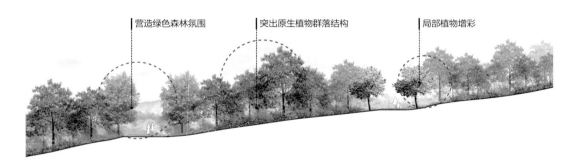

植物氛围营造示意图

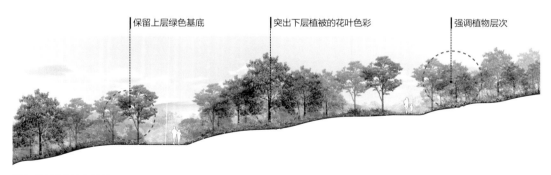

特色花境设计示意图

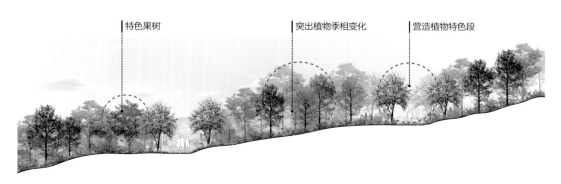

植物季相设计示意图

L-6-3 再现历史场景，引发情感共鸣

深入挖掘城市记忆与地域文化特色，将客家凉帽等非遗体验、客家儿歌等文化要素与景观设计结合，设计客家儿歌耕读盒子、稻香躺椅、梯田步道等景观节点，运用场景表达出居民潜意识中的集体共鸣，强化游客与场地的文化联系。

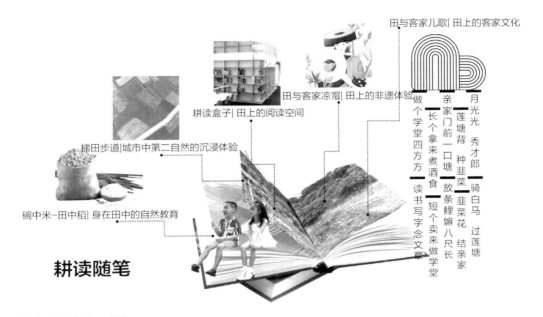

耕读随笔

田与客家儿歌| 田上的客家文化

田与客家凉帽| 田上的非遗体验

耕读盒子| 田上的阅读空间

梯田步道|城市中第二自然的沉浸体验

碗中米-田中稻| 身在田中的自然教育

做个学堂四方方　读书写字念文章

亲家门前一口塘　放条鲤嫲八尺长

莲塘背　种韭菜　韭菜花　结亲家

长个拿来煮酒食　短个卖来做学堂

月光光　秀才郎　骑白马　过莲塘

耕读随笔设计概念示意图

稻田夜间萤火虫景观

亲稻田木栈道

耕读盒子客家儿歌

做个学堂四方方，读书写字念文章

唔读诗书，有目无珠

耕读随笔节点设计效果图

L-7-2 公共设施整合，实现功能集成

从场地logo提取特色模块单元，植入公共服务功能，形成兼具阅读、休憩、观景等多重功能的服务设施。结合各个特色节点的功能需求进行定制化配置，通过模块组合设计提供差异化的服务体验。

文化呈现，田上阅读与非遗体验空间

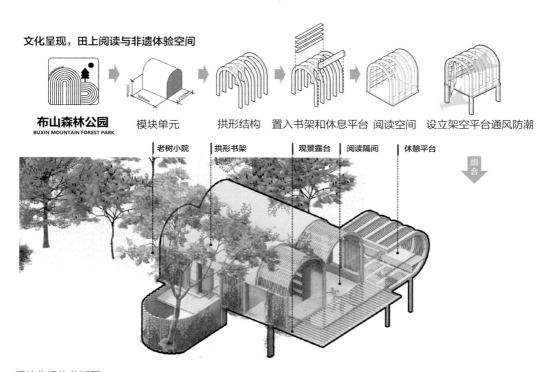

布山森林公园　模块单元　拱形结构　置入书架和休息平台　阅读空间　设立架空平台通风防潮
BUXIN MOUNTAIN FOREST PARK

老树小院 | 拱形书架 | 观景露台 | 阅读隔间 | 休憩平台

组合

模块化设施分析图

模块化设施应用效果图

L-5-4　全龄友好设计，体现人性关怀

设计贯彻全龄友好理念，充分考虑全年龄段，特别关注老年人、儿童的使用需求，引入生态服务、游憩休闲、文化展示等功能，提供健康、安全、舒适的游览体验和景观环境。

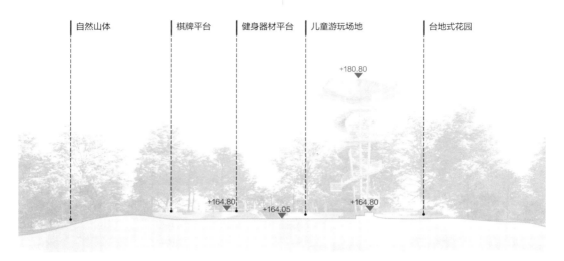

| 自然山体 | 棋牌平台 | 健身器材平台 | 儿童游玩场地 | 台地式花园 |

+180.80

+164.80　+164.05　+164.80

活动场地剖面分析图

全龄友好的活动场地效果图

1.5　未来展望

"生态优先，绿色发展"是全面建设社会主义现代化的纲领性要求，也必然是城市建设的发展方向。因此，风景园林专业作为落实城乡生态环境建设的核心技术领域，在城市更新工作中，同规划、建筑专业一样，可以承担引领和牵头角色，这一点在2024年最新修订的《北京市责任规划师制度实施办法》中也给予了明确规定。

从技术层面，在城市更新中灵活应用生态景观的更新策略，往往可以起到以小搏大、低投入高成效、"四两拨千斤"的效果，可以抓住解决城市复杂问题的"牛鼻子"。未来已来，对于生态景观领域的城市更新我们大致可以做出以下几个方向的预判：

数据筑基，智慧赋能

2023年，中共中央、国务院印发了《数字中国建设整体布局规划》，指出建设数字中国是数字时代推进中国式现代化的重要引擎，是构筑国家竞争新优势的有力支撑。加快数字中国建设，对全面建设社会主义现代化国家、全面推进中华民族伟大复兴具有重要意义和深远影响。利用数字技术，特别是大数据、云计算、物联网、人工智能等现代信息技术，对城市的各个方面进行数字化改造和升级，从而提高城市建设与管理的效率和水平，增强城市的可持续发展能力，提升居民的生活质量。未来的城市更新将不再仅仅基于个人或少数人的主观意愿，而是建立在大量数据信息分析的基础之上作出的更加科学合理的综合判断。

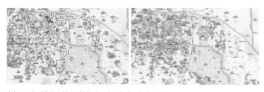

基于大数据监测的人流动向分析图

生态优先，绿色开发

2020年9月，生态环境部办公厅、发展改革委办公厅、国家开发银行办公厅联合印发《关于推荐生态环境导向的开发模式试点项目的通知》，提倡采用生态环境导向开发模式（即EOD模式），通过产业链延伸、组合开发、联合经营等方式，推动公益性较强的生态环境治理与收益较好的关联产业有效融合，增值反哺、统筹推进、市场化运作、一体化实施、可持续运营。生态优先，绿色开发是实现城市可持续发展的关键路径。通过在城市规划和建设中融入生态和绿色理念，可以有效促进城市与自然的和谐共生，为居民创造一个更加健康、舒适、宜居的生活环境。同时，这也有助于推动城市的绿色转型，实现经济发展与环境保护的双赢。未来，随着技术的进步和公众意识的提高，生态优先和绿色开发将成为城市发展的主流趋势。

北京通州大运河文化旅游景区智慧平台

布心山森林公园山顶远眺深圳水库

文化引领，场景构建

　　文化是我们的社会不断向前发展的内生动力。我们国家悠久的历史文化和深厚的人文底蕴，为城市中的一花一树、一屋一瓦，都赋予了丰富的文化内涵，因此越来越多的城市更加注重对本地优秀传统文化的挖掘和展示，注重城市品牌的建设。通过文化的力量，可以激发城市的创新活力，提升城市的整体形象和竞争力，为城市的可持续发展注入新的动能。未来，随着文化与科技的深度融合，文化引领和场景构建将更加多元化、智能化和国际化，为城市发展开辟新的空间和可能。

武汉"知音号"沉浸式多维体验剧

大唐不夜城

能源优化，低碳发展

　　以"双碳"目标为指引，将低碳理念贯穿城市建设决策阶段、建设阶段、运营阶段的全生命周期，制定科学、合理、周密的项目实施计划，运用新能源、新技术、新材料、新工艺，实现全生命周期减碳目标，是实现城市可持续发展的必要路径。未来，随着新能源技术的进步、绿色建筑的普及与能源系统的智能化，城市将逐步实现能源结构的绿色转型，为应对气候变化、保护环境和实现可持续发展作出积极贡献。

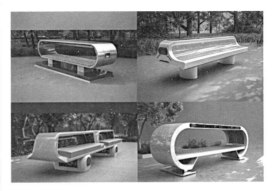

可储能发电的智慧座椅

2

2.1—2.5

历史文化

HISTORY & CULTURE

问题研判	设计原则		设计策略&技术措施	典型案例	未来展望
遗存保护不善	价值化	文化要素梳理	梳理人地系统，构建时空脉络；识别场地遗存，明确空间基底；考察非物质遗存，丰富文化多样性	长垣老城城市更新项目	通过技术、材料、产品的不断创新，历史价值定位将实现：更便捷的信息查阅；更个性的知识科普；更真实的场景重现；更科学的价值判读；更精确的无损修复。
	地域化	价值特征辨析	梳理文保体系，尊重保护规划；识别更新对象，确定区位关系；辨析价值特征，构建价值体系		
价值定位不准	传承化	规划设计定位	尊重空间格局，明确规划定位；理解发展阶段，展望未来愿景；提炼精神内涵，弘扬优秀文化	长垣护城河更新项目	
城市记忆消失	系统化	文化空间构建	保留文化要素，串联历史线路；梳理历史水系，打造滨水空间；恢复城市记忆，构建文化网络；尊重在地情感，提升空间品质		
	协同化	风貌以魂定形	挖掘地下空间，增加空间容量；梳理公私产权，激活闲置空间；腾挪破碎设施，促进资源整合；划定遗存区域，注重保存过程；传统建材复用，规范店招铺装；保留历史信息，恢复传统铺装	长垣西街更新项目	
改造矛盾突出	绿色化	性能综合提升	集成基础设施，提升安全韧性；结构安全耐久，注重加固维护；提高装配水平，提升生活设施；注重节能保温，适应地域气候	大河村国家考古遗址公园	
适配技术缺乏	宜居化	注重多方参与	提升管理水平，鼓励混合利用；配套服务设施，完善社区生活；保护历史肌理，维护居民权益；适应规划体系，实现渐进更新	银川新华商圈城市设计项目	
	延续化				
活化利用不足	活态化	活化利用传承	调研人群需求，引导文化活动；构建解说系统，阐释价值内涵；依托风俗节庆，实现永续传承	朝天门广场片区更新项目	

本章逻辑框图

2.1 问题研判

历史会影响当代，由历史沉淀而形成的文化，会对当代人们的认知、心理和行为等深层结构产生深刻影响。联合国发布的《变革我们的世界：2030可持续发展议程》设定了可持续发展目标（SDG11：建设包容、安全、有抵御灾害能力和可持续的城市和人类住区），包含遗产保护等10项具体目标和15项量化指标，城市遗产是可持续发展的必要推动者和强大驱动力。

党的十九大以来，以习近平同志为核心的党中央突出强调历史文化在中华民族伟大复兴战略中的地位，强调中华文明保护传承对坚定文化自信、促进社会全面发展的重大意义。

在以往城市建设工作中由于对历史文化重要性认识不够，出现了"大拆大建"、改造脱离对历史的认知、抹掉历史记忆等现象。中国城市建设进入存量发展阶段后，城市历史文化遗产保护更新是提升城乡建设质量、完善城乡人居环境建成品质、促进高质量发展的重要组成。如何真正保护传承历史文化、城市记忆，使城市更新有温度、有深度、有烟火气，是城市高质量发展过程中至关重要的问题。

在城市更新工作中，城市和街区的历史价值定位研究是判定更新对象价值、确定采取何种更新策略与技术的重要依据。城市中所有空间环境和场所都有自己的历史，后续的建设活动都应该尊重原有历史，不应由于新的建设而割裂历史[1]。建筑遗产保护是历史文化保护传承的核心内容之一，也是最有中华优秀文化代表性和人们生活体验获得感的重要工作[2]。

城市更新对象与位于保护名录中的狭义历史文化遗产多有交叠，也包含了范围更广的广义历史文化遗产。在实际工作中，还会面临大量虽未被列入遗产，或已经消失，但依然具有历史文化

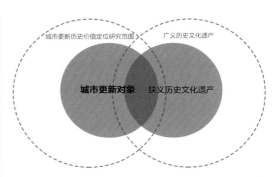

城市更新历史价值定位研究范围与历史文化遗产保护关系示意图

分析和研究价值的要素，也需在研究时一并考虑。

对当前城市更新工作中所面临的历史价值定位相关问题进行研判，主要表现在以下六个方面：

2.1.1 遗存保护不善[3]

在城市更新中，仍存在随意拆除老建筑、破坏传统风貌、破坏文物等情况。《住房城乡建设部关于扎实有序推进城市更新工作的通知》中，明确要求"不破坏老城区传统格局和街巷肌理，不随意迁移、拆除历史建筑和具有保护价值的老建筑"，正是要引导更新避免对历史遗存的破坏。

2.1.2 价值定位不准

当下城市更新过程中，由于对更新对象的历史文化价值特征的梳理和凝练不足，缺少系统性掌握更新对象历史文化价值的方法路径，无法准确识别历史遗存的价值内涵，导致对更新对象的定位产生偏差，不仅可能会对历史文化遗产造成物质本体的永久性破坏，还可能会对城市空间所传递的价值观和所倡导的精神文化意蕴产生严重偏离，无法起到正向引导作用。

① 张庭伟. 历史文化遗产保护三议 [J]. 城市规划, 2021, (9): 9-14, 88.
② 朱光亚, 李新建, 胡石, 等. 建筑遗产保护学 [M]. 南京: 东南大学出版社, 2019.
③ 景泉. 在地生长 [M]. 北京: 中国建筑工业出版社, 2022: 11.

2.1.3　城市记忆消失 [①]

城市的记忆是跨越历史长河的，当前在更新中易忽视对真实记忆的保留，城市记忆易遭到破坏，其信息载体易丢失，使情感寄托荡然无存。承载记忆的物质往往贴近生活，未在文物保护单位、历史建筑名录中，比如工业遗址改造中印在墙上的标语、厂规公约等，这些承载记忆的物件在更新中应想办法保留。过去的更新手法很多是恢复重建历史建筑、历史街区，大量快速修建的"假古董"其实抹去了人们的真实生活记忆和经过时间筛选和积淀的细节。

2.1.4　改造矛盾突出 [②]

当前的历史街区普遍存在建筑功能劣化、年久失修垮塌、基础设施陈旧、安全隐患突出、功能性能不足、居住拥挤不堪、生活质量低下等问题，在城市更新中需通过综合技术方案解决"保护历史文化"和"改善民生诉求"的两难问题。如果历史文化保护与城市更新协同性差，就会落入"静态性保护"或"破坏性更新"的两极化窠臼。

2.1.5　适配技术缺乏

历史街区的空间资源因形成时间较早，普遍处于不适于当前生活需求和不符合工程技术标准的非标准状态，如存在道路狭窄、建筑质量差等情况，现有技术如绿色、消防、市政、交通对于历史空间的适配性不足，缺乏针对综合性能提升可指导的标准化流程和技术手段。应用于一般城市空间的更新技术需要探索针对历史街区、历史建筑等特殊应用场景、微更新模式的适用性。对于历史街区原有的历史材料、历史工艺，应充分发挥其作用，尽可能回收与再利用，并处理好新建与保留部分的关系。

2.1.6　活化利用不足

过去的历史文化遗产保护往往只专注于历史文化遗产本体的保护，忽视其内在价值的挖掘和弘扬，对其采用的展示方式落后，忽略其承载的社会关系和所处的空间环境，难以和周围人群产生互动，缺乏全方位的活化利用与文脉传承。另外，历史文化街区的城市更新改造往往投入大、周期长，难以形成稳定的经济回报，同时人口外迁，会造成街区活力丧失、房屋空置、街区衰败。

重庆朝天门片区治理提升项目效果图

---

① 崔愷. 本土设计Ⅱ［M］. 北京知识产权出版社，2016：13.

② 王建国. 中国城镇建筑遗产多尺度保护的几个科学问题［J］. 城市规划，2022，46（6）：7-24.

2.2　设计原则

对应城市更新三大通用目标——因地制宜、绿色低碳、创新发展，在历史文化层面的更新目标有以下三点：

1. 文化传承：增强精神内涵挖掘，拓展阐释传播方式，促进文化传承创新，增强历史文化自信。

2. 环境友好：降低资源能源消耗，提高设施利用效率，节约运行维护成本，促进绿色低碳发展。

3. 宜居可持续：提升品质促进关怀，提供美好人居体验，带动产业激发活力，经济文化全面复兴。

从历史文化保护传承的角度来说，我们要做到保护、利用、转译、传承非常重要。保护是对历史、对过去层累地积淀下来的中华优秀传统文化、中国民族精神的尊重。利用是在历史和今天之间架起桥梁，对历史文化遗产进行价值阐释和传播。转译则是面向今天，让一脉相承的中华民族优秀文化在今天的社会政治经济环境下创造性转化和创新性发展，创造出既和今天人们生产生活需求相适应，又承袭中华优秀文化基因的优秀人居环境。传承是面向未来，对未来负责，承担起我们这一代人的责任，既要把优秀的文化遗产和地域文脉传承下去，也要经得起时代洗礼，在历史中留下代表我们这个时代文化精髓的作品。[①]

将更新目标进一步分解，形成九大更新设计原则：价值化、地域化、传承化、系统化、协同化、绿色化、宜居化、延续化、活态化，基于原则形成相应设计策略，实现城市更新中历史文化要素的保护和传承，其专业逻辑如下：

2.2.1　价值化

在城市更新中，首先要梳理辨析更新地块的历史文化遗产，明确其历史文化特征，建立历史文化价值体系，凝练历史文化价值，提出重塑城市历史文化价值、城市秩序的目标。对于价值辨析的范围和对象，不仅要关注城市的历史遗址和古迹，还要关注一般的文化传统，一切有历史记忆的、深刻反映社会和民族特性的历史文化遗产都应纳入历史文化研究的范围。辨析明确的历史文化价值将转化到更新设计工作中，为提出正确的更新举措提供理论依据。

2.2.2　地域化

我国幅员辽阔，在更新中应尊重在地自然环境和社会环境，探索地域化的历史文化遗产保护和利用方式。保护城市的历史文化遗产不应只关注街区内部和具有文化价值的古建筑和古遗址本身，还应将保护对象纳入城市总体空间发展格局层面进行考虑，尽可能保持原有空间肌理，并考虑与城市总体格局的协调性。[②]在保护对象上，也应适当扩大保护范围，对建筑及周边环境进行整体保护，同时考虑区域内的历史文脉，全面、完整地保护历史要素、社会网络、保存地域历史记忆等。

2.2.3　传承化

在更新中应基于文脉保护传承的需要，合理延续和发展城市格局，重塑特色街区风貌；基于现代城市前瞻性发展需要，从历史发展脉络和城市山水形势、城市传统格局中，汲取智慧和灵感，创新当代城市规划和城市设计。借助城市文化传承和创新的机遇，从中汲取有助于当代城市建筑创作和景观创作的中国传统智慧、审美观念和本

---

① 陈曦. 建筑遗产保护思想的演变 [M]. 上海：同济大学出版社，2016.

② 张松. 历史城市保护学导论——文化遗产和历史环境保护的一种整体性方法 [M]. 上海：同济大学出版社，2022.

土文化特色，推动当代中国的城市与绿色和谐社会建设。

2.2.4 系统化

从生活的历史性和社会性思考人类生活的空间性，城市可被理解为一个物质真实与文化想象同时交叠并存的第三空间[①]。在城市更新过程中应系统整合城市的文化、经济、社会各要素，在城市更新的早期阶段，就需要对历史文化遗产进行全面评估，明确保护优先级，并制定相应的保护策略，并将历史文化遗产保护工作贯穿整个更新过程。

2.2.5 协同化

在更新中实现历史文化遗产保护，需要政府、社区、业主、开发商、非政府组织和公众等多方面的参与和合作。通过建立参与机制和沟通平台，确保各方的利益得到平衡和照顾。同时历史文化遗产保护涉及多专业合作，包括规划师、建筑师、历史学者，修复专家等，同时鼓励和促进社会公众对历史文化遗产保护的参与和关注。

2.2.6 绿色化

从光照、季风、温度、降水等地域气候适应性出发，分析地域规划设计传统智慧的内在机理，实现传统经验的现代技术表达。从地域传统建筑当中提取文化生态理念与策略，获得与地域特征以及传统的文化、生态理念相适应、融合与衍生的方法，最终实现对自然环境的呼应、人文环境的传承与技术评测的提升。

2.2.7 宜居化

历史文化遗产的保护和更新的功能都应当融入现代社会，满足现代社会需求，必须考虑提升当前水平、引领未来方向[②]。在保护的基础上，改善基础设施、提高环境质量，改善人居环境，同时鼓励和引导社会力量广泛参与保护传承工作，充分发挥市场作用，激发人民群众参与的主动性、积极性。

2.2.8 延续化

更新中应注重保护当地的社会结构和文化连续性，实现"就地改善"的目标。"就地改善"指在不进行大规模拆迁和搬迁的情况下，通过修缮、改造整治等方式提升现有的基础设施、住房条件和社会服务，以实现居民生活质量的改善提升。就地改善不需要将居民搬迁到其他地方，通常可以保留当地的社区结构和文化连续性。同时这一术语还与绅士化（gentrification）这一概念相对立，强调保留既有的社会结构和居民社群。

2.2.9 活态化

在城市更新过程中，历史文化遗产宜以不同的活态传承方式实现创造性转化及发展。这包括街区微改造，留住原有居民，延续原有的社会结构和文化生态；以文化品牌塑造为突破口，打造高质量的节日民俗文化产品，提升城市的旅游吸引力；将历史建筑改造为纪念馆、展览馆、众创空间等，延续和扩展其使用功能；运用大数据、人工智能、物联网等技术手段，促进城市历史文化遗产的数字再生，进一步提升其传播力和影响力。

---

① Edward W.Soja，索娅，陆扬. 第三空间：去往洛杉矶和其他真实和想象地方的旅程［M］. 上海：上海教育出版社，2005.

② 弗朗切斯科·班德林，吴瑞梵. 城市时代的遗产管理：历史性城镇景观及其方法［M］. 上海：同济大学出版社，2017.

遗产辨识	保护规划	工程技术	监测管理	利用传承
历史-文化-地理	国家-区域-专项	修复-防护-展示	系统-预警-设备	阐释-传播-传承

考古学　建筑史　名城-镇-村保护规划　文物保护规划　数据采集　修缮工程技术　安防设施　电子信息技术　开放利用　遗址博物馆设计

人类学　历史学　城市规划史　区域专项规划　国土空间规划　化学保护技术　岩土加固工程　档案记录　修复材料　国家文化公园　虚拟技术

景观史　艺术史　地理学　地理信息技术　生物保护技术　监测体系　城市设计　存量建筑改造

地质学　生态环境　遗址公园规划　修复材料　应急规程　城市更新

城市更新在历史文化遗产"辨识—保护—技术—管理—利用"环节中的位置示意图

长垣老城城市更新项目效果图

2.3 设计策略及技术措施

在更新中对于历史文化要素的处理方式一为保护、二为更新。保护主要依据遗存的风貌效果，更新必须依据遗存的工程质量；保护专注物质的原真性，忌讳"拆真建假"，更新重视文化的真实性，侧重于现代融入；保护因其公益性而坚守文化意义，更新因其市场性而必须考量投入产出。

城市更新中的历史文化要素类型包括物质文化遗存和非物质文化遗存，要做到科学的保护，就应遵循城市发展的规律，探索城市形态的建构肌理，物质和非物质遗产并重。可以将历史文化空间的梳理与重构作为街区更新的切入点，挖掘文化遗产间的整体性和关联性。梳理不应局限于文物保护单位等法定文化遗产及某个特定时期的历史遗存，一些对城市格局、居民集体记忆以及城市建设发展有重要意义的遗存都应纳入历史文化空间体系。更新要在保护的基础上因地制宜地赋予更新对象新功能，"在发展中保护，在保护中发展"，改善居民生活条件，运用渐进式、织补式的更新策略实现更新对象文脉演进、文化繁荣。具体包括文化要素梳理、价值特征辨析、规划设计定位、文化空间构建、风貌以魂定形、性能综合提升、注重多方参与、活化利用传承八大设计策略。

M-1 文化要素梳理

城市更新中历史文化研究应从城市整体历史脉络的角度进行研究框架的搭建。首先要通过现场踏勘、座谈访谈、文献调查等跨学科的研究方法从"文化—空间"，对物质及非物质文化遗存，以及不在历史文化遗产名录中的广义文化遗产进行梳理，基于我国历史文化和空间特质，建构完整的保护要素体系，需依循多历史时期、多空间尺度、多要素类型三条核心线索，进行系统识别评估[①]。梳理和辨析不仅仅要关注现法律条文中关注的保护对象，还要谨慎对待其余城市空间所承载的城市记忆，打造古代—近现代—当代的城市记忆延续体系。

M-1-1 梳理人地系统，构建时空脉络

城市更新前期宜运用历史地理学[②]、人文地理学、社会学、生态学等跨学科的研究方法对更新项目进行信息梳理。往往涉及整个城市或其重要历史文化遗产所在的整个区域。可以查阅书籍文献如《中国历史地图集》[③]《中国城市人居环境历史图典》[④]等建立城市历史空间脉络。也可以通过历史空间模型、老地图、老照片等建立立体空间的认知，具体内容见历史文化遗产清单。

1. 山川形胜

地区自然山水环境是"历史城市形成的重要基础和发展所遵循的脉络"[⑤]。从时间维度看，自然山水环境作为"定量"对城市空间的演变产生持续的影响，是城市特色风貌形成的土壤[⑥]。在城市更新工作中对场地及所处城市的自然山水环境进行详细梳理，如气候、地形、地貌、地质、水文、风景等，是从源头上理解城市或地区文化脉络、城市记忆的途径。

① 张杰，李旻华. 文化保护传承引领的城市更新价值提升[J]. 当代建筑，2023，(6)：21-25.

② 侯仁之. 历史地理研究：侯仁之自选集[M]. 北京：首都师范大学出版社，2010：360.

③ 谭其骧. 中国历史地图集[M]. 北京：中国地图出版社，1982-10.

④ 王树声. 中国城市人居环境历史图典[M]. 北京：科学出版社，2016：13.

⑤ 张兵. 历史城镇整体保护中的"关联性"与"系统方法"——对"历史性城市景观"概念的观察和思考[J]. 城市规划，2014，38（S2）：42-48，113.

⑥ 武廷海，郭璐，张悦，等. 中国城市规划史[M]. 北京：中国建筑工业出版社，2019.

传统聚落和城市的形成有赖于特定的地形环境、气候条件，相应地发展出不同的建筑文化和营造体系。营造体系是聚落选址布局及建筑构造材料共同构成的完整系统，对其所处的自然环境表现出极强的适应性。所形成的建筑文化回应气候条件，同时通过公共制度与行为习惯来维持空间格局及建筑本体。①

2. 历史沿革

城市历史沿革是以城市空间为载体，城市历史人文发展和变化的过程。在城市更新中，梳理城市的历史沿革需包括城市的建制变化、重大历史事件、典故、历史人物以及产生的影响深远的哲学思想、价值观念、先进技术、文化传统、政治制度等。这些因素在时间脉络上的叠加对于城市历史空间在不同历史时期产生复杂影响，梳理历史沿革可以加深对城市及地区的历史空间形成的理解。

3. 古城格局

古城格局在城市的选址和持续营建的作用下形成，受特定的自然山水环境和历史人文环境影响，记载了城市与环境、人文与自然交互作用的信息，从城市营建的角度体现了人文精神内涵。城市空间形态（性状）的发展规律可以运用"空间基因"解释②。在城市更新工作中，古城格局可以通过查阅各历史时期的地方县志、历史地图集等进行收集，古城格局的空间形态本身是重要历史文化要素，可在更新中作为符号进行活化利用，同时古城格局可对城市更新中历史信息的空间落位提供依据和参考。

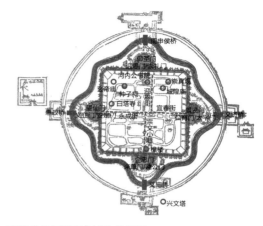

嘉靖《长垣县志》城池分析图

4. 城区演变

在深入理解城市历史格局之后，也需梳理当前城市建制变化在空间规划上的思路和实际建设中的变迁及其影响动力机制，明晰城市更新工作在当前城市规划建设中的时间和空间定位。

1940年渝中半岛被轰炸场景实景（摄影：美国记者福尔曼）

1970年渝中半岛实景（摄影：秦文）

重庆府治全图（1886-1891年）

---

① 吴良镛. 中国人居史［M］. 北京：中国建筑工业出版社，2014.

② 段进，姜莹，李伊格等. 空间基因的内涵与作用机制［J］. 城市规划，2022，46（03）：7-14，80.

1985年渝中半岛实景（摄影：全玉玺）

2019年渝中半岛实景（摄影：宋明琨）

M-1-2 识别场地遗存，明确空间基础

需通过现场踏勘、座谈访谈、文献调查等方法对场地现状及周边实体现状进行梳理，包括世界文化遗产、文物保护单位、历史文化街区、历史地段、历史建筑、古树名木等。

1. 世界文化遗产

世界文化遗产属于世界遗产范畴，是文化保护与传承的最高等级。对于场地所在城市具有世界文化遗产的，需通过实地调研厘清场地与世界文化遗产的关系，以满足世界文化遗产的保护要求。

2. 文物保护单位

对于文物保护单位，需要根据《文物保护法》进行分类分级，识别国家级、省级、市级和县级文物保护单位并明确其保护范围及建设控制地带，确保更新工作服从保护规划的要求。

3. 历史文化街区及历史地段

对于历史文化街区及历史地段，需明确其传统格局和历史风貌，以及构成历史风貌的文物古迹、历史建筑，还要梳理构成整体风貌的所有要素，如道路、街巷、院墙、小桥、溪流、驳岸乃至古树等。更新工作应与历史文化街区整体风貌协调，不破坏传统格局肌理，符合保护规划要求。

4. 历史建筑

历史建筑是指经城市、县人民政府确定公布的具有一定保护价值，能够反映历史风貌和地方特色的建筑物、构筑物。对于历史建筑，要明确其代表的建筑艺术特征、建造科学技术、传统建造技艺以及背后的历史事件、所关联的历史名人等信息。更新工作应保护历史建筑，活化利用其历史文化意义。

5. 地方八景

地方八景是各地具有地域景观特色及人文情感的景观载体，充分体现了一地的历史文化传承。应尽可能根据历史记载、现状遗存及当代需要进行恢复设计，并为其注入符合当代价值观的精神内涵。[1]

6. 古树名木

对于古树名木，需通过现场细致的调研，确定场地内的植物是否存有法定意义上的古树名木以及其他具有历史感和景观效果的树木，确定其品种、树龄等基础信息，依照《城市古树名木保护管理办法》的分级，确定场地内古树名木的保护等级和保护措施。

7. 道路

道路的梳理范围包括历史保护区内的街巷，同时也应对城市古驿道、古驿站及其驿道网进行梳理，明确城市或街区在交通方面的历史沿革。

8. 水系

水系梳理的类型包括城市河流、湖泊、坑塘、水库、护城河、潮汐河口、水渠、人工湖等，梳理的内容包括历史变迁、现状条件、发展问题、水利技术等。城市水系是地域文化的重要组成部分，不仅反映地域自然环境的独特性，还反映了本地人民与自然和谐共处的生存智慧。

---

① 孙诗萌. 自然与道德：古代永州地区城市规划设计研究［M］. 北京：中国建筑工业出版社，2019-12.

长垣老城1990年代街巷格局分析图

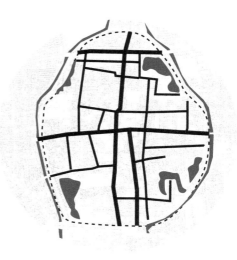

现状长垣老城水系分析图

清嘉庆时期长垣老城水系分析图

新中国成立时期长垣老城水系分析图

M-1-3 考察非物质遗存，丰富文化多样性

非物质文化遗存代表着城市独特的文化多样性和无形的传承价值。在城市更新中，非物质文化遗存是指那些无形的、传承于代际之间的文化传统和知识体系；需通过社会调查、座谈访谈、组织活动、文献调查等方法对场地及周边口头传统、表演艺术、节庆活动、手工艺技艺、风俗习惯、城市记忆等进行梳理。

1. 传说民俗

口头传统：包括民间故事、传说、谚语、歌谣、俚语、儿歌等口头传承的文化表达形式。

风俗习惯：城市特有的风俗习惯和礼仪，如婚礼习俗、葬礼习俗等，代表着城市社会的价值观和社会秩序。

节庆活动：城市的传统节庆活动，如春节、端午节、元宵节、中秋节等，代表着城市居民的宗教信仰和文化习俗。

2. 文艺作品

表演艺术：例如传统戏剧、戏曲、舞蹈、音乐表演等，代表着城市独特的艺术传统和表演风格。

绘画艺术：名人书法、山水画、民俗画、民间美术技艺等，反映城市历史故事、艺术风格的绘画作品和技艺。

文学作品：古代小说、民间故事、诗歌、古

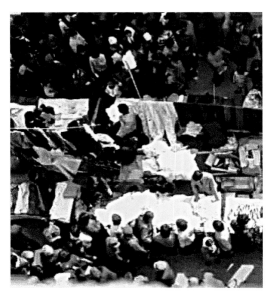

长垣老城农历二月十九古会（摄影：陈永敏）

今著名作家对城市文化有影响力的文学作品。

手工艺技艺：城市的传统手工，如陶艺、纺织、木工、雕刻等技艺，反映着城市的历史和工艺传统。

3. 地域性格

地域性格是对城市地域特征、社会时代精神、人文艺术品格[①]的高度凝练，反映气候、地理适应下的地域人文性格特征，具有特定地域的心理凝聚力、社会认同感和审美属性。

4. 城市记忆

人与其生活的地方存在着心理和情感的联系。"当这种情感变得很强烈的时候，我们便能明确，地方与环境其实已经成为情感事件的载体，成为符号"[②]。城市记忆及其空间载体也是城市更新中需要梳理的内容，比如：

传统医药知识：城市的传统医药知识和疗法，反映着城市居民对健康和医疗的理解和传承。

民俗游戏：城市的传统游戏和娱乐活动，反映着城市居民的娱乐习惯和文化娱乐方式。

美食文化：城市特有的传统美食和烹饪技艺，代表着城市的饮食文化和独特口味。

其他对于特定空间的特定记忆，需要通过调研访谈搜集整理。要确保城市的传统手工艺、文化表演、节庆活动等非物质文化遗存，得到妥善保护和传承。同时可以提取非物质文化遗存中的文化内涵融入更新中的文化创意产业、教育推广、节庆活动、社区参与等，增强城市的文化认同感和归属感。

历史文化遗产清单

		认定机构	类型
物质遗产	国际历史文化遗产体系	UNESCO 世界遗产中心	*世界遗产（包括文化、自然、混合遗产等）
			*世界遗产预备名录
		联合国粮农组织	全球重要农业文化遗产
		国际灌溉排水委员会	世界灌溉工程遗产
		国际工业遗产保护委员会	工业遗产
	国内历史文化遗产体系	国务院	国家级烈士纪念设施
			国家级抗战纪念设施、遗址

---

① 唐孝祥，乔忠瑞. 广州花都港头村传统聚落文化地域性格探析［J］. 广东园林，2023，45（02）：40-45.

② 段义孚. 恋地情结［M］. 北京：商务印书馆，2017：136.

续表

		认定机构	类型		
物质遗产	国内历史文化遗产体系	国家文物局/中国文物学会	大遗址		
			国家考古遗址公园		
			20世纪建筑遗产		
			不可移动文物*	文物保护单位	全国重点文物保护单位
					省级文物保护单位
					市县级文物保护单位
				未核定公布为文物保护单位的不可移动文物	
		住房和城乡建设部	历史文化名城名镇名村*	历史文化名城	国家历史文化名城
					省级历史文化名城
				中国历史文化名镇	
				中国历史文化名村	
			历史文化街区*	中国历史文化街区	
				历史文化街区	
			历史建筑*		
			中国传统村落*		
		农业农村部	中国重要农业文化遗产		
		水利部	中国水利遗产		
		工业和信息化部	国家工业遗产		
		文化和旅游部	长城国家文化公园		
		国家发展和改革委员会	黄河国家文化公园		
			大运河国家文化公园		
		宣传部	长征国家文化公园		
		民政部	国家级抗战纪念设施、遗址		
非物质遗产	国际历史文化遗产体系	联合国教科文组织	人类非物质文化遗产		
			亟需保护的非物质文化遗产名录		
			保护非物质文化遗产优秀实践名录		
	国内历史文化遗产体系	国务院	国家级非物质文化遗产代表性项目		
		文化和旅游部	国家非物质文化遗产名录		
			省级非物质文化遗产名录		
			市级非物质文化遗产名录		
			县级非物质文化遗产名录		

注：*号为历史文化遗产梳理中常见类型

历史文化要素清单

要素类型	古代	近现代	当代
语言	地名、传说（建城传说、风水）、民谣、战争、神怪故事、民间信仰、方言	口述史、个体记忆、集体记忆、民谣、家族史、迁徙史、戏曲、外来人口	访谈、成长记忆、网络评论、街头文化、民俗游客评价
文字	谱牒、碑刻、地方志、正史、小说、诗词、成语、仪式、日常生活、物资交流、情感交流、信息交流	文学艺术作品、报纸、出版物	微博、微信公众号、小红书、大众点评
影像	绘画、雕塑、审美	历史照片、老电影	电影、电视剧、新闻、广告、短视频
物质实体	历史文献、出土文物、历史遗迹、口述材料、标志性古建筑、园林、树木、水井、护城河、街巷、城市设施、交通要道、宗教场所、桥梁、泥塑、雕刻、剪纸、文物古玩、名人字画	树木、街巷、城市设施	建筑、树木、街巷、城市设施、特产、风物
空间文化要素	山川形胜、气候变迁、地理变迁、河道变迁、地方八景、风景名胜	城市空间形态演变	区位价值、环境气候、地理单元、水文地貌

M-2　价值特征辨析

M-2-1　梳理文保体系，尊重保护规划

　　对于更新场地的价值特征辨析，首先需根据历史文化遗产清单，梳理场地所在位置已有的各项保护规划，明确文物保护体系。研究上位保护规划中提出的规划目标、规划原则、价值特征、功能定位与保护要求和各项保护措施，保证更新过程符合保护规划要求。其次，明晰场地与周边历史文化遗产的区位关系，满足场地所在的保护范围内的其他历史文化遗产的保护要求。保护范围和要求往往包括以下几个层次：

　　1．核心保护区：这是历史街区的核心部分，包含最能体现街区历史风貌和文化特色的建筑物及其周边环境，严禁任何破坏原有历史风貌的建设行为，原则上不允许新建或改建。

　　2．建设控制地带：围绕核心保护区设立的缓冲区，该区域内允许有限度的新建或改建活动，但必须严格遵循历史街区保护规划的要求，保持与历史风貌的协调一致。

　　3．环境协调区：这一区域内的建设和改造活动应尽可能与历史街区的整体风格相适应，避免出现与历史街区风貌格格不入的现代建筑，以确保整个街区历史氛围的完整性。

　　4．风貌影响区：虽然可能不在严格的历史街区范围内，但这些区域因地理位置邻近，其发展也可能对历史街区产生视觉和环境上的影响，因此在规划设计时需要考虑与历史街区整体风貌的协调性。

M-2-2　识别更新对象，确定区位关系

　　更新中应划定历史遗存区域，遗存范围不仅包括遗存本身，还应考虑其周边环境的保护。例如，如果历史遗存周围有其他历史建筑或文化景观，应将其纳入保护范围，保证更新对象所在的历史遗存区域格局完整。同时也应确定周边地区的建设控制地带及风貌协调区，延续历史文化遗产所处区位的空间格局，同时其所处的格局区位也应作为价值特征在更新策略或方案中有所体现。

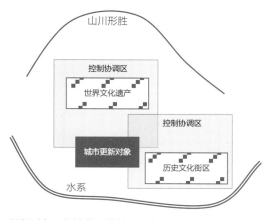

更新对象和保护范围的关系示意图

M-2-3 辨析价值特征，构建价值体系

以价值特征为依据，构建价值体系，基于此提出项目定位，为城市规划、建筑设计奠定基础。场地的历史文化价值体系是指对场地所包含的历史、文化、社会等方面价值进行综合性评估和体现的一套方法和标准。建立场地的历史文化价值体系有助于更好地保护和传承场地的历史文化遗产，同时也能在城市更新中合理规划和利用这些资源。

在重庆朝天门片区治理提升项目中，通过价值体系的建立可知朝天门区域重庆山地江城的母城和长江上游水运枢纽和经济中心所在地，文化遗产物质遗存包括朝天门城门、城墙、朝天门码头、千厮门码头、望龙门码头、沙嘴码头、磨儿石码头、望龙门缆车以及字水霄灯人文景观。这对后续更新工作具体项目提供了有力的支撑。

示范案例：长垣老城城市更新项目

以长垣老城更新为例，研究首先运用生态学、历史地理等多专业跨学科的研究方法，对县志、文献、书籍、勘察报告、新闻报道等资料对场地的历史自然地理、历史人文地理进行梳理，基于宏观历史视角搭建场地的历史价值时空框架。其次对历史遗迹现状进行梳理，包括国、省、市级文物保护单位、历史建筑、非物质文化遗产、古树名木、考古遗迹、著名人物、文艺作品等，进行文化主题归类与整理。以老城价值特征为主题梳理了长垣老城场地内的历史文化物质遗存和非物质遗存，其分为价值特征、构成要素、承载物体（本体＋环境＋关联空间＋场所精神）三个层次。[①]并对老城空间形态演变特征进行研究，包括地理环境、水文地貌、历史脉络，探究老城未来承袭的文化内涵与发展方向。提取历史文化研究中的地域性格、内涵特质、主题故事等内容，为活动策划、空间布局、建筑风格、展陈方式等提供意见。

方面	Ⅰ政治			Ⅱ经济			Ⅲ社会		Ⅳ科技文化					Ⅴ地理	
主题	国家政权	制度文明	国家礼仪	农业经济	手工业	国家礼仪	社会组织	中华民族	传统文化	宗教信仰	文学艺术	科学技术	城市建筑	自然地理	人文景观
	1	2	3	4	5	6	7	8	9	10	11	12	13	14	15
价值特征	分合合、延绵不断的连续性 见证中华文明五千年及其分	制度特性 见证中国古代讲求等级秩序的	见证中国古代祭祀天地祖先的利益制度	为主的传统生业模式 见证中国古代以旱作、稻作农业	技术特征 见证中国古代文学、艺术的	冶金为主的多种多样手工业传统 见证中国古代以陶瓷、制盐、纺织	为主的社会组织方式 见证中国古代社会以血缘关系	多民族的交流迁徙融合 见证中华民族的多元一体结构及其	传统思想文化 见证中国古代以儒学为主的	多元信仰传统 见证中国古代以儒释道为主的	见证中国古代文学、艺术的	技术特征 见证中国古代农业社会的经验	的人居环境营造特征 见证中国古代因地制宜、讲和谐	生态环境的复杂性和多样性 见证东亚地区中国自然地理与	审美理念 见证中国道法自然的传统景观

中国古代历史文化保护传承体系主题价值特征示意图[②]

---

① 诺伯舒兹. 场所精神：迈向建筑现象学［M］. 武汉：华中科技大学出版社，2010.

② 陈同滨，王琳峰. 传承历史文脉　讲述中国故事——"城乡建设与历史文化保护传承体系（古代部分）"构建回顾［J］. 中国勘察设计，2021（11）：28-33.

M-3　规划设计定位

M-3-1　尊重空间格局，明确规划定位

规划定位应尊重原空间格局，着眼融入新发展格局，处理好新旧关系，在明确历史文化遗产价值特色的基础上提出场地在宏观、中观、微观的城市定位。运用简洁的语言为项目定下基调，体现历史文化遗产内涵，更重要的是能指导后续设计。面对街区层面的空间设计规划定位可以明确空间特色，提出有针对性的指引。

M-3-2　理解发展阶段，展望未来愿景

规划定位需通过本土地域经济、产业、人本发展现状分析，梳理城市发展需求，结合上位规划目标，尊重城市发展的实际情况，提出城市未来愿景。未来愿景的提出需要对城市发展有前瞻性的判断，城市的历史文化遗产作为其城市文化气质的重要组成部分，在提出城市愿景时应进行充分的考量。

M-3-3　提炼精神内涵，弘扬优秀文化

基于历史价值特征，提出适应当代生活的精神内涵，弘扬优秀文化。在进行更新时要对城市文化内涵进行深入挖掘和现代阐释，提炼出适用古今的共同价值理念与精神追求，找到城市更新中的"文化之魂"。同时，还要将这一要求落实到建筑设计和景观设计，融入制度创新和社会风尚中，体现在市民的生活方式与精神面貌上，只有这样才能让文化发挥"形塑"与"神塑"作用。

在重庆朝天门片区治理提升项目中，通过对空间要素分析和文化精神内涵的提炼，提出更新目标为打造朝天门立体生态公园，塑造重庆生态绿岛，构建江城共荣。提出"朝天门应成为新时代重庆的精神之门，重塑城市伦理，成为每一个重庆人的精神原乡"的项目规划定位，以及"以山水之合汇聚人文之萃，以历史之厚承托时代之稳，以生态之广消解资本之高"的城市秩序重建策略。

重庆朝天门片区治理提升项目空间要素分析示意图

朝天门的文化精神内涵示意图

M-4　文化空间构建

城市在提供居住功能的实用性之外，还可以表达思想、权利，以及不同人群之间的相互关系。索尔认为文化景观是特定时间下，自然及人文共同塑造的地域特质空间[1]。城市历史文化遗产普遍具有活态特征，其存在的意义更多地是与城市发展、市井烟火融合起来，主动塑造城市的当下和未来。如何利用历史文化资源彰显城市文化魅力是城市更新工作中的重要一环。包括提取历史文化研究中的地域性格、内涵特质、主题故事等内容，为活动策划、整体布局、建筑风格、展陈方式等提供意见。在设计过程中通过公共空间的景观构筑物、设施小品等进行文化整合与引导等。在城市风貌方面确定城市风貌的古今比重，充分利用建筑物、构筑物乃至老物件，与时代发展相契合，使其成为城市经济再生与活力发展的重要基点。

M-4-1　保留文化要素，串联历史线路

历史文化遗产及公共空间需提升可进入性、

① Sauer Carl O. The Morphology of Landscape [J]. University of California Publications in Geography，1925（2）：19-54.

参与体验性，并在城市和区域中连点成线，形成历史线路，构建可感可知的城市历史文脉底图，激发游客及本地居民文化体验，增强认同感和体验感。

在历史线路当中，需要设置符合历史主题的标识和指示牌，向游客和居民介绍历史文化信息、文化导览、安全事项、紧急联系电话等。在线路中段可以设置休憩驿站，提供歇脚、加水、简单餐饮、信息留言、印章等游览服务。

M-4-2　梳理历史水系，打造滨水空间

通过本地历史水系状况分析，尽可能恢复城水关系，塑造有活力的滨水空间。具体更新策略包括恢复生态系统、提高生物多样性；保留和修复滨水岸线的历史遗迹和文化特色，如古桥、水闸等，将这些元素融入现在的设计中，同时要考虑灵活的功能和气候适应性，以应对可能的气候环境变化。

示范案例：长垣护城河更新项目

长垣护城河原为城外河，防御外敌，抵抗水患。如今，长垣城市飞速发展，护城河也在城区的包围下完成了向城内河的转变。时代变迁，护城河始终处于城市空间格局的中枢区位，拱卫着长垣的城市起点与核心。更新将老城护城河定位为满足人民美好生活需要的幸福会客厅、传承黄河文明时代精神的文化展示带、生态治理提振空间价值的探索实践地、激活区域经济产业转型的城市生命线。打造可学可游的城水交融生态环、可触可赏的古今文化体验环、可歇可玩的内外联

动活力环三大板块，通过修复水系生态基底、构建老城绿色风貌、打造特色慢行系统、重塑活力滨水空间、营造文化景观节点等策略，[1]重塑长垣精神新地标，打造城市发展新名片。

M-4-3　恢复城市记忆，构建文化网络

城市中的文化网络由承载城市记忆的公共空间节点，串点成线成网构建[2]。具体方式如：恢复历史场景，打造文化主题公园，通过雕塑、景观和展示板等方式，生动展现城市的历史和文化故事；在公共空间中设置艺术装置和雕塑，可以用当地的历史人物、传统手工艺品等元素来设计，为城市增添艺术氛围；允许在公共空间中设置文化墙和涂鸦区域，让艺术家和居民可以创作与历史文化相关的作品，增加公共空间的趣味性和活力。设置文化交流中心或文化体验馆，让游客和居民了解当地的历史、传统和文化；举办文化活

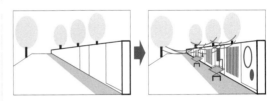

文化墙和涂鸦示意图

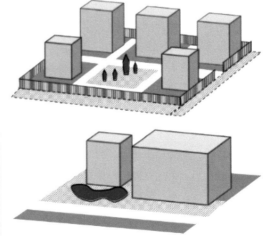

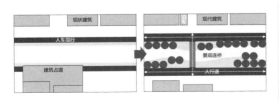

长垣老城滨水空间更新示意图

艺术装置和雕塑落位示意图

① 凯文·林奇. 城市意象：第2版［M］. 北京：华夏出版社，2011.

② 张悦，余旺仔，刘晓征，等. 从100到0.1，从0.1到时0.05——北京老城城市微更新设计探索［J］. 城市设计，2019（3）：30-39.

动和表演，如音乐会、戏剧表演、传统舞蹈等，增加居民和游客的参与度；设立传统手工艺品展示和销售区，方便游客和居民购买地方特色的手工艺品，体验传统工艺等。

在长垣市老城城市更新项目中，长垣西街的老一中是长垣人的骄傲，代表了其人才辈出的历史记忆，在更新工作中设计师将老一中的光荣榜进行修复，作为公共空间的文化符号，保留记忆的同时满足现代人的对公共空间的活动需求。在重庆朝天门片区治理提升项目中，新民生公司第一支船队在1984年由朝天门码头起航，这是重庆人共同的记忆，更新中一是利用现状码头泊船设置功能性趸船，通过顺应水位变化的方式拓展公共空间，延伸岸线长度，在解决功能需求的同时最小程度干预自然环境。二是采用民生公司轮船为原型，设置长江重庆博物馆。

M-4-4　尊重在地情感，提升空间品质

在地情感（Place Attachment），是指个体或群体对特定地方（如城市、社区或特定地点）的情感依恋和心理连接。这种情感和连接源于人们与特定地方之间的长期互动、经历和记忆，包括在该地方生活、工作或其他形式的个人体验。在更新中尊重在地情感，是一种综合考虑社会、文化和情感联系的方法，旨在保护和强化居民与其生活环境之间的深层次连接。

如在长垣老城城市更新项目中，居民对西街龙柱情感记忆深厚，十几年前龙柱所在广场为小吃摆摊场所，众多学生、年轻人在此停留，龙柱下的麻辣烫摊是很多人共同的情感回忆。尽管龙柱质量较差，在更新中也不具有功能性价值，且存在时间不长，但设计师依然保留龙柱，并对其造型、材质及广场空间进行了优化提升，希望可以延续居民原有的美好回忆。

对于具有历史要素的建筑更新，优先运用轻介入的方式，通过轻量化、低成本的方式，在不影响建筑使用功能的前提下，提升整体风貌与空间品质。

首先应对建筑进行现代功能需求的梳理，可

长垣老城街道及广场空间更新前后效果图

以采取将建筑形式延续的方法，进行外立面微更新，让更新后的建筑与原貌保持一定的联系，延续其历史韵味；也可以从建筑功能方面进行更新，在保护外部造型的基础上，对历史建筑的空间进行置换，让历史建筑在功能上满足当下使用需要；或者更进一步，将建筑空间外延，通过对历史建筑的部分扩建，来获得使用价值的完善和提高；而对于损坏严重的历史建筑，可通过对历史建筑艺术特征和精神内涵的提炼，抽象出最具代表性的符号，让历史建筑的生命用另一种形式延续。

文化的本质是把时间的磨砺蕴含其内。在更新中建议使用有历史年代感的高品质建筑材料，承载历史记忆，如重庆朝天门片区治理提升项目中，采用和重庆当地天然岩石色彩相似的石材做驳岸，利用重庆特色的毛石、石板、条石、青砖等传统景观元素重塑历史风貌。

示范案例：昌平城隍庙更新项目

昌平老城城隍庙坐落于昌平城区，位于政府街和西环路（原西城墙）交叉处东北角地块内，

紧邻昌平区邮政局，是始建于明代的永安城（昌平州城）仅剩的建筑遗存。目前，昌平老城城隍庙已入选昌平区文物保护单位和北京市第一批不可移动革命文物名单，但因其受邮政公司日常运营影响，无法向公众开放，加之2014年的翻建，历史被进一步深埋。在更新中，研究者通过史料整理、老照片收集、城隍庙格局复原、城池规格推测等方式，还原了传统时期昌平永安城的历史风貌，复现了昌平城东西大街上"文庙—县衙—城隍庙"之文教秩序格局。

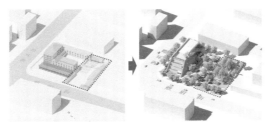

昌平城隍庙更新前后分析图

M-5　风貌以魂定形

M-5-1　挖掘地下空间，增加架空空间

以实现公共利益、满足群众现实需求为导向，通过灵活的景观化和功能化处理，增强人们使用地下空间的新鲜感，引导地下空间开放可达、舒适采光，提升地下空间活力。

如在北京阜成门内大街环境整治项目中，地铁周边存在闲置空间被空调机占用的情况，设计打通疏散通道，架空占道设备，腾出通道空间，全面提升空间利用率。

阜内大街地铁站周边闲置空间更新前后

M-5-2　梳理公私产权，激活闲置空间

梳理本地公私产权，适度挖掘并释放城市剩余空间的潜能特别是商业价值。通过建筑物和隔离物美化、适度植入公共活动功能，减弱邻避设施带来的消极感受。通过因地制宜植入公园绿地以及休闲交往、文化创意、体育健身、商业服务等设施，依托活动组织、艺术介入、品牌引进等措施，形成复合型公共空间并创造怡人的空间感受，营造特色场景，创造城市惊喜，把城市剩余空间塑造成为城市的"金角银边"。建立短期暂不开发土地的正负面使用清单，引导植入符合周边需求的轻量化设施。借鉴荷兰、澳大利亚等利用城市"灰空间"植入体育元素的经验，提出连通绿道、结合口袋公园布置健身广场、网球场、篮球场等体育设施，以体育元素丰富交往空间。

M-5-3　腾挪破败设施，促进资源整合

根据不同废弃空间尺度，明确可植入的市政设施、运动设施等功能类型，根据街角地块的不同区位、面积和价值，引导其功能化、场所化改造。采取屋顶绿化、观景台、艺术装置等方式强化屋顶空间景观体验，并根据建筑类型和周边需求补缺公共功能。在北京阜成门内大街环境整治项目中，白塔寺门前与交通道路原采用台阶交接，所占空间较大且未考虑无障碍通行，在更新中采用绿篱消隐挡墙，设置无障碍坡道。在铺装上采用传统材料传统工艺的尺四方砖细幔，形成了与嘈杂道路隔离的、富有文化气息的、更宽敞的广场空间。

阜内大街白塔寺门前更新前后实景照片

M-5-4　划定遗存区域，注重拆除过程

在更新过程中不应大规模、强制性搬迁居民，改变社会人口结构，割断人、地和文化的关系。

应注重拆除过程，保证更新的循序渐进。拆除过程有时也是传统工艺工法的发现过程，在重庆朝天门片区治理提升项目中，在拆除中发现的城墙建造工艺运用在了新城墙的砌筑中。

M-5-5   传统建材复用，规范店招牌匾

在特定的历史街区建议融入历史文化风格，保持视觉效果的一致性和文化特色，但避免千篇一律，简单复制。每家商户的店招牌匾与街巷整体风貌协调，根据不同建筑风格、不同经营业态、对店招牌匾进行个性化设计。对尺寸、比例、颜色、材料、照明、位置和安装、内容和语言进行指引。

在更新拆除过程中，应注意保护传统材料，建议对其回收利用，既能保持街区的文化特色，又能减少新材料的需求，从而降低对环境的影响。还应注意新老材料的融合，鼓励使用现代技术改善其性能。

示范案例：长垣西街更新项目

长垣西街是老城改造的先行项目，西街更新从沿街建筑檐口、墙面、窗、首层店铺、加建空间、店招角度对建筑提出界面改造要求，整体提升沿街店招装潢，打造雅致基调。同时建筑更新10%左右为木材，一部分来源于回收旧木料，经过防腐、裁剪处理，延续历史记忆，一部分为新木料。

对于老城店招牌匾，更新方案提出：宏观店招的公产区使用比例不限，其余部分不高于10%。使用面面积不得超过店铺整体立面面积的30%。悬挂位置不得低于首层层高。可以配合相应的中微观店招使用。中观店招作为街道主体使用，除公产区外使用比例不低于60%。横向平行店招、竖向平行店招、竖向垂直店招作为主体使用时不低于50%，横向垂直店招不得作为主体使用。微观店招的特色化的文字、LOGO、墙面配件，应当同墙面进行整体融合，形成公共艺术效果，使用比例不低于30%。

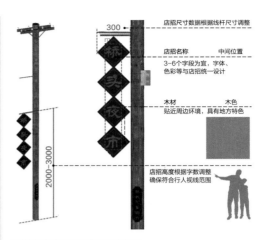

更新后长垣西街店招示意图

M-5-6   保留历史信息，恢复传统铺装

鼓励恢复街巷传统铺装，也可结合广场主题与功能，布置个性化铺地，如在历史性节点，使用老砖、古石砖、雕刻砖等来营造历史氛围。如在长垣西街县衙遗迹——古槐处利用古砖石等铺装打造不影响通行的古朴纪念场地，作为商业街中心点可以成为元宵灯会、鉴宝古会等当地特色民俗活动的承载场所。

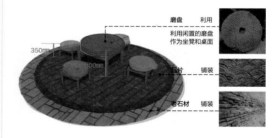

更新后长垣西街铺装示意图

更新后长垣老城护城河效果图

M-6　性能综合提升

M-6-1　集成基础设施，提升安全韧性

通过存量挖潜、新建补强、周边共享等方式，强化标准执行，补齐停车设施短板，推进通信基础设施和公共充电设施建设。在不破坏历史价值的情况下整合消防设施，如设置隐蔽式的消防系统，进行灵活的消防管线布局等。[①]持续推进城市燃气管道等管网更新改造和城镇污水处理提质增效。统筹市政基础设施和城市地下空间，因地制宜推进综合管廊（沟）建设，实现城市地下基础设施规划"一张图"、建设"一盘棋"、管理"一体化"。推进城市信息模型基础平台建设，加强社区5G等信息通信基础网络建设，加快智慧社区和智慧物业发展，实施市政基础设施智能化建设和改造，协同发展智慧城市与智能网联汽车。提升城市应急管理水平和综合治理能力。

M-6-2　结构安全耐久，注重加固维护

历史建筑的结构加固工作须经专业检测机构鉴定，可在保证安全性的前提下，选择适宜的方式对建筑构件进行加固，尽可能保留建筑外立面原始风貌和历史要素。鼓励应用更新适应性高的新型加固技术维护历史建筑。建筑加固改造设计，安全性是至关重要的，设计中要把安全放在第一位，既要体现建筑的防火、性能、稳定性和耐久性等安全要素，又要给建筑带来舒适、美观、节能、绿色等其他功能性要素。更新改造中要注重保护结构，既要在原有结构构造和结构强度上给予充分保护，又要增强其结构强度，避免出现超限降低抗震行为和不稳定性等情况。

M-6-3　提高装配水平，提升生活设施

历史街区往往与居民的现代生活需求存在巨大差距，尤其是基础设施、环境卫生设施的严重滞后，使居民生活质量和水平的提升受到制约。鼓励应用装配式厨房、装配式卫生间、装配式内装系统、装配式墙面。引入新的城市空间和功能，

① 董亦楠，韩冬青，沈旸，等. 适于传统街区保护再生的《类型学地图》绘制与应用——以南京小西湖为例［J］. 建筑学报，2019（2）：7.DOI：10.3969/j.issn.0529-1399.2019.02.014.

改善区域公共服务品质。

M-6-4　注重节能保温，适应地域气候

分析光照、季风、温度、降水等地域气候条件，宜利用被动节能技术提升房屋的绿色性能，如利用建筑朝向、自然通风和日照分析来使自然光和热量的使用最大化，减少能耗；设置遮阳设施减少夏季过热问题；在不影响建筑外观的前提下，增加或替换更高效的保温材料等。

更新后长垣西街效果图

M-7　注重多方参与

M-7-1　提升管理水平，鼓励混合利用

通过提高管理效能，采用鼓励多功能混合使用的原则优化用地规划。这有利于更新地块承载科技、商业、社会福利等功能，提供各阶层人群混合的居住模式及各层次的就业岗位，成为具有强大吸引力的地区经济增长极。

M-7-2　配套服务设施，完善社区生活

利用多功能服务设施优先解决居民最迫切需求，设置辅助教育、养老、卫生保健、康复等服务设施，提升区域社会服务保障能力，包括市民文化休闲中心、温馨家园、社区卫生服务站、养老驿站、多功能服务设施、非物质文化遗产展厅、便民服务中心及配套设施、地下车库等。充分利用地下空间建设停车场，有效缓解周边学校、居民、医院、商业停车难的问题，有利于提升居民生活的便利性、宜居性，进一步促进城市功能的完善。

M-7-3　保护历史格局，维护居民权益

维护原居民的生活环境，充分保障原居民权益，鼓励原居民参与历史街区内的活动。成功的历史街区改造可以激发城市居民的归属感和认同感。在历史街区中居民的期望和需求是多种多样的，在更新工作中，应进一步加强对传统街区中不同需求人群的深入研究，帮助不同职业和年龄的人群，在住房、就业等方面达成基本共识，并不断引导历史街区中的广大居民更加理性地认识所生活地区的历史文化价值，自觉参与对家园环境的保护和整治，传承和延续具有地方文化特色的物质和非物质文化生活以及民俗活动。

M-7-4　适应规划体系，实现渐进更新

在更新中鼓励秉持"小规模、渐进式"的有机更新模式，注重保留当地的社区结构和文化连续性。更新还需注意与各类其他规划进行协同，在更大范围立足渐进改善，逐步完善市政基础设施，排除传统建筑的安全隐患，改善人居环境条件和质量，将历史街区保护与整治定位为长期的、循序渐进的过程。

长垣老城前期启动更新片区分析图

与长垣老城居民、政府部门调研沟通

M-8 活化利用传承

M-8-1 调研人群需求，引导文化活动

活化利用首先要满足现实功能需求，宜调研人群类型，分析文化需求，策划文化活动，具体方式包括：

制作宣传资料。制作宣传册、海报、宣传片等宣传资料，介绍城市历史和文化特色，通过这些资料向公众传递城市更新的历史文化意义。

文化展览。举办城市文化节庆活动，包括传统节日庆典、民俗表演、文化展演等，让公众亲身体验城市的历史文化氛围。

历史文化讲座。组织专家学者进行历史文化讲座，深入解析城市的历史文化背景和内涵，提高公众对城市文化的认知。

历史建筑开放日。定期举办历史建筑开放日，让公众参观和了解历史建筑的历史背景和价值，加深对历史文化的认知。

文化遗产保护宣传。利用互联网和社交媒体等数字化平台发布历史文化故事，推广城市历史文化。

M-8-2 构建解说系统，阐释价值内涵

解说系统需充分挖掘历史文化遗产的内涵特征，一般包括引导系统、教育系统、展示系统、可分离展示物、参与系统等。

引导系统：串联历史文化遗产点，在重要出入口、重点片区设置全景位置标识；在重要交叉路口、重要线路节点设置方向标识；在餐饮、旅游商店、公交接驳点等设置服务标识；在需要特殊保护的危旧文物点、易发生危险的景点，设立警示标识。

展示系统：是在遗产的现场，通过标识设施的文字、标记、图示图案、照片等媒介，为参观者、管理者、使用者提供位置信息及与位置相关的遗产保护、管理、阐释、服务和安防信息的综合配套系统。一般分级进行展示点的设置，如一级综合展示点为文保单位、重要景点、博物馆，需进行全面解说，可设置指示牌、多媒体展示、人工导游等。

参与系统：包括实景演出点、文化交流馆、传统风貌店铺等基于文化故事进行的参与活动的布置。

可分离展示物：包括运用互联网、书籍、文创等媒介进行互动和展示，包括手绘地图、导

游手册、相关文化书籍、手机APP、虚拟现实（VR）和增强现实（AR）、旅游网站等。

教育系统：包括举办历史文化的讲座论坛、短期及长期各类培训以及相关的座谈会等。

M-8-3 依托风俗节庆，实现永续传承

举办城市文化节庆活动，包括传统节日庆典、民俗表演、文化展演等，让公众亲身体验城市的历史文化氛围，唤起民众对城市的历史、文化记忆，实现城市文化的永续传承。构建城市文化创意新场景，迎合年轻人的潮流趋势，如：汉服、旅拍、国潮等文化产业链的深度挖掘，促进文化产业的合作和创新。

设计策略及技术措施

策略	策略编号	技术措施	技术措施编号
文化要素梳理	M-1	梳理人地系统，构建时空脉络	M-1-1
		识别场地遗存，明确空间基础	M-1-2
		考察非物质遗存，丰富文化多样性	M-1-3
价值特征辨析	M-2	梳理文保体系，尊重保护规划	M-2-1
		识别更新对象，确定区位关系	M-2-2
		辨析价值特征，构建价值体系	M-2-3
规划设计定位	M-3	尊重空间格局，明确规划定位	M-3-1
		理解发展阶段，展望未来愿景	M-3-2
		提炼精神内涵，弘扬优秀文化	M-3-3
文化空间构建	M-4	保留文化要素，串联历史线路	M-4-1
		梳理历史水系，打造滨水空间	M-4-2
		恢复城市记忆，构建文化网络	M-4-3
		尊重在地情感，提升空间品质	M-4-4
风貌以魂定形	M-5	挖掘地下空间，增加架空空间	M-5-1
		梳理公私产权，激活闲置空间	M-5-2
		腾挪破败设施，促进资源整合	M-5-3
		划定遗存区域，注重拆除过程	M-5-4
		传统建材复用，规范店招牌匾	M-5-5
		保留历史信息，恢复传统铺装	M-5-6
综合性能提升	M-6	集成基础设施，提升安全韧性	M-6-1
		结构安全耐久，注重加固维护	M-6-2
		提高装配水平，提升生活设施	M-6-3
		注重节能保温，适应地域气候	M-6-4
注重多方参与	M-7	提升管理水平，鼓励混合利用	M-7-1
		配套服务设施，完善社区生活	M-7-2
		保护历史格局，维护居民权益	M-7-3
		适应规划体系，实现渐进更新	M-7-4
活化利用传承	M-8	调研人群需求，引导文化活动	M-8-1
		构建解说系统，阐释价值内涵	M-8-2
		依托风俗节庆，实现永续传承	M-8-3

2.4 典型案例

长垣老城城市更新效果图

长垣老城书院坑更新效果图

长垣老城城市更新项目

  项目地点：河南省长垣市

  项目规模：研究范围3.9km²，3.23 km²

项目背景

  长垣市位于河南省东北部，历史悠久，据传

孔子曾在此讲学，孔子弟子子路曾任首任蒲邑宰，尊师重教的文化底蕴深厚。长垣老城建于明初，具有典型的"龟背城"特征，是长垣城市发展的起点与焦点。

问题研判

首先是历史文化遗产保护问题，老城内历史印记多、遗存少，缺少系统化的保护对象梳理，在更新工作时需通过调研座谈重新梳理场地历史印记。其次是历史文化遗产转译问题，如老城格局、非物质文化遗产及民俗节庆活动等，缺少实体空间的展示传承，缺少面向公众的宣传解释，其历史价值未被正视和充分认知。最后是历史文化遗产活化利用问题，历史文化遗产未与现代生活接轨。由于历史文化遗产没有体现出丰富的现代功能和直观的经济、文化、社会价值，导致其被作为消极空间对待，逐渐消失。

设计策略及技术措施应用解析

设计策略	策略编号	技术措施	技术措施编号	应用解析
文化要素梳理	M-1	梳理人地系统，构建时空脉络	M-1-1	√
		识别场地遗存，明确空间基础	M-1-2	√
		考察非物质遗存，丰富文化多样性	M-1-3	
价值特征辨析	M-2	梳理文保体系，尊重保护规划	M-2-1	
		识别更新对象，确定区位关系	M-2-2	
		辨析价值特征，构建价值体系	M-2-3	√
规划设计定位	M-3	尊重空间格局，明确规划定位	M-3-1	√
		理解发展阶段，展望未来愿景	M-3-2	
		提炼精神内涵，弘扬优秀文化	M-3-3	
文化空间构建	M-4	保留文化要素，串联历史线路	M-4-1	√
		梳理历史水系，打造滨水空间	M-4-2	
		恢复城市记忆，构建文化网络	M-4-3	
		尊重在地情感，提升空间品质	M-4-4	
风貌以魂定形	M-5	挖掘地下空间，增加架空空间	M-5-1	
		梳理公私产权，激活闲置空间	M-5-2	√
		腾挪破败设施，促进资源整合	M-5-3	
		划定遗存区域，注重拆除过程	M-5-4	
		传统建材复用，规范店招牌匾	M-5-5	
		保留历史信息，恢复传统铺装	M-5-6	
综合性能提升	M-6	集成基础设施，提升安全韧性	M-6-1	
		结构安全耐久，注重加固维护	M-6-2	
		提高装配水平，提升生活设施	M-6-3	
		注重节能保温，适应地域气候	M-6-4	
注重多方参与	M-7	提升管理水平，鼓励混合利用	M-7-1	
		配套服务设施，完善社区生活	M-7-2	√
		保护历史格局，维护居民权益	M-7-3	
		适应规划体系，实现渐进更新	M-7-4	√
活化利用传承	M-8	调研人群需求，引导文化活动	M-8-1	
		构建解说系统，阐释价值内涵	M-8-2	
		依托风俗节庆，实现永续传承	M-8-3	√

M-1-1 梳理人地系统，构建时空脉络

长垣老城历史悠久，形成了集黄河文化、圣贤文化与商贸文化等于一体的文化特色。长垣在宋明时期经济繁荣，素称富庶，传统风貌民居既有宋之简约、秀逸，又有明之内敛、古朴。

M-1-2 识别场地遗存，明确空间基础

长垣老城内现存有文化遗迹22项，其中县级文物保护单位3处，大部分历史印记无遗存。

长垣老城历史脉络分析图

序号	名称	位置	类型	保护等级	年代	文化特征
1	老城遗址	老城	古遗迹	–	明	建城文化
2	坑塘	老城四角	自然景观	–	明	建城文化
3	护城河	环绕老城	自然景观	–	明	建城文化
4	皂角树	县政府路口	古树名木	–	–	古树名木
5	老槐树1	长垣大道与北大街交口	古树名木	–	–	古树名木
6	老槐树2	县衙前	古树名木	–	宋	古树名木
7	郤氏文献碑廊	长垣县南街	石刻	县级文物保护单位	清代	姓氏文化
8	蒲学惨案遗址	蒲东办事处中心街	近现代史迹	县级文物保护单位	近代	抗日文化
9	县前街	县前街	街道	–	明	建城文化
10	西大街	西大街	街道	–	明	建城文化
11	长垣古城墙	卫华大道北	古遗迹	县级文保单位	明	建城文化
12	复建城墙	卫华大道北	复建遗迹	–	当代	建城文化
13	龙柱	龙山东后街	新建构筑	–	当代	建城文化
14	子路像	龙山东后街	新建构筑	–	当代	圣贤文化
15	李记豆腐脑	东大街与县前街交口	饮食	–	当代	烹饪文化
16	油馍	西大街	饮食	市级非物质文化遗产	当代	烹饪文化
17	黑虎丸	双井街	饮食	省级非物质文化遗产	当代	烹饪文化
18	口袋馍	老城区	饮食	–	当代	烹饪文化
19	馍夹菜	老城区	饮食	–	当代	烹饪文化
20	烩面	老城区	饮食	–	当代	烹饪文化
21	胡辣汤	老城区	饮食	–	当代	烹饪文化
22	花园口井	铜塔寺坑塘北	生活设施	–	–	建城文化
23	双井	双井街	生活设施	–	当代	建城文化

长垣老城历史文化资源分析图

M-2-3　辨析价值特征，构建价值体系

I 城水共生(生态)	I-1 城墙防御体系	■ 黄泛平原的城墙有军事防御和洪水防御坚固的功能
	I-2 洪涝适应性景观	■ 坑塘、环城河、护城堤共同构成长垣地域适应性景观
	I-3 地域植物	■ 百合为其特产，水生植物为其特色
II 先贤留名(精神)	II-1 子路治蒲，三善留名	■ 子路为长垣有文字记载的首任县令
	II-2 先贤蘧伯玉故里	■ 长垣为卫国先贤蘧伯玉故里，君子之道为长垣精神底色
III 文风传承(教育、姓氏)	III-1 大明长垣七尚书	■ 嘉清至崇祯时期的百余年，长垣先后名登金榜进士及第的官员有三十八人
	III-2 重教兴学	■ 长垣自明重教兴学，培养了大量的人才
IV 商贸云集(商业)	IV-1 京封御路	■ 明永乐年间，迁都北京后修建京封御路
	IV-2 丝织品、书铺	■ 明清时期手工业发展，长垣土布纺织品为出产大宗
	IV-3 烹饪文化	■ 长垣被称作"中国厨师之乡"，自清末至建国后长垣厨师服务知名人士数名
V 市井民俗(民俗)	V-1 民间技艺	■ 黑虎丸为长垣古城内非物质文化遗产
	V-2 民俗节庆活动	■ 长垣老城内有二十九会、戏剧、杂技等民间节庆活动
VI 地域人居(城市)	VI-1 地域民居布局	■ 长垣民居以院落式为主，属于豫北民居特征
	VI-2 地域结构与构造	■ 民居山墙、屋脊有长垣地域特色
	VI-3 装饰性元素	■ 民居具有砖雕、番脊兽等装饰构件

长垣历史人文价值体系框架表

M-3-1　尊重空间格局，明确规划定位

规划历史文化定位为"蒲玉雅韵"，以宋文化注入老城风骨，以明文化引导城市格局，恢复老城历史格局。老城定位为长垣复兴的历史文化传承区、旧城内外联动一体更新的动力引擎、"水—绿—城"交相辉映的双修示范区。

M-4-1　保留文化要素，串联历史线路

更新保留完善老城风貌，提取长垣老城传统院落围合式空间布局特征，追求"天人合一"，即人、自然与建筑相互交融的关系。厘清历史故事点，打造5条文化游线，包括城墙遗址、圣贤文化、胡同文化、非遗故事、传统小吃。

M-5-2　梳理公私产权，激活闲置空间

梳理老城机遇用地，拆除违章搭建，充分利用闲置地，更新现状利用情况较差的建筑或广场空间，在空间上分为以下几类。

保留建筑：保留风貌较好、具有长垣当地特色的建筑。

微更新片区：拆除违章搭建，植入公共空间、绿地与停车等设施，进行社区微更新。

保留改造为主片区：结合五条大街周边，腾退违章搭建，进行风貌保留与建筑微改造。

拆改结合片区：结合坑塘周边，腾退违章搭建，保留风貌较好和具有当地特色的建筑，通过局部改造提升品质与活力。

拆除增绿片区：环护城河片区、坑塘周边和南部城墙遗址处，除部分具有保留价值建筑外，拆除增绿，植入公共活动空间与公共服务设施。

拆除重建片区：老城外围片区进行拆除重建，提升容积率，与老城内形成联动，平衡收支。

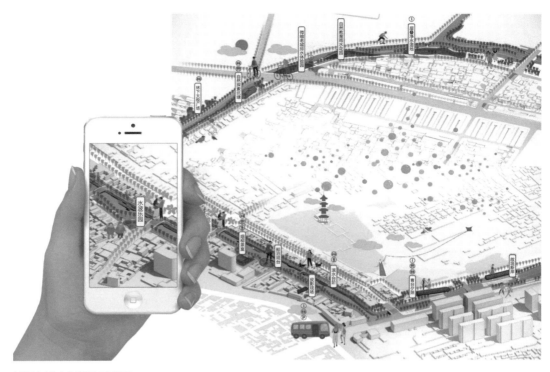

长垣老城文化活动示意图

M-7-2　配套服务设施，完善社区生活

老城现状用地布局以居住和商业为主，绿地所占比重过少，缺少文化、体育等方面的公共服务设施，市政公用和停车设施不足。更新依据15分钟、10分钟及5分钟生活圈划分五大生活片区、十个生活组团，完善并补充教育、文化、医疗、养老福利、体育及派出所等设施。

M-7-4　适应规划体系，实现渐进更新

更新综合考虑城市发展现状、需求紧迫程度、项目时间跨度、经费等因素，安排更新建设时序。

近期重点建设：护城河治污、清淤、拆违、还绿；寡过书院片区及其城外居住片区改造；西大街改造。

中期主要建设：铜塔寺及其城外片区改造；护城河公园景观改造；城墙遗址公园。

中远期改造建设：北部老城外围居住片区改造；文化体验环设计。

择期整体提升：老城内部民居片区微更新及公共服务设施等改造。

M-8-3　依托风俗节庆，实现永续传承

挖掘并延续长垣独有的民俗文化表演活动，制作长垣文化书籍、创意手伴、文旅地图等具有本地特色的自有产品（长垣二月十九古会，旧称为"亮宝会"）。节日活动上，还原传统小吃，结合地方戏剧做情景化展示，联动旅游平台等资源，打造最有"味道"的长垣记忆。保护且发扬长垣优秀人文历史，创建集合书画、石印、铜器等文化的"百匠工坊"手作文化创意聚集地，以手工体验为主，兼具作品展示、零售、亲子DIY基地等功能。结合河南知名设计师，融合豫北文化，孵化具有观赏价值及现场体验的原创IP零售品牌门店，如：原始捆扎、礼物定制等体验。

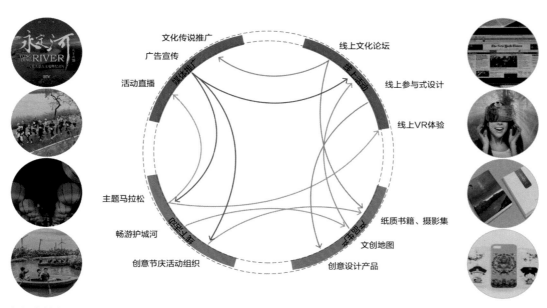

长垣老城宣传推广体系示意图

长垣护城河更新效果图

长垣护城河生态修复效果图

长垣护城河更新项目

项目地点： 河南省长垣市

项目规模： 26.7 hm²

项目背景

长垣市老城区地处黄泛平原，护城河河道总长度约为4.2km，水面面积约5.7hm²。在老城建设的历史过程中，先民通过疏浚城壕或堤外低地以容蓄城内积涝，同时取土挖塘垒高城内地面，形成了老城内部东西、南北十字街为中心，中间高、四周低，称为"龟背形"的城市形态。城市中心与四周形成高差，四周坑塘湿地与护城河形成内外连通水系统，不但具有排涝调蓄的生态防御与雨洪安全功能，而且是具有历史价值的理想景观人居模式。

问题研判

近年来坑塘水系被侵占，老城历史格局中的水系连贯性遭到巨大破坏，水环境污染、滨水界面凋敝、文化特色消失等问题严重。本次更新紧扣长垣水城关系的现存问题，充分利用既有的水城格局，确定了以河兴城的技术框架体系；提出织补老城水绿格局、激活老城命脉价值的基本策略，灵活运用各项城市更新设计手法，构建物质空间载体与精神文化生活的互动路径，使城市看得见水，人们记得住乡愁。

设计策略及技术措施应用解析

设计策略	策略编号	技术措施	技术措施编号	应用解析
文化要素梳理	M-1	梳理人地系统，构建时空脉络	M-1-1	√
		识别场地遗存，明确空间基础	M-1-2	
		考察非物质遗存，丰富文化多样性	M-1-3	
价值特征辨析	M-2	梳理文保体系，尊重保护规划	M-2-1	
		识别更新对象，确定区位关系	M-2-2	
		辨析价值特征，构建价值体系	M-2-3	
规划设计定位	M-3	尊重空间格局，明确规划定位	M-3-1	
		理解发展阶段，展望未来愿景	M-3-2	√
		提炼精神内涵，弘扬优秀文化	M-3-3	√

续表

设计策略	策略编号	技术措施	技术措施编号	应用解析
文化空间构建	M-4	保留文化要素，串联历史线路	M-4-1	√
		梳理历史水系，打造滨水空间	M-4-2	√
		恢复城市记忆，构建文化网络	M-4-3	√
		尊重在地情感，提升空间品质	M-4-4	√
风貌以魂定形	M-5	挖掘地下空间，增加架空空间	M-5-1	
		梳理公私产权，激活闲置空间	M-5-2	
		腾挪破败设施，促进资源整合	M-5-3	
		划定遗存区域，注重拆除过程	M-5-4	
		传统建材复用，规范店招牌匾	M-5-5	√
		保留历史信息，恢复传统铺装	M-5-6	
综合性能提升	M-6	集成基础设施，提升安全韧性	M-6-1	
		结构安全耐久，注重加固维护	M-6-2	
		提高装配水平，提升生活设施	M-6-3	
		注重节能保温，适应地域气候	M-6-4	
注重多方参与	M-7	提升管理水平，鼓励混合利用	M-7-1	
		配套服务设施，完善社区生活	M-7-2	
		保护历史格局，维护居民权益	M-7-3	
		适应规划体系，实现渐进更新	M-7-4	√
活化利用传承	M-8	调研人群需求，引导文化活动	M-8-1	√
		构建解说系统，阐释价值内涵	M-8-2	
		依托风俗节庆，实现永续传承	M-8-3	√

M-1-1 梳理人地系统，构建时空脉络

在设计前期，项目组通过历史文献、书籍、互联网等信息渠道梳理了长垣护城河的大量历史照片、历史地图、历史空间的表述等信息。黄河为长垣文化之根，治水实践体现了长垣城水互容、立足本土环境的生存艺术。长垣就位于黄河"豆腐腰段"。黄河带来了"仰韶文化"与"龙山文化"的历史遗存。

千百年来，黄泛平原城市治水实践的积累，形成了独特的"水包城"的城市格局，体现了黄河对于城市文化的独特影响，长垣因修筑黄河大堤而得名。古城形成"龟背形"的城市形态，有利于城内排水组织。老城现状高程为中心最高63.7m，四周坑塘60m，高差约3m左右，充分利用周边坑塘湿地与护城河形成内外连通水系，利于防洪排涝，城湖数量多、面积大，形成自然海绵系统。

M-3-2 理解发展阶段，展望未来愿景

梳理护城河发展脉络，护城河的战略价值随着城市发展发生了转变，由防御外敌入侵、防治洪涝灾害、灌溉庄稼农地的功能转化为延伸生态绿道、提升土地价值、激发城市活力的新功能，

由向内的防御保护转化为向外带动整个城区发展。更新提出护城河发展愿景为"满足人民美好生活需要的幸福会客厅、传承黄河文明时代精神的文化展示带、生态治理提振空间价值的探索实践地、激活区域经济产业转型的城市生命线"。

M-3-3　提炼精神内涵，弘扬优秀文化

更新提出将护城河打造成：新"三善"载体，一善，入其境，见城水相映，绿意盎然；二善，入其邑，见古韵新容，城迹焕然；三善，至其庭，见人群熙攘，老少怡然。力求通过护城河项目抓手，最终带动本地经济，促进城市整体发展，实现"看得见水，记得住乡愁"的目标。

M-4-1　保留文化要素，串联历史线路

长垣老城护城河沿岸聚集着众多历史文化资源，从故事记忆到古迹实体，都具有巨大的潜在文化价值，包括生态文化的河道坑塘，君子文化的子路、蘧伯玉，城池文化的城门城墙，商贸文化的商街店铺，教育文化的寡过书院等。

更新针对老城墙等现存的历史文化古迹进行保护和活化，使人们能够在不破坏古迹的同时近距离体验古迹、与之互动。对于已经消失的历史古迹和故事，通过历史资料的研究挖掘其景观意象，并使用现代景观手法恢复、重现，例如"城门集市""古会戏台""城楼登高"等历史文化意象。

M-4-2　梳理历史水系，打造滨水空间

更新老旧建筑风貌，通过业态置换呈现崭新气象：利用改造滨河建筑风貌的机会，结合周边功能置入新业态，提升滨水利用效率，激发场地活力。

同时使用现代的材质、结构、景观手法，在护城河畔创造传统文化景观元素体验，如跨河的拱桥，河畔的亭台，可俯瞰河景的游廊，可端坐河上的水榭，使人们能够在现代城市景观中体会古人雅趣，感受千年老城的今日魅力。

以城墙后方高大的乔木作为背景，城墙周边搭配低矮的草本地被植物，而尽量避免在城墙前侧使用小乔木（可搭配1~2棵分支点高于城墙，树冠较为开阔的大乔木），预留景观视廊，露出城墙墙面。水边可使用芦苇、荻等竖向线条、较为朴素的水生植物。整体上营造出肃穆的景观环境，与城墙遗址的整体气氛匹配。

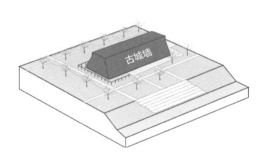

长垣护城河古城墙空间活化示意图

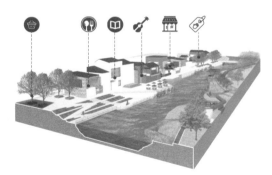

滨水老旧建筑更新后示意图

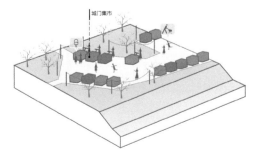

长垣护城河城门热闹景象活化示意图

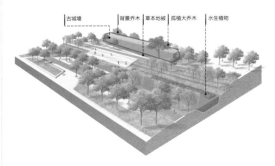

古城墙滨水空间更新后示意图

M-4-3　恢复城市记忆，构建文化网络

策划护城河历史文化遗产的功能，包括梳理护城河历史变化，结合现状遗址进行恢复展示及宣传，讲述护城河的故事；深挖城市特色文化，通过现代手法转译，打造互动、易懂的文化展示节点；保护传承本地民俗文化，为市民及游客提供了解、交流、学习的场所。

M-4-4　尊重在地情感，提升空间品质

长垣老城明代城墙仅3里有余，城头窝铺六十四座，外垒垛口多留炮眼，历经变迁后于清雍正元年完备。1945年根据军事需要拆除，1995年后将土城墙大部分拆除。2001年组织开发仿古商业街时再次拆除，现仅存城墙300m。春暮夏初天朗气清之时，攀城登楼，凭栏南望，熏风徐来，绿红盈野。古有诗云：青岗千仞夕照明，拄杖登临眺蒲城。在城楼登高意向改造中，围绕老城墙遗址的历史资源，打通护城河环形水系，结合水系植入功能，活化周边景观环境，在保证城墙遗址原真性的同时可对周边景观充分进行展示，最大限度地保护文物价值。改造新城墙，恢复古画中流水和高台的景观意向，在保护的基础上进行扩容，使人近距离地感受城墙文化，搭建观景台，使人站在城墙上登高望远。

在书院坑"书香桥影"水上商街的意向改造中抽取并转译古诗中的历史景观意向：文化建筑、店铺、桥、水面，结合现有建筑，打造对寗过书院具有纪念意义的现代水上商街。植入生态要素，营造"树木葱茏"的"子入其境"景象，通过乔木序列的塑造形成护城河到烈士陵园的景观延伸过渡，并赋以其海绵基础设施的生态作用。

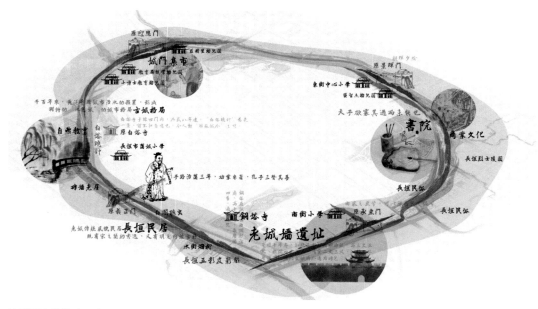

护城河文化线路示意图

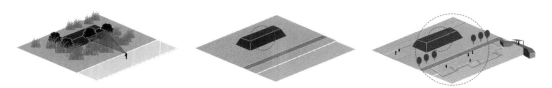

更新前："旧迹杂草生，残垣成追忆""圈定保护范围，梳理滨河交通""活化周边空间，多重观赏视角"

"历史要素转译——台阶院渡，古韵绵长"　"生态要素植入——景观过渡，子入其境"　"景观画卷重塑——月上桥影，树木葱茏"

在"承熏熙华"集市广场的意向改造中，运用城门青砖的材质制作座椅，复原传统文化印记，对场地空间进行梳理，以满足广场功能需求。根据古代市集摊位的形式，统一设计移动摊位，按照使用需求在广场中布置。通过广场树荫，提高体验舒适度，提升空间吸引力。同时，在对集市店招进行针对性设计，起到招商宣传的作用。

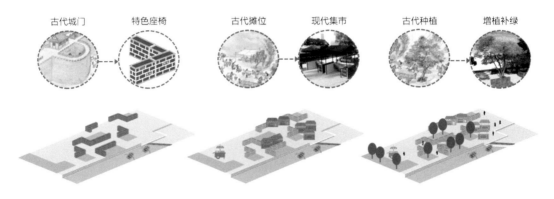

古代城门　特色座椅　　古代摊位　现代集市　　古代种植　增植补绿

植入文化符号，划分空间　　　提取古画要素，布置摊位　　　创造小微绿地，增植补绿

更新后"承熏熙华"集市广场效果图

在护城河北端，原老城北门附近，护城河的闭环在此处断开，东西护城河之间是密集的民居建筑，建筑风貌杂乱。改造以《古蒲梦华》中大小坑塘相接的水面为形态原型，立足长垣老城北门迎恩门的所在，结合北方属水的五行方位和大小坑塘水面相接的历史图像，利用驳岸高差设置阶梯湿地，在城市雨污水排入河道前进行高效净化，保障河道水质。综合本土植物、景观效果、净化效率，合理选择植物种类，针对坑塘的净水作用调整沉水—挺水—漂浮植物的搭配，达到高效美观的平衡，打造集生态和历史意象于一体的科普示范基地。

乡土植物　　水生植物　　鸟类

透水铺装　　解说系统　　科普教育

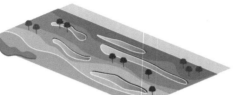

修复水环境

传承水文化

更新后"三善蒲芳"子路文化广场效果图

更新后层叠净水湿地效果图

M-5-5　传统建材复用，规范店招牌匾

更新利用现状拆除的砖墙、瓦片及其他从居民处收集来的老物件等，构建饱含历史记忆的景墙，并可通过绘画等方式，为护城河沿岸景观增添趣味性。

M-7-4　适应规划体系，实现渐进更新

整合现有护城河水系及其周边文化资源，精心打造护城河核心区，再以核心区作为引擎带动周边开发，让以水为根基的生活方式再次回到人们视线中，最终带动城市发展模式的转变。

M-8-1　调研人群需求，引导文化活动

寻找"乡愁"的调研问卷共发放1000份，第一批及第二批共回收694份，其中有效问卷572份。在问卷中显示护城河承载了大多数长垣居民对长垣老城最深刻的印象，承载了长垣人民的乡愁与精神。

依托护城河的水资源，打造四季分明的景观季相，贯穿全年的丰富日常活动，定期举办季节特色节日。从清早晨练，到夜晚船灯，护城河将为长垣老城的人民生活注入全新活力。

M-8-3　依托风俗节庆，实现永续传承

以城市品牌塑造为目标，以产品、渠道和促销以及整合传播的组合为竞争手段，以各类节日和活动为契机，全面构建全社会参与的立体营销体系，策划节庆与活动策划。一年四季的护城河，有宾朋尽欢的大满足，也有心照不宣的小惊喜。

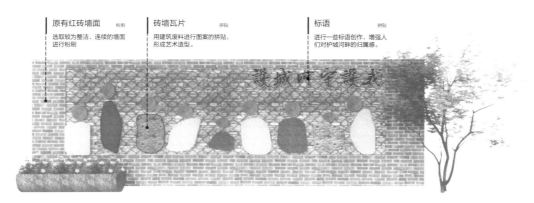

原有红砖墙面　粉刷
选取较为整洁、连续的墙面进行粉刷

砖墙瓦片　拼贴
用建筑废料进行图案的拼贴，形成艺术造型。

标语　拼贴
进行一些标语创作，增强人们对护城河畔的归属感。

更新后利用废弃材料设计景墙

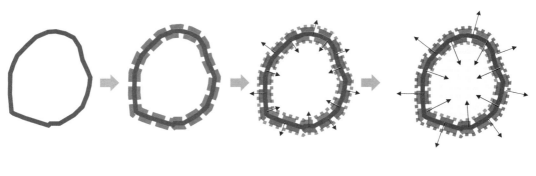

护城河　　　核心区打造　　　带动两端开发　　　渗透全城

渐进式更新

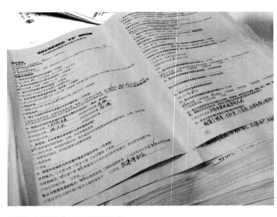

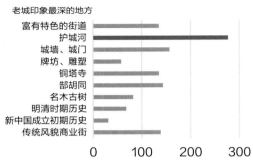

老城印象最深的地方

| 富有特色的街道 |
| 护城河 |
| 城墙、城门 |
| 牌坊、雕塑 |
| 铜塔寺 |
| 郜胡同 |
| 名木古树 |
| 明清时期历史 |
| 新中国成立初期历史 |
| 传统风貌商业街 |

```
0    100   200   300
```

寻找"乡愁"的调研问卷

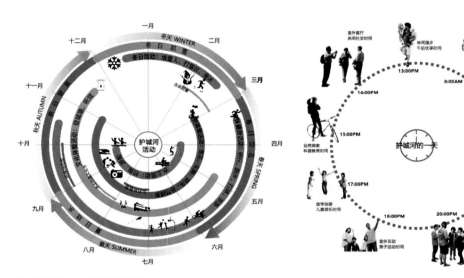

策划护城河全时活动示意图

3月	4月	5月	6月	7月	8月	9月	10月	11月	12月	1月	2月

春日读书好时节 环城游学体验课 认养树下好读书 定向寻宝 护城河自然智慧之旅 泥巴里的成长史 健康生活节 厨乡美食品鉴会 护城河Plogging 护城河消夏清凉节 滨河瑜伽公开课 以指测河 摸鱼有理,划水万岁 老城文化艺术节 老城面部彩绘 编织护城河 蒲城金秋丰收节 长垣"救"在你身边 树叶手工坊 消防安全教育 秋夜个人定制灯光秀 冬日拾趣季 古蒲梦华摄影展 走冰挑战赛 元宵灯会 二月十九,亮宝我有

长垣护城河策划节庆活动示意图

长垣西街更新项目鸟瞰效果图

长垣西街更新项目人视效果图

长垣西街更新项目

项目地点： 河南省长垣市

项目规模： 用地面积54.92hm²，街道长度853m

项目背景

　　长垣西街是老城改造的先行项目，位于老城区西部，西连护城河，东接兴顺街，是老城"大"

字形结构的西轴线。更新以提升西街活力，改善人居环境为总目标，以讲述长垣故事，体现时代精神为主要内容，通过"先外（街道景观环境）—后内（建筑改造）"的方式，借古映今延续街道肌理，在建筑层面化杂糅为和谐、化平淡为品质，实现了街道空间品质的大幅提升，使西街成为老城的靓丽名片。

问题研判

西街在明清时期是老城商贸繁盛的血脉与灵魂所在，店铺牌坊林立、人马川流不息、一派繁荣景象。如今西街以零售、服装为主要业态，为满足片区内日常需求的低端商业街，存在街区风貌失控、公共空间被侵占、交通拥堵严重、城市家具凌乱、商业业态杂乱等问题。

设计策略及技术措施应用解析

设计策略	策略编号	技术措施	技术措施编号	应用解析
文化要素梳理	M-1	梳理人地系统，构建时空脉络	M-1-1	
		识别场地遗存，明确空间基础	M-1-2	
		考察非物质遗存，丰富文化多样性	M-1-3	
价值特征辨析	M-2	梳理文保体系，尊重保护规划	M-2-1	
		识别更新对象，确定区位关系	M-2-2	
		辨析价值特征，构建价值体系	M-2-3	
规划设计定位	M-3	尊重空间格局，明确规划定位	M-3-1	
		理解发展阶段，展望未来愿景	M-3-2	√
		提炼精神内涵，弘扬优秀文化	M-3-3	
文化空间构建	M-4	保留文化要素，串联历史线路	M-4-1	
		梳理历史水系，打造滨水空间	M-4-2	
		恢复城市记忆，构建文化网络	M-4-3	√
		尊重在地情感，提升空间品质	M-4-4	√
风貌以魂定形	M-5	挖掘地下空间，增加架空空间	M-5-1	
		梳理公私产权，激活闲置空间	M-5-2	√
		腾挪破败设施，促进资源整合	M-5-3	
		划定遗存区域，注重拆除过程	M-5-4	
		传统建材复用，规范店招牌匾	M-5-5	
		保留历史信息，恢复传统铺装	M-5-6	
综合性能提升	M-6	集成基础设施，提升安全韧性	M-6-1	
		结构安全耐久，注重加固维护	M-6-2	
		提高装配水平，提升生活设施	M-6-3	
		注重节能保温，适应地域气候	M-6-4	
注重多方参与	M-7	提升管理水平，鼓励混合利用	M-7-1	
		配套服务设施，完善社区生活	M-7-2	
		保护历史格局，维护居民权益	M-7-3	
		适应规划体系，实现渐进更新	M-7-4	
活化利用传承	M-8	调研人群需求，引导文化活动	M-8-1	
		构建解说系统，阐释价值内涵	M-8-2	
		依托风俗节庆，实现永续传承	M-8-3	

M-3-2 理解发展阶段，展望未来愿景

长垣西街文化秩序愿景：梳理老街发展脉络，通过触媒激活老街活力，重塑老街文化秩序。

"重构西街文化秩序·散落旧迹的回忆之廊"，其策略包括：梳理老街发展脉络，寻找激发城市活力的公共触媒；回应历史文化意象，重塑老街文化秩序；挖掘触媒的文化内涵，打造情景交融的城市地标。

M-4-3 恢复城市记忆，构建文化网络

提炼西大街重要的故事主线，故事线相互穿插，故事节点交替出现，营造时空交织的场景化步行体验。

以子路广场、老一中周边、新华书店为主线，串联起老城古往今来的文化教育记忆，激活老城区的文化；以父子侍郎坊、县衙周边区域为核心，串联子路广场、秋荐坊，重溯长垣西街历史文化。

M-4-4 尊重在地情感，提升空间品质

保留砖墙老建筑，结合北侧一层建筑做屋顶露台，增设父子侍郎坊。

巷口增加冯胡同坊门，烘托老城历史文化，墙面种植爬山虎，增加老城韵味，地面利用废旧砖瓦铺设，废料再利用的同时烘托老城历史。

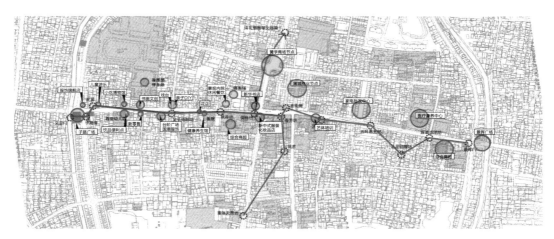

长垣西街历史文化网络分析图

长垣西街中段父子侍郎坊更新前

长垣西街中段父子侍郎坊更新后效果图

长垣西街中段冯胡同更新前

长垣西街中段冯胡同更新后效果图

墙面维持建筑现状，尺度不做调整，全面清理建筑外立面构建，仅保留具有历史感的雨落管。首层店铺打造城市中心序列感店招空间，顶部增加艺术玻璃层，给老城带来新鲜感。

沿街主立面沿用现状结构，通过红砖与做旧金属板组合，打造厂房历史感界面。首层设置三个橱窗界面，广告内置处理。东侧巷口增设门斗，保证沿街界面连续。

建筑檐口，灯箱广告展示内容为长垣四致八景古图动画，配上杏坛琴韵，传承老城文化。

M-5-2 梳理公私产权，激活闲置空间

梳理西街公私产权，先期启动公产、街道办产权以及业主意愿积极的私产地段的改造，以点带面形成示范效应，推进后续进程，建筑改造与景观改造同步进行，确保形成完整的风貌系统。公产区域为二期启动，在西大街东侧形成完整的街区风貌，配合一期改造建筑确定西大街的基本形象，带动三期私产改造的积极性。

长垣西街东段商业更新前

长垣西街东段商业更新后效果图

长垣西街东段商业更新前

长垣西街东段商业更新后效果图

长垣西街东段商业更新前

长垣西街东段商业更新后效果图

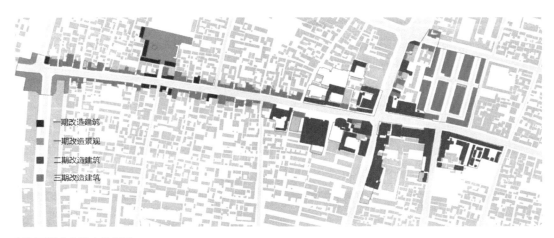

长垣西街公产私产分析图

大河村国家考古遗址公园效果图

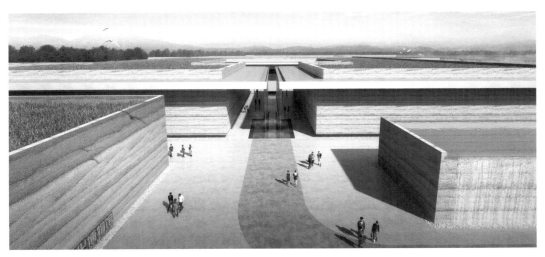

大河村遗址博物馆效果图

大河村国家考古遗址公园

项目地点： 河南省郑州市

项目规模： 遗址公园规划范围163.3hm²。

项目背景

大河村遗址位于郑州市金水区柳林镇大河村西南1km处，是一处大型史前聚落遗址，距今6800～3500年，面积约53万平方米。大河村遗址面积之大、延续时间之长、文化内涵之丰富、发展序列之完整，为中原地区所罕见。它的发现与研究为中原地区原始文化的分期、类型的划分，以及探讨中原地区和黄河下游、长江流域诸原始文化的关系提供了重要依据，被国务院公布为第五批全国重点文物保护单位。项目要求按照世界文化遗产保护展示标准和国家考古遗址公园标准打造具有前瞻性、示范性、引领性的考古遗址公园和城市文化新地标。

问题研判

如何保护大河村遗址的遗产价值？如何阐释遗产价值，讲述"黄河故事"？如何传承发展？

设计策略及技术措施应用解析

设计策略	策略编号	技术措施	技术措施编号	应用解析
文化要素梳理	M-1	梳理人地系统，构建时空脉络	M-1-1	
		识别场地遗存，明确空间基础	M-1-2	√
		考察非物质遗存，丰富文化多样性	M-1-3	
价值特征辨析	M-2	梳理文保体系，尊重保护规划	M-2-1	
		识别更新对象，确定区位关系	M-2-2	
		辨析价值特征，构建价值体系	M-2-3	√
规划设计定位	M-3	尊重空间格局，明确规划定位	M-3-1	√
		理解发展阶段，展望未来愿景	M-3-2	
		提炼精神内涵，弘扬优秀文化	M-3-3	
文化空间构建	M-4	保留文化要素，串联历史线路	M-4-1	
		梳理历史水系，打造滨水空间	M-4-2	
		恢复城市记忆，构建文化网络	M-4-3	
		尊重在地情感，提升空间品质	M-4-4	√
风貌以魂定形	M-5	挖掘地下空间，增加架空空间	M-5-1	
		梳理公私产权，激活闲置空间	M-5-2	
		腾挪破败设施，促进资源整合	M-5-3	
		划定遗存区域，注重拆除过程	M-5-4	
		传统建材复用，规范店招牌匾	M-5-5	
		保留历史信息，恢复传统铺装	M-5-6	
综合性能提升	M-6	集成基础设施，提升安全韧性	M-6-1	
		结构安全耐久，注重加固维护	M-6-2	
		提高装配水平，提升生活设施	M-6-3	
		注重节能保温，适应地域气候	M-6-4	
注重多方参与	M-7	提升管理水平，鼓励混合利用	M-7-1	
		配套服务设施，完善社区生活	M-7-2	
		保护历史格局，维护居民权益	M-7-3	
		适应规划体系，实现渐进更新	M-7-4	

续表

设计策略	策略编号	技术措施	技术措施编号	应用解析
活化利用传承	M-8	调研人群需求，引导文化活动	M-8-1	
		构建解说系统，阐释价值内涵	M-8-2	
		依托风俗节庆，实现永续传承	M-8-3	

M-1-2 识别场地遗存，明确空间基础

1. 新石器时期文物保护单位

全国重点文物保护单位：西山遗址、大河村遗址；

其他文物保护单位：后庄王遗址、陈家沟遗址、尚岗杨遗址、站马屯遗址、白寨遗址、马庄遗址、芦村河遗址、东赵遗址等。

2. 商周时期文物保护单位

全国重点文物保护单位：郑州商城遗址、小双桥遗址；其他文物保护单位：祭伯城遗址等。

3. 春秋战国时期文物保护单位

全国重点文物保护单位：荥阳故城及古荥冶铁遗址；其他文物保护单位：常庙城址、西连河遗址等。

4. 其他文物保护单位

全国重点文物保护单位：二七纪念塔及纪念堂；其他文物保护单位：近现代——花园口黄河掘堤处、毛泽东塑像等，古代——尊胜经幢、清真寺、郑州文庙等。

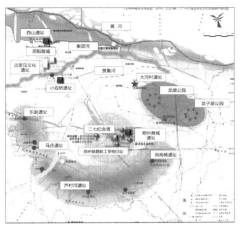

大河村遗址周边主要资源现状分析图

M-2-3 辨析价值特征，构建价值体系

价值	价值特征	载体要素类型
价值Ⅰ：见证黄河中下游豫中地区距今5500±500年的次级区域中心聚落	价值特征Ⅰ-1：仰韶文化的次级区域中心聚落	聚落规模、格局、周边同期聚落关系等
	价值特征Ⅰ-2：仰韶先民的农耕、渔猎、采集等混合生业方式	石器等生产工具、出土碳化粟、大豆、稻壳、莲子可等
	价值特征Ⅰ-3：房基室间格局=仰韶先民以家庭为单位的生活方式	聚落功能分区、房基格局、祭祀遗存等
	价值特征Ⅰ-4：仰韶先民与大汶口、屈家岭等文化交流印记	仰韶东缘的区位、白衣彩陶与大汶口、六角形权与屈家岭等
价值Ⅱ：具有仰韶文化(距今7000-5000年)完整序列的标尺意义	价值特征Ⅱ-1：地层连续性=距今7000-5000年	分层+12.5米地层，与仰韶文化区域+时间轴对标
	价值特征Ⅱ-2：器物连续性=陶罐、陶钵、鼎为代表的典型器形演变	分层+7期陶形；与同期仰韶时期对标等
	价值特征Ⅱ-3：谱系转折点=仰韶文化的环壕聚落+龙山文化的城圈	环壕聚落+城壕聚落等
价值Ⅲ：见证仰韶文化的技术成就	价值特征Ⅲ-1：以木骨整塑技术为代表的仰韶建造技术	木骨整塑、水平抹灰地面等
	价值特征Ⅲ-2：以白衣彩陶为代表的仰韶制陶工艺	陶窑、出土白衣彩陶等
	价值特征Ⅲ-3：以天文图案为特征的农耕文明下的观象授时	陶器上的天文图案等
价值Ⅳ：见证黄河中下游交界地带史前生态景观及人地关系	价值特征Ⅳ-1：济水之南，荥泽之洲的历史生态景观	大环境关系（黄河、古济水、荥泽、莆田洋、嵩山等）地形地貌、历史植物动物标本等
	价值特征Ⅳ-黄河中下游交界地带三角洲地区孕育的人地关系=水资源丰富、适合农业发展、有助于人口繁衍	黄河流域孕育的独特人居环境与人地关系特征
价值Ⅳ：……	……	

大河村遗址历史文化价值体系

M-3-1 尊重空间格局，明确规划定位

遗址公园展示紧紧围绕大河元素、仰韶标尺、郑州特色、黄河文化、文明曙光五大展示核心内涵，以大河村遗址价值的真实性和完整性为出发点，通过遗址现场、出土器物、遗址周边历史地理环境等展示内容，完整呈现大河遗址的价值特色。"大河元素"主题包括聚落格局、功能组成、房屋格局、墓葬区、陶窑区等，"仰韶标尺"主题包括地层+器物+转折点，"郑州特色"主题包括济水之南+荥泽之洲+嵩山之麓，"黄河文化"主题包括黄河流域史前文明+黄河流域史前生态景观，"文明曙光"主题包括出土器物、建造技术、观象授时等史前文明发展高度。

M-4-4 尊重在地情感，提升空间品质

大河村遗址的居住建筑平面为矩形，展现了仰韶文化中晚期的建筑特征，据此用作遗址博物馆平面的基本选型。

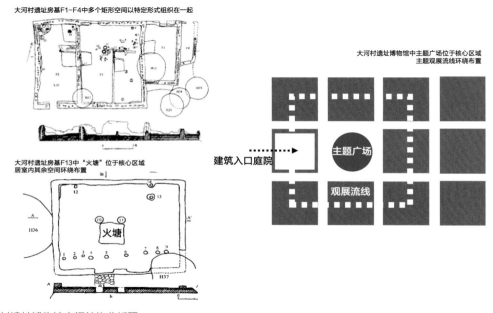

大河村遗址博物馆空间结构分析图

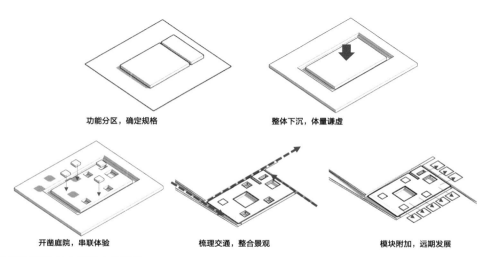

大河村遗址博物馆空间形态分析图

大河村遗址博物馆入口区墙面设计效果图

　　主题庭院穿插在建筑的观展流线中，在不影响展示的情况下引入局部的自然采光通风，提升生态价值。庭院中水景和景观对遗址的重要发现及先民的生活环境进行了抽象性的隐喻。"大河之春"为核心庭院，进行大河村遗址的沙盘复原，在参观遗址区之前给游客形成整体印象。"荥泽之夏"靠近入口，隐喻荥泽之洲的原始地理要素，优化调节微气候，划分服务大厅观众流线及VIP流线。"济水之秋"以水院为抽象展示载体，隐喻济水之南的历史生态景观和大河村遗址同水体的密切关系。"嵩山之冬"表征嵩山之东的地理区位，并以树木隐喻黄河中下游地区的人地关系。

大河之春

荥泽之夏

济水之秋

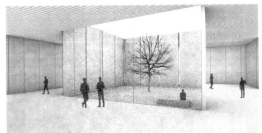

嵩山之冬

大河村遗址博物馆空间节点设计效果图

银川新华商圈城市设计效果图

银川新华商圈城市设计效果图

银川新华商圈城市设计项目

项目地点： 甘肃省银川市

项目规模： 规划范围96.26hm²

项目背景

银川是宁夏回族自治区首府及丝路经济带上的重要节点城市。2017年3月，银川被确定为"城市设计"和"城市双修"的双试点城市。银川老城是银川市发展的起点，其保护与延续的意义重大；新华商圈及承天寺塔片区则是银川老城内历史文化遗迹最为集中、城市发展最为繁盛的区域，但近年来却逐渐衰落、多种问题亟待解决，城市更新设计迫在眉睫。

问题研判

老城历史悠久，是银川历史文化展示的窗口，但相对于其他历史文化名城而言遗存较少。新华商圈现有鼓楼、玉皇阁、南熏门3处历史建筑，但现状封闭、体验性较差，与城市生活相脱离。文化遗存零散分布，缺乏集中展示场所。更新方案聚焦两个问题：如何让人真正了解并体验老城深厚的历史文化内涵？如何令人对银川的多元文化感到惊喜和惊艳？

设计策略及技术措施应用解析

设计策略	策略编号	技术措施	技术措施编号	应用解析
文化要素梳理	M-1	梳理人地系统,构建时空脉络	M-1-1	✓
		识别场地遗存,明确空间基础	M-1-2	
		考察非物质遗存,丰富文化多样性	M-1-3	
价值特征辨析	M-2	梳理文保体系,尊重保护规划	M-2-1	
		识别更新对象,确定区位关系	M-2-2	
		辨析价值特征,构建价值体系	M-2-3	✓
规划设计定位	M-3	尊重空间格局,明确规划定位	M-3-1	✓
		理解发展阶段,展望未来愿景	M-3-2	✓
		提炼精神内涵,弘扬优秀文化	M-3-3	
文化空间构建	M-4	保留文化要素,串联历史线路	M-4-1	
		梳理历史水系,打造滨水空间	M-4-2	
		恢复城市记忆,构建文化网络	M-4-3	
		尊重在地情感,提升空间品质	M-4-4	✓
风貌以魂定形	M-5	挖掘地下空间,增加架空空间	M-5-1	
		梳理公私产权,激活闲置空间	M-5-2	
		腾挪破败设施,促进资源整合	M-5-3	
		划定遗存区域,注重拆除过程	M-5-4	
		传统建材复用,规范店招牌匾	M-5-5	✓
		保留历史信息,恢复传统铺装	M-5-6	
综合性能提升	M-6	集成基础设施,提升安全韧性	M-6-1	
		结构安全耐久,注重加固维护	M-6-2	
		提高装配水平,提升生活设施	M-6-3	
		注重节能保温,适应地域气候	M-6-4	
注重多方参与	M-7	提升管理水平,鼓励混合利用	M-7-1	
		配套服务设施,完善社区生活	M-7-2	
		保护历史格局,维护居民权益	M-7-3	
		适应规划体系,实现渐进更新	M-7-4	
活化利用传承	M-8	调研人群需求,引导文化活动	M-8-1	
		构建解说系统,阐释价值内涵	M-8-2	
		依托风俗节庆,实现永续传承	M-8-3	

M-1-1 梳理人地系统,构建时空脉络

银川的文化源于中原。自秦朝后(除少数政局动荡时期),银川一直处于中原政权与少数民族政权的交汇处,且属于中原政权的统治范围内。西夏兴庆府的建城受唐长安城影响巨大,西夏又有其独特的建筑艺术文化,吸收了中原建筑传统和佛教艺术,具有活泼灵动的特点。西夏文字大多是在汉文化的基础结构上进行一定演变或改进而得来的,但更加繁复、苍劲有力。

历史上的七次移民,促进了银川多元文化融合。老城在不同历史时期呈现不同风貌,但鼓楼、玉皇阁和承天寺塔始终是城市中的焦点。

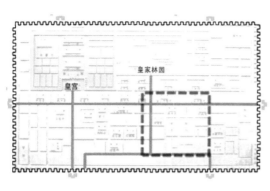

西夏：行政管理、商业贸易

明代：宗教活动、官员宅第

清代：行政管理

民国：商业贸易

银川新华商圈历史变迁分析图

清末银川城市实景照片

20世纪30年代银川城市实景照片

20世纪60年代银川城市实景照片

20世纪80年代银川城市实景照片

M-2-3　辨析价值特征，构建价值体系

价值	价值特征		载体要素类型
Ⅰ 塞上江南的典范	Ⅰ-1 湖城交融	■ 银川西倚贺兰东临黄河，体现山一田一河的生态空间结构	**四大重点片区** 古今穿越第一街 古韵游览主题园 文化雅趣闲趣片区 时代风采展示窗
	Ⅰ-2 城水共生	■ 城市建设适应城水共生的营建方式	
Ⅱ 国家历史文化名城	Ⅱ-1 中原文化	■ 自秦朝后，银川遗址属于中原政权的统治范围内	
	Ⅱ-2 西夏文化	■ 2000年的建城历史中，李元昊建立的西夏定都银川	
	Ⅱ-3 移民文化	■ 历史悠久的移民文化造就了多元包容的文化特点	
	Ⅱ-4 佛教文化	■ 建筑装饰体系独具游牧民族特色，佛教艺术影响深远	
	Ⅱ-5 商贸文化	■ 清末开始，片区逐渐形成商贸集市，为西陲一大都会	
Ⅲ 双修试点城市	Ⅲ-1 双修试点城市	■ 第二批双修试点城市，生态修复、城市修补	**三条主要轴线** 历史文化追忆线——解放东街 现代风采展示线新华街一中山南街 传统乐享生活轴——利民街
	Ⅲ-2 中国智慧城市发展示范城市	■ 大数据、人工智能、物联网等方面顶尖智慧城市发展战略	
	Ⅲ-3 国家新型城镇化改革试点	■ 城乡统筹、产业互动、节约集约、生态宜居、和谐发展	
Ⅳ 银川商贸中心	Ⅳ1 清末民国时期：晋商八大家	■ 见证银川商贾荟萃的发展进程，确立了其商贸重镇的地位	
	Ⅳ2 现今：西北第四、银川第一商圈	■ 见证新华商圈发展成为银川第一商圈	
	Ⅳ3 城市主要轴线交汇之地	■ 见证银川新华商圈位于银川古城轴线交汇处	
Ⅴ 宜居生态城市	Ⅴ1 国家园林城市	■ 要求续地分布均匀、结构合理、家观优美、人居生态环境清新舒适	**协调区** 周边工作片区 周边居住片区
	Ⅴ2 国家环保模范城市	■ 要求生态良性循环、资源合理利用、环境质量良好、城市优美清净、生活舒适便捷	
	Ⅴ3 宜人尺度公共空间	■ 要求公共空间布局合理、尺度宜人	

银川新华商圈历史文化价值体系分析图

M-3-1　尊重空间格局，明确规划定位

确定老城更新的文化定位为"中原文明与边塞文明汇合点，多元文化和谐交融的平台"。以中原文明为根基，多元文化交融为特色，西夏文明为文化巅峰，以及清末延续至今的商贸重镇地位。

M-3-2　理解发展阶段，展望未来愿景

更新目标为打造"文化绿廊，丝路夜宴"，彰显老城绿荫成网的城市名片——在景观与城市空间的结合上，传承塞上江南的亘古绿意，并通过大胆创新，引领发展；体现人文艺术的历史展示窗口——彰显现代文明与古城历史的传承与碰撞，在空间中融入银川的灵动气韵。展示银川时尚情调的魅力舞台——打造商业活力充足、文化魅力凸显、带有时代印记的城市风采门户。

M-4-4　尊重在地情感，提升空间品质

鼓楼南街与北街力求打造"古今穿越塞上第一街"。更新将不同历史文化元素按不同比例呈现，体现文化的穿越性。从鼓楼向银川商城方向，风格从明清古典逐渐过渡至现代。还原城市街区历史感风貌，确保鼓楼区域焦点位置。

从鼓楼向银川商城方向更新前实景照片

从鼓楼向银川商城方向更新后效果图

将历史元素融入空间设计中，使人对其有更直观的印象和认识。原鼓楼南街建筑间距离为22m，更新增加檐下空间、绿植及设施，改变步行街松散的尺度感。鼓楼未在街区中心轴线上，通过两侧增加不同宽度的店铺，进行轴线修正。

从银川商城向鼓楼方向更新前实景照片

从银川商城向鼓楼方向更新后效果图

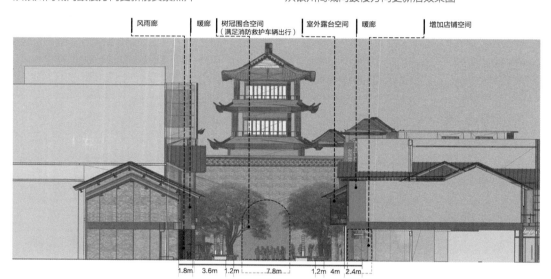

| 风雨廊 | 暖廊 | 树冠围合空间（满足消防救护车辆出行） | 室外露台空间 | 暖廊 | 增加店铺空间 |

1.8m　3.6m　1.2m　7.8m　1.2m　4m　2.4m

银川新华商圈街道尺度修正分析图

承天寺周边更新中，在保护范围内充分尊重遗迹原貌，使其真实性和完整性得以保存。在遵守文物保护要求的前提下，增强对文物的展示引导，提升街区产业活力。更新还原承天塔影，在塔西侧抬高的休息平台设置深色石材场地，平时光影下有塔影，雨天会在场地上积水镜面上倒映出宝塔。

M-5-5　传统建材复用，规范店招牌匾

更新中使用的主要材料为青砖、石材等，可通过灰泥产品工厂生产达到设计效果，不用传统烧制或自然中开采，减少对环境的污染及破坏，材料不含任何有害化学物质，环保无污染，防霉防藻、易于施工、耐久。

承天寺塔周边更新后效果图

朝天门广场片区更新项目鸟瞰效果图

朝天门广场片区更新项目人视效果图

朝天门广场片区更新项目

项目背景

    项目地点：重庆市渝中区、江北区、南岸区

    项目规模：16.6km²，其中陆域面积约10km²

问题研判

    首先是历史文化遗产定位的问题，朝天门的地理格局、历史地位、所代表的城市精神是什么，在更新中需重新审视历史价值对现代城市空间的意义；其次是历史文化遗产更新协同问题，更新策略须考虑多专业、多要素的协同，如水利、交通、生态等各专业均须提出问题应对策略；最后是历史文化遗产活化利用问题，如何在更新中保留朝天门的文化底蕴和在地记忆，加强文化体验感、认同感。

设计策略及技术措施应用解析

设计策略	策略编号	技术措施	技术措施编号	应用解析
文化要素梳理	M-1	梳理人地系统，构建时空脉络	M-1-1	
		识别场地遗存，明确空间基础	M-1-2	
		考察非物质遗存，丰富文化多样性	M-1-3	
价值特征辨析	M-2	梳理文保体系，尊重保护规划	M-2-1	
		识别更新对象，确定区位关系	M-2-2	
		辨析价值特征，构建价值体系	M-2-3	
规划设计定位	M-3	尊重空间格局，明确规划定位	M-3-1	√
		理解发展阶段，展望未来愿景	M-3-2	√
		提炼精神内涵，弘扬优秀文化	M-3-3	√
文化空间构建	M-4	保留文化要素，串联历史线路	M-4-1	
		恢复城市记忆，构建文化网络	M-4-2	
		尊重在地情感，提升空间品质	M-4-3	√
风貌以魂定形	M-5	挖掘地下空间，增加架空空间	M-5-1	
		梳理公私产权，激活闲置空间	M-5-2	
		腾挪破败设施，促进资源整合	M-5-3	
		划定遗存区域，注重拆除过程	M-5-4	
		传统建材复用，规范店招牌匾	M-5-5	
		保留历史信息，恢复传统铺装	M-5-6	√
综合性能提升	M-6	集成基础设施，提升安全韧性	M-6-1	
		结构安全耐久，注重加固维护	M-6-2	
		提高装配水平，提升生活设施	M-6-3	
		注重节能保温，适应地域气候	M-6-4	
注重多方参与	M-7	提升管理水平，鼓励混合利用	M-7-1	
		配套服务设施，完善社区生活	M-7-2	
		保护历史格局，维护居民权益	M-7-3	
		适应规划体系，实现渐进更新	M-7-4	
活化利用传承	M-8	调研人群需求，引导文化活动	M-8-1	
		构建解说系统，阐释价值内涵	M-8-2	
		依托风俗节庆，实现永续传承	M-8-3	√

M-3-1 尊重空间格局，明确规划定位

在设计前期，项目组通过历史文献、书籍、互联网等信息渠道梳理了朝天门大量的历史照片、历史地图、历史空间的表述等信息。在地理格局上，朝天门是四川大河交汇之总汇、水路入川之门户、长江上游之重镇、所处川峡要路。朝天门占据两江之汭位、汇聚两江之繁华。在历史地位上，朝天门是重庆古城十七座城门之首，是重庆人的乡愁原点。在重庆人的印象中，朝天门是重庆人的归依、骄傲。

在更新中将朝天门定位为展现山川宏伟壮阔、连接人与自然的山水之门；开启重庆悠久历史、承载商埠记忆的人文之门；引领重庆经济创新、直面发展变革的开放之门。

M-3-2 理解发展阶段，展望未来愿景

当前朝天门广场存在生态环境退化、消落带尺度大、岸线处理人工化严重、场地缺少历史印记、来福士与河滩构成的城市尺度失衡等问题。项目组希望以目标导向、问题导向为出发点，传承与延续文化，实现交通、生态、游憩功能的系统整合。

M-3-3 提炼精神内涵，弘扬优秀文化

通过历史资料的收集整理，总结重庆具有"2+4结构"的历史文化体系，包括巴渝文化、革命文化、三峡文化、移民文化、抗战（大后方）文化、统战文化。更新力求打造新时代重庆的精神之门，重塑城市伦理，使朝天门成为每一个重庆人的精神原乡。

M-4-3 尊重在地情感，提升空间品质

1. 重构秩序

朝天门广场的来福士体量巨大，楼宇前倾，形成碾压之势，致使广场形势局促，有压抑之感。更新通过广场生态修复的手法，柔化广场空间，减弱压迫感。

2. 活化历史遗存

依据现存遗址和历史考证，恢复朝天码头、嘉陵码头、磨兜码头等老码头以及大梯道等历史场景、文化遗址遗迹，活化保护利用，利用老照片构建原有记忆依据锚点。下图为宋城墙基址、缆车遗存（简称宋城缆车），原址保护修缮为城墙遗址公园，建设宋城墙遗址博物馆。

朝天门的门洞尺寸没有准确的数据记载，根据其他门洞大小的演算和地形数据及照片的还原，推测出朝天门门洞的大小，高度4.0～4.5m，宽度3.0～3.5m，高宽比1.1～1.5。

M-5-6 保留历史信息，恢复传统铺装

利用重庆特色的毛石、石板、条石、青砖等传统景观元素重塑历史风貌。标识设计上采用老地图对比、历史故事叙事等方案，找回重庆人对码头和船的历史纪念。重塑朝天门的城门，塑造古朴厚重的历史感。

"从历史到未来——重构广场秩序"

"宋城缆车"更新前实景照片

"宋城缆车"更新后效果图

重塑传统河街、梯坎印象效果图

M-8-3　依托风俗节庆，实现永续传承

在现有夜景灯饰基础上，进一步凸显重庆特色，强化山城夜景层次，充分结合水面倒影和动态车流，彰显流光溢彩、灯火阑珊的独特魅力。

结合节假日和城市庆典活动策划巴渝十二景"字水宵灯"开灯仪式，依次点亮历史、现代、未来的城市夜景，使传统与现代交相辉映，打造城市名片。

"字水宵灯"开灯仪式效果图

2.5 未来展望

随着数字时代的飞速发展，运用手机终端、可穿戴式电子设备可对具有确定地理信息的城镇建筑遗产进行价值揭示、意义传播和形象呈现。通过数字技术，人们已可较以往获得更加精准、更加整体、更多维度、更深层次的历史城市以及与其保护相关的信息，从而大大提升对城市历史文化的认识，特别是与人群、个体活动、认知体验相关的认识。

在未来城市更新浪潮中，历史文化遗产的保护与利用将被赋予前所未有的科技感，成为一种融合传统与现代、历史与未来的奇妙景象。想象一下，当你漫步在一条古老的街道上，两旁是经过精心修复的历史建筑。这些建筑不仅仅是静态的展示，它们通过增强现实（AR）技术"活"了起来。你只需戴上一副智能眼镜，就可以看到这些建筑的历史影像在眼前重现，听到过去的市井声音，甚至与历史人物进行互动。继续往前走，到达城市的中心广场上，一座古老的水井被赋予了新的生命力。它不仅是市民休闲的好去处，更是一个智能的环境监测站。水井内置的传感器可以实时监测空气质量、温度和湿度，通过物联网技术，这些数据可以实时传输到城市管理系统中。走到历史建筑内部，通过虚拟现实（VR）技术，参观者可以体验到360°全景的历史场景重现，甚至参与到历史事件的模拟中去。在保护方面，使用3D扫描和打印技术，可以精确地复制受损的历史文物，而无损检测技术则可以在不破坏原有结构的前提下，对建筑进行深入的检查和修复。除此之外，通过大数据分析和人工智能算法，城市更新项目可以更加精准地定位历史文化遗产的价值，制定出更加科学合理的保护与利用方案。这不仅保护了文化遗产，复现了历史信息，复原了我们人类先祖曾经的生存空间和生活场景，解读当代社会发展的源流和脉络，也使得它们能够贯穿人类历史长河传承于今，更好地服务于现代社会，成为连接过去、现在与未来的桥梁。

3

3.1—3.5

交通

TRANSPORTATION

未来展望
- 自动驾驶实现城市空间聚合
- 共享出行模式实现"门到门"服务
- 电动汽车实现城市零排放和低噪声
- 空中交通和地下高速技术拓展城市运动

案例
- 北京平安大街整治提升工程
- 太原迎泽大街城市风貌提升项目
- 朝天门广场片区更新项目
- 壶口景区品质提升工程
- 银川新华商圈城市设计项目
- 常州北站综合品质提升工程
- 北京丰台站改建工程
- 杭州苕溪双铁上盖TOD综合体项目
- 雄安新区启动区城市设计

设计策略&技术措施
- 交通规划与城市功能相协调
  - 增加区域道路网络密度
  - 交通与用地一体化设计
- 慢行交通与品质安全相融合
  - 保障非机动车通行品质
  - 打造人车分离立体设计
- 绿色公交与保障措施相匹配
  - 提高公共交通服务水平
  - 完善公交和慢行连续性
- 交通需求与智慧管理相适应
  - 保障静态交通安全有序
  - 重新分配街道空间路权
- 基于移动性的交通仿真验证
  - 人车互动责障安全
  - 人行仿真兼顾道路适效率
- 智能交通引导城市品质提升
  - 自动驾驶主导空间集约
  - 车路协同推动城市融合

设计原则
- 以人为本
- 高效可达
- 低碳节能
- 安全韧性

问题研判
- "重车轻人"型交通视角转换问题
- 交通设施与城市空间一体化发展问题
- 城市交通低碳化发展路径不完善问题
- 交通模式发展不平衡问题
- 交通更新改善效果量化问题
- 交通环境对新型交通技术适应性问题

本章逻辑框图

3.1 问题研判

3.1.1 "重车轻人"型交通视角转换问题

实现城市交通的高质量可持续发展，需要将"车本位"传统思维转换成"人为本"。在增量发展阶段，城市交通体系的主要服务对象是机动车，人行道和非机动车道处于边缘位置。城市交通拥堵逐年恶化，导致公交准点率下降、尾气噪声污染严重。同时，城市家具的不合理设置进一步挤压通行空间，比如过度设置栏杆、围墙、架空线、变电箱，过量的单车停放、汽车停放、快递停放，缺乏过街安全设施和树荫，使慢行空间受到挤压，让更多人放弃了步行、骑行和公交出行。"以人为本"视角应以保障行人和非机动车通行为首要目标，建设安全、公平、绿色出行环境。

3.1.2 交通设施与城市空间一体化发展问题

新时代背景下城市交通规划的内涵和作用发生了重大转变，需要解决的问题也发生了巨大变化。在新型城镇化、"双碳"目标等多重背景约束下，交通设施与城市空间"一体化"，是指在保障城市社会经济正常运转的前提下实现交通减量：一是通过交通与土地利用的协调发展、从出行需求上减少出行次数；二是通过引导居住与就业在合理空间尺度范围内的平衡、大力发展"15分钟生活圈"等，缩短出行距离。

3.1.3 城市交通低碳化发展路径不完善问题

城市交通低碳化发展路径主要包括交通出行、交通模式、交通工具和交通环境的低碳化。随着经济社会的发展，出行需求日益呈现高品质、多样化和一站式的趋势，如何促成公共交通+非机动交通+清洁能源机动车为主体的出行模式变成了城市交通低碳化的核心目标。面对不同城市的资源和环境条件，在城市交通治理及有机更新过程中，

在实施公交优先、绿色交通优先发展的"鼓励"政策时，必须匹配非绿色交通方式的"约束"政策和行动，二者缺一不可、相辅相成。通过多样手段直面机动车资源削减带来的阻力。

3.1.4 交通模式发展不平衡问题

经过20年快速城市化发展，不同城市均已建成一定规模的建成区，不同城市规模、不同发展区域应制定差异化的交通治理思路，实施差别化的交通发展模式及治理手段。城市与农村、城市中心区与外围区、不同人口密度区对公共交通、小汽车等交通发展目标应有区别，不能"一视同仁"，需要体现包容性、公平性、韧性和经济性。

3.1.5 交通更新改善效果量化问题

很多城市的更新改造，缺乏科学理性的量化分析手段，更新方案的选择没有依据和论证，导致更新后的城市问题没有得到本质性的解决。因此城市更新需要引入数字城市交通模型和仿真的评估手段，对城市交通改善和治理的研究方法、预期效果进行精准的量化分析，形成强大的顶层战略指引能力和支持决策能力。

3.1.6 交通环境对新型交通技术适应性问题

2021年中国风能、光能等新能源占比约为11%[1]，按照相关规划2060年占比大约为80%[2]。在这一背景下，新能源汽车的充电桩布置方式亟待完善。远期自动驾驶和车路协同技术的发展需求还将给城市交通设施带来根本性变化。因此，现阶段有必要深入思考与研究支撑新型交通工具发展所必需的基础设施规划与建设，从能源端和使用端与新技术适配，在城市交通更新过程中循序渐进地展开应用和实施。

---

[1] 国家能源局《关于2021年风电、光伏发电开发建设有关事项的通知》

[2] 国务院《关于完整准确全面贯彻新发展理念做好碳达峰碳中和工作的意见》

3.2 设计原则

城市更新背景下，城市交通发展的重点由增量建设转入存量优化，由能力建设转入效能提升。优化既有城市交通设施，构建绿色、安全、高效、可靠的交通系统，是响应"双碳"目标要求的重要抓手，协调传统与新型城市基础设施发展的重要支撑。

城市更新三大通用目标——因地制宜、绿色低碳、创新发展，形成了全面提升城市交通、实现绿色可持续发展的关键路径。控制城市交通系统碳排放水平的主要影响因素包括结构、管理、技术和外部因素。在优化城市出行结构时，应根据不同地区的特点，推动适应和引领当前城市需求的交通基础设施更新建设。在城市更新中通过管理性的节能减碳和技术性的节能降碳应用，对各种出行方式的基础设施进行内部优化。外部环境的变化，如城市空间布局优化和公交为导向的开发模式，需要在规划和实施中综合考虑"因地制宜""绿色低碳"和"创新发展"要求，为城市更新提供有机整合框架。三大目标的协同作用将推动城市交通系统在存量阶段的高质量发展。

当前我国城市交通设施能力与服务水平不断提高，但仍存在出行结构不平衡、绿色交通系统发展不充分、设施运行效率和效益有待提高、安全韧性不足等现象。在城市更新过程中，坚持问题导向和通用目标相结合，遵循以人为本、高效可达、低碳节能、安全韧性的原则，落实到交通规划、公交系统、慢行交通、静态交通等更新改善环节中，提出交通规划与城市功能相协调、慢行交通与品质安全相融合、绿色公交与出行需求相匹配、交通需求与智慧管理相适应、基于移动性的交通仿真验证、智能交通与城市品质提升等设计策略，总结创新技术与灵活可行的设计手法，提出交通专业在城市更新绿色指引中的实施路径。

3.2.1 以人为本

在城市更新背景下，研究主体应从"车本位"转移至"人为本"。提升慢行交通的品质具有多层次的重要性。在宏观交通层面上，能够鼓励更多的绿色出行，有利于区域性交通结构的优化升级，减少碳排放；而在微观交通层面上，慢行品质提升能增强慢行系统的活力与吸引力，提升区域的经济与社会价值，形成可持续发展。

3.2.2 高效可达

交通可达性不仅是指机动车的可达性，在贯彻以人为本、绿色出行的理念下，交通可达性也涵盖了非机动车、人行、公交出行的公平可达。城市增量发展阶段，机动车的快速增长导致了交通资源分配的失衡，挤压了其他交通方式的发展空间，引发拥堵，降低了出行效率。实现交通系统的高效可达需要从用地空间、出行需求、交通模式等多方面进行综合平衡。

3.2.3 低碳节能

城市待更新地区往往功能集中、人口密集、交通需求量大，在更新阶段需要对交通系统进行低碳设计规划。低碳节能的交通设计的核心是注重公共交通，鼓励慢行出行，给区域内的慢行和公共交通提供支持。实现低碳节能的交通系统，可以通过需求结构引导、基础设施更新和引用新技术、新手段等多种途径，在交通更新中的各个环节发挥作用，逐步减少居民对机动车出行的依赖。

3.2.4 安全韧性

在城市更新中，提升交通系统的韧性，应当着眼于提升居民在交通出行上应对各种不确定性的能力，需要和居民的实际需求及低碳绿色发展的目标相结合。首先，居民出行安全需要得到有力的保障；其次，居民在出行过程中可选择的交通方式越多，交通方式之间可衔接性越强，城市交通一体化系统韧性就越强。因此，在交通更新设计中，应以安全韧性为原则，将优化方向从速度和规模的提升转变为构建安全、高效的高品质交通系统。

杭州苕溪双铁上盖TOD综合体项目示意图

3.3 设计策略及技术措施

N-1 交通规划与城市功能相协调

N-1-1 增加区域道路网络密度

增加道路网络密度，有助于提高交通运行的效率，同时更充分地考虑行人和非机动车的需求，提升路网系统的承载力和韧性，提升交通可达性。在城市更新过程中开展一系列道路体系人性化补短板措施，能够降低交通出行的碳排放量，促进公交、步行、自行车等绿色交通方式的使用。

缩小路网尺度

鼓励创建高密度的方格网络，在尊重原有的城市历史肌理的基础上，提倡城市空间的紧凑布局、小尺度开发。比如在一些较为狭窄的地区，通过将建筑墙面紧贴街道，建设窄巷和小街道提供以慢行功能为主的开放街区，并结合小型公园、社区文化中心等吸引点加密慢行网络，创造更和谐的交往空间。形成连续的街道网络，通过适宜的路网密度，提高公共交通站点覆盖率，促进步行、自行车等绿色交通方式的使用。

提升路网连通性

打通局部断头路，提升路网的连通性，应从分析各交通组织模式特征、了解路网组织模式、构建交通疏解引导和构建交通微循环四个方面研究交通组织模式。避免因单纯提升路网容量而带来交叉口数量增加、交通组织复杂化、过境及片区内部长距离出行的通行效率低等问题。

适当引导开放性街区

引导大院式单位及大型封闭式居住区对城市开放，鼓励建筑前区、公园打开沿街的围墙、栏杆，引导减少设置伸缩门，将公共空间面向公众开放使用，将绿色氛围延续到公共空间，提升城市空间活力和使用效率，营造开放共享的城市风貌。为了兼顾街区开放和安全的需求，既有封闭式街区在管理上可以采用分时开放的方式，结合附近公交站点首末班车时间确定，甚至缩减为早晚交通出行两个高峰时段对外开放，对日常通勤

交通效率起到积极作用。

示范案例：银川老城区路网更新

银川老城区采用构建分流保护环路和打通街巷支路的策略，减轻老城区过境压力，形成核心区道路微循环。改造项目中提升老城区外围北京路、长城路、凤凰街和清河街的通过性，分流老城中长距离过境车流，减轻老城区过境压力。坚持"小街坊、密路网"基本原则，打开4处封闭社区，新增总长度800m单向支路；打通断头路，整合现状零散街巷，增加连通性，路网密度由7.7 km/km^{2}提升为13.7 km/km^2。

N-1-2 交通与用地一体化设计

交通需求产生于城市土地利用布局结构，城市发展又依赖交通系统的供给。城市交通问题的本质是供需不平衡。合理掌握并控制社会经济生活对客货位置移动的需求量，才能构造与之相适应的交通供给系统。交通的根本目的是实现人和物的移动，但不是无限度的、单纯的满足机动车辆出行的需求。新时期的交通规划设计应从社会资源投放上，引导交通向合理方向发展，支撑城市的可持续发展。

TOD 模式引导公交出行最大化

从"规划枢纽本身"的设计思路向"规划枢纽及其周边"的设计思路积极转变，考量各类交通设施布局与流线组织的联系。从资源整合角度出发，将单独互不相关的公共交通工具进行串联，加强各系统间的融合，形成多元化、立体化新型交通体系。如缩短各类公共交通站点换乘距离，加强慢行及小汽车与公共交通的衔接，提升公共交通与周边地块的联动等多方面因素，积极建设城市交通换乘枢纽系统，实现公共交通使用最大化的TOD模式。

枢纽与城市功能相融合

结合枢纽的高密度开发，能够实现城市建设用地的高效利用，吸引更多的出行向枢纽主导的

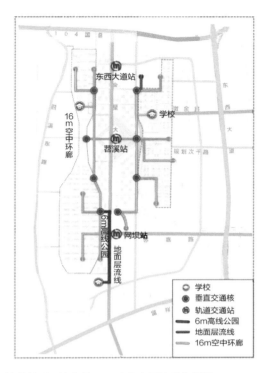

杭州苕溪双铁上盖TOD立体交通体系分析图

公共交通转移，助力低碳交通出行结构优化，还能让城市有更多的用地布局可用于绿地、公园等，提升生态系统碳汇增量，推动绿色低碳发展。将交通枢纽与周边区域的规划相结合，需要综合考虑到交通、建筑、景观等方面的因素，确保交通枢纽与周边环境相协调，同时在设计中确保周边

道路、公共交通等的良好连接，保障交通枢纽与周边区域的交通顺畅。

完善枢纽周边服务设施

在交通枢纽周边设置商业设施，如购物中心、餐饮区等，为乘客提供便利的购物和用餐选择。这样可以增加枢纽的活力，提升周边区域的吸引力。将交通枢纽与周边社区相融合，通过设置步行街、自行车道等，方便居民和乘客之间的交流和互动。运用信息化技术实施有效的交通管理，对枢纽周边交通设施实行全面监控、统一调配、分析数据等相结合的现代化管理方式。打造数字化微枢纽孪生系统，建立起集实时监控运行系统、多元化乘客查询系统、完善的乘客服务系统为一体的服务平台。

示范案例：北京平安大街整治提升工程

平安大街（西城段）一线有三个轨道交通车站，分别是车公庄站、平安里站和北海北站，其中车公庄站和平安里站均为双线换乘站。站前空间一体化改造过程中，保留街道的特色，将历史文化风貌和轨道交通空间优化进行结合。打通"最后一公里"，优化人行及自行车动线，规范自行车停车设施，提升轨道交通与步行、非机动车、公共汽车衔接。结合对客流和周边居民的画像分析，通过留白增绿、老建筑更新、增加开放空间和不同类型的公共设施面积，消除违章停车现象，改变站前拥挤无序的状况。

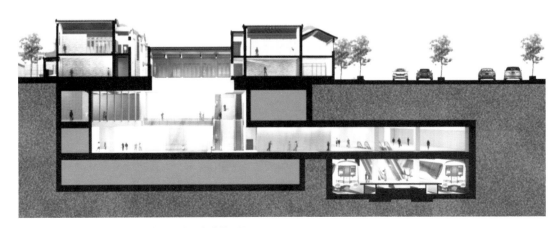

融合历史文化风貌的轨道交通空间一体化改造效果图

N-2　慢行交通与品质安全相融合

N-2-1　保障非机动车通行品质

绿色交通出行环境的综合提质需要重视慢行者需求，加强安全保障，明确以回应慢行者诉求为优先，协调平衡机动车通行效率的更新设计原则。通过非机动车专用道完整设计、非机动车专用道品质更新、非机动车设施补足短板等手段，优化骑行环境品质，不断向健步悦骑的城市建设目标迈进。

非机动车专用道完整设计

在城市更新地区，结合城市道路建设和改造计划，采用数字化技术，完善非机动车专用道的精细化改造，实现完整设计。完善非机动车专用道的标识、监控系统，限制机动车进入非机动车专用道，在交叉路口设置非机动车一次左转相位，减少非机动车红灯等候时间。优化公交站点设置，通过压缩机动车道、退线空间等手段，增设港湾式站台、岛式站台，减少与慢行交通的流线冲突。

示范案例：银川新华商圈城市设计项目

该项目中，在解放街沿线，将侧式公交站台统一改造为岛式公交站台，实行自行车道后绕设计，避免机动车与非机动车流线交织，采用彩色铺装形成完整通畅的非机动车通行路径。

银川老城区解放街骑行空间改造示意图

非机动车专用道品质更新

更新非机动车道的道路材料，使用耐久环保材料，减少维护成本，提高道路寿命。改善道路表面，确保平整、无坑洼和不易滑倒，提高骑行的舒适性和安全性。采用不同颜色的铺装材料，根据道路用途和交通规则，创造出具有辨识度的非机动车道，明确非机动车路权。地面绘制标线和图案，以指导骑行方向、停车区域和行人通行区域。严格限制栏杆在街道上的使用，净化街道空间。机非之间和人行道与非机动车道之间，有空间条件的，应尽量去掉栏杆，通过隔离带、绿植、对路缘进行绿化处理，进行柔性隔离。

非机动车设施补足短板

旧城区在城市更新中应合理保障非机动车停车设施用地空间。推动适宜骑行城市新建居住区和公共建筑配建非机动车地面停车场。强化非机动车停放管理，充分利用路内、路侧设施带灵活设置自行车停放区，建设共享单车电子围栏、非机动车固定停放架等设施。轨道交通车站、公共交通换乘枢纽应基于换乘需求设置充足的非机动车停车设施，鼓励发展非机动车驻车换乘。

示范案例：北京平安大街整治提升工程

采用基于AI技术的建成环境品质探测技术，采集分析全线非机动车道宽度、高程、遮阴率等，并通过GPS数据映射至地图上实现可视化，实现骑行环境精细化体检和针对性提升。

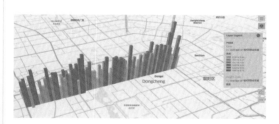

基于环境探测技术的平安大街沿线非机动车道宽度分析图

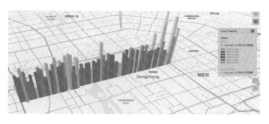

基于环境探测技术的平安大街沿线步行道宽度分析图

N-2-2　打造人车分离立体设计

根据城市功能，将更新片区内多个建筑进行系统衔接，形成网络型布局，提升三维立体步行可达性和舒适性。在不同功能的用地条件下，立体步行系统应呈现不同的设计形式与路径。

因地制宜的步行系统构建

充分考虑将步行系统与已有的公园、广场、街头绿地、室内开放空间、商场、大楼大堂等相连，提高使用率。同时，应将连续分布的零售业与步行系统尽可能多地相连，营造更好的步行氛围。地下或空中步行连接廊道，可以政府出资建造为主，同时以容积率奖励或地铁站点通道接口费优惠等措施，在部分区域的立体步行通道建设与运营管理上，鼓励开发商与其他社会资本的参与。

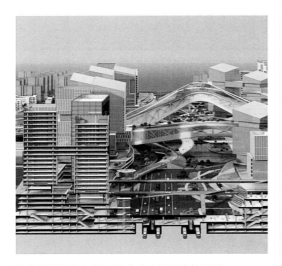

杭州苕溪双铁上盖TOD立体交通系统效果图

多维立体的步行环境建设

在城市核心区的枢纽站域周边，应加强设置地下、地面及空中三维立体的步行环境。立体步行系统可以加强轨道站域人流疏导，提升道路交通安全性，实现人车分流；激活建筑地下和二层及以上的商业界面活力，为创造更多商业"首层"提供机会；通过立体步行道的链接以及扶梯系统设计，形成立体的公共空间，创立立体开放

式街道商业氛围，使立体步行系统本身也可成为"目的地"。

示范案例：杭州苕溪双铁上盖 TOD 综合体项目

杭州苕溪双铁上盖TOD综合体采用了立体"无缝衔接"的设计思路，构造了多维立体慢行系统，设置了16m空中环廊、6m高线公园、多维健身步道三组慢行交通通道。利用垂直交通节点，综合实现了空中环廊、高线公园、地面道路等不同慢行系统的穿梭转换，打造体验多样化、趣味性的慢行空间，更利于提升上盖社区居民的日常出行慢行交通比例。

N-3　绿色公交与保障措施相匹配

N-3-1　提高公共交通服务水平

城市公共交通是最节能、最低碳的机动化出行方式。加快发展城市公共交通，提高公交出行比例，是实现城市交通碳达峰的根本途径。通过轨道交通与城市功能协同、轨道交通换乘效率提升、常规公交服务品质提升等手段，提高公共交通服务水平，可以有效提高城市公共交通系统的吸引力和竞争力，优化城市出行结构。

公共交通与城市功能融合

提高公共交通沿线用地储备和开发潜力的匹配性，加强与城市景观、空间环境的有机协调。合理实现新建设施与旧城更新、新区建设和城市品质提升相协调。从"设施布局"转向"复合利用"，从"出行服务"转向"生活服务"，重视地面公共交通场站高效复合利用，实现公交场站与城市多样服务功能相融合。

多方式换乘效率提升

提高轨道交通与机场、高铁站等对外交通枢纽的衔接服务能力，推动优化铁路、民航、城市轨道交通等交通运输方式间的安检流程，如采取多方式"安检互认"或城市轨道交通安检认可民航、铁路安检结果的管理模式。完善轨道站点周边支路网系统和周边建筑连廊、地下通道、垂直电梯等配套接驳设施，为绿色出行提供便利条件。

北京南站地铁取消铁路出站旅客安检流程实景照片

常规公交服务品质提升

优化调整城市公交线网和站点布局，提高公交服务效率。充分满足多样性公交需求，差异化制定多层次的公交线路，如微循环线路、定制公交、需求响应式公交等。加大公交专用道建设力度，优先在城市中心城区及交通密集区域形成连续、成网的公交专用道。在城市主要公交廊道节点积极推行公交信号优先。

示范案例：太原迎泽大街城市风貌提升项目

将迎泽大街沿线的公交线路进行优化，结合近远期轨道交通规划，制定降低公交线路重复率的调整计划，采用取消原有线路或设置大站快车、合并多条线路或优化站点、优化停站模式和加强轨道接驳等措施，缓解公交进站排队问题。增设公交优先信号控制，部分路段采用路中式公交专用道，充分保障线路的服务水平不受社会车辆影响。

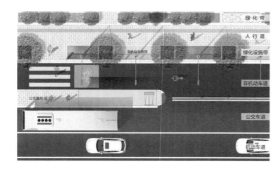

公交专用道设置示意图

N-3-2 完善公交和慢行连续性

相比机动车出行的"门到门"高效体验，完整的公共交通出行链通常包含与慢行交通的首尾连接。公交和慢行系统的衔接性差，必然会影响公交出行的效率，从而降低公共交通方式的竞争力。加强慢行交通与公共交通的衔接，提高慢行交通的便利性，形成多元化、高效的城市交通体系，有利于改善出行结构，提升绿色出行吸引力。

设施连续性

加强"轨道+公交+慢行"交通设施的连续性，主要措施包括：增设微循环公交线路和站点、建设一体化换乘枢纽、保障交通站点周边慢行路权及非机动车停车设施供给、提升人行步道品质、加强交通站点和商圈之间步行连廊系统建设等，将地铁、公交、公共自行车、步行等多种出行方式有机串联起来，强化不同交通方式的无缝衔接。

网络连续性

目前各地区普遍面临地面公交客流下降，满载率降低，单车运营效益下降，从而陷入"保服务，补贴大；降服务，客流减"的两难局面。地面公交的更新发展应从以车辆更新、增加覆盖的"量"的供给，向更加注重和轨道交通、慢行网络之间的协同优化，从网络层面进行线网革命，优化重组、变革提升，降低运营成本转变。

服务连续性

构建轨道、公交和慢行系统融合的出行服务平台，提供基于公共交通出行链的"一站式"出行服务。公共交通全过程出行向使用者提供多种方式的交通动态信息、实时到站信息、自行车网点信息，并逐步推进三网融合的出行服务平台建设，提供实时信息、车辆预定、费用支付、使用评价等综合一站式服务。

示范案例：太原五一广场改造工程设计项目

结合街角空间调整，优化五一广场各个轨道出入口及地面配套设施。统一拓宽人行空间，保证设置出入口后，人行道有效宽度达到2m以上，确保风亭组等设施不侵占道路红线、车道及有效人行通道范围，避免轨道相关设施的设置影响人员通行。充分利用轨道地下通道，同步设置立体过街设施，增加五一广场与周边地块的立体衔接，实现南北广场的有效串联。

N-4　交通需求与智慧管理相适应

N-4-1　保障静态交通安全有序

老城区交通基础设施薄弱、交通需求集聚，是城市停车问题最典型的区域。面对静态系统的供需矛盾，有效的停车更新路径应遵循高效利用存量资源、精准配置增量资源、完善基础设施和智慧化管理水平等策略。

停车差异化管控

通过推动停车差异化管控，调控小汽车出行需求。根据城市发展需要，区分基本停车需求和出行停车需求，按照"有效保障基本停车需求，合理满足出行停车需求"的原则，采用差别化的停车供给策略。如在城市核心区、文化旅游等用地周边，采用外围节流措施，如引导换乘停车场、节假日停车远引、公共停车预约制等；对于通学、

就医等停车需求，采用错时共享、存量挖潜手段，如与商业办公等不同业态停车错时共享、复合利用校园操场，挖潜家长接送临时停车位等。

居住区停车挖潜

增加城镇老旧小区停车泊位供给。结合城镇老旧小区改造规划、计划等，制订停车设施改善专项行动方案，通过扩建新建停车设施和内部挖潜增效、规范管理等手段，有效增加停车设施规模，提升泊位使用效率，逐步提升城市居住区停车泊位与小汽车拥有量的比例。鼓励建设停车楼、地下停车场、机械式立体停车库等集约化的停车设施。

预留充电停车位设施

加强新能源停车场配套设施建设。新建停车位充分预留充电设施建设安装条件，针对停车位不足、增容困难的老旧居民区，鼓励在社区建设公共停车区充电桩。具备条件的居住区，建设电动自行车集中停放和充电场所，并做好消防安全管理。

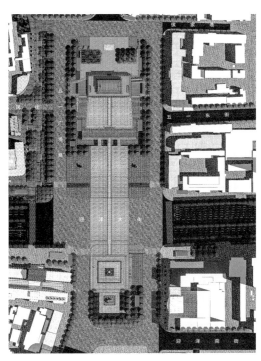

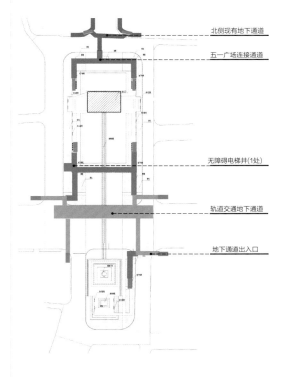

太原五一广场地下慢行系统提升方案分析图

示范案例：北京受壁街路内地下停车库项目

北京市白塔寺地区，为解决历史文化街区风貌保护与居民基本停车需求的矛盾，在受壁街道路内的地下空间建设全自动无人车库。为保证行车安全，在停车库出入口处附近增设一条机动车道，该机动车道宽5.5m，用于设置车库出入口以及机非隔离设施，以减少对正常行车的影响，并保障自行车骑行安全。

受壁街路内地下空间无人车库方案示意图

规范快递车秩序

处理好快递服务与城市交通的关系，通过智能设备、合理布局、严控停放、共享共治等方法规范快递车停放和货物交付秩序。在居住小区和公共建筑周边合理位置增设快递自助接发设施，可24小时便捷寄取快递，避免占用人行道。基于快递接发的实际需求和服务范围，合理确定自助设施的点位和数量。根据实际服务范围合理布设快递车分发点，打造便捷、高效的末端物流。将快递车分发点及临时停放区结合绿化带或设施带进行布局，处理好收取快递的人流与已有通行空间的关系，避免流线干扰。规范快递车行驶及停放秩序，区域统筹布设快递车临时停放与快递分发的使用区域，明确空间使用规则，禁止快递车或快递件占用通行空间。鼓励公共建筑结合保安室等设置快递收发空间，鼓励报亭、售卖亭等提供快递代收业务从而减少快递车占用街道空间的时长。

快递车停放和设置快递件的空间，长度约为2m，宽度与设施带宽度一致。快递分发空间两侧一般为绿化空间，长度约 2m，可根据具体情况选择绿地、树池或其他设施。取件人排队的空间，长度约为2m，宽度与设施带宽度一致。

N-4-2　重新分配街道空间路权

城市街道更新应全面贯彻绿色发展的理念，将服务重心由机动车转向人，明确提出弱化机动化交通功能，通过取消路侧停车、严控建筑前区停车、合并市政设施、街道与建筑空间一体化设计等措施，实现步行空间的最大化，全面提高步行与骑行的安全性及通达性，逐步将城市道路通行权向步行倾斜，提升城市步行出行体验。

提高路侧停车成本

静态停车主要分为公共停车和配建停车，公共停车包括路侧停车和公共停车场。城市更新过程中，应坚持配建停车为主，公共停车为辅，明确停车供给优先级为：配建地下停车余量>车位共享>路内停车。适当提高"白虚线停车位"收费价格，与地面及地下停车场收费价格相匹配，引导"路内高于路外、地上高于地下"的自治管理收费机制。强化交通型及景观型道路两侧治理措施，划定禁停线及临时停车位标志标线，加强对建筑前空间停车位设置的管理力度，严格限制其位置和数量。

步行空间最大化设计

以步行空间最大化为原则，统筹安排城市家具，城市照明，市政箱体等设施，通过优化交通组织、清理占道行为、合并市政设施等，拓宽人行道，形成安全有序的街道空间，确保人行道的连续畅通。减少为使用或管理方便而设置，但阻碍步行通达性的栏杆、围墙等。鼓励有条件的绿化带内设置园径，提升步行通达性。长距离设置连续灌木或草坪绿化带的非交通主导类街道，应在适当距离处为行人预留出入口。

示范案例：北京平安大街整治提升工程

北京平安大街整治提升工程中，地铁站点出入口周边的人行道使用大量栏杆引导流线，引起行人通行不便，降低步行空间使用效率。改造过程中进行栏杆拆除和市政箱体入地，增加绿化和座椅，营造宜人步行环境。

示范案例：银川新华商圈城市设计项目

在银川老城区交通改善提升项目中，现有的支路系统快慢交通方式混行严重，机动车随机停放，摊点摆放随意占用车道，环岛式交叉口让步行空间与历史建筑形成割裂，同时商业建筑前区设置大量停车位，降低了历史文化旅游品质。为保障慢行空间路权，低于10m的道路在优先扣除慢行系统占宽后，均采取机动车单向交通组织，并形成共享街道。通过取消建筑前区停车、交叉口渠化改造，将鼓楼南侧交叉口机动车通行空间转换为商业步行街的衔接空间，提升区域的步行活力，改善历史文化保护街区的空间品质。

平安大街步行栏杆拆除前实景照片

平安大街步行栏杆拆除后实景照片

银川老城区支路慢行空间改善前分析图

银川老城区支路慢行空间改善后分析图

N-5　基于移动性的交通仿真验证

N-5-1　人车交互仿真保障安全

交通仿真评估的应用场景正日益丰富，从交通系统效率拓展至系统韧性、绿色交通、智慧出行、交通安全等多种方向。人车交互仿真通过模拟人与车在交通环境中的互动行为，预测和评估交通安全性。在城市更新方案推演中，进行基于城市出行移动性的交通仿真，验证改造方案效果。

动态交通流仿真

通过构建动态的交通流模型，模拟不同交通条件下的车辆运行状态和人车互动情况。进行多方案模拟并通过指标输出为交通规划和管理提供决策支持。

在线仿真系统

基于历史大数据和实时检测数据，融合挖掘提取交通出行需求特征，实时再现整体路网交通需求和运行状况，并对未来几小时内的交通需求和运行状态进行预测。

虚拟现实技术应用

利用虚拟现实技术，创建逼真的交通环境仿

自主开发基于VR的可视化交通仿真平台实验照片

真场景，在虚拟环境中体验实际交通情况，对安全提升方案、运营组织方案、突发应急预案等各类场景提供可视化的数据决策支持。

集成智能交通系统

集成智能交通系统的各种新型技术，如车路协同系统、自动驾驶技术等，对安全保障和里程积累的需求日益迫切，仿真测试是研发过程中必不可少的环节。通过人车交互仿真预测评估这些技术在实际交通环境中的应用效果，进一步提升交通系统的安全性能。

N-5-2 人行仿真兼顾舒适效率

人行仿真通过模拟行人在不同交通环境中的行为和流动，来评估行人的舒适度和行走效率。以行人作为主要研究对象，评价指标主要围绕安全性、便捷性和舒适性构建，定量化场景重现、评价和优化设施服务水平。

多模态交通环境仿真

构建包含步行、自行车、公共交通等多种出行方式的交通环境仿真模型，评估不同出行方式组合对效率的影响，优化行人路径和设施布局。

人流密度管理

通过仿真技术预测不同时间段和区域的人流密度，合理调整交通信号灯配时、行人过街设施等，减少拥堵，避免过度拥挤，提升通行安全。

环境与心理因素考量

在人行仿真中加入环境因素（如噪声、空气质量）和心理因素（如安全感、方向感）的评估，通过优化交通环境提升行人心理满意度、舒适度和通行效率。

行人动态仿真效果图

N-6 智能交通引导城市品质提升
N-6-1 自动驾驶主导空间集约
提高设备和道路空间周转效率

自动驾驶汽车中"智能驾驶和数据调配"两大内核的结合，将会带来两个方面的重要改变。首先是提高汽车设备的周转效率。其自动调配的特点，可以减少传统时代汽车在车库闲置情况。其次，提高道路资源的使用效率。自动驾驶汽车技术稳定规范、驾驶速度科学，减少驾驶习惯和驾驶水平等人为因素对道路交通的干扰，提高行车安全性和道路利用效率。

共享模式引导城市聚合

考虑到自动驾驶汽车的技术特点，共享式的运营模式应是未来主要推广的模式。该模式将推动基于"需求与供给即时匹配"的城市智能化交通网络体系的构建，汽车及道路交通设施的使用效能将会得到充分发掘。自动驾驶汽车可以实现统筹联动，优化路线选择，避免车辆过度聚集，从而提高整个城市道路系统的运行效率，减少交通拥堵。同时，自动驾驶汽车在计算机统筹下高效组织多个行程，从而提高载客数，减少空载和空运，减小交通量，缓解道路拥堵。现有研究表明，当形成规模时，共享模式下每辆自动驾驶汽车可以取代11～14辆私人汽车。

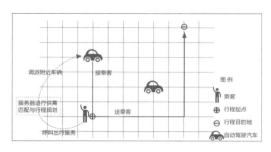

共享模式下的自动驾驶供需匹配示意图

N-6-2 车路协同推动城市融合
大数据平台推动城市交通转向智能化

车路协同下的交通系统运行特点，使基于"需求与供给即时匹配"的城市智能化交通网络体系构建成为可能，从单体发展转向整体联动统筹。车路协同体系将会对交通组织方式产生根本影响：道路网、信息网与交通流的结合将提高城市交通供给能力，同时交通运输供给与需求的及时高效匹配也会大幅提高城市交通组织效率。

资源集约利用下的城市环境品质提升

　　车路协同所引导的交通资源调配，可以大幅度减少城市停车需求，对城市空间利用效率产生极大改善。车辆经智能终端调配可高效衔接多个行程而无需停车，载客任务结束后自行驶往停车场充电待命，释放传统停车占用的大量城市空间，将更绿色、开放和人性化的生态空间引入城市，提高城市景观生态环境、缓解城市热岛效应，促使行人空间的回归，为公共空间的宜居性建设提供契机，提高出行可达性和舒适性。

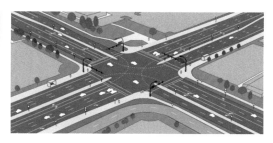

传统道路空间利用示意图

车路协同模式下道路空间集约利用效果示意图

设计策略及技术措施

设计策略	策略编号	技术措施	技术措施编号
交通规划与城市功能相协调	N-1	增加区域道路网络密度	N-1-1
		交通与用地一体化设计	N-1-2
慢行交通与品质安全相融合	N-2	保障非机动车通行品质	N-2-1
		打造人车分离立体设计	N-2-2
绿色公交与保障措施相匹配	N-3	提高公共交通服务水平	N-3-1
		完善公共和慢行连续性	N-3-2
交通需求与智慧管理相适应	N-4	保障静态交通安全有序	N-4-1
		重新分配街道空间路权	N-4-2
基于移动性的交通仿真验证	N-5	人车交互仿真保障安全	N-5-1
		人行仿真兼顾舒适效率	N-5-2
智能交通引导城市品质提升	N-6	自动驾驶主导空间集约	N-6-1
		车路协同推动城市融合	N-6-2

3.4 典型案例

北京平安大街整治提升工程

项目背景

项目地点：北京市

项目规模：全长7km

问题研判

街道功能博弈问题。受到机动车无序增长的影响，步行和骑行环境逐渐恶化，交通安全存在严重隐患，许多城市的步行和自行车出行比例日益萎缩，街道活力明显下降。近年来，随着治理者、业内专家以及民众意识的转变，步行和骑行环境得到改善，出行比例有所回升。但是，由于削减机动车空间导致的短期交通压力过大，各利益主体仍对交通资源再分配存在观望的态度。

步行空间品质问题。由于缺少系统性地维护和治理，原本不宽裕的人行道被违规停放的机动车和非机动车、林立的杆体、散落的箱体占据，道路红线和建筑退让红线铺装不一致，建筑界面也随着沿街业态的更替变得混杂，步行舒适度较差。同时，全线交叉口和人行过街均未设置过街安全岛，交叉口缺少过街等候空间，无障碍设施不连续，步行空间的安全性也有待提升。

骑行空间安全问题。平安大街（西城段）全线非机动车宽度基本在3m以上，局部受到路内停车挤占宽度为2.5m，基本满足规范要求。然而岛式公共汽车站仅4处，非岛式公共汽车站11处，公共汽车停靠影响非机动车行车安全。

轨道交通车站及周边一体化衔接不足问题。平安大街（西城段）与地铁6号线路由一致，同时可换乘2号线、19号线和4号线，公共汽车线路繁忙，街道周边公共汽车站300m覆盖率可达100%。然而目前轨道交通车站周边环境较差，非机动车摆放杂乱，步行空间受到严重挤占，与公共汽车换乘衔接路径距离大于50m。

设计策略及技术措施应用解析

设计策略	策略编号	技术措施	技术措施编号	应用解析
交通规划与城市功能相协调	N-1	增加区域道路网络密度	N-1-1	
		交通与用地一体化设计	N-1-2	√
慢行交通与品质安全相融合	N-2	保障非机动车通行品质	N-2-1	√
		打造人车分离立体设计	N-2-2	
绿色公交与保障措施相匹配	N-3	提高公共交通服务水平	N-3-1	
		完善公交和慢行连续性	N-3-2	√
交通需求与智慧管理相适应	N-4	保障静态交通安全有序	N-4-1	
		重新分配街道空间路权	N-4-2	√
基于移动性的交通仿真验证	N-5	人车交互仿真保障安全	N-5-1	
		人行仿真兼顾舒适效率	N-5-2	
智能交通引导城市品质提升	N-6	自动驾驶主导空间集约	N-6-1	
		车路协同推动城市融合	N-6-2	

N-1-2　交通与用地一体化设计

平安大街（西城段）一线有三个轨道交通车站，分别是车公庄站、平安里站和北海北站，其中车公庄站和平安里站均为换乘站。通过站前广场的空间一体化改造，优化人行及自行车动线，规范自行车停车设施，提升轨道交通与步行、非机动车、公共汽车衔接。

N-4-2　重新分配城市空间路权

将保障步行和骑行空间作为先决条件，从安全性、舒适性、公平性方面进行优化设计。全面拓展步行宽度，通过压缩机动车道和取消路内停车，把空间让给步行并且将建筑退让空间和道路红线步行空间统一铺装，保障人行道达到3m以上。取消全线人行道内机动车停车，通过电子围栏规范共享单车停放，保障行人通过空间不被占用。将全线的交叉口转角半径缩窄至5m，部分出入口转角半径缩窄至3m，增加行人的等候空间。

为进一步保障步行空间和提升环境品质，此次街道更新完成了箱体三化和多杆合一，以公共电车杆为母杆，将照明、监控、电信、交通标志等进行有机整合，推进道路杆体和箱体集约化、规范化设置。对人行道和非机动车道之间的栏杆进行拆除，增加绿化和座椅，营造宜人步行环境，构建和谐有序空间环境。

平安大街箱体三化改造前实景照片

平安大街箱体三化改造后实景照片

北京平安大街多杆合一杆体及设备名称

杆体名称	合杆设备
道路照明灯杆	照明灯具、道旗、灯饰、园艺盆景等
交通标志杆	警告、禁令、指路、指示、辅助、旅游区标志等
交通信号灯杆	机动车、非机动车、行人信号灯等
视频监控杆	交通、治安、停车监控等
电车杆（整合基础）	支臂、触线、吊线等
通信基站杆	4G、5G、Wi-Fi-AP通信发射设备
行人导引类指示牌杆	街牌、步行者导向牌、公厕指引牌、地铁指引牌、人行地道及人行天桥指引牌
其他杆体	生态环境监测、气象监测、智慧城市等涉及的其他搭载设备

N-3-2　完善公交和慢行连续性

全线人行横道长度均超过16.0 m（不包括穿越非机动车道的距离），在交叉口增设 17 处过街安全岛，安全岛宽度均大于等于2.5m，并且在安全岛前方放置防撞桶，安全岛四周路缘石铺装反光膜，警示对向车辆，保障行人过街安全。

增设过街安全岛前实景照片

增设过街安全岛后实景照片

太原迎泽大街城市风貌提升项目
项目背景

项目地点：山西省太原市

项目规模：298hm^2

问题研判

沿线慢行交通品质差，过街设施缺乏。部分路口高峰时段过街人流量较大，如迎泽大街与五一广场西路人流量达到2000人/h。沿线路口行人过街距离普遍较长，二次过街需求明显，未设

N-2-1　保障非机动车通行品质

西城区全线采用岛式公共汽车站台，共改造11处公共汽车站，保障自行车骑行的连续性和安全性，避免公共汽车进出站与非机动车的交织。此次改造岛式公共汽车站台宽度为2m，非机动车后绕宽度一般为3.0~3.5m，局部困难路段为2.75 m。

增设公交岛前实景照片

增设公交岛后实景照片

置安全岛或等候区，存在行人安全隐患，对道路通行也造成干扰。

公交线路重复，候车排队现象明显。沿线17个公交站点，37条公交线路。公交线路配置过于集中，线路存在一定重叠。高峰期内公交"列车化"现象严重，公交车辆进出站排队停车现象突出。

重点区域五一广场交通拥堵严重。广场造成道路东西割裂，采用"方形环岛"型式组织交通，

交通组织效率低下，机动车冲突多。路口设置两处信号灯交叉口，且相距仅有130m，造成通过车辆路口处的控制延误增加。五一广场与周边地块的联系不足，仅有北侧一处地下过街设施，行人难以进入。

设计策略及技术措施应用解析

设计策略	策略编号	技术措施	技术措施编号	应用解析
交通规划与城市功能相协调	N-1	增加区域道路网络密度	N-1-1	
		交通与用地一体化设计	N-1-2	
慢行交通与品质安全相融合	N-2	保障非机动车通行品质	N-2-1	
		打造人车分离立体设计	N-2-2	
绿色公交与保障措施相匹配	N-3	提高公共交通服务水平	N-3-1	✓
		完善公交和慢行连续性	N-3-2	✓
交通需求与智慧管理相适应	N-4	保障静态交通安全有序	N-4-1	
		重新分配街道空间路权	N-4-2	✓
基于移动性的交通仿真验证	N-5	人车交互仿真保障安全	N-5-1	✓
		人行仿真兼顾舒适效率	N-5-2	
智能交通引导城市品质提升	N-6	自动驾驶主导空间集约	N-6-1	
		车路协同推动城市融合	N-6-2	

N-3-1　提高公共交通服务水平

优化公交线网。根据未来地铁1号线开通后的公交可达性，将公交重叠比例划分为4个等级，依次采用取消原有线路或设置大站快车、合并多条线路或优化站点、优化停站模式和加强轨道接驳等4类改善措施，降低迎泽大街公交线路重复系数。

提升公交优先力度。在交叉口设置公交优先信号控制方案，采用绿灯延长优先放行公交车、公交信号绿波等控制方法，提升公交车运行速度。优化公交专用道布局，部分路段采用路中式公交专用道，拥有独立的路权，充分保障线路的服务水平不受社会车辆影响。

N-3-2　完善公交和慢行连续性

增设行人过街安全岛、等候区，合理设置行人二次等候区，因地制宜选取过街形式，提升过街舒适性、安全性。设置街边"微枢纽"，加强各类交通模式与地铁、公交站点的衔接性。缩小路口转弯半径，右转车辆提前分离。打通建筑前区封闭空间，清理前区停车问题，释放慢行活动空间。

N-5-1　人车交互仿真保障安全

以问题为导向，对五一广场周边交通组织提出五种不同改造策略，包括广场与东侧或西侧用地相连、压缩路板、立交平做和立体下穿等方案，围绕交通组织、慢行影响、环境影响、景观影响、管线影响、工程难度、建设周期、工程投资等八个维度进行指标对比分析，确定可深化研究的三组方案。

对五一广场交叉口现状及三组改造方案进行全要素仿真模拟评估，模拟行人、非机动车和机动车在各改善方案下的运行情况。首先优化信号配时方案，对比各进口道的平均延误时间、排队长度和服务水平，确定改善效果最显著、绕行影响最小的改造方案。

N-4-2　重新分配城市空间路权

对五一广场交叉口精细化设计，疏通拥堵节

点。采用立交平做的交通组织策略，禁止车辆路口左转，利用周边微循环道路实现左转功能，结合迎泽大街及周边道路整体改造，引导五一路左转车辆通过相邻路口，降低路口禁左的影响。经

改善后的交通组织方式可以消除左转车辆产生的冲突点，减少交叉口信号相位，改善交叉口交通运行秩序，提高交叉口服务水平。

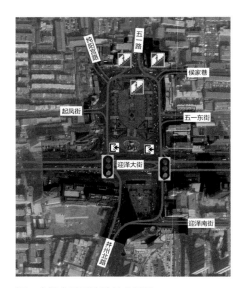

五一广场交叉口改造前分析图

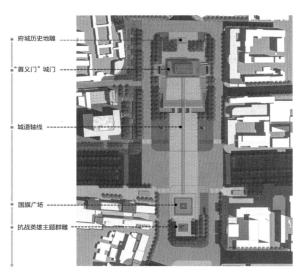

五一广场交叉口改造后分析图

朝天门广场片区更新项目

朝天门广场片区更新效果图

项目背景

项目地点：重庆市

项目规模：27.43hm²

问题研判

区域步行系统割裂问题。朝天门、洪崖洞与湖广会馆三地之间步行游览需求预计2.2万人次，

由于山体高差和既有城市快速路建设，区域步行系统不连续。其中洪崖洞与朝天门之间现状步行景观道路形成分层，垂直方向无联系节点。洪崖洞与湖广会馆之间被山体阻隔，仅依托车行隧道联系，无步行连通条件。

轨道及公交系统与慢行系统衔接问题。规划轨道交通站点小什字站位于洪崖洞与湖广会馆中间，由于地面山体分隔，小什字站与湖广会馆无步行连通条件，与洪崖洞区域无现状步行联系。

沿江步行品质差。滨江路路侧步行道宽度狭窄，仅能容纳2人并肩同行，且沿线缺乏行人过街节点和设施，存在人车交织安全隐患。

设计策略及技术措施应用解析

设计策略	策略编号	技术措施	技术措施编号	应用解析
交通规划与城市功能相协调	N-1	增加区域道路网络密度	N-1-1	
		交通与用地一体化设计	N-1-2	√
慢行交通与品质安全相融合	N-2	保障非机动车通行品质	N-2-1	
		打造人车分离立体设计	N-2-2	
绿色公交与保障措施相匹配	N-3	提高公共交通服务水平	N-3-1	
		完善公交和慢行连续性	N-3-2	√
交通需求与智慧管理相适应	N-4	保障静态交通安全有序	N-4-1	
		重新分配街道空间路权	N-4-2	√
基于移动性的交通仿真验证	N-5	人车交互仿真保障安全	N-5-1	
		人行仿真兼顾舒适效率	N-5-2	
智能交通引导城市品质提升	N-6	自动驾驶主导空间集约	N-6-1	
		车路协同推动城市融合	N-6-2	

N-1-2　交通与用地一体化设计

将多方式接驳设施引入来福士商业中心内部，营造舒适宜人的室内步行条件，提升商业活力。常规公交、旅游大巴、小型车旅客均利用来福士B1层抵达，地铁旅客出站厅位于L3层。所有交通方式经垂直交通转换至L1层（202m标高）的连廊到达朝天门广场。协调来福士运营管理部门，于非营业时段开放来福士L1层中央通道以及各交通方式的上下层转换扶梯，提高利用效率，满足朝天门地块的交通需求。

N-3-2　完善公交和慢行连续性

强化公共交通与步行系统的衔接，将公交、地铁换乘通道融入滨江步行系统。轨道交通站点小什字站9号出入口与洪崖洞新增地面步行连接道路和接驳公交专线。利用既有朝天门地下车行隧道空间，新增步行隧道，与地铁站换乘通道进行连接，形成地铁三线客流与湖广会馆的衔接条件。

N-4-2　重新分配城市空间路权

拓宽滨江人行道宽度，通过局部改造、压缩机动车道等方法，保障全线人行道宽度达到3m以上。朝天门隧道步行化改造，增加与中部区域连接；贯通立体步行系统，沿标高190m的市政道路步行空间与标高180m景观步道增设8处步梯。沿江市政道路新增行人过街节点，设置信号灯及人行横道。

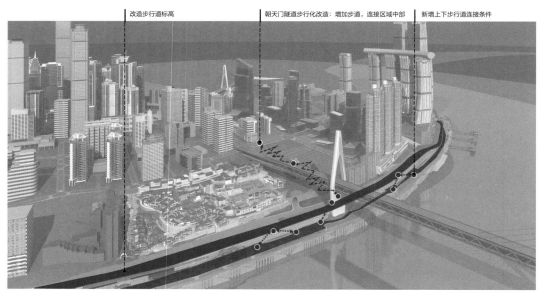

改造步行道标高   朝天门隧道步行化改造：增加步道，连接区域中部   新增上下步行道连接条件

重塑区域步行系统连续性示意图

壶口景区品质提升工程

项目背景

项目地点：山西省临汾市

项目规模：10km²

问题研判

接驳交通与景观不相融。现状景区仅综合服务区和核心观瀑两个交通节点承载景区游览的功能需求。游客在综合服务区购票后，通过内部大巴接驳至核心观瀑区进行观赏，内部接驳线路单一，整体路段缺乏与当地文化和环境相融合的公共空间，仍属于传统的单点式游览。

交通环境品质不佳。核心观瀑区节点现状存在道路高差，人车混流，慢行路径沿线无娱乐休闲和文化交流等配套设施，城景割裂。

设施承载力不足，缺乏绿色出行交通条件。山岳型景区内部现状道路单一，当地居民过境交通与景区内部交通交叉，道路断面为双向两车道车行道，无慢行道、非机动车道，人车混流。道路整体车流量较大，无公交站点，私家车与非机动车、行人混行，随着旅游旺季及极端日游客总量提升，原有的交通设施无法满足游客需求。

设计策略及技术措施应用解析

设计策略	策略编号	技术措施	技术措施编号	应用解析
交通规划与城市功能相协调	N-1	增加区域道路网络密度	N-1-1	
		交通与用地一体化设计	N-1-2	
慢行交通与品质安全相融合	N-2	保障非机动车通行品质	N-2-1	
		打造人车分离立体设计	N-2-2	√
绿色公交与保障措施相匹配	N-3	提高公共交通服务水平	N-3-1	
		完善公交和慢行连续性	N-3-2	
交通需求与智慧管理相适应	N-4	保障静态交通安全有序	N-4-1	
		重新分配街道空间路权	N-4-2	√

续表

设计策略	策略编号	技术措施	技术措施编号	应用解析
基于移动性的交通仿真验证	N-5	人车交互仿真保障安全	N-5-1	
		人行仿真兼顾舒适效率	N-5-2	
智能交通引导城市品质提升	N-6	自动驾驶主导空间集约	N-6-1	
		车路协同推动城市融合	N-6-2	

N-2-2 打造人车分离立体设计

核心观瀑区结合高差地势，上层平台结合景观设计打造观景无车区，地面层将地面通道进行合并，并区分慢行空间和车行空间，避免人车冲突，实现过境车辆分离组织，保证安全性。打造人行交通多维立体，乘坐观光巴士前往核心观瀑区的游客，从落客区落客后可通过坡道、楼梯、垂梯通往二层观景平台，通过二层观景平台横跨地面道路前往观瀑区域，部分游客也可选择内部车行交通节点落客后，通过河滩慢行通道前往核心观瀑区域进行观赏，保障行人动线连续性。

利用艺术文化装置及趣味行走，培育步行空间功能活力，营造高品质、绿色低碳的游览环境；打造趣味性内部游线，结合景区新增的景观节点拓展丰富的慢行游线，提高景区内部慢行交通的吸引力，丰富游客体验。

N-4-2 重新分配城市空间路权

为了缓解旺季交通压力，适应旺季游客需求，丰富游客体验，提升游客舒适感，对景区内部道路断面进行优化，规划内部交通引入慢行及非机动车出行方式，打破以往对机动车接驳的依赖，丰富现状内部交通方式；沿车行道外侧规划新增骑行空间，保障非机动车通行品质及连续性。

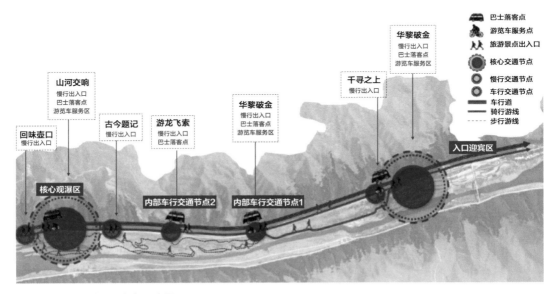

多模式多样化游线交通组织示意图

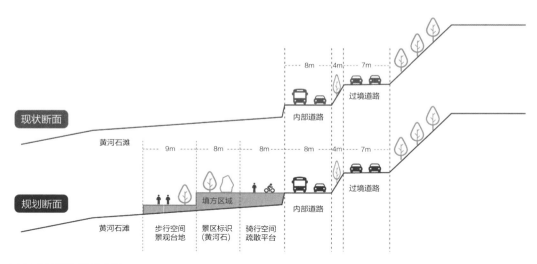

内部交通低碳改造示意图

银川市新华商圈城市设计项目

银川老城区鼓楼片区更新效果图

项目背景

项目地点：银川市

项目规模：规划范围96hm²

问题研判

交通吸引聚集。老城区的功能过于集中，导致交通拥堵，例如商圈、医院等。同时，老城区城市居住人口密度高，早晚高峰通勤压力大，导致交通量集中。

道路设施发展受限。老城区往往分布有文保建筑，低等级道路网络可达性差，导致老城区出行过度依赖主干路和快速路。银川老城区交通多集中在解放路，支路网密度仅有3.8 km/km²。

街道空间局限。老城区街道尺度狭窄，路权空间混杂，快慢交通交叉，慢行品质较低。银川新华商圈 50%的人行道存在被机动车占道的现象，一半以上的自行车道宽度低于2m。

停车供需矛盾。老城区建筑往往较为老旧，配建停车位不足；同时，由于老城区可建设用地有限，公共停车场缺乏。银川老城区停车位约5000个，其中建筑配建地下停车仅5处，停车位不足1000个。

公共交通系统性差。由于老城区次支路系统性差，公共交通多依赖主干路布置，重复系数高、覆盖率低。银川新华商圈公交多集中在中山街，有13条公交线路。

设计策略及技术措施应用解析

设计策略	策略编号	技术措施	技术措施编号	应用解析
交通规划与城市功能相协调	N-1	增加区域道路网络密度	N-1-1	√
		交通与用地一体化设计	N-1-2	
慢行交通与品质提升相统一	N-2	保障非机动车通行品质	N-2-2	
		打造人车分离立体设计	N-2-3	√
绿色公交与保障措施相匹配	N-3	提高公共交通服务水平	N-3-1	√
		完善公交和慢行连续性	N-3-2	√
静态交通与智慧管理相适应	N-4	保障静态交通安全有序	N-4-1	√
		重新分配街道空间路权	N-4-2	√
基于移动性的交通仿真验证	N-5	人车交互仿真保障安全	N-5-1	
		人行仿真兼顾舒适效率	N-5-2	
智能交通引导城市品质提升	N-6	自动驾驶主导空间集约	N-6-1	
		车路协同推动城市融合	N-6-2	

N-1-1　增加区域道路网络密度

提升老城区外围北京路、长城路、凤凰街和清河街的通过性，分流老城中长距离过境车流，减轻老城区过境压力。坚持"小街坊、密路网"基本原则，鼓励打开封闭社区，打通断头路，整合现状零散街巷，增加连通性，路网密度由7.7km/km²提升为13.7km/km²。

N-2-3　打造人车分离立体设计

结合老城区功能定位，划定为慢行优先区，区内居民拥有慢行交通优先权，并注重提升公共空间环境品质，为居民提供高品质的慢行空间。

在各主要开放空间广场等区域，设置休息座椅，机动车交叉口交通宁静化设计。

历史文化建筑鼓楼现状被环岛围绕，步行与车行交叉严重，成为老城区的"孤岛"。通过将环岛改造为信号交叉口，鼓楼与南侧步行街衔接，营造开阔的步行空间。

N-3-1　提高公共交通服务水平

设置高峰限时公交专用道，保障高峰期公共交通的通过可靠性，将解放街沿线现状45m的公交港湾长度改造增加为60m，缓解高峰期公交车排队进站情况。

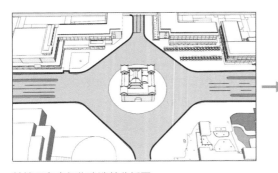

鼓楼环岛步行化改造前分析图

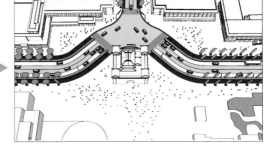

鼓楼环岛步行化改造后分析图

N-3-2 完善公交和慢行连续性

根据不同距离出行需求进行精细化公交走廊分类，满足差异化公共交通需求。BRT公交、干线公交走廊主要满足长距离快速出行需求；支线公交走廊主要满足中短距离公交出行，内部设置灵活式公交，主要满足老城区内部短距离出行需求。公交站处均设置非机动车道后绕，保障骑行的连续性。玉皇阁南侧加大步行道宽度，完善过街步行道，保证步行空间连续性。

N-4-1 保障静态交通安全有序

老城区停车位配建缺口较大，通过现状停车梳理能够新增676个停车位，但远远小于停车需求。由于新华商圈日间停车主要以临时停车为主，通过对老城区外围停车场梳理，加强路内违停执法和停车收费手段，引导外围停车。

N-4-2 重新分配城市空间路权

打破道路红线与建筑退线的阻隔，从"建筑到建筑"改造街道空间：抬高路缘石，从10cm增加到15cm；将现状自行车道由5m缩为3m，既能保障非机动车通行条件又限制了非法停车；步行道与建筑退线一体化，增加步行空间，强化解放街的服务功能，营造高品质慢行空间。

解放街沿线公交专用道改造前分析图

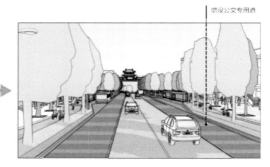

解放街沿线公交专用道改造后分析图

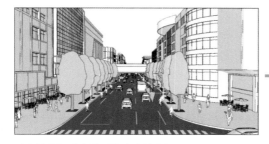

公交站非机动车道后绕改造前分析图

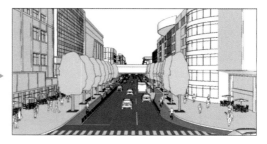

公交站非机动车道后绕改造后分析图

常州北站综合品质提升工程

项目背景

　　项目地点：江苏省常州市

　　项目规模：规划范围30hm^2

问题研判

　　交通场站功能混乱。现状常州北站缺少出租车专用蓄车区、网约车停车区。车辆主、次落客区均同时作为上客区使用，长途客运站中存在驾校等非枢纽功能。该情况导致了各交通场站运行混乱，产生了出租车无序停放上客、网约车乘客寻路困难、次落客区拥堵频发、空间利用率低下等问题。

　　接驳交通便捷性低。受交通场站布局影响，常州北站周边车辆进场、出租车进场等流线存在绕行，停车场内部交通组织混乱，寻路困难。在人行交通方面，地铁、网约车等主要大客流交通模式与进、出站口间的慢行距离较长，且存在人车冲突、不合理绕行等问题，显著降低了交通接驳的便捷性。

　　慢行环境品质不佳。常州市雨雪天气较多，但现状站前广场、停车场内均未设置遮阴避雨设施，站房本身雨棚遮雨效果同样有限。该情况下，在恶劣天气中，各类客流进出站均将受到恶劣天气影响，整体慢行环境品质较差，人性化水平较低。

设计策略及技术措施应用解析

设计策略	策略编号	技术措施	技术措施编号	应用解析
交通规划与城市功能相协调	N-1	增加区域道路网络密度	N-1-1	
		交通与用地一体化设计	N-1-2	√
慢行交通与品质安全相融合	N-2	保障非机动车通行品质	N-2-1	
		打造人车分离立体设计	N-2-2	√
绿色公交与保障措施相匹配	N-3	提高公共交通服务水平	N-3-1	
		完善公交和慢行连续性	N-3-2	√
交通需求与智慧管理相适应	N-4	保障静态交通安全有序	N-4-1	
		重新分配街道空间路权	N-4-2	
基于移动性的交通仿真验证	N-5	人车交互仿真保障安全	N-5-1	
		人行仿真兼顾舒适效率	N-5-2	
智能交通引导城市品质提升	N-6	自动驾驶主导空间集约	N-6-1	
		车路协同推动城市融合	N-6-2	

N-1-2　交通与用地一体化设计

　　结合常州北站站房本身进出站交通组织，对枢纽整体场站布局、交通组织进行重新梳理与一体化设计。首先，利用现状利用率较低的市政道路增加了北主落客区，提升枢纽周边车辆落客便捷性。排除内部非枢纽功能，合并公交场站与长途客运站，并进行一体化设计，为现状缺失的出租车蓄车场、网约车停车场腾出空间。对区域地面停车场进行一体化整合与重新组织，最终形成西侧公共交通、东侧个体交通的整体化布局。

　　通过以上布局调整措施，枢纽为各类交通模式均提供了专用的场地，解决了功能混乱问题，同时也减少了周边车辆进场、出站换乘网约车、出站前往停车场等人行、车行流线的步行与行驶距离，显著提升了枢纽交通接驳的便捷性。

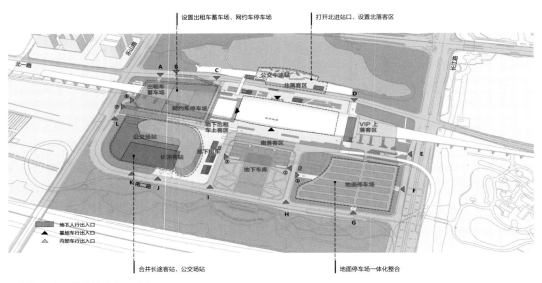

各类换乘交通模式整合布局分析图

N-3-2 完善公交和慢行连续性

为了提升枢纽慢行品质与人性化程度，对枢纽进出站人行流线进行梳理、引导、整合，形成南北综合换乘廊道、东西停车场连通道两条慢行轴线，并合理增加雨棚对慢行轴线进行覆盖，以提供全方位、高品质的无风雨慢行环境，充分提升枢纽整体慢行品质与人性化程度。

N-2-2 打造人车分离立体设计

常州北站前广场被落客车道边切割，行人需跨越道路才能到达广场地下车库、地面停车场。为了消除人车交织点，对既有慢行流线进行了梳理与简化，关闭了2处使用不便的人行出入口，从而整体形成了东西两处集中的立体换乘通道。其中东侧通过人行天桥跨越道路，西侧则利用既有地下通道实现立体分流，从而提升了枢纽主要慢行流线的舒适性、安全性。

地面慢行通道增设雨棚效果图

北京丰台站改建工程

北京丰台站改造效果图

项目背景

项目地点：北京市

项目规模：40万m²

问题研判

交通客流集中。在高峰时段，大量铁路、地铁、公交、私家车、出租车等客流的进出流线在空间和时间上重叠。高强度集聚客流下的设施布局和各类流线组织具有挑战性。

交通需求多样。丰台站此次升级为北京核心交通枢纽之一，各类人群需求复杂，包含铁路、两条地铁的旅客人流、各种交通模式的换乘人流、上盖开发及周边配套商办的城市客流等多种人员类型。不同人员类型的交通特征，在时间和空间分布上都存在差异性。

交通环境特殊。丰台站特点为双层站台，但大部分接驳交通设施功能均布设在地下空间，对于人流、车流在垂直层面集散的安全性、高效性提出了更高的要求。

旅客体验要求高。对于出行时间、排队时间、安检时间、空间密度等指标都需满足较高的服务水平。

设计策略及技术措施应用解析

设计策略	策略编号	技术措施	技术措施编号	应用解析
交通规划与城市功能相协调	N-1	增加区域道路网络密度	N-1-1	
		交通与用地一体化设计	N-1-2	

设计策略	策略编号	技术措施	技术措施编号	应用解析
慢行交通与品质安全相融合	N-2	保障非机动车通行品质	N-2-1	
		打造人车分离立体设计	N-2-2	
绿色公交与保障措施相匹配	N-3	提高公共交通服务水平	N-3-1	
		完善公交和慢行连续性	N-3-2	
交通需求与智慧管理相适应	N-4	保障静态交通安全有序	N-4-1	
		重新分配街道空间路权	N-4-2	
基于移动性的交通仿真验证	N-5	人车交互仿真保障安全	N-5-1	√
		人行仿真兼顾舒适效率	N-5-2	√
智能交通引导城市品质提升	N-6	自动驾驶主导空间集约	N-6-1	
		车路协同推动城市融合	N-6-2	

N-5-2 人行仿真兼顾舒适效率

对丰台站南北广场和公交枢纽公共集散区的各类交通方式换乘行人设施进行全要素定量化模型分析。对换乘通道、垂直设施端部、公交候车站台、地铁站台、出租车上落客区以及枢纽安检区、排队区、等候区分别建立平均密度、最大密度、排队长度、等候时间、服务水平等评估指标，精准识别空间布局中的风险瓶颈点位，结合仿真结果定量优化通道宽度、站台尺寸、楼扶梯数量及布局方案、上落客区设施规模。

N-5-1 人车交互仿真保障安全

研究过程中对丰台站核心区内2km²范围内的市政路网及南北公交枢纽进行全要素模型搭建，包含市政路网、高架及匝道、下穿隧道、枢纽接驳出入口等道路设施。在模型搭建中合理设置优先规则、减速区域、限速规则、冲突区域、信号控制等，同时为了更加真实地模拟车道边的人车交互，反映真实的车道边通行能力，结合设计方案，在车道边内设置3处人行过街设施，与枢纽内部的行人仿真区域整合，模拟车辆落客后行人的过街行为，建立站内外"人一车"全出行链仿真评估。

枢纽车道边人车交互仿真模型效果图

杭州茗溪双铁上盖 TOD 综合体项目

项目背景

项目地点：浙江省杭州市

项目规模：238万m²

问题研判

慢行交通系统可达性、连通性受限。综合体主要业态功能集中在建筑二层，客群的进出交通均需要进行竖向转换。

车辆集散条件局限。巨大的体量和底层车辆段的占用使上盖综合体难以通过地面完成车行进出，需利用有限的匝道与地面道路空间高效满足车行交通需求。

交通生成量巨大。作为国内首个双铁联动的超级TOD集群，综合体业态包括商业开发、居住和公共停车场，进出交通组成复杂，生成量大，对周边路网的交通影响需要定量分析。

设计策略及技术措施应用解析

设计策略	策略编号	技术措施	技术措施编号	应用解析
交通规划与城市功能相协调	N-1	增加区域道路网络密度	N-1-1	√
		交通与用地一体化设计	N-1-2	√
慢行交通与品质安全相融合	N-2	保障非机动车通行品质	N-2-1	
		打造人车分离立体设计	N-2-2	√
绿色公交与保障措施相匹配	N-3	提高公共交通服务水平	N-3-1	
		完善公交和慢行连续性	N-3-2	
交通需求与智慧管理相适应	N-4	保障静态交通安全有序	N-4-1	
		重新分配街道空间路权	N-4-2	
基于移动性的交通仿真验证	N-5	人车交互仿真保障安全	N-5-1	√
		人行仿真兼顾舒适效率	N-5-2	
智能交通引导城市品质提升	N-6	自动驾驶主导空间集约	N-6-1	√
		车路协同推动城市融合	N-6-2	

N-1-1 增加区域道路网络密度

提出"三轴集散"方案，提升外部交通集散效率，同时设置14条车行进出匝道向远端延伸，实现综合体与地面城市交通的连通。同时，方案还设置了2条双板间车行匝道，保证了两个独立板块之间的交通联系，提升综合体垂直方向的车行可达性，减少车辆绕行、拥堵。

N-2-1 交通与用地一体化设计

上盖社区客流能够通过16m盖上慢行道路到达盖上学校等目的地，也能够沿16m空中环廊，经垂直交通节点到达金星大道沿线的溪站、网坝站等各个轨道交通站点，实现慢行与轨道交通的无缝衔接。

N-2-2 打造人车分离立体设计

加强慢行交通的垂直连通性和便捷性。设置16m空中环廊、6m高线公园、多维健身步道三组慢行交通通道，构成多维立体慢行系统。其中16m空中环廊串联了两个板块，并通过环廊上的垂直交通节点、外延通道衔接了三处轨道站点与高线公园。6m高线公园提供了地面空间与高架慢行通道在垂直方向上的衔接点。多维健身步道沿着上盖建筑外围设置，共均分布了22条进出匝道，主要为非机动车与健身散步等慢行出行行为服务，重点解决了非机动车的交通衔接问题。三套系统衔接顺畅，为行人营造多样化慢行环境。

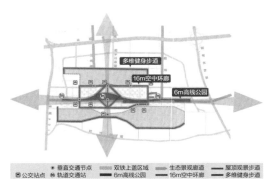

上盖综合体的三组立体慢行交通系统示意图

N-5-1 人车交互仿真保障安全

搭建宏观交通模型与空间句法模型，验证路网方案的合理性与经济性。宏观交通模型结果显示区域各条道路服务水平基本为C级，服务水平在可接受范围内，区域交通拥堵风险较低。空间句法模型则基于规划路网模型进行了空间道路临

近性分析，结果显示区域路网覆盖程度较高，所有地块出行便捷性均较高，对应的土地价值也较高。基于以上分析，规划路网方案能够以较高水平满足区域交通出行需求，同时能够提升各地块开发的经济价值。

N-6-1 自动驾驶主导空间集约

综合体在16m层预留无人公交的通行条件，上盖社区客流可利用无人公交往返于各个站点之间，满足通学通勤、轨道换乘等出行需求。

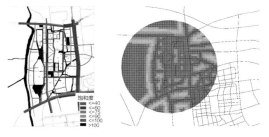

宏观交通服务水平分析图（左）与空间句法分析图（右）

16m层无人公交系统示意图

雄安新区启动区城市设计

项目背景

项目地点：河北省雄安新区

项目规模：规划范围371hm^2

问题研判

预留未来交通技术发展空间。雄安新区道路设施应突破传统道路"以车为本"的空间分配格局，同时为未来的自动驾驶技术和车路协同系统预留建设条件，能够做到在现有道路网络和空间的基础上增建自动驾驶设施，为构建城市智能化交通网络体系奠定基础。

引导两种交通出行的冲突有序过渡。近期阶段，传统汽车和自动驾驶汽车的博弈将会是一个多元的、动态的过程。如何引导自动驾驶汽车向集约共享的方向演进，并解决好过渡时期的设施问题，是交通设施规划方案的难点。

设计策略及技术措施应用解析

设计策略	策略编号	技术措施	技术措施编号	应用解析
交通规划与城市功能相协调	N-1	增加区域道路网络密度	N-1-1	
		交通与用地一体化设计	N-1-2	
慢行交通与品质安全相融合	N-2	保障非机动车通行品质	N-2-1	
		打造人车分离立体设计	N-2-2	
绿色公交与保障措施相匹配	N-3	提高公共交通服务水平	N-3-1	
		完善公交和慢行连续性	N-3-2	
交通需求与智慧管理相适应	N-4	保障静态交通安全有序	N-4-1	
		重新分配街道空间路权	N-4-2	
基于移动性的交通仿真验证	N-5	人车交互仿真保障安全	N-5-1	
		人行仿真兼顾舒适效率	N-5-2	
智能交通引导城市品质提升	N-6	自动驾驶主导空间集约	N-6-1	√
		车路协同推动城市融合	N-6-2	√

N-6-1　自动驾驶主导空间集约

共享模式引导街区自动驾驶应用。由智慧城市交通中枢控制下的网约无人小公交（需求响应式无人公交），全面代替传统公交，营造"零碳排放"的绿色交通环境。在独立性较强的功能性街区中设置无人驾驶专用车道，成为雄安新区启动区自动驾驶技术先行区域，逐渐引导周边地区进行技术过渡。支路系统采用内部循环的单向交通组织，设置为共享街道，形成自动驾驶车辆和非机动车、行人共板空间。构建更安全的人车共板的交通环境，支路注重街道共享，构建共享街区。

N-6-2　车路协同推动城市融合

设置共享智慧马路，合理分配传统车辆与无人驾驶车辆的断面空间。常规城市干路的道路断面同时保留无人驾驶车道和普通机动车道，其中无人驾驶车道行车速度快，设置在道路中间区域，普通机动车道限制行驶速度，设置在道路两侧。同时，在车道两侧设置无人驾驶车辆临时上落客区，充分推动"需求与供给即时匹配"的车辆预约系统的使用，在共享模式下构建智能交通网络体系。

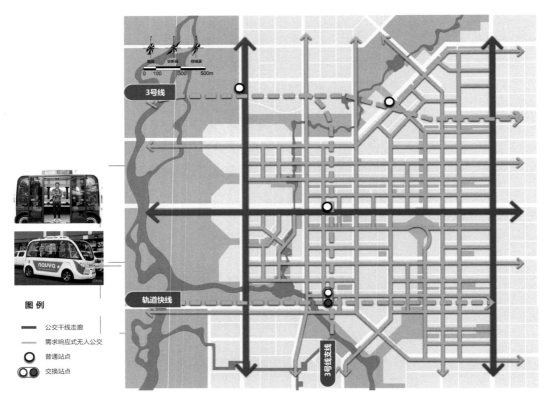

无人公交线网体系示意图

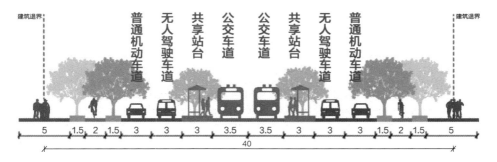

主干路混合驾驶道路断面示意图

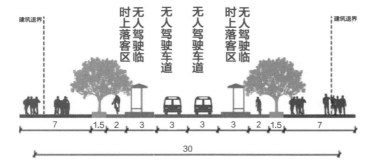

次干路混合驾驶道路断面示意图

3.5 未来展望

未来，城市空间将受到交通系统智能化融合的影响。自动驾驶汽车与城市交通基础设施、城市空间形成互联互通。随着城市内部交通效率的提升，原有空间利用率提高，格局更加聚合，商业、办公和居住用地布局形成混合收缩趋势，减少了居民的通勤时间，提高了城市生活质量。

共享出行模式将成为城市交通的主流。人们不再需要拥有私家车，而是通过共享平台按需租用无人驾驶汽车，同时，城市将提供全出行链的"门到门"交通服务，包括无人驾驶出租车、无人驾驶公共汽车等，满足不同人群的出行需求。出行即服务交通模式将极大地提高城市交通的效率和便利性，减少交通拥堵和碳排放。

城市交通系统将更有益于生态环境和居民健康。汽车采用电动技术，城市交通将实现零排放和低噪声，改善了城市的空气质量和居民的生活环境。城市空间向绿色交通基础设施倾斜，建设更多的人行道、自行车道和公园绿地等，鼓励居民步行、骑行和户外活动，促进城市居民的健康生活。

城市空间将立体化拓展，形成空中交通网络和地下交通系统。空中交通设施可以用于客运、物流、紧急救援、城市巡视等任务，城市的建筑物和基础设施将配备无人机起降平台，从而实现无人机的自主起降和充电。地下交通系统可以采用磁悬浮、超高速列车等先进技术，实现城市各个区域之间的快速连接。与传统的地铁相比，这种地下交通系统可以实现更高的运行速度和更大的运输能力，极大地提高了城市交通的效率和便利性。

未来，城市交通系统将实现零排放和低噪声。想象一个安静且零排放的城市；想象一个更干净，更健康，更安全，资源利用更有效的世界。未来离我们越来越近，我们准备好了。

未来城市道路场景示意图

4

4.1—4.5

总图

MASTERPLAN

问题研判	设计原则	设计策略 & 技术措施	典型案例	未来展望
空间规划与功能布局失配	规划引领统筹协调	场地空间与项目功能相协调：总体空间布局；竖向要素整合；交通组织与停车；场地管线综合；场地精细要素	江苏南京园博园孔山矿片区（未来花园）工程；华为荔校园员工公寓项目；林贝体育场项目；济南遥墙国际机场二期改扩建项目；天津农垦人人乐以南地块项目；益阳市市民文化中心	功能性 需求 合理布局空间优化
场地要素与环境品质失衡	先基础后提升	场地环境与品质提升相统一：无障碍与适老化设施；社区长效管理；减少场地扰动	西安碑林博物馆改扩建工程；崇礼太子城冰雪小镇文创商街；元上都遗址博物馆；盘龙谷文化城	空间效率 需求 高效利用提升品质
技术应用与创新工作机制薄弱		特色培育与绿色技术相促进：智慧建筑场地；属地化材料应用；小微管廊应用		环境融合 需求 建筑与环境和谐共生
防灾减灾与安全承载力脆弱	因地制宜留有特色	防灾减灾与保障措施相匹配：场地灾害评估；基于韧性城市的灾害防治	北京师范大学五食堂周边老旧管网改造工程；祝家甸砖窑改造项目；国家图书馆战略储备库；重庆市南川区大观园生态旅游接待中心；北京城市副中心第一实验学校	安全性 需求 提高城市韧性
对传统规范适应性的合理突破				创新性 需求 新技术的应用与研发

本章逻辑框图

4.1 问题研判

围绕现阶段城市更新场地要素，结合项目设计案例，从功能、品质、技术、安全、规范几个方面分析，场地存在如下主要问题。

4.1.1 空间规划与功能布局失配

既有城市空间，由于历史局限性，空间利用率低，交通舒适性差、功能空间僵化或缺失错配，缺乏城市空间的多元性、复合性、适变性。需在保护传承的基础之上挖掘其历史资源优势，重塑并激活可延续发展的城市新空间。

4.1.2 场地要素与环境品质失衡

城市更新的难点和亮点往往集中在场地现状要素及室外空间的整合与重塑上，适应性差的场地及基础设施更新，容易导致中看不中用，运营管理成本高，场地环境也无法满足人们对于美好生活的现实需求。

城市更新项目要充分尊重场地地形等竖向要素，综合协调梳理室外管线敷设、消防车道（含消防车登高操作场地）、人车通行与停靠、景观绿地（兼顾海绵城市相关技术措施）等的平面与竖向关系；探索采用综合管沟、小微综合管廊等对更新项目具有本质改善的集约管线敷设措施，积极为景观绿地释放有效空间，提升环境品质。

4.1.3 技术应用与创新工作机制薄弱

城市更新中的绿色技术应用普适性弱，室外场地相关技术延展性不足。需重点解决行业各自为政，专业各行其事的痼疾，建立业主牵头、行业携手、专业协同、利益攸关方联动，以问题为导向的创新工作理念和机制，抓主要矛盾，解决关键问题。

4.1.4 防灾减灾与安全承载力脆弱

受特定历史条件限制，室外空间、区域道路、管网等基础设施短缺老旧，区域抵御灾害能力偏弱。可通过区域自足、设施外置、最小干扰、灵活适应、活化利用等手段予以加强。

4.1.5 对传统规范适应性的合理突破

规范是对一般建设活动制定的普适性规则。在城市更新项目中，面对特定的历史和现状环境，在安全合理的前提下，倡导技术规范的性能化和适应性，适当突破传统规范。要从本源上去发掘规范的核心要义，并积极寻求等效置换方案。

4.2　设计原则

鉴于城市更新工程为综合建筑、规划、市政与社会人文等的多专业、跨领域的系统工程，当前上位规划设计阶段主要由建筑和规划引领，缺乏市政等相关专业协作。

在工作机制上要突破传统，勇于创新，总图专业工作一般是中微观层面的总体统筹控制与协调落地实施。场地总图设计宜提前介入，力求在规划前端综合协调各相关方，将规划和建筑空间布局理念与场地现状、场地竖向、交通与消防、市政与景观、地上与地下等层面的内容总体上进行合理匹配、整合，为后续的工程实施落地起到指导、引领和控制作用，避免前端概念方案很完美、落地实施可操作性差等状况的发生。

场地总图设计，要承接上位规划绿色更新理念，贯彻片区城市更新总体规划要求，延续地域历史文脉，将增强城市韧性与防灾减灾思想融入城市更新实践中。

场地总图设计，需通过对自然和人文条件的调研，有针对性地采用绿色低碳的设计理念和材料做法，以因地制宜为场地设计出发点，优化场地管线、道路、消防、景观及市政基础设施空间配置，细化场地功能铺装、场地竖向要素、市政管线敷设、地域特点与景观品质的融合，避免套作、复制，营造适用、适应、适宜，且可持续的绿色低碳城市环境；通过应用新技术、新产品，调动用户的积极性，使绿色更新上下联动，由"被动"变"主动"，有效提升社区环境友好程度和用户生活质量满意度。

场地总图设计针对城市中既有场地研判与主要制约因素，对应城市更新的三大通用目标——因地制宜、绿色低碳、创新发展，确定总图专业应遵循的三大原则：规划引领，统筹协调；先基础，后提升；因地制宜，留有特色。采用相应的改造策略，总体协调室外工程相关的各个专业和专项，对场地进行绿色更新的改造提升。

4.2.1　规划引领，统筹协调

遵循规划引领的场地更新原则，一方面保证城市更新项目依法合规进行，另一方面上位规划往往提出了整个片区的绿色更新理念和控制性指标，用以指导更新设计符合更大区域的绿色发展要求，总图设计可避免场地更新与城市更新脱节，造成浪费或不足。

城市更新往往是在既有场地上开展改造设计，可利用空间有限，且面临需要增加功能和设施的情况，涉及内容和专业很多。总图专业应以绿色低碳为指导思想，统筹协调室外工程涉及的各个专业，以一体化的设计思路，确保各项工程之间、室外场地和建筑之间、场地边界内外之间，能够无缝衔接，使之成为绿色低碳的有机整体。

4.2.2　先基础，后提升

城市更新应首先满足保障性的基础需求，如确保场地和建筑安全的防灾减灾设施、保障建筑正常使用的管网等市政基础设施、无障碍通行设施等。在用户意愿强烈及资金充足时，适度提升公共空间品质，营造干净、整洁、安全、有序的场地环境。

在设计过程中，先基础阶段包括道路交通、给水排水、电力电信等基础设施的规划和建设，确保场地的基本功能和正常运行。后提升阶段则包括公共设施的增加和完善、智慧化改造等。先基础与后提升相结合，保证场地的基本要求和更好的用户体验，促进城市的可持续发展。

4.2.3 因地制宜，留有特色

通过了解和分析场地的地形地貌、气候气象、地质条件，立足实际、分类施策，选取合适的设计策略和元素，灵活调整设计方案，使建筑物与环境相协调。

在场地设计中保留和传承城市与街区的历史文化、自然环境等方面的个性特色资源，通过独特的设计元素和创新的理念，打造内涵丰富、特色鲜明的场地风貌。

4.3 设计策略及技术措施

P-1 场地空间与项目功能相协调

P-1-1 总体空间布局

遵循上位规划和城市管理要求，重新梳理建筑和场地关系，调整优化场地功能分区。通过场地现状设备设施和用地情况重新布局组织整合，局部拆除，化零为整，留白增绿，提升空间利用效率和土地价值，为更新提供整体统一的系统框架，打造宜居、韧性、智慧的社区与园区，创造高品质生活空间。

1. 更新条件分析

影响场地更新的因素众多，例如上位规划发生变化，市政基础设施或者公共服务设施不能满足发展需要，为满足重点项目建设条件，经济社会发展和公共利益需要。

针对以上条件的变化，需要收集的更新条件包括：上位规划（总体规划、交通规划、市政规划、片区城市设计等），城市管理要求（规划、消防、人防、园林、交通、上级管理部门），场地现状条件（周边环境、历史脉络、生态要素、限制因素），使用者需求（现存问题、改善要求）等，并进行逐一分析。

2. 确定更新内容和时序

在条件分析基础上提出更新目标，转化为设计任务。区分基础性更新要求和改善型要求，提出相应更新选项，结合城市更新的总体计划和资金计划，确定更新内容和时序，形成更新清单。这一过程应注意与建设管理部门、建设单位、使用方代表和资金提供方的充分沟通。

3. 优化场地结构，明确功能布局

结合城市更新的发展要求，从场地空间结构层面整合、重构、完善，促进生活水平提高和产业升级。通过调节用地平衡，优化场地的容积率、商住比、建筑密度、绿地率等，确定用地性质、技术经济指标和拆建比，创造良好的公共空间和绿化环境，提升场地的整体品质和宜居性。通过

合理的规划和设计，达到产业发展和空间效益的最大化。

4. 完善场地功能要求

针对完整社区、无障碍和适老化改造、儿童友好空间建设等在城市发展过程中的新需求，落实场地空间和功能条件。合理布局各个功能区域，配置适当的设施和资源，并确保其高效运作，同时考虑场地的可持续性和用户体验。

提供匹配场地规模、满足用户需求的场所，包括但不限于：完善基本公共服务设施，如社区综合服务站、托幼设施、老年服务站和社区卫生服务站等；健全便民服务商业设施，如综合超市、邮件和快递服务设施及其他便民商业网点；建立完善的市政配套基础设施，如水、电、气、热、信等设施，停车及充电设施、慢行系统、无障碍设施和环境卫生设施；开辟充足的公共活动空间，如公共活动场地和公共绿地；建立完善的社区文化和管理服务。

5. 重塑室外公共交往空间

以便捷使用、鼓励交往为导向，确定公共交往空间的位置、数量、配套设施，创造符合人们需求的室外公共空间。公共交往空间改造可以结合公园绿地，提供丰富的公共设施和绿化环境；增加室外商业活动空间，打造互动、活跃的社交场所；优化道路和街区布局，增加步行和骑行道路，营造良好的慢行交通环境；改造消极灰空间，形成具有活力的交往空间。通过重塑室外公共交往空间，增强社区凝聚力。

示范案例：天津农垦人人乐以南地块项目

该更新项目建设于20世纪80年代，人口密度大，生活氛围浓厚，原供热站已异地建设，基础设施和公共服务设施需重新整合。

通过更新条件分析，确定用地以泗水道为界，北侧为改善区，南侧为改建区。改建区重新调整用地布局和建设指标；结合现状人人乐商业体量，

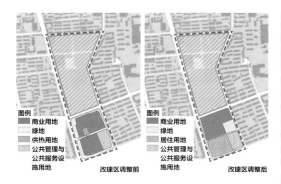

图例
■ 商业用地
■ 绿地
□ 供热用地
□ 公共管理与
  公共服务设
  施用地
改建区调整前

图例
■ 商业用地
■ 绿地
□ 居住用地
□ 公共管理与
  公共服务设
  施用地
改建区调整后

项目用地变更示意图

延续地块整体商住比，平衡容积率指标，增加居住用地；整合原供热站用地，形成完整的商业用地；调整道路两侧绿化带用地宽度，增加集中公园绿地，作为商业、学校和居住区的公共交往空间；缩小市政道路宽度，强化两侧用地间联系。

P-1-2　竖向要素整合

针对地域气候、现状环境需要注意的竖向要素，提取分析场地竖向与总平面、管线综合、土石方工程等的关系和需要一体化考虑的关键点。通过区域竖向的重新组织，促进场地绿色低碳和无障碍更新，并对竖向设计的相关细部优化改造，满足功能需求，排除安全隐患。

1. 现状场地竖向分析

针对严寒地区、沿海沿河湖地区、西北干旱地区、江南多雨地区、高原地区等不同区域，结合水文、地质、气象、土壤等场地自然条件，结合场地周边既有建筑情况，确定建设用地竖向更新要求，包括地面形式、控制高程及坡度。竖向要素兼顾建筑物与环境的协调性，融入当地风景和文化元素，提高建筑物的可持续性和适应性。

既有场地更新改造前，考虑现状建筑施工误差和建筑沉降，应委托测绘部门对现状保留建筑室内标高、周边场地标高和室外管线标高进行实测，作为更新设计依据。

2. 场地竖向一体化设计

场地的竖向设计必须对各种因素进行综合考虑，除了要适应自然环境，同时也必须对其进行改造和利用，以融合周围环境，此外还得充分考虑总平面布置、管线综合、土石方工程、场地排水、地基的稳定性等多方面因素。场地的竖向设计应在诸多制约因素中找到最关键的制约点和平衡点，保证建筑和场地的安全。

例如对于自然地形复杂的场地，应综合土方量、石方量、挡土墙和边坡支护等工程量，土方调运的距离和成本等因素优化建筑方案和竖向方案。设计上应避免高填深挖，尤其是不良地质地段更要注意填挖方会大大影响场地稳定性。所以不能一味追求土方平衡，竖向设计应在功能和成本间统筹协调。

3. 竖向组织更新

竖向设计应注重现状场地的趋势和方向性，灵活处理，如调整硬化场地和绿地坡向，促使场地有组织排水，同时满足海绵城市设计中的下凹式绿地设置要求；利用现状地形地貌，促使场地雨水收集，由灰色基础设施向绿色生态基础设施转变；减少路径上的坡度陡变，减缓场地坡度，为场地无障碍通行提供条件。

4. 竖向微改造

对竖向设计的相关细部进行优化改造，包括场地高差衔接，可以采用自然放坡、挡土墙、护坡等多种形式，满足功能需求，排除安全隐患，并在此基础上进行生态化改造，在有空间、有条件的位置，通过植草护坡、分级挡墙、挡放结合等方式美化空间；道路交叉口、场地和建筑出入口等节点处的竖向找坡和雨水口布置，应防止客水流入，保证排水顺畅；避免重要机房和管线设备设施位于场地积滞水点。

示范案例：道路交叉口、场地和建筑出入口竖向微改造

道路交叉口设为最低点时容易积水，一旦积水两条道路可能同时瘫痪。更新改造时应避免将道路最低点设在交叉口处。

还应避免道路低点正对建筑出入口。

当市政道路比场地高时，应在场地出入口处设置反坡，避免客水流入场地。

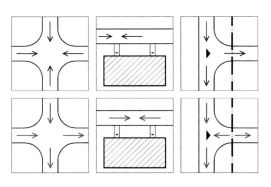

场地节点竖向分析图

P-1-3　交通组织与停车

交通组织"微循环"相对城市交通而言，其尺度小，更注重以人为本，既要改善场地周边城市交通秩序和环境，也要处理好道路交通与建筑空间的融合。更新首先应梳理静态交通设施和动态交通流线，分析场地各类交通载体相互之间的关系和应用场景，找出场地交通节点的问题，通过合理的交通组织与疏导，形成安全、高效、便捷、友好的场地交通系统。

1. 场地静态交通

机动车保有量的快速增长是城市更新需要面对的重要问题之一，场地静态交通设施应保障合理的停车需求，解决人车矛盾，引导绿色交通出行。

规划设计应根据更新后的建筑和场地功能性质、使用人数等，确定各类机动车和非机动车停车需求，特别是无障碍、后勤、大巴等特殊车位需求，还应按照一定比例设置充电车位。利用路侧或结合其他设施灵活布置停车区，结合绿化设施带统筹设置非机动车停放区，可采用机械式车位立体停放，避免占用公共空间和人行系统。停车场本身可采用太阳能供电、雨水回收利用、种植树阵等低影响开发的建设方式，并提供智慧停车基础设施，满足静态交通精细化、信息化管理需求。

2. 场地动态交通

场地交通流线涉及行人、非机动车、机动车（含普通车辆及消防车、急救车、物流用车等功能车辆）。通过场地动态交通组织更新，保障功能车辆的可达性，提高行人安全性和舒适性，增强普通车辆有序性。

梳理功能车辆的行车路径，打通断头路，清除障碍，实现互联互通，明确交通流向和标识系统，提高道路可达性。调整道路断面形式，重新分配街道空间，采用稳静化措施，降低车速，通而不畅。以地面、上层连廊、地下通道、建筑骑楼等立体化多类型的步行设施组织人行交通，使人行动线丰富、便捷。

3. 交通节点更新

随着城市快速发展，网约车、共享单车、电动自行车、快递外卖等新事物涉及老旧小区的停车管理、充电桩的消防安全、物流人员的通行引导，都是场地更新中的新问题。通过分析线性载体（如道路、廊道、通道、桥梁等）与点状载体（如自行车停放点、汽车停放处、公交站点等），提取关键性的交通节点，进行整合、优化，融入城市居民新的生活方式中。

对于人流集中场所如中小学校入口处的交通节点优化，可打破市政与校区的红线限制，利用部分学校用地和道路空间设置上落客区、即停即走车位，分时段使用。对于市政道路而言，道路的横断面布置可以采用偏断面设计，增加学校一侧人行道宽度，校园大门处退后建设红线，共同形成等候集散空间；也可通过取消入口处机非隔离带释放空间保障安全。

在交通节点应用交通"微循环"策略时，需要考虑建筑的功能定位、人流量、周边交通条件等因素，确保交通"微循环"与整体交通系统的衔接与配合。在关键交通节点运用智能科技，如车辆位置监测、交通流量管理等，提供实时的交通信息，引导人们选择最佳的交通方式和路径，提升交通效率。

4. 停车空间的更新策略

鼓励通过共享的方式资源整合，通过错时共享车位的智慧化管理，使区域内车位得到充分使用，避免过度供应与需求不足的矛盾。通过挖潜及改造停车设施，提高停车资源利用效率，优化小区周边道路交通组织。在保障道路通行的前提下，科学划定允许居民在夜间停车的路段、时段，合理利用道路资源缓解城市小区居民夜间停车需求。结合周边建筑可开放停车空间，统一规划、整合、共享，倡导探索开展停车"社区自治"，利用错峰方式解决日常停车需求。

结合老旧小区、老旧厂区、老旧街区、老旧楼宇等改造，积极扩建改建停车设施。通过调整上位规划适当改变规划指标，在绿地、广场等空地下方建设停车场库，在不影响地面使用和绿化空间的同时，增加停车空间；甚至可在原有地面停车场下方建设地下停车库，将地面空间用作公共活动空间，激发城市活力。

场地更新中停车空间无法满足现有停车规范要求时，可根据管理和使用条件采取相应策略。在住宅小区、园区等有物业管理的场地改造中，停车位与建筑最小间距可由6m适当缩小，精细化排布停车位，提高停车空间使用效率。

示范案例：益阳市市民文化中心

项目用地以迎宾路为界，北侧为市民文化中心，南侧为市民服务中心。迎宾路为城市主干道，车速快；市民服务中心西侧为加油站，进出车辆多，过往行人存在安全隐患。交通组织结合场地内部交通流线，市政道路辅路进出匝道等因素，在迎宾路设置地下通道，使南北用地间人行及车行交通便捷。

市民文化中心部分的车行流线结合园区景观广场和建筑群形成一个完整的交通环路，道路线形注重环境与建筑的融合。

示范案例：北京城市副中心第一实验学校

第一实验学校为北京城市副中心新建的九年一贯制学校，共设81班，班额40人，教师270人，学生3240人。为了优化校园及周边交通组织，提供安全舒适的校园环境，通过与市政设计协商，调整优化学校南北主出入口外的潞苑南一街和潞苑南三街横断面，取消临时共享设施带，适当加宽学校一侧步道宽度，满足上学、放学高

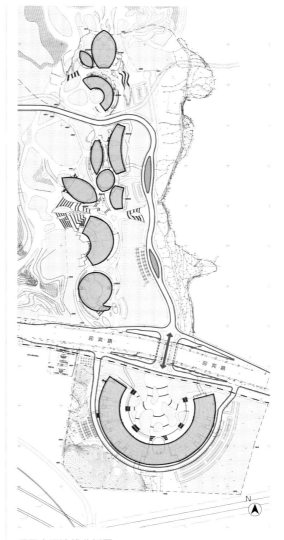

项目交通流线分析图

峰期人流聚集和疏散需求。

学校四周采用顺时针循环交通组织，通过道路划线禁止在学校门口处左转和调头，减少周边交通交织；调整原有公交首末站位置，避免接送学生车辆与公交车辆叠加相互影响；在学校西侧绿带内增设人行进出口，并对接园林绿化局，在学校西侧规划绿带方案中设置家长等候区、儿童活动区、非机动车停放区等设施，满足家长和学生的使用需求；在学校附近路段采取交通稳静化措施，限制车速，保障安全。

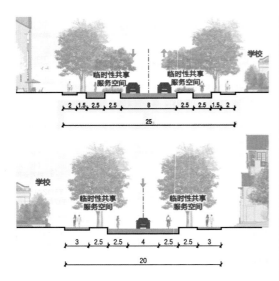

更新前道路横断面分析图（单位：m）

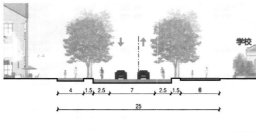

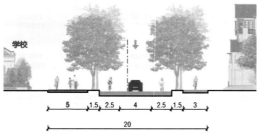

更新后道路横断面分析图（单位：m）

P-1-4　场地管线综合

　　精细化调查现状管线情况，确定改造需求，制定既能保障现有设施运行又可落地实施的改造方案。通过管线重排、使用管沟、小型管廊等方式集约地下管线空间，利于使用运维。采用功能化、消隐化、美观化方法优化管线地表设施，提升场地空间整体性。注重地上地下统筹，将地上道路交通和景观空间纳入管线综合设计。

1. 现状管线情况调查

　　现状管线情况包括管线走向、管径、埋深、设施状态。传统方式一般通过物探和挖探方式确定管线情况，目前也可通过微型机器人进入管道全面侦测，形成全面体检报告和三维模型文件，进一步提高管线情况调查的可靠性和精细程度。此外，影响管线布置的现状树木、室外构筑物等也应纳入勘察范围。

　　根据管线权属运维单位和使用方需求，梳理管线系统，确定保留管线、改造管线和新建管线类别。

2. 集约管线空间

　　充分利用现状管线及线位，结合用地规划优化布局，确定管线迁改和新建方案。根据管线空间是否充足和运维需求，确定管线敷设方式，可采用直埋敷设、架空、管沟或小型管廊等。当采用直埋敷设时，应有序布置管线以减少空间浪费，降低建设和维护成本；架空管线应避免飞线，并尽量结合建筑立面消隐式处理；在空间不足的传统风貌保护区和历史文化街区应优先采用小型管廊敷设方式。

3. 统筹地上地下设计

　　在总图一张图上梳理场地的各类要素，包括建（构）筑物、管线、道路交通、景观工程，避免各类"阴阳井"、基础交叉、竖向冲突等问题。更新过程中的管线改造与新建项目施工时序不同，应特别注意管线避让场地保留树木等；避免管线改造影响既有场地道路交通，特别是影响消防扑救和消防车通行。

4. 优化管线地面设施

　　管线地面设施包括井盖、地上式消火栓和水泵接合器、变配电箱、燃气调压箱、冷却塔、管廊通风口和采光井等。宜通过合理的设计手段避免以上各类管线地面设施出现在主要视觉界面空间内，不可避免的情况下应采取消隐化的处理方式，同时应避让主要通行空间。

示范案例：西安碑林博物馆改扩建工程

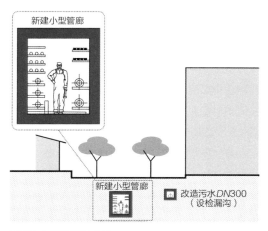

项目管廊横断面示意图

碑林博物馆改扩建工程位于历史文化保护街区内。由于机房均位于北区，室外管线需经老馆区连接新建北区和东西区建筑，并为老馆区场地改造预留条件。

老馆区局部建筑密集，空间不足，设计采用直埋和小型管廊结合的管线敷设方式，最大限度减少现状场地的开挖，避免影响现状树木。同时根据湿陷性黄土区的水暖管线敷设要求，增设检漏沟，在建筑周边采用室内化的污水管敷设方式，减少检查井，以检漏口替代检漏井，减少主要视觉界面的不利影响。

P-2 场地环境与品质提升相统一

P-2-1 场地精细要素

城市更新的目标是改善居民生活状况，提升城市面貌。绿色城市更新应遵循循序渐进地修复、完善、提升、培育，保留生机，焕发活力。场地精细要素的更新应遵循先基础后提升的原则，内容主要涵盖建筑环境、服务设施、场地道路、市政基础设施、公共空间、公共设施等。场地精细要素的改造与提升应在充分调研摸查的基础上，结合居民意愿确定改造内容。

1. 基础设施及公共安全相关要素

基础设施及公共安全相关要素包括：出入口适老化设施等建筑环境更新；垃圾分类和环卫设施、体育健身设施、文化宣传设施、老人服务设施等设施更新；步行系统及人行设施、无障碍通行、场地出入口、机动车道和消防救援通道等场地道路更新；飞线整治、安防照明、消防设施、雨污分流和排水整治、供水管网、供电设施等市政基础设施更新；围墙修缮、标志标识、园林绿化、物理环境整治等公共空间更新。

基础设施及公共安全相关要素是场地更新需要首先关注和保障的内容。确定改造内容后，应结合场地总平面布置情况为各要素选取合适点位，如服务设施应结合服务半径要求、动线和重点服务人群布置，避免垃圾和环卫设施等位于主要视觉界面；结合场地现状选择适当的改造方式，优先利旧，补齐短板，如结合现有场地道路系统进行步行友好型街道改造，补全缺失的人行道路，形成完整的步行系统；改造更新应符合多个要素统筹设计和一体化改造，如消防车道整治及消防设施的布置是对小区安全的保障，涵盖场地道路更新和市政基础设施更新，应结合地上空间整治和地下空间排布进行综合改造，疏通道路，设置标识，加设消防设施，满足消防通道荷载要求。

2. 功能提升及理念扩展相关要素

功能提升及理念扩展相关要素包括：加装电梯等建筑环境提升；开敞活动空间、街巷活动空间、口袋公园、公共座椅、景观小品等公共空间提升；充电车位和无障碍车位、非机动车设施、文体休闲设施、智慧化改造、海绵城市应用等公共设施提升。

功能提升及理念扩展相关要素是为了进一步提升生活品质和公共交往体验，推动场地绿色可持续发展。针对公共空间缺乏、场地活力不足的情况，根据使用人群的诉求进行适地开发，用小尺度新建的方式进行公共空间提升，如将边角绿地等空间整治提升为口袋公园、街巷活动空间；针对生活环境较差、城市功能不足、用地紧张的情况，对要素进行小规模的调整和改造提升，如利用现有绿地进行海绵城市设计，设置下凹绿地和雨水花园等海绵设施，增加区域雨水调蓄能力。

3. 特色营造相关要素

尊重地域文化及历史文脉街巷肌理，对建筑立面、材料、色彩等要素进行提炼，形成传统元素和符号，将其应用于城市家具、社区绿化、居民休憩、自行车停放和场地照明等多样化功能需求的场景，使之与历史风格相协调。

挖掘社区发展历史和文化共识，塑造独特的社区文化符号，形成个性艺术主题，打造贯穿整个场地的设计语言。通过充分发掘自身相关的人物事件，塑造独特的社区文化，提高认同感与凝聚力。

示范案例：通州北苑街道复兴南里小区综合整治

复兴南里小区位于东五环与东六环之间，通州站—双桥站铁路线南侧。小区为1996年竣工的现状住宅，设施简易老旧，多为临时搭建。小区改造以基础类改造为主，通过综合整治，在用地北侧以高大树木作为生态隔声屏障，整合门卫及物业用房，增设2层立体停车场，增加公共健身及休闲娱乐区域等提升设施，形成生态、宜居的崭新邻里环境。

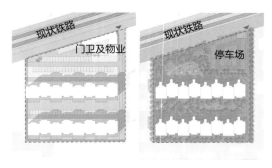

项目更新范围示意图

P-2-2　无障碍与适老化设施

从出行、居住、餐食、医疗养护、休闲娱乐等各方面完善基础配套设施，全场地实行无障碍通行配备和环境适老化改造，满足老年人和残障人士的特殊需求，提高他们的生活质量和社会参与度，使他们能够更好地融入城市生活，利用城市空间。

1. 完善配套保障设施

社区无障碍适老化改造中，应首先从规划和总平面布局层面，完善配套保障设施，发展社区便民和助餐服务，统筹老年健康和照护服务，丰富老年文体场所，拓展居家助老服务。

根据社区条件，可集中设置服务站点，利用独立的公共用房或历史建筑活化改造设置，经适当改造作为老年服务站、卫生站等无障碍适老化站点；或利用社区零散用房，在方便居民使用的位置分散设置。一些社区已经建成的健身房、图书馆、社区医院、养老院等设施，应注意无障碍卫生间等与老年人相关的功能的配置改造。

有条件的社区，应尽量在室外设置配备座椅的老年人休憩场地，休憩场地应满足日照要求；并可在室外增设门球等老年人健身休闲活动场地。

2. 细节改造提升

无障碍与适老化设施细节改造提升应满足安全性、可达性、易用性等方面的要求。无障碍设施的设计应确保使用者的安全，包括防止跌倒和其他事故的发生，提供地面防滑，加装扶手，活动场地采用柔性材料铺装等；应确保使用者能够轻松到达和离开设施，有高差时设置无障碍坡道或缘石坡道，应对小区公共空间突出物进行改造，拆除或防碰撞处理等；提供清晰的指示和标识，易于操作，同时考虑使用者的特殊需求，如视觉、听觉、运动等方面的障碍。

示范案例：无障碍坡道设计

无障碍坡道是连接高差地面或楼面的斜向交通通道，也是入口的垂直交通和竖向疏散措施。改造坡道形式包括一字形单段坡道、一字形多段坡道或U形坡道等。坡道应设置扶手，并注意坡道地面的防滑处理。

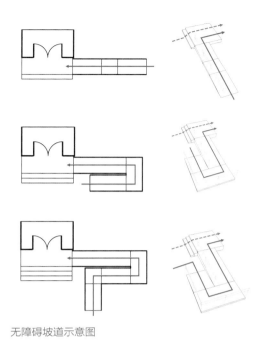

无障碍坡道示意图

P-2-3 社区长效管理

通过对社区系统调研和居民意愿调查，分析社区在土地利用、社区管理、设施配套等方面的短板问题。根据现状评估的结果，立足居民需要，制定城市更新策略，定制服务种类，通过改造建筑、完善服务设施、优化环境等手段，构建多样化便民生活圈和提升型社区公共服务，推动建立小区后续长效管理机制，保障社区的良好运营和居民的幸福生活。

1. 科学规划和有效运营

社区更新需要进行全面的规划设计，应考虑居住环境、配套设施、交通便利性等因素。社区更新规划不仅包括传统的规划设计工作，除提供专业的规划设计意见，并把专业内容以平实的语言解释给使用方；还需进行组织沟通，落实基层民众诉求；并协调利益各方对规划方案的意见，改进完善，促进各方达成共识。在规划的同时，建立健全的管理机构和管理制度，确保社区设施的正常运行和服务的及时提供。

2. 公共参与和民主决策

社区居民是社区更新的主体，在社区管理中，需要积极鼓励和组织居民参与。例如通过召开居民大会、设立居民代表等方式，让居民参与到社区更新建设的决策和管理中来，激发社区居民对社区的认同感，增强居民的自治意识和责任感。

3. 注重社区服务的提升与创新

社区更新是一个长期动态化的发展过程，需要结合技术发展和居民需求的变化，不断改进和创新。为此，在规划初期应考虑建立社区服务中心，开展文化交流。社区管理部门可通过持续创新方式，提供更加便捷和优质的服务，满足居民多样化需求，例如，养老型、教育型、创业型社区各自的特色和需求均不同，规划设计应考虑资源的合理利用，采用灵活的设计手段，为未来转换和发展预留条件和空间。

P-2-4 减少场地扰动

场地扰动指在场地更新过程中对现状环境以及生态系统的破坏，更新过程应尽可能保留和利用现有的场地特征，节约资源、保护环境，促进人与自然、人与场地和谐共生。

1. 顺应地形地貌

结合场地现状地形、遗留的地貌特征，顺应场地形态规划建筑布局和交通系统，减少场地土方与石方工程量，避免大填大挖、大拆大建。通过合理利用地形起伏、山坡、水体等地貌特征，创造出独特而具有吸引力的建筑和景观空间。例如，在地形起伏较大的区域，可以采用台阶式布置形式，建筑利用不同标高与场地建立有机联系；在河流或湖泊周边的场地，可以规划亲水活动场所或打造湿地公园等。顺应地形地貌，最大程度地发挥自然环境的优势，减少投资成本，降低工程难度。

2. 资源化处理

土石方的处理，传统方式主要是露天堆放和转运，会占用大量的土地资源，并可能导致土壤和水源的污染。本着循环经济环保的理念应对土石方进行资源化处理。大规模的土石方资源化处理项目通常具有高的处理效率和好的经济性。

资源化处理通过采用合适的技术和方法，将

废弃土石方转化为可利用的资源。处理过程包括分类、破碎、分级、清洗、混合等步骤，最终得到的产品可以直接使用，也可以进一步加工成其他产品。经过处理的土石方可以用于多种场合，如路基填充、土地复垦、园林绿化等，节约资源，减少废弃物排放。

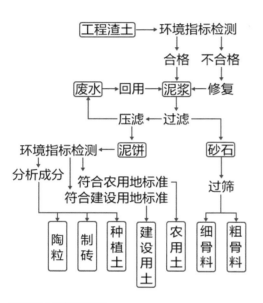

工程渣土处理示意图

3. 利用现状设施

通过微介入和轻改造的方法，为现状场地设施赋予新的功能，延续场地历史文脉，形成独具场地特色和记忆的空间。鼓励利用现状场地设施，如现有道路在满足行车荷载要求的前提下，保留原有路基，更换面层。

4. 维护生态廊道，保留原生树木

保护自然水系、通风廊道、生物迁徙等自然生态廊道的连续性和功能规模，对场地内原有水系、植被、古树名木等进行有效保护利用。生态廊道是连接不同景观元素和生态系统的通道，促进生物多样性和生态平衡。在设计和规划中，应重视保护原生树木及其生长环境，避免采伐和破坏，保留其生态功能和美学价值。维护生态廊道和原生树木的做法有助于增强生态系统的连通性，营造健康的自然环境。

示范案例：元上都遗址博物馆

设计注重与元上都遗址及所在区域特有的草原丘陵地貌景观的关联，遵循最小干预原则，结合废弃的采矿场，布置博物馆的建筑主体，将博物馆建筑主体隐藏在山体之间，充分利用现状地形，尽可能与周边环境相融合，外露部分仅为屋顶观景平台和部分墙体，最大限度缩小及隐藏建筑体量，以保护文化遗产环境的完整性。

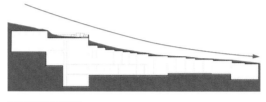

项目断面示意图

项目融合环境范围示意图

P-3　特色培育与绿色技术相促进
P-3-1　智慧建筑场地

智慧建筑场地是智慧园区的组成单元。智慧建筑场地利用数字技术和数据分析手段来感知、检测、分析，整合园区各个关键环节的资源，在此基础上实现对各种需求作出智慧响应，在城市更新过程中辅助场地的管理、规划和设计，可以增强决策者和公众的参与，提高决策和设计的准确性和效果，使园区整体运行具备自我组织、自我运行、自我优化的能力。

1. 场地数字化和分析应用

通过建立场地数字模型，分析模拟工程建设和使用过程中的各类情况，如场地平整模拟、保护缓冲区分析、场地淹没分析、日照分析、车辆爬坡和通行能力分析等，促使工程设计和管理由二维平面化向三维立体化转变，将复杂的系统或过程可视化。

对更新的场地进行评估和分析，通过收集、整理和分析场地相关的数据，如地形地貌、土地利用、交通状况、生态环境等，了解场地的特点和不利因素，为后续的规划和决策提供科学依据。通过建模和仿真技术，可以模拟和展示不同规划方案的效果和影响，帮助决策者进行选择和决策。此外，场地数字应用还可以提供空间分析工具，支持设计师进行城市形态、场地布局、建筑风格等方面的设计。

2. 智慧室内外导航

相比传统的智慧建筑侧重于信息通信技术、自动化技术等方面的发展和应用，智慧场地的关注点则转向了绿色、节能和环保，将设计和运维相结合，以用户体验为发展重点，更多地关注用户生活质量的提升、环境友好和节能等方面，如智慧室内外导航和智慧景观座椅。

针对大型商场、医院、交通枢纽、会展等建筑形体及功能复杂的项目找人难、找路难的痛点，智慧室内外导航解决了最后一公里导航问题，通过扫描二维码或搜索小程序进入导航页面，可实现园区内各楼栋公共区域的电子地图展示、实时定位、导航指引、位置分享等功能，快速指引访客到达目标地点。

智慧室内外导航可整合场地和建筑动线信息，结合规划设计意图，采用蓝牙信标与卫星定位等技术，为用户提供个性化、精准化路线指引方案，如无障碍流线和特殊流线等，提高出行效率和使用体验。

3. 智慧景观座椅

景观座椅是户外活动空间使用频率最高的城市家具，智慧景观座椅基于实用美观、绿色健康、

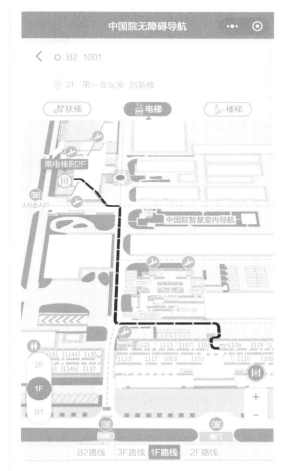

中国院室内外导航系统

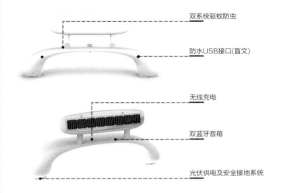

智慧景观座椅效果图

智慧集成、成本可控的设计理念，在充分结合人体工程学、设计美学、绿色低碳等相关技术的基础上，丰富座椅的功能和外观形式。智慧景观座椅不仅贴合现代人群的使用习惯，更增加了智能

充电、驱蚊防虫等人性化功能，可利用光伏板自身发电供电，不受场地供电的限制。互联网及物联网终端服务平台的搭载更使得智慧景观座椅成为可视化、可量化的服务终端，可协同其他智慧产品形成智慧体系，助力城市更新在智慧城市建设中的发展。

P-3-2 属地化材料应用

利用属地化材料降低工程成本，提升经济效益，增加设计的本土化元素，使设计更具有当地特色。对更新过程中的废旧材料二次利用，就地取材减少碳排放，同时消纳因改造带来的建筑垃圾污染。

1. 选当地建材

优先考虑使用本地区的习惯做法和建筑材料，可节省建材运输成本，促进当地经济发展，更好地适应当地气候和环境条件，反映当地的景观特征和地域文化。

选用当地建材需要根据具体的环境、传统、资源和绿色建材等因素综合考虑。例如在石材资源丰富的地区修建挡土墙，宜采用毛石挡土墙做法；在滨海城市更新中就地取材，可用贝壳、卵石作为铺装材料。

2. 应用废旧材料

废旧材料如废旧混凝土、砖瓦、石块、轮胎等经过适当处理，使其成为新的可利用产品，应用于更新建设，可实现资源的再利用，显著减少对新原材料的需求，同时避免建筑垃圾的二次污染等问题，实现经济效益和社会效益的双重提升。

废旧材料的性质和特点包括物理属性、化学成分、耐久性等。根据材料类型的不同，选择差异化的利用方法。例如在软土地基和湖、塘、河流等低洼地段，采用抛石挤淤法，使用废旧的混凝土块作为抛石的材料，既解决了废弃物的处理问题，也提高了地基承载力，降低了施工难度；粉煤灰是燃煤电厂排出的主要固体废物，排量较大，不加处理会产生扬尘污染大气和水体，对人体和生物造成危害，但粉煤灰作为混凝土的掺合料有助于形成良好的道路承重层。

案例应用：祝家甸砖窑改造项目

祝家甸村是古代紫禁城金砖的产地之一，村中多有烧制古砖的历史和传统。在砖厂改造为古砖博物馆的过程中，室外广场铺砌采用了与建筑材料相同的红砖作为面层，使整个场地呈现与建筑一体的风貌，成为地域历史文化记忆的载体。

项目改造范围实景照片

P-3-3 小微管廊应用

受道路狭窄、拆迁难、施工扰民等条件限制，轻量化的小微管廊是地下空间集约利用的敷设方式之一，特别是以老旧城区为主的城市更新项目，在空间受限、工期紧、投资紧张的条件下，可实现：

①防止重复挖掘道路；②实现场地内地下空间的集约化高效利用；③便于管线的日常检修与维护；④减少管线事故发生，有效保障场地内部工作、生产及人员生命安全。

1. 入廊管线分析

小区或园区室外管线的种类包括给水、中水、消防、喷淋、热水、污水、雨水、废水、供暖、燃气、电力、电信等管线。给水、中水、消防、喷淋管属于压力管道，布置较为灵活，且日常维修概率较高，适合纳入管廊；热水、供暖管尺寸较大，直埋占用空间较多，维修率高，维护量大，也适合纳入管廊；电力、电信管井较大，且具有不易受管廊横纵断面变化限制的优点也适合纳入管廊；雨水、污水、废水属于重力排水管道，有一定的排水坡度要求，两端的排水高差较大，对管廊的埋设深度产生不利的影响，且重力流管线交叉节点设计建设复杂，节点较深，易造成与其他舱室额外的交叉，污水管道内会产生硫化氢、甲烷等有毒易燃易爆气体，影响管廊运行安全，此类管道不建议纳入管廊；燃气管道纳入管廊需单独成舱，建设成本较高，也不建议纳入管廊。

2. 管廊配套设施分析

小微管廊附属配套设施主要包括消防系统、通风系统、照明系统、供配电系统、监控与报警系统、排水系统、逃生系统、标识系统等，与传统市政管廊做法不同，如消防系统不设置固定式自动灭火系统，仅设置手提式灭火器；如可根据场地条件选择机械通风或自然通风系统，仅在人员巡检或入廊维修前开启。小微管廊可依据运行安全、维护管理需求和资金预算选配附属配套设施。

3. 小微管廊更新策略

（1）装配式适用范围

预制装配式管廊是指依据设计图纸，将管廊分解为标准化构件，在构件预制工厂和施工现场预制管廊管节，运输至指定区域进行吊装和拼装的方式。预制装配式管廊可实现管廊管节的工厂化生产，生产过程可控性高，产品质量稳定；施工简便，可实现低碳环保型绿色施工作业方式。预制装配式管廊适用于无法大规模开挖、施工作业面狭窄或施工工期较为紧张的场景。

（2）合理突破规范

小微管廊容纳给水、电力、通信、供热、中水、消防等多种管线，一般为单舱形式，廊内管线布置紧凑集约，多种管线需共舱敷设。但现行国家标准《电力工程电缆设计标准》GB50217-2018和《城市综合管廊工程技术规范》GB50838-2015均以强制性条文形式规定热力管道与电力电缆不得同舱敷设，制约了小微管廊的设计建设。标准条文规定的主要原因是避免供热管线引起管廊内部环境温度升高，进而影响电力线缆的正常运行。

小微管廊与敷设干线管线的常规市政综合管廊不同，主要用于敷设地块内末端管线。与干线相比，末端供热管道一般运行温度较低，管径较小；末端电力线缆一般电压等级较低，电缆回数较少。在小微管廊的设计中可合理突破规范限制，通过设置机械通风，强化供热管道保温，电缆与供热管道分两侧布置等手段，使供热管道对电力线缆的影响可控，实现电力线缆和供热管道同舱敷设。

（3）管廊附属设施应用

建设于小区或园区内部的小微管廊常采用明挖施工方式，基坑支护形式可选择放坡开挖、钢板桩支护、树根桩支护等形式。当地面条件受限不宜采用明挖施工时，可采用暗挖顶管施工方式。

在城市地下管线更新过程中小微管廊宜结合绿色技术进行设计，采用光导管日光照明技术把阳光引入小微管廊，解决管廊内部的照明问题，利用阳光减少碳排放，满足廊内照明需求。

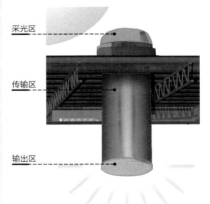

装配式管廊　　　　　　　　　　　　采用光导管实景照片

突出地面的小微管廊构筑物通风口灯应考虑采取消隐化处理。如设计时将通风口与绿地融为一体，或对现有风亭作为通风口的设计采用装配式通风口进行更新，弱化通风口存在的同时大大减少施工难度和施工周期。

装配式通风口

示范案例：北京师范大学学五食堂周边老旧管网改造工程

为解决场地现状空间不足、管网维修困难等问题，集约化利用地下空间，本项目创新采用小型管廊设计理念。小型管廊采用单舱设计，容纳给水、中水、消防、喷淋、热力、电力、通信等管线，根据管线需求和场地限制分为单侧布管和双侧布管两种断面。小型管廊实现与建筑无缝衔接，建筑内管线直接入廊，提升建筑周边环境品质。

P-4　防灾减灾与保障措施相匹配
P-4-1　场地灾害评估

从场地周边环境、气候条件、建筑布局和间距等方面，分析各类灾害相应的场地要素，梳理各类灾害专项，分析各类灾害防治的共同点与特殊性。根据建筑的重要性、人员密度、功能等，结合经济因素分析，确定场地防灾标准，保障安全，避免浪费。

1. 场地风险因素及相应场地要素

影响场地平面布局的致灾因素主要有火灾、洪涝、地震、地质灾害、极端天气灾害等。

我国自然灾害发生的频率比较高，分布范围广：西北、黄土高原和华北多干旱，东部季风区多暴雨、洪涝，东北和西南林区多深林火灾，西南、西北和华北的活动构造带多地震，西北多湿陷性黄土地质，西南多溶洞地质容易导致地面塌

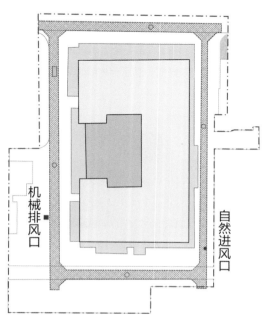

项目管廊改造示意图

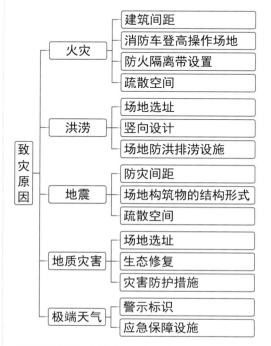

场地设计相关的各类灾害要素示意图

陷，青藏高寒、东北地区多低温冻害和冰雪灾害，东南沿海多台风、风暴潮。总平面前期调研工作中应根据地域特点收集当地气象条件、水文资料、地勘资料等设计前期技术资料及当地综合防灾减灾方案、城市规划等上位规划条件，提取相应场地要素。

2. 综合防灾专项整合

不同灾害相关的场地要素可能是相同的，也可能关联发生，在设计中应综合考虑。传统的防灾理念，重在单一灾种工程防御，以减轻灾害为主，时效性短。而综合防灾专项整合强调多灾种之间的系统性和协调性，采用动态风险评估，以适应安全新常态。

综合防灾专项主要包括消防专项、人防专项、抗震专项、防洪（排涝）专项、海绵专项、城市防灾避险专项等。通过分析各类灾害防治的共同点与特殊性，制定全面的综合防灾减灾规划，形成统一的防灾体系，提高防灾效率，减少重复建设带来的资源浪费。

3. 场地防灾标准确定

根据灾害风险评估的结果设定科学合理的场地防灾标准，确保城市不断更新发展的同时，不会因为忽视灾害风险而带来严重的社会和经济影响，也不会因过度防灾造成浪费。

以与场地更新设计关系最为密切的防洪标准为例。洪水大致可分为山洪、河洪、海潮（包括波浪）等，以及因江河洪水期水位升高、海潮水位升高、风壅水面等使城市内水无法及时排出而形成的内涝。内陆城市的洪水干流跨度长，支流流域面积广，主要由暴雨天气引起的；沿海城市的洪水主要是夏季会遭受台风、风暴潮的侵袭；云贵山区多为丘陵、山坡、山谷多，地形复杂，且地表多为松散土石，暴雨时易引发山洪、泥石流灾害。

在建筑设计中，基地周边环境为江、河、湖泊、水库、水渠、湿地等地表水体及海潮时，可根据防洪评价报告确定场地的防洪标准及对应的标高。在山区建设中，区域内各个地块防洪设计

不能各自为战，区域防洪是系统性工程，需要全盘考虑。场地防洪标准不能等同于建筑防洪标准，应根据建筑的重要性、人员密度、功能等，结合经济因素分析场地实际情况，通过水文分析和水利专业设计来确定。

示范案例：国家图书馆战略储备库

项目位于山谷的中下游位置，根据建筑性质和重要程度，场地防洪标准为100年一遇。上游适当位置需设置蓄滞洪区，在下游入滦河前，设置蓄滞、沉砂池。因项目本身的特殊属性，临近的周边山体植被茂盛，应采取措施防范山林火灾蔓延。山体边坡防护措施应结合自然环境因素和工程需要，因地制宜，统筹考虑。

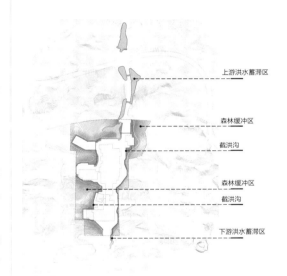

项目防灾设施示意图

P-4-2　基于韧性城市的灾害防治

韧性城市是指城市在面对各种人为和自然灾害时，城市基础设施能够有效抵御灾害冲击，避免发生次生灾害和断电、断水、交通瘫痪等情况，并具备灾后迅速恢复正常运转的能力。打造韧性城市是绿色城市更新的重要目标。

1. 提高城市空间韧性

场地空间布局适当留白，合理预留避难场地、应急救援空间，合理布置防灾空间与设施，做好设

施接入条件预留,促进设施平灾兼容、平急结合。

灾时及灾后,在公园、广场、公共绿地、活动场地、停车场等平坦开阔地带设置临时或中短期的场地型应急避难场所,通过搭建临时帐篷或快速拆装应急防灾建筑等,满足避难人员的基本生活需求。密集型老旧街区、城中村及危旧房等火灾高风险区域可利用社区开敞空间或集中绿地作为防灾隔离带。绿化、水池等景观环境日常可供居民休憩活动,灾时可作为阻断火灾的屏障。

规划设计时应合理布置防灾空间与设施,如取水点、饮水点、厕所、化粪池、垃圾收集及储运设施、供电设施、应急指示牌及LED显示屏等。根据设施的位置提前预留埋设相关管线。

2. 优化基础设施韧性

加强智能化改造,提高维护和灾害预警能力,对泵房、配电间等重要机房及地下管线等根据其使用特点和防灾需求设计,保障基础设施系统在极端情况下能正常运转。

市政基础设施中,供热和燃气系统也是致灾因子,应定期巡检;供水、排水、供电、电信系统不仅应确保平时正常运转,也是灾害发生时重要的应急系统。适当提高基础设施的容量和设防标准,场地型应急避难场所应采用双路水源、双路电源和多种通信方式保证灾后的恢复运行能力,避免把场地和管线最低点设置在泵房、配电间等重要机房的接入管井或出入口处,确保灾时和灾后应急保障基础设施的正常运行。

3. 完善城市生态韧性

加强场地原始生态的保护和修复,使场地能够更好地应对自然灾害、气候变化等外部环境变化,保持生态功能的稳定和持续。采取微地形、雨水花园、下凹式绿地、人工湿地、屋顶绿化等形式,加强雨水的收集、净化、储存和利用,人工与生态手段相结合,避免城市内涝、盐碱化。

人工环境包括建筑、广场、道路、桥梁等,生态环境包括绿地、湿地、水体等,两者之间应建立可持续发展的共生环境。通过采取雨水控制与利用、盐碱化治理等工程技术措施对大气、地表水、地下水、土壤等环境要素和植物、动物、微生物等生物要素进行保护与修复。如换土不能从根本上解决盐碱化问题,可通过布设合理的排盐排碱盲管系统和灌溉系统来进行生态要素的保护与修复。

4. 增强城市社会韧性

发挥宣传作用,提高公众危机意识,强化公众参与,形成应对危机的合力。灾害诱发动因有的是自然的,有的是人为的。人为灾害往往与人类建设工程开发活动相关。人为诱发地质灾害的因素很多,如采用不合理的技术措施强行改变自然地形地貌;采石放炮、堆填加载;水利工程渗漏,边坡失稳等。各类灾害都会对人民生命及财产造成损失,所以对于各类灾害的成因及抵御办法应通过平时的科普宣传使其深入人心,做到科学救灾和预防。

泥石流缓冲区

项目减灾设施示意图

示范案例:盘龙谷文化城

项目由文化演艺、商业配套、高档度假酒店、会馆、商业街,以及联拼、独栋高档住宅构成。该项目地形、地质情况极其复杂,场地内最大高差超过160m。地表排洪沟纵横交错;地下裂隙水发育,存在泥石流滑坡隐患。经地质灾害评估,采取疏堵结合的方式,外围做截洪沟,内设泥石流缓冲区。泥石流缓冲区面积为6hm²,即100万m³堆积区,与景观规划相结合,不得建设永久建筑。

设计策略及技术措施

策略	策略编号	技术措施	技术措施编号
场地空间与项目功能相协调	P-1	总体空间布局	P-1-1
		竖向要素整合	P-1-2
		交通组织与停车	P-1-3
		场地管线综合	P-1-4
场地环境与品质提升相统一	P-2	场地精细要素	P-2-1
		无障碍与适老化设施	P-2-2
		社区长效管理	P-2-3
		减少场地扰动	P-2-4
特色培育与绿色技术相促进	P-3	智慧建筑场地	P-3-1
		属地化材料应用	P-3-2
		小微管廊应用	P-3-3
防灾减灾与保障措施相匹配	P-4	场地灾害评估	P-4-1
		基于韧性城市的灾害防治	P-4-2

4.4   典型案例

江苏南京园博园孔山矿片区（未来花园）工程效果图

江苏南京园博园孔山矿片区（未来花园）工程

项目背景

项目地点：江苏省南京市江宁区

项目规模：总用地面积21hm²，总建筑面积10万m²

问题研判

未来花园片区位于江苏省园艺博览园一期东部，用地原址为南京市江宁区孔山矿原有废弃宕口，南侧、东侧为多级陡峭崖壁。面对尺度巨大的工业遗存，选择生态修复的设计策略，最大限度保留崖壁和矿坑，延续场地文脉。通过挖掘矿坑资源，尊重地域文脉，构建绿色生态系统，创造功能性与审美性兼备的空间布局，打造一处山水相融、面向未来、富含人文的"未来花园"。

设计策略及技术措施应用解析

设计策略	策略编号	技术措施	技术措施编号	应用解析
场地空间与项目功能相协调	P-1	总体空间布局	P-1-1	√
		竖向要素整合	P-1-2	√
		交通组织与停车	P-1-3	√
		场地管线综合	P-1-4	
场地环境与品质提升相统一	P-2	场地精细要素	P-2-1	
		无障碍与适老化设施	P-2-2	
		社区长效管理	P-2-3	
		减少场地扰动	P-2-4	√

设计策略	策略编号	技术措施	技术措施编号	应用解析
特色培育与绿色技术相促进	P-3	智慧建筑场地	P-3-1	
		属地化材料应用	P-3-2	
		小微管廊应用	P-3-3	
防灾减灾与保障措施相匹配	P-4	场地灾害评估	P-4-1	√
		基于韧性城市的灾害防治	P-4-2	√

P-1-1　总体空间布局

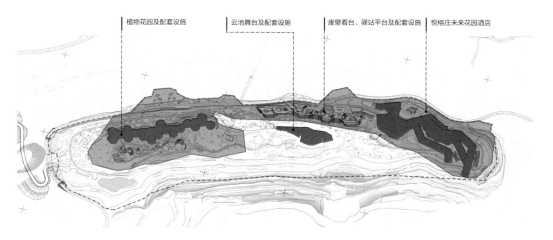

项目总平面布局示意图

主要建设用地位于石谷路南侧的采石矿坑中，东西长约1075m，南北宽约220m。除两块广场用地位于石谷路北侧，用于建设观景平台和联系北侧山坡的人行扶梯或步道外，未来花园主要建设用地位于石谷路南侧的采石矿坑中。场地内建设矿坑酒店（悦榕庄未来花园酒店）、植物花园及配套设施、崖壁看台、驿站平台及配套设施、云池舞台及配套设施等。该项目强调公共设施整体化建设和集约化利用，使用功能上具有较大的适应性和灵活性，注重节能和环保设计，提高利用率和使用效能。

P-1-2　竖向要素整合

项目用地地势高差60余米，由70.0m标高和82.0m标高两级坑底平台构成。其中70.0m标高平台（实际标高69.5~72.0m标高）为二级坑底平台，其顶部为一级坑底平台（实际标高78.0~82.5m），一级坑顶东侧、南侧均为现状

多级崖壁，南侧崖壁最大高差约260m。对崖壁进行消险治理以确保坑底建筑的安全。所有建筑均结合两级坑底平台的崖壁进行建设，一侧贴临岩壁，一侧凌空，形成多个对室外的接地层。

P-1-3　交通组织与停车

交通组织统筹项目用地内部与周边道路、公园的交通联系。社会车辆可停放在园博园各入口公共停车场，通过园博园内部电瓶车或步行至未来花园片区。

场地内机动车主要考虑消防车、园区电瓶车、悦榕庄未来花园酒店客人车辆，园区内酒店、商业、舞台演艺的内部货运机动车错时进入。最大限度保留隧道及竖井现状，作为可供人观赏及教育展示的资源；将已有的140m长的矿料运输通道及30m深的竖井进行改造，打造纵向交通流线，为游客提供进入未来花园的独特体验。

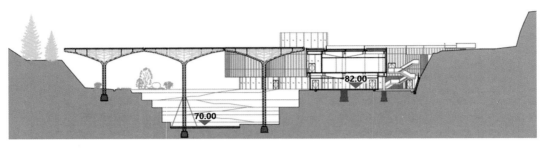

项目剖面示意图

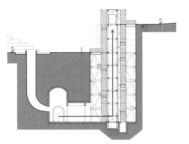

项目竖向交通示意图

项目总平面交通流线示意图

P-2-4 减少场地扰动

场地设计通过架空方式，将新建的建筑与原有的矿坑基地结合，使得原有的崖壁和地势能够保留，突出矿坑公园的本色。各建筑单体设计结合场地条件依山就势，因地制宜，保留场地原有的地貌特色，避免过度开发，减少土石方工程量。

P-4-1 场地灾害评估

拟建场地原址为南京市江宁区孔山矿原有废弃宕口，废弃矿坑必须确保矿坑的岩壁稳定，防止坍塌或滑坡。矿坑常常存在积水问题，需要有效的水治理方案。考察矿坑内外的水文条件，评估洪水、地下水位上升等可能引起的水灾害风险，制定防洪措施，设计排水系统。根据当地气候特点，评估极端天气事件（如台风、暴雨等）对项目的影响，并制定相应的防灾措施。

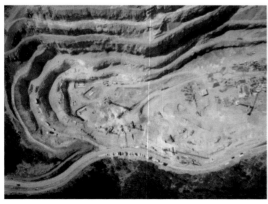

改造范围示意图

原始场地实景

P-4-2 基于韧性城市的灾害防治

建筑在坡脚30m退让线以外布置，减少落石坍塌风险。尽量采用重力排水，对无法重力排水的二级坑，采用压力提升。根据《南京园博园海绵城市建设导则》，一级坑设计雨水流量按照5年一遇重现期计算；由于二级坑全部采取压力提升排水，出于安全考虑，二级坑设计雨水流量按照10年一遇重现期计算。屋面雨水结合屋顶景观水池做法采用溢流方式排入地面水景水池，室外地面雨水经雨水沟汇集后排入雨水利用收集设施。

华为荔枝园员工公寓项目建成照片

华为荔枝园员工公寓项目

项目背景

项目地点：广东省深圳市坂田

项目规模：总用地面积20hm²，总建筑面积46万m²

问题研判

华为荔枝园员工公寓分两期建设，建筑以宿舍和配套为主。项目西侧紧邻巨化集团，现状场地原为荔枝果园，原始地貌为低丘，微地貌发育有丘坡、冲沟、洼地等，地形起伏较大，场地高差约65m。本项目虽然为新建项目，但是由于场地地形复杂，中风化岩层分布不均匀，土方量特别是岩方量大，场地平整时如何处理好现状山体与建筑的关系，减少土石方量是设计难点。

设计策略及技术措施应用解析

设计策略	策略编号	技术措施	技术措施编号	应用解析
场地空间与项目功能相协调	P-1	总体空间布局	P-1-1	
		竖向要素整合	P-1-2	√
		交通组织与停车	P-1-3	√
		场地管线综合	P-1-4	
场地环境与品质提升相统一	P-2	场地精细要素	P-2-1	
		无障碍与适老化设施	P-2-2	
		社区长效管理	P-2-3	
		减少场地扰动	P-2-4	√
特色培育与绿色技术相促进	P-3	智慧建筑场地	P-3-1	
		属地化材料应用	P-3-2	
		小微管廊应用	P-3-3	√
防灾减灾与保障措施相匹配	P-4	场地灾害评估	P-4-1	
		基于韧性城市的灾害防治	P-4-2	

P-1-2　竖向要素整合

场地中央为一山丘，分别向北、西南、东南延伸，其中西南方向山头标高相对较低。除三个山头以及直接的山脊外，自然形成了西北、南、东北三个低洼平坦区域。沿西南至东南方向山脊将场地划分为阳坡和北坡两部分，由于山脊遮挡原因，背阴区日照、通风条件差。通过对现状场地地形坡度分析，平坡地及缓坡地（10%坡度以下）占整个用地的33%。

对正北和东南两个山头，通过保留山头和自然放坡平整两种方案的比选，最终确定保留山头方案，也保留了现状植被。在建筑临山体一侧选择锚杆或重力挡土墙等方法支护山体，使其保持永久性稳定，土石方工程量小。

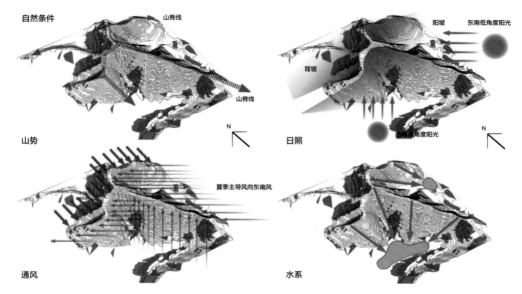

原始场地分析图

P-1-3　交通"微循环"

　　场地内部形成一条环形主路，高层宿舍沿着内部环路及保留山头布置，并随地形及曲线路网变换朝向，使其有较好的通风、日照及景观视线。环形主路的标高受地形和坡度的限制，在场地中央采用下穿通道的处理手法，通道上方的宿舍可通过匝道到达上层平台保障消防扑救。

P-2-4　减少场地扰动

　　结合地勘及岩层分布资料，在保持总体规划布局的基础上，建筑布局和道路线形根据保留山头进行退让，优化球场、水景、冷却塔等构筑物位置。协调周边市政规划道路标高，通过抬高场地出入口标高、抬高建筑与环路连接标高、设置主环路隧道、布置综合管沟等形式减少土石方和边坡、挡墙工程量，减少场地扰动。

P-3-3　小微管廊应用

　　室外管线包括给水、热水、热媒、雨水、污水、废水、中水、消火栓给水、自动喷洒给水、燃气、电力、电信等管线。依据建筑高度、建筑标准、水源条件、防止二次污染、节能和供水安全原则，给水和热水系统按照不同标高值分四个区设计。由于室外管线数量众多，环行主路又呈曲线布置，除雨水、污水、废水重力流管线及燃气管外，其余管线考虑综合管沟布置。根据建设周期及管线路由，管沟采用放射形布置，不但延长了管线的使用寿命，节省了地下空间，而且利于分期建设、统一管理。

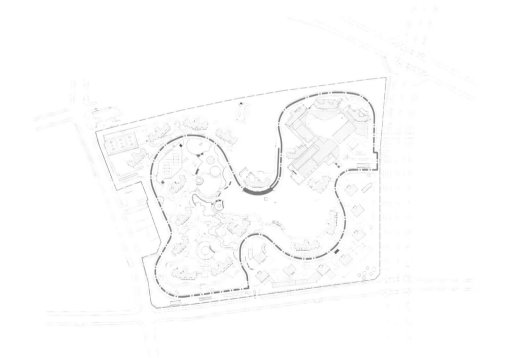

项目总平面交通流线示意图

项目管廊平面布置示意图

林贝体育场

林贝体育场项目

项目背景

　　项目地点：喀麦隆西南省林贝

　　项目规模：总用地面积16hm²，总建筑面积1.4万m²

问题研判

　　林贝体育场位于喀麦隆最大的港口城市杜阿拉市以西约64km处，体育场总规模2万座。基地北面临山，南面为大西洋，原始地形为两个自然形成的台地，最大高差约30m，内有数条冲沟通过。完成主体建筑设计后，根据业主要求新增热身场地及排球场、篮球场、手球场、网球场等活动场地，场地改造需确保场馆及建设场地不受洪水影响。

项目热身场地布置示意图

设计策略及技术措施应用解析

设计策略	策略编号	技术措施	技术措施编号	应用解析
场地空间与项目功能相协调	P-1	总体空间布局	P-1-1	√
		竖向要素整合	P-1-2	
		交通组织与停车	P-1-3	√
		场地管线综合	P-1-4	
场地环境与品质提升相统一	P-2	场地精细要素	P-2-1	
		无障碍与适老化设施	P-2-2	
		社区长效管理	P-2-3	
		减少场地扰动	P-2-4	
特色培育与绿色技术相促进	P-3	智慧建筑场地	P-3-1	
		属地化材料应用	P-3-2	√
		小微管廊应用	P-3-3	
防灾减灾与保障措施相匹配	P-4	场地灾害评估	P-4-1	√
		基于韧性城市的灾害防治	P-4-2	√

P-1-1　总体空间布局

体育场地形北高南低，场地原主要功能有停车区、观众入口广场，后续根据业主要求新增热身场地及室外活动场地等。周边用地为空地，经当地主管部门允许可以征用。通过现状场地标高、灾害防护、施工难度、交通组织等方面比选，最终确定在体育场西侧设置热身场地的位置，热身场地与体育场基本位于同一标高平台上，降低工程难度，便于衔接使用。

P-1-3　交通"微循环"

体育场原有场地出入口只有一个，位于场地西南角。在体育场北侧增设场地出入口，通过内部连接道路与北侧山间道路相联通，双出入口保障了场地疏散和交通。入口处的"之"字形机动车道和人行广场，人车分流，使场地交通安全有序。

靠近西南侧出入口设置观众停车场，配建足够的大巴、小汽车、无障碍停车位。通过对停车场布置优化，在用地面积不变的情况下，增加停车数量，重新组织停车流线，形成外环环路及落

客港湾，提高通行效率，方便人员使用。

P-3-2　属地化材料应用

结合项目所处位置和材料特点，采用当地材料，由钢筋混凝土浇筑调整为铅丝石笼护砌，减少运距，降低成本。

P-4-1　场地灾害评估

拟建场地所在地区属于热带雨林气候，分旱季雨季，全年总降水量大；位于喀麦隆火山南部侧翼的边缘地带，距离喀麦隆火山很近；场地内有三条小型冲沟（深约1～3m）通过，其中东、西两侧的冲沟较深（深约3～7m）。旱季时这些冲沟均为干涸状态，一般降雨都渗入地下，冲沟内并不形成积水。雨季时强降水来不及下渗时，这些冲沟将起短时间聚集排水作用，并有可能形成山洪，对拟建的体育场产生不良影响。场地地形北高南低，起伏较大，表层土较为松散，进行挖方削坡后形成的人工边坡可能产生垮塌现象。拟建的体育场标准为乙级体育场，属大型永久性公共建筑，应采取经济合理的技术措施，保障使用人员和场地安全。

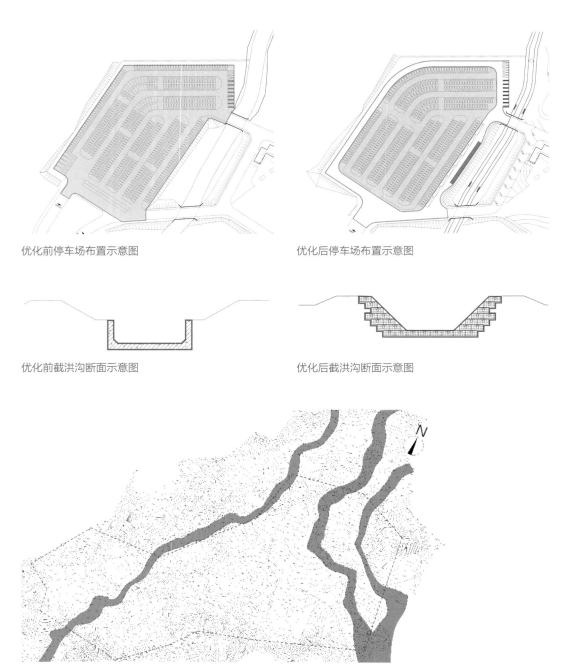

优化前停车场布置示意图　　　　　　　　优化后停车场布置示意图

优化前截洪沟断面示意图　　　　　　　　优化后截洪沟断面示意图

原始场地冲沟平面示意图

P-4-2 防灾减灾措施

　　由于前期未能预留水利设施相关建造费用，所以如何能节省水利工程建造成本，并符合当地气候和土质特点，是设计的难点。经过与水利设计单位现场踏勘、多轮沟通比选最终确定对场地内的冲沟部分保留，部分改造，在场地外围，北侧设置截排洪沟排入东南侧现状冲沟，保证场馆以及建设场地不受上游洪水的影响；在场地内，热身场地北侧将围墙、球场围网、排水边沟三者统筹考虑设置排水边沟，停车场北侧设置截洪墙等安全有效的截排洪设施，保证场地内构筑物不受北侧山头瞬时山洪的影响。

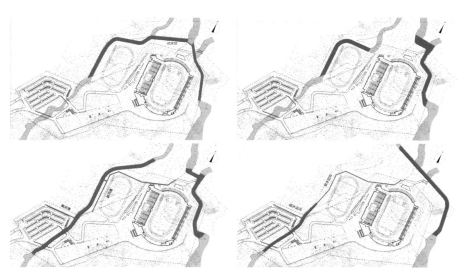

场地截排洪平面布置示意图

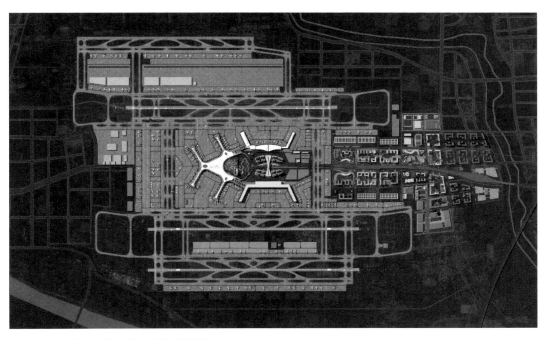

济南遥墙国际机场二期改扩建项目总平面图

济南遥墙国际机场二期改扩建项目

项目背景

　　项目地点：山东省济南市历城区

　　项目规模：用地面积近期1975hm²，远期3238hm²，航站区370hm²

问题研判

　　济南遥墙国际机场现有3600m×45m跑道一条，T1航站楼一座，配套滑行道和机坪若干。随着济南及周边地区经济发展，现有机场容量和设施已不能满足航空需求。2019年修编的机场总体规划中，济南机场定位为我国干线机场、未来的大型机场，具有特色的区域枢纽机场，等级4F。需要在不影响现有机场运行的前提下，新建跑道、航站楼、工作配套等建（构）筑物和附属设施，并对进场交通系统全面整合升级，使其满足扩容后的机场需求。

设计策略及技术措施应用解析

设计策略	策略编号	技术措施	技术措施编号	应用解析
场地空间与项目功能相协调	P-1	总体空间布局	P-1-1	√
		竖向要素整合	P-1-2	
		交通组织与停车	P-1-3	√
		场地管线综合	P-1-4	
场地环境与品质提升相统一	P-2	场地精细要素	P-2-1	
		无障碍与适老化设施	P-2-2	√
		社区长效管理	P-2-3	
		减少场地扰动	P-2-4	
特色培育与绿色技术相促进	P-3	智慧建筑场地	P-3-1	√
		属地化材料应用	P-3-2	
		小微管廊应用	P-3-3	
防灾减灾与保障措施相匹配	P-4	场地灾害评估	P-4-1	√
		基于韧性城市的灾害防治	P-4-2	√

P-1-1 总体空间布局

总体规划对容量、用地、运行方式等方面综合考虑，确定了在现状跑道以西2260m平行建设一组新跑道，在新老跑道中部形成中央航站区的总体布局方案。综合考虑航站区近远期规划的需求和特点，从总体弹性发展、未来发展多样性和均衡性、机场运行效率、建筑标志性等方面出发，规划向南迁建工作区，充分利用机场核心区域，将新建T2航站楼垂直于第二跑道建设，远期在T1航站楼西面建设基本对称的T3航站楼，三座航站楼呈U字形布局，均采用主楼+指廊的形式，用地效率高，近机位较多，T1和T2航站楼之间的距离较短，利于旅客中转。T2航站楼正对主进场路，有利于以正立面造型体现机场的风貌。航站区终期总建筑面积为110万平方米，可满足终期8000万人次年客流量。

P-1-3 交通"微循环"

机场作为大型综合交通枢纽，其交通系统需要以简明清晰的交通组织，保证高峰期旅客快速顺畅进离场，保障快捷高效的客货运对外交通，同时有效提升公共交通分担比例。规划设计初期首先确立了南客北货，客货分离的机场布局，避免机场客流和货流互相干扰；通过分析旅客构成、高峰情况、交通方式等，确定主要进离场道路和停车需求。规划从开发预留、交通组织和分期实施等方面对比，最终采用了T2独立、T1+T3的双环式进离场道路方案，并在靠近T2航站楼位置建设综合交通中心，涵盖城际铁路和轨道站厅、巴士客运站、停车楼等功能，规划地下通道与T1、T3航站楼相连，便利旅客，鼓励公交出行。

P-2-2 无障碍与适老化设施

为各类旅客提供全方位人性化服务，机场在所有旅客公共区均进行了无障碍与适老化设计，其中场地部分主要包括无障碍停车位的配备、盲道规划与设计、路缘坡道与台阶坡道设计、无障碍标识设置等，并特别注意与建筑单体的无障碍衔接和一体化设计，确保无障碍环境全覆盖。

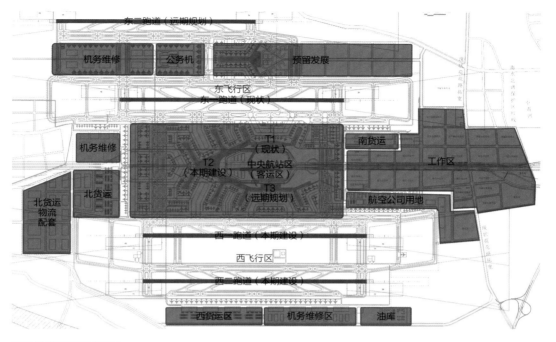

项目总平面布置示意图

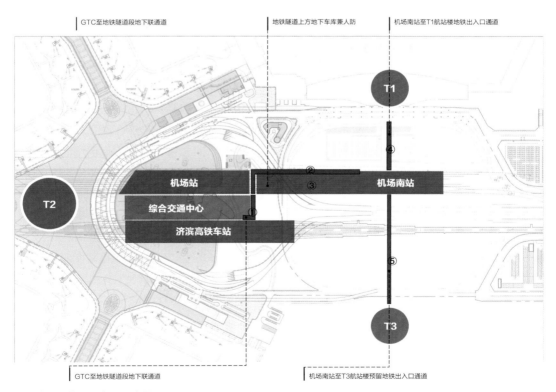

项目交通设施平面布置示意图

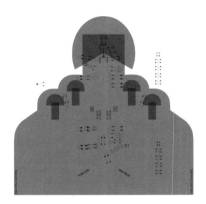

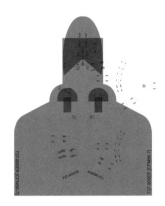

F类机型示意图　　　　　E类机型示意图　　　　　C类机型示意图

P-3-1　场地数字应用

机场工程涉及系统多，投资巨大，在规划设计过程中通过数字化应用，对飞行器、登机桥、保障车辆等各类运行情况仿真模拟，形成可视化的分析成果，指导设计方案的选择和不断优化。

P-4-1　场地灾害评估

济南属暖温带气候区，机场地处山前冲积平原与北部黄河冲积平原交接带，北侧临小清河，南侧有黄河流经，为"平坦易涝"区域，内涝风险较大。根据机场改扩建工程排水规划，共在机场周边新增7处排水口，将机场雨水排入外围水系。现状外围水系不满足机场新增排水口的高程和流量需求，而且片区内现状沟渠淤堵严重，倒虹吸能力不足，遇到强降雨时，经常出现河道外溢、河岸塌陷、低洼区域内涝淹没等现象。机场是重要的航空基础设施，承载着城市及周边航空运输的重要使命，根据机场规模，济南机场的防洪标准为100年一遇，机场内涝设计重现期为50年一遇，航站区雨水管渠重现期为10年一遇。

P-4-2　防灾减灾措施

机场和航站区竖向规划将防洪标准和水位作为重要依据。通过建立全场统一模型分析各排水分区排水情况；针对各排水口能力不足问题，通过增加排水沟断面尺寸、新增连通河道、增加生态蓄滞空间等措施，提高排涝和排水能力；增设调蓄池和雨水泵站进一步保障场地安全。同时制订海绵城市规划方案，分区分地块提出海绵城市指标，控制航站区和工作区雨水径流总量和污染物去除率，减轻排水排涝系统负担。针对航站区屋面和道路等硬化表面较多的情况，结合景观和停车场设计，采用透水铺装、调蓄塘、下凹式绿地、雨水花园、植草沟等生态化手段，并设雨水收集利用设施，发挥自然生态功能，增强基础设施保障，切实提高机场防洪防涝能力。

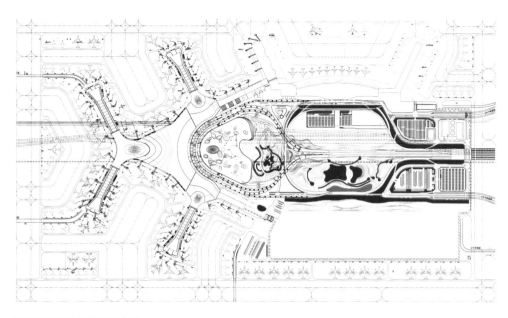

项目雨水调蓄设施平面布置

重庆市南川区大观园生态旅游接待中心实景

重庆市南川区大观园生态旅游接待中心

项目背景

项目地点：重庆市南川区

项目规模：用地面积近期11hm²，总建筑面积2.3万m²

问题研判

本工程位于重庆市南川区大观镇南侧富硒生态大观园乡村旅游度假村内，地势东高西低，现状场地标高为726～789m，竖向高差最大达63m。整个用地以坡地为主，基地现有植被较多。

作为风景区环境空间的一个重要组成部分，主要承担车辆换乘、旅游咨询、休闲购物、业务接待等功能，直接体现风景区的地方文化特色和综合服务水平。因地理位置的特殊性，部分景点之间相隔较远，高峰期私家车和大巴车经常拥堵在各景区道路，造成游客时间浪费，旅游体验差；管理部门精力分散，资源浪费。本项目的建设，在很大程度上能缓解景区的交通压力，减轻管理成本，提高游客的体验感受。

设计策略及技术措施应用解析

设计策略	策略编号	技术措施	技术措施编号	应用解析
场地空间与项目功能相协调	P-1	总体空间布局	P-1-1	√
		竖向要素整合	P-1-2	
		交通组织与停车	P-1-3	√
		场地管线综合	P-1-4	
场地环境与品质提升相统一	P-2	场地精细要素	P-2-1	
		无障碍与适老化设施	P-2-2	√
		社区长效管理	P-2-3	
		智慧建筑场地	P-2-4	√
特色培育与绿色技术相促进	P-3	场地数字应用	P-3-1	
		属地化材料应用	P-3-2	√
		小微管廊应用	P-3-3	
防灾减灾与保障措施相匹配	P-4	场地灾害评估	P-4-1	
		基于韧性城市的灾害防治	P-4-2	

P-1-1　总体空间布局

本项目定位为休闲体验旅游类型,依托现状场地丰富的山、花、村、田等特色旅游资源,营造南川大观的独特景观。建筑空间布局充分考虑自然地形、城市人流来向,将商业、会展、酒店、停车等功能融入场地布置。

游客集散中心A区及商业利用场地中部现有建筑平坦部分为基础进行设计;游客集散中心B区及展览围绕基地东侧制高点形成环状建筑,充分与原有地形相契合,将主体建筑环绕在山体旁;酒店结合花海梯田景观,布置在山谷之中;停车库根据人流方向、停车配比,分别布置在场地南北入口附近,减少对场地大规模开发。

P-1-3　交通"微循环"

主要人流驱车从用地西侧楠木路进入西侧地块停车场,然后经景观天桥进入基地。同时,在基地靠近楠木路的一侧设置了大巴车落客区,乘坐大巴的游客可直接进入场地。之后,游客经过入口广场进入配套建筑群。沿盘山路到达上部环

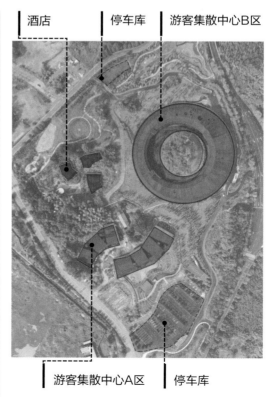

项目总平面布置示意图

形建筑底层架空广场进入建筑。贵宾来访时，经用地北侧机动车入口进入，后经内部行车道到达上部环形建筑东南侧贵宾专用入口。

游客可从环形建筑通过步行景观道、垂直电梯或无障碍坡道到达建筑北侧园区内部观光中巴车、电瓶车、共享自行车、共享汽车停车场，乘坐园区内部交通工具抵达花海梯田游览观光，之后回到入口广场北侧电瓶车落客区。外部交通衔接顺应自然标高交接处；内部道路蜿蜒曲折，避让植被，保留自然地形，避免高大切坡。在自然山坳相对平坦的空间设置广场与停车场。停车场顺应地势，整理为台地式林下停车场。

P-2-2 无障碍与适老化设施

本项目不同功能分别设于不同标高台地上。设计充分考虑无障碍出行需求，设置无障碍坡道和室外无障碍电梯，连接场地各功能区域；南北侧敞开式停车库设置无障碍车位，通过无障碍电梯与内部道路和景观步道相连接；通过架空外廊及内廊连接建筑室内外空间，保证建筑场地无障碍流线的无缝衔接。

P-2-4 减少场地扰动

商业配套建筑以小尺度、自由组合的方式减小对环境的影响，增加建筑与环境的接触面。游客集散中心B区采用圆环的形式布置，减少建筑占地面积的同时做到建筑的景观面最大化。花海酒店和南北侧敞开式停车库充分利用场地高差，尽量减少土石方的开挖，从而降低工程造价。通过以上措施，最大限度地减少对场地的破坏，以最小的干扰完成建筑在场地中的置入；最大限度保留原生地形，创造出独一无二的巴渝山地体验空间；最大限度保留自然植被，使原生生态环境得以延续，并使场地具有自然乡野的独特风情。

P-3-2 属地化材料应用

就地取材，将可回收材料与乡土材料相结合，利用当地"龙骨石"砌筑毛石墙，制作石笼墙。采用当地青石作为广场与室外灰空间铺装。利用竹材制作遮阳格栅与扶手，大量使用乡土小青瓦、陶瓦。

无障碍交通流线示意图

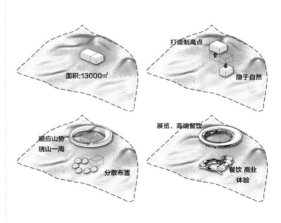

原始场地与建筑布置分析图

属地化材料应用

4.5　未来展望

随着全球对可持续发展和环境保护意识的日益增强，总图专业立足于组成城市的基本单元——社区和园区，在城市绿色更新中发挥重要作用，满足城市可持续发展的各类需求。

功能性需求：为不同类型的建筑群体提供合理的场地空间布局，优先选择环保材料和可再生能源，在设计中考虑到社区的需求，提供多样化的公共空间和设施，注重居民的参与和共享，促进居民的社交互动和身心健康，确保各类建筑能够满足适宜的、与地理空间环境融洽的功能需求。

空间效率需求：关注城市的空间布局，同时考虑生态保护、资源节约和社会公平等多方面因素，通过科学的总图规划，使土地使用效率和建筑空间利用率最大化，设计便捷、安全、舒适的绿色出行网络，合理安排建筑、绿地、竖向、管线及交通流线，提高整体空间品质。

环境融合需求：确保建筑群落与周围环境协调一致，包括自然环境和城市文脉，通过建筑场地一体化设计减少对环境的负面影响，提升生态可持续性。尊重场地的自然和历史，结合场地各类现状条件，以低影响开发的理念，运用个性化的设计方法和本地化的建设材料，形成场地的独特性和吸引力，降低城市化对原始生态和自然场地的影响。

安全性需求：遵守行业规范和安全标准，将建筑、场地（含地下管线等）设计和区域环境的安全性融合考虑，按照场地防灾设计与建筑一体化设计理念，采用防洪、抗旱、降温等气候适应性策略，提高城市的韧性，从源头上增强抵御自然灾害的能力。

创新性需求：运用智能化和数字化场地设计工具，如GIS、BIM等，提高设计的精确性和效率，同时促进城市管理的智能化。依托物联网、大数据、人工智能等先进技术的融合应用，利用各种传感器和监控设备，实时收集场地使用数据，如人流、车辆流量、能耗等。通过人工智能算法的分析，自动调整设施的运行状态，如灯光、标识、安保系统等，以达到节能减排和优化用户体验的目的。与智能交通网络紧密相连，实现无缝对接，提供智能停车系统，大幅提升停车效率。为未来交通方式提供场地设施和条件，如无人驾驶车辆、电动汽车、共享车辆等；采用低碳化供能方式和智能管理系统，鼓励绿色出行，提高能源利用效率，减少交通拥堵和污染。

5

5.1—5.5

市政

MUNICIPAL ENGINEERING

问题研判	设计原则	设计策略 & 技术措施		典型案例	未来展望

道路设计策略

		片区化规划引领	
		多部门统筹协作	
		多专业协同设计	
空间缺乏统筹的问题		街道与建筑群、绿化融为一体	**建立全方位、多层次防控体系的安全街道**
道路红线割裂街道与建筑界面		一街一策，补齐街道要素	
竖向分层规划缺失、地上地下缺乏协同	**街区规模化统筹更新**	U型空间+地下空间一体化	**打造充满生机、多元化的活力街道**
街道空间利用混乱、要素供需失衡	**街区全要素融合设计**	优化道路空间，增加慢行	济南遥墙国际机场改扩建工作区道路及管廊工程
地下空间集约化利用程度弱	**街道慢行空间人性化**	注重人身安全，步行需求	**借助先进的信息技术和智能设备的智慧街道**
	街道节点弹性精细化	完善全龄化无障碍设计	武当山通神大道近远期环境提升工程
	街道设施智能纯净化	交口口精细化	**追求生态、环保和可持续发展的绿色街道**
	道路材料本土绿色化	市政设施精细化布置	崇礼区裕兴路与长青路道路交通集成规划方案
		公交站点布局优化	**注重细节和品质的提升的多元化街道**
		与沿街出入口衔接精细化	
		地上设施集约化、隐形化、景观化处理	
		地下管线集约布置，共沟（不）共井设计	
		就地取材，设计本土化	
		采用新型路面技术	
		采用废旧材料再生产品	

桥梁设计策略

		强调本土设计思维的艺术化表达	
安全韧性不足的问题		提倡多专业融合的创新设计理念	
地下管网老化严重		注重桥梁与环境的和谐共生	
老旧设施标准偏低	**桥梁本体艺术化**	巧用景观照明点亮桥梁夜景	浙江丽水城市风廊及配套设施（科技公园）
管网安全评估技术落后	**桥梁结构轻量化**	创造性运用现代化科技手段	**建筑、景观与桥梁跨界融合**
市政设备陈旧落后	**桥梁材料绿色化**	以新材料、新技术的应用推进结构轻量化	朝天门广场片区更新项目
	桥梁运营智慧化	充分挖掘材料潜力，精细化控制结构安全冗余度	**装配式、智能化的建造方式**
	桥下空间多元化	优选受力明确、高效、材料性能应用充分的结构体系	人行天桥（彩虹桥功能提升）项目
功能整合度差的问题		绿色低碳混凝土技术	**基于新材料应用的新型结构体系**
设施功能碎片化现象普遍	**精准施策 精细统筹**	钢材和合金绿色技术	**架空桥梁在灵活适变新型交通体系中的应用**
归属部门分散难统筹	**提质增效 多措并举**	竹木及竹木复合材料	
	集约创新 渐进实施	现代木结构桥梁技术	
		推广使用智慧桥梁数字孪生技术提升运营效率	
	数字智能 绿色低碳	引入智慧桥梁系统提升桥梁品质	

管廊管线综合设计策略

		与城市功能定位相融合，织补城市功能	
重功能轻人本的问题		与城市空间环境相融合，重塑城市肌理	**规划先行：构建城市地下管线新蓝图**
街道空间缺乏营造		与城市交通网络相融合，完善交通系统	
桥梁风貌缺乏特色、桥梁文化习惯性缺位	**优化布局，加强工程管线综合统筹**	摸清底数，新旧管网信息化管理	南京市小西湖历史地段小型管廊项目
邻避设施建设公众抵触大	**集约利用，市政管网系统廊化敷设**	综合设计，统筹老旧管网科学布局	**设计创新：精细化与智能化引领**
		综合管廊，因地制宜精准提升管廊韧性	正定自贸区综合管廊口部精细化设计创新示范
		小型管廊，经济集约灵活构建管网布局	**施工革新：高效环保，打造绿色工程**

给水排水设计策略

创新赋能不足的问题		提高现状供水系统安全布局	**运维安全：确保管廊长期稳定运行**
建造工业化率低，技术产品体系不健全	**供水系统增强安全品质保障**	全生命周期理念实施供水系统更新改造	**新技术融合：推动管廊建设迈向新高度**
运维信息化、智能化程度不高	**污水系统提高综合治理效果**	合理选择排水体制和方式	北京市西城区力学胡同片区地下管线及其他设施梳理提升项目
	雨水系统提高防涝安全保障	适应性污水系统更新措施	
	非常规水资源加大循环利用	应用非开挖更新技术减少施工影响	
		多措并举提高雨水系统排水能力	
		系统化推进海绵城市建设完善并提升再生水设施布局	**强调市政管网的系统性、协同性、整体性**
		加大非常规水资源循序利用	**完善市政管网全生命周期管理机制**

供热设计策略

优化供热系统布局，提升核心设备效能	系统布局优化提升	**加强智慧管网的大规格、常态化应用**
促进可再生能源供热，降低化石能源消耗	核心设备效能提升	
	地热能利用	
创新供热运行技术，实现供热智能智慧	生物质能、太阳能利用	
	完善供热系统智能化设备设施	

电气设计策略

智能化配套建设	建立基础设施综合监管和智慧监测平台
	车路协同提升城区活动
	智慧电网赋能
智能化道路照明	采用智慧灯杆集约布设
	优先使用智能照明产品
	鼓励感应式人行道路灯
	景观照明与环境相协调

燃气设计策略

助力绿色低碳	拓展燃气应用领域
	推广燃气节能措施
	推动氢能有序利用
保障安全韧性	燃气输配系统完善
	燃气设施功能可靠
推进智慧创新	燃气建设安全合规
	提交燃气数字化成果
	完善燃气智能化设施
入廊燃气安全	构建智慧燃气平台
	符合设计要求，管线统筹布设
	工艺设施可靠，远程监控完善
	附属设施配套，保障管廊安全

本章逻辑框图

5.1 问题研判

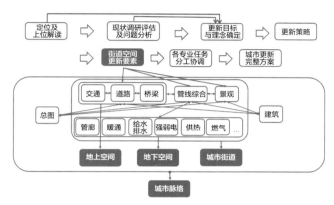

市政基础设施更新改造流程图

市政基础设施的更新改造属于城市更新的一个重要组成部分，本章内容主要涉及市政道路、桥梁、管线（给水、排水、供热、电气、燃气等）、管廊等的更新改造。市政基础设施的提升改造首先要进行问题研判、全面分析和评估，确定存在的问题、主要成因和更新的可能性，据此提出相应的解决方案和措施。

5.1.1 空间缺乏统筹的问题

1. 道路红线割裂街道与建筑界面

城市成片成网更新中，市政基础设施和建筑地块美学融合不够，沿街（基础设施通常在地下）风貌品质欠佳；道路红线内空间与建筑前区缺乏统筹规划，场地空间布局、退让空间、街道界面、附属设施、城市家具及景观等细节协同不够。

2. 竖向分层规划缺失，地上地下缺乏协同

由于缺少地上地下空间协同统筹规划和地下空间竖向分层规划，导致"重地上、轻地下"现象普遍，地下空间综合开发利用不足或不够合理。

地下管线之间及管线与轨道、桥梁基础等构筑物协同建设不到位；地上节点与地下基础设施缺乏统筹；地下管线与综合管廊的统管力度欠缺。

3. 街道空间利用混乱、要素供需失衡

部分城市街道空间整体缺乏统筹，功能性空间利用相对混乱，慢行空间功能杂乱，配电箱、电线杆等市政设施分布混乱，占用甚至阻断人行空间；空间尺度划分不规范，街道空间中绿化空间、休憩空间、通行空间没有实现合理划分，无法实现高效利用。

公共设施破损与匮乏，人性化考虑不足。道路铺装、盲道、无障碍设施、休憩、遮阳避雨等设施未能实际考虑使用者出行需求，存在数量不足、品质不高、设置不合理等现象，现有街道绿地率、绿视率偏低，行人体验感不佳。

4. 地下空间集约化利用程度弱

地下管线底数不清，老旧管网布局混乱，容量有限，维护困难，管线敷设集约性差，难以满足日益增长的市政服务需求。商业区、轨道站点、地下道路、地下停车等地下空间开发利用建设统筹共建不足，综合管廊受建设难度及资金投入等影响因素，建设应用面临诸多挑战。

5.1.2 安全韧性不足的问题

1. 地下管网老化严重

市政管网存量大，跑、冒、滴、漏问题较为严重，亟待更新改造；供水管网管线老化造成漏水、爆管事故；排水管网因年久失修造成接头开裂，出现渗水、漏水现象；燃气管网因管道腐蚀

和接头破裂造成燃气泄漏和爆炸；供热管网年久失修，影响供热的质量，增加能源消耗和污染物排放。

2. 老旧设施标准偏低

部分现有市政设施建设标准比现行技术标准偏低，有改造提升需求。城市内涝积水频发，需要按新标准提高设计重现期；污水管道、污水泵站和污水处理构筑物需要按雨季设计流量校核并提升能力；给水管道材质为已淘汰的石棉管道、灰口铸铁管道，严重影响着供水水质和安全。

3. 管网安全评估技术落后

地下管线埋地铺设隐蔽性强，探测检测受干扰大。管线常规巡检只能发现明显的管线泄漏、道路塌陷及管线被破坏情况，难以全面掌握管线运行的不良状况；电子听测、超声探伤、激光扫描、雷达探测等技术手段应用覆盖面有限，无法发现管道自身结构性隐患，导致事故频发。

4. 市政设备陈旧落后

市政设备由于使用年限较长，磨损腐蚀严重，以及技术水平的限制，存在影响水质达标、老旧破损、能耗高、运行效率低、故障频繁等问题，不满足现行规范标准，节能环保不达标、存在安全风险，有待升级换代。

5.1.3 功能整合度差的问题

1. 设施功能碎片化现象普遍

道路断面设计时各组成成分考虑不足、布局不合理，道路线性整体设计时分割过于碎片化；井盖、雨水口、配电箱、电线杆等布局杂乱、滥布无序；大型杆件随意设置，标识林立难以识别；电箱、杆件重复率高、支撑杆件过多，占用道路空间，道路景观凌乱，影响行人通行。

2. 归属部门分散难统筹

市政基础设施统筹性差，面临建设运营主体多样、各部门各自为政、条块分割、利益分配难协调等问题，市政基础设施建设呈现碎片化，没有形成统筹共建模式，造成"先到先得""马路拉链"经常发生，管线改造、更新无空间。

5.1.4 重功能轻人本的问题

1. 街道空间缺乏营造

街道设计往往容易缺乏对当地文化的尊重和当地居民需求的考虑、人文关怀；居住、商业、办公等各类用地的道路设施样式、选材基本雷同单调，无法体现出城市生活的多样性；街头空间缺乏营造，道路生活缺少艺术感、吸引力。

2. 桥梁风貌缺乏特色、桥梁文化习惯性缺位

桥梁在城市风貌塑造当中常常成为被忽视的灰色元素，很少把桥梁作为城市场景中的一部分进行个性化设计，导致各大城市均存在大量缺乏特色、粗犷而同质化的功能性桥梁，而忽略其在公共艺术与城市形象的提升、历史文化价值的传承、使用舒适度与体验感等精神领域的价值。其特色的缺失以及对桥梁文化的忽视不仅对城市整体形象造成破坏，同时也错过了追求自身价值的机会。

3. 邻避设施建设公众抵触大

各类邻避设施的选址、建设、运行都面临很大的困境，公众参与性不足，容易遭遇阻力无法落地，只能搁置或另选址再建，或者退而求其次设施勉强实施。

5.1.5 创新赋能不足的问题

1. 建造工业化率低，技术产品体系不健全

装配式技术成熟，但在市政基础设施领域应用较少，工业化率较低。建设技术和产品体系不健全，设计定制化程度较高，标准化构件和部品部件标准化不足。以BIM、物联网、人工智能、云计算、大数据等技术为基础的智能建造系统难以兼容，影响智能建造的美观、安全。

2. 运维信息化、智慧化程度不高

城市快速和高质量发展对市政基础设施的要求越来越高，传统市政设施特别是既有市政设施的信息化、智慧化覆盖率较低且不成系统，导致运维管理水平严重滞后，无法实现全程全域全时的监测和预警，安全保障性具有极大的不确定性，影响城市高质量发展。

5.2　设计原则

5.2.1　精准施策、精细统筹

城市基础设施的改造和更新过程中，应针对不同区域、不同设施、不同需求进行精准分析和精准施策。深入了解城市基础设施的现状和问题，掌握各区域、各设施的实际需求和差异，制定科学合理、针对性强的改造方案。同时应注重整体性和系统性，实现各领域、各环节的协调和配合，将城市基础设施的改造和更新纳入城市总体规划和发展战略中。

依据不同的人口特点、不同的周边功能、不同的流量分布、不同的街道印象以及呈现的问题有针对性地划分场景，使各道路的更新重点突出。

统筹考虑道路红线内外空间、地上地下空间，进行一体化管控，各专业融合、统筹协调，切实提升道路空间品质。

5.2.2　提质增效、多措并举

城市基础设施的改造和更新过程中，应注重提高设施的质量和效能，包括在规划、设计、建设、运营等各个环节中加强质量管理，提高设施的可靠性和稳定性；多层次、多形式、全方位综合推进市政设施的更新改造。这包括在城市基础设施的改造和更新中结合实际情况，采取微更新、针灸式等多种方式，采用新技术、新工艺、新材料等手段，提高市政设施的质量和寿命。

5.2.3　集约创新、渐进实施

注重空间布局、结构、资源配置等方面的优化和整合，旨在提高市政设施的整体性能和效益。通过优化设施平面及竖向布局，设施集约化布设，提高空间利用效率，采用合理的结构形式和材料，提高设施的承载能力和使用寿命。将多个设施的资源进行统一规划和管理，减少资源浪费和重复建设。

注重新技术、新工艺和新材料的应用，提高市政设施的技术含量和创新能力，推动市政设施的智能化、绿色化和高效化发展。

采用小规模、渐进式、可持续的更新的方式，制定阶段性目标、优先更新重要设施，形成可复制、可推广、可持续的更新模式，实现市政设施有序更新改造。

5.2.4　数字智能、绿色低碳

城市基础设施的改造和更新过程中，应积极应用数字技术，提升城市基础设施的智能化水平，同时注重环保和节能减排。借助数字化技术，实现智能化管理、监测和维护，提高基础设施的效率和安全性。绿色低碳发展是构建新发展格局、推动高质量发展的内在要求，加快绿色低碳转型，紧扣能源清洁化、原料低碳化、材料功能化、过程高效化、终端电气化、资源循环化趋势，推广使用清洁能源和低碳材料，注重环保和节能减排，减少对环境的污染和碳排放。

5.3　设计策略及技术措施

01　道路设计策略

01-1　街区规模化统筹更新

街区规模化统筹更新不仅能够提升片区的整体品质和形象，更能为城市可持续发展注入新的活力。

01-1-1　片区化规划引领

街区规模化统筹更新是一项涉及多个部门和专业的综合性工作，需要发挥片区改造规划的引领作用，对片区的现状进行深入的调研和分析，明确存在的问题和改造的需求，在此基础上，制定科学合理的发展目标和定位，提出具有前瞻性和可操作性的规划方案。

01-1-2　多部门统筹协作

街区规模化更新需要多部门统筹协作，明确各部门职责和任务，制定详细的工作计划和时间表，加强部门之间沟通与协作，建立有效的协调机制和信息共享平台，实现信息的实时更新和共享，形成合力，提高改造工作的效率和透明度。

01-1-3　多专业协同设计

街区规模化统筹更新涉及建筑、规划、景观、交通、市政等多个专业领域，需要多专业协同设计。专业团队需打破壁垒，深度融合各自的专业知识，共同解决改造中的技术难题，还应注重创新和特色，结合片区的实际情况和特色资源，打造具有独特魅力的街区。

01-2　街区全要素融合设计

01-2-1　街道与建筑群、绿化融为一体

柔化城市边界，将街道空间与沿线公共空间、建筑、绿化融合，一体化设计，融入艺术化表达方式，彰显地域文化气质，使其成为展示城市性格和特色的舞台，使城市街道体现"承载生活"的人文复合性，让街道回归市民生活。

将街道的连续性和韵律感、历史内涵和现代化完美地结合在一起，明晰街道及建筑的功能，引导市民的活动，形成独特的街道景观。

城市道路

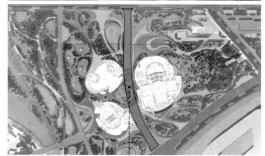

城市道路

雄安城市文化广场——街道、公园、建筑场馆融合设计

01-2-2　一街一策，补齐街道要素

完整的街道理念设计目标为以人为本、安全、活力、绿色。结合不同类型街道人群活动规律和需求，常见的街道功能一般分为五大类：交通类街道、生活类街道（生活服务类、综合服务类）、商业类街道、景观休闲类街道以及特色类街道（历史风貌街道/特定）。

街道全要素空间融合是根据生活、商业、产业、景观、交通、特定类型等不同街道场景，分别对每一空间和每一要素进行整体和局部的现状梳理研究，在有限的空间内进行街道功能的平衡

及对交通空间的取舍，一路一策，引导更新侧重点，实现安全街道、活力街道、智慧街道、绿色街道、品质街道。

街道空间布局及全要素对应关系

空间布局	要素
通行空间	机动车道标准、交叉口设计、导流岛布局、非机动车道标准、过街通道、非机动车停靠区布局、分隔带、无障碍设计、人行道标准、人行过街、竖向衔接、沿线出入口布局等要素
活动空间	行人驻留的空间，建筑前区、街道微型公共空间、公共艺术、围栏围墙、广告牌等要素
绿化空间	行道树、绿化带、立体绿化、海绵城市设计等要素
沿街附属设施	市政设施、市政管线、交通设施、照明设施、环卫设施、信息服务设施、临时设施等要素

街道提升改造内容清单

改造内容	安全	活力	智慧	绿色	品质
道路通达性	√				
路面平整度	√				
交叉口渠化段	√				
过街安全设施	√				
行人及非机动车等候区	√				
慢行空间	√				
非机动车减速带	√				
交通标志标线	√				
交通信号及监控	√				
街道照明	√				
中分带、侧分带、树池				√	
景观绿化				√	
口袋公园				√	
沿街展示栏		√			
机动车停车区		√			
多功能景观设施		√			
非机动车停靠区		√			
智慧公交站台			√		
智慧灯杆			√		

续表

改造内容	安全	活力	智慧	绿色	品质
配电箱集成			√		
智慧垃圾桶			√		
智慧停车设施			√		
无障碍设置					√
休息座椅					√
出入口间距、铺装					√
窨井盖					√
建筑立面					√
垃圾箱等其他公共服务设施					√

01-2-3　U型空间+地下空间一体化

城市更新要重视"面子"，更要注重"里子"，整体打造道路空间、建筑前区（道路红线与建筑边线之间的公共空间）、街道界面（建筑立面集合而成的竖向界面）围合成的U型街道空间，并且统筹考虑地下基础设施及出地面设施对空间的合理性、行车舒适性的影响，地上地下一体化设计。具体U型空间公共服务改造详见公共服务设计策略部分。

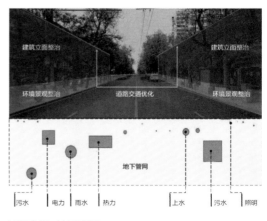

U型空间+地下空间

01-3　街道慢行空间人性化

增加慢行空间，注重步行需求，增加人文功能，将城市街道建造成充满人文气息和为人服务，为步行者服务的街道，让人和城市更加亲密。

O1-3-1   优化道路空间，增加慢行

在不改变现状道路整体宽度的情况下，根据步行、骑行及机动车需求，压缩机动车道宽度，同时利用建筑前区空间适当拓宽人行道，增加慢行空间，通过地面标线、标志标识、景观绿化等措施，提升慢行空间的安全性、连续性及舒适性。对于非交通类型街道，可采用压缩机动车空间来增加步行、非机动车及沿街活动的空间。

O1-3-2   注重人行安全，步行需求

通过减小交叉路口规模、设置安全岛等方式，缩短行人过街距离，提供充足的行人驻足等待空间。在交叉口布设斑马线、过街天桥、地下通道等行人过街设施，为行人提供安全、便捷的过街条件。同时要合理进行交通组织，根据行人交通需求优化交通信号灯配时，确保行人通行安全。

O1-3-3   完善全龄化无障碍设计

无障碍设计需适应全龄人群，保证行人安全、使用便捷，采用坡道衔接，零高差全覆盖，使道路交叉口、园区出入口、建筑出入口、公交车站、地铁站等在衔接处与道路无障碍设置同标高，提升街道亲和力。沿线精准布设实用的无障碍设施，合理规划无障碍通行流线。

行人过街等待区与车道零高差

行人过街等待区无障碍设计

O1-4   街道节点弹性精细化

对于特殊路段如学校、医院、商圈等交通量大、交通组织复杂的路段采用弹性策略，对于交叉口、公交车站、沿线开口、井盖等关键节点采取精细化策略，使交通出行更加人性化、安全便捷。

O1-4-1   交叉口精细化

对交叉口进行精细化设计，采用小转弯半径、增加过街安全岛、进口道渠化等方式增加行人空间；在交叉口增设非机动车道和人行道，为非机动车和行人提供独立的通行空间，减少交通冲突；在交叉口设置行人安全岛，为行人提供安全的等待区域，避免行人在车流中穿行；在交叉口增设遮雨棚、自行车专用相位等人性化设施，提升慢行交通安全性及舒适性；在交叉口设置无障碍设施，如坡道、盲道、交通弱势群体等待区及通行路线等；在交叉口盲区月牙位置喷涂彩色沥青，标注右转弯危险区，消除大型车辆路口右转弯"盲区"（大型车辆在转弯时，前、后车轮的运动轨迹不重合，会呈现出弯月的形状，俗称"死亡弯月"）。

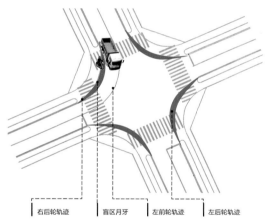

右后轮轨迹   盲区月牙   左前轮轨迹   左后轮轨迹

交叉口右转弯"盲区"

O1-4-2   市政设施精细化布置

随道路大修、改扩建、环境整治、管线消隐等工程同步开展井盖整治工作，啃路缘石类井盖可通过加装盖板方式使井盖与人行步道路面齐平；井盖出现破损、移位、震响、沉陷、凸起等情况可进行更换或修复；位于车行道的检查井，应采用自调式防沉降窨井座，并避开车轮行驶轨迹；位于侧分带的口部设施需考虑实际需求、景观、安全净距等细节。

井盖加装盖板

O1-4-3　公交站点布局优化

公交站点布局注重与慢行系统、路边停车带、机动车道等要素的协调，根据道路等级、乘客需求、慢行空间、停靠线路等因素选择公交站点形式。公交站点设计应保证站台的有效尺寸，应根据公交线路多少、搭乘公交人员流量等因素确定公交车站台的尺寸，布置时要与城市家具、树池、共享单车停放区、路侧停车区位置错开，保证公交停靠便捷，满足公共交通出行的需求。

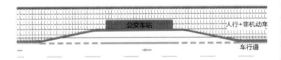

人非混行道路可采用压缩人非板块宽度设置港湾式公交停靠站。

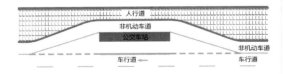

机非混行道路人行道较宽时，可采用压缩人行道宽度，在机动车与非机动车道间设置港湾式公交停靠站。

机非分隔带宽度较窄，可采用压缩人行道宽度设置港湾式公交停靠站。

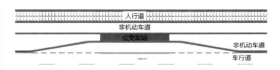

机非分隔带宽度大于5m，可采用压缩机非分隔带宽度设置港湾式公交停靠站。

O1-4-4　与沿线出入口衔接精细化

梳理沿线地铁站、学校、建筑、园区出入口现状需求，优化出入口平面间距、与公交站台、停车位等间距，使交通出行更安全、便捷。出入口间距宜通过合理的交通组织满足相关规范间距要求，在距离不满足路段要采取限速、增加交通安全设施等措施减少不利影响。

出入口设置明显的标识和指示牌，规划好交通流线，做好交通引导，设置合理的停车区域，避免出入口停车混乱。

采用可变车道信号灯、潮汐车道、感应式行人过街信号灯延长等弹性措施优化交通组织方式。

O1-5　街道设施智能纯净化

智能集约改造街道空间，智慧整合更新街道设施。

O1-5-1　地上设施集约化、隐形化、景观化处理

街道空间做减法，架空线入地，减少"黑色污染"，将尺寸色彩各异、位置欠佳的箱体、路灯等地面设施进行"拆、并、移、涂"。设施带按照集约、美观原则，对公共标识、电信箱、路灯、座椅、废物箱等市政设施和街道家具进行集中布局，并做景观化处理。采用"多杆合一、箱体三化"等方式对附属功能设施进行整合，设置综合杆，分舱室管理，减少路面井数量，对人行道井盖隐形化处理。

阜成门内大街电箱入户（改造前后对比）

阜成门内大街整合前183根线杆，整合后55根

地上设施集约化要素

方式	要素
多杆合一	标志牌、路灯、交通信号灯、交通监控系统、交通违法自动抓拍系统、公共安全视频监控、紧急呼救系统
箱体合并	变电箱、电信箱、配电与变电设施
设施合并	花池一座椅、公交站牌一废物箱、活动厕所一环卫工具房、报刊亭一智能服务终端一公用电话亭、消火栓一沿街建筑

O1-5-2　地下管网集约布设，共沟（不）共井设计

引导设置在地面、地下或架空的各类公用类管线集中布设于综合管廊或管沟，并尽量布设于非机动车道与人行道空间，不占用机动车道空间；无法布设管廊或管沟时，人行道布设管线种类较多，空间有限时，可将管线进行同槽共井或不共井设置。

O1-6　道路材料本土绿色化

道路材料优选当地建材，优选环保、低碳材料，注重废弃材料、旧材料的回收再利用。

O1-6-1　就地取材，设计本土化

设计过程中，尽量使用当地的可再生资源，减少对异地资源的依赖，降低运输成本，减少能源消耗和碳排放。路基填料、路面材料、人行道的铺装应优先选取当地建材，节约成本，低碳环保。例如，在设计中使用当地的砂石料、水泥、石灰等材料，可以减少对自然资源的开采和长距离运输，降低能源消耗和碳排放。

为实现就地取材和设计本土化，需要深入了解当地的文化、资源、环境等条件，将道路与当地环境相融合，使之符合当地的需求和习惯做法。同时，也需要注重资源的可持续利用和环境保护，采用可再生资源、节能技术等手段。

O1-6-2　采用新型路面技术

路面可选用低碳长寿命路面、多孔排水性橡胶沥青路面等新型路面；可将抗车辙、抗裂、抗滑等技术组合，定制符合路况需求的耐久型铺装结构，延长路面使用寿命，减少养护成本；低等级道路中可选用预制装配式路面，快速装拆、循环利用、零排放、零固废。

黑科技路面

O1-6-3　采用废旧材料再生产品

优先考虑废料回收利用，对路面结构材料、钢渣、煤矸石等废料进行回收处理作为路基填料，应用淤泥及泥浆固化技术将河、湖泊、开挖的淤泥固化为路基填料，应用建筑垃圾、其他固废资源化技术，实现废物循环利用。

优先采用废料再生产品。建筑垃圾、废旧路面等废旧材料经处理后可形成再生沥青混合料、再生混凝土、再生骨料、再生橡胶、再生玻璃、再生塑料、再生大豆油/生物油等建筑材料，利用3D打印技术形成再生混凝土PC砖、PC板、预制构件等再生产品。

O2　桥梁设计策略

O2-1　桥梁本体艺术化

桥梁本体艺术化是指在桥梁的设计、建造和使用过程中，无论是新建还是改扩建，都应该更多地关注人的使用体验和情感体验，关注桥梁与环境的关系，让桥梁不仅具有使用功能，还能成为具有文化属性、展现城市精神的艺术品，甚至成为地标性建筑，为城市增色添彩。

O2-1-1　强调本土设计思维的艺术化表达

在桥梁创作和桥梁更新中，应注重对地域文化、历史印记、时代特征和建造技艺的深度挖掘，将"在地性"作为重要元素融入创作中，提高桥梁的使用价值与精神上的舒适满足，体现桥梁的多元价值。

O2-1-2　提倡多专业融合的创新设计理念

桥梁的景观和艺术设计是集功能、美学、文化、技术为一体的综合设计领域，其多元化的特点决定了要实现桥梁的最优价值，多专业、多领域的合作与融合是景观桥梁设计的必然要求。多专业融合是指为实现景观桥梁的最优价值，通过调动、协调和整合各专业领域的优势资源并融会贯通地应用于桥梁创作的设计方法。

O2-1-3　注重桥梁与环境的和谐共生

从某种角度来说，桥梁其实也是环境的产物，每一座桥梁都是在特定的环境下发挥它的功能。桥梁的创作过程就是主动地将桥梁与现实环境相适应的过程，是探索如何将桥梁更好地融入到环境当中的过程。因此，桥梁与所处环境的关系问题是桥梁设计中非常重要的工作内容。桥梁作为后植入的人工构筑物，应当与周围的自然环境、社会环境和人文环境相适应，重点表达建筑、文化、自然三者之间的对话，最终实现"人、桥、文化、自然"的和谐统一。

O2-1-4　巧用景观照明点亮桥梁夜景

桥梁夜景观是照明科学与桥梁艺术的有机结合，是社会文明达到一定高度后，人们对城市景观多样化的必然要求，也是社会物质文明与精神文明的综合体现。桥梁夜景观拓展了桥梁的景观表达，通过景观照明的强弱对比、显隐和虚实对比，塑造有层次、有内容、有变化、有意境的照明景观，充实桥梁的艺术效果和观赏性，全天候展示桥梁的不同风貌，是桥梁空间与时间的延伸。

O2-1-5　创造性运用现代化科技手段

运用现代科技手段，如虚拟现实技术、人工智能、3D打印技术等，可以在桥梁设计中实现更加精细和复杂的效果。同时，这些技术也可以帮助设计师更好地呈现他们的设计理念和艺术构思。

O2-2　桥梁结构轻量化

桥梁结构轻量化是指通过优化桥梁设计、采用轻质材料和先进制造技术，减小桥梁构件的尺寸，减轻桥梁结构的质量，提高其承载能力和稳定性。城市更新中可通过桥梁轻量化设计措施使桥梁以更优雅的形态表现建筑美学。

O2-2-1　以新材料、新技术的应用推进结构轻量化

设计创新性地将轻质高强材料应用于工程领域中，如高强度钢材、玻璃纤维、碳纤维、铝合金、超高性能混凝土（UHPC）等，设计中应充分发挥各种材料的结构优势，将其高效地应用在城市桥梁建设中，优化结构尺寸，减少材料用量，提升桥梁结构对艺术化语言的适应性。

O2-2-2　充分挖掘材料潜力，精细化控制结构安全冗余度

合理运用材料，并采用可靠的计算方法，关注使用荷载效应，在准确了解结构受力情况的前提下，充分发挥材料特性，对结构细节和尺寸进行优化，使结构各部的安全冗余度均衡地满足要求，避免形成过大的安全储备区域。

O2-2-3　优选受力明确、高效、材料性能应用充分的结构体系

桥梁结构体系根据造型需要，可优先选用拱、悬垂、桁架、拉索、预应力等高效受力体系，通过受力体系的选择合理应用各种材料的力学性能，通过提高结构和材料效率达到结构瘦身、轻量化的目的。

O2-3　桥梁材料绿色化

桥梁材料的选择应从建设、运营、维护以及废弃后的处理等全生命周期进行综合研判，最大限度地减少碳排放，在桥梁设计、运营、建造过程中全方位的贯彻落实绿色建筑理念。

O2-3-1　绿色低碳混凝土技术

首先可以通过使用复合水泥、地聚物、再生骨料等方式提升原材料的环保性；其次可以通过提升混凝土性能的方式延长寿命，减少建造和维护更换的碳排放，如碳纤维增强混凝土（CC）本身具有绿色环保的特点，其优秀的力学性能也提升了结构的使用寿命。

O2-3-2　钢材和合金绿色技术

耐候钢、铝合金、不锈钢等合金材料具有绿色环保、轻量化、耐久性强、可循环和节省后期涂装的优势，在减少维护经济成本和运营期间的碳排放两方面有着很好的效果。

O2-3-3　竹木及竹木复合材料

竹木材作为最古老、传统的建筑材料之一，因其固碳、可循环、环境友好的特性，可探索使用或者将竹木材与其他工程材料进行结合应用，如胶合木在结构中的使用等。

O2-3-4　现代木结构桥梁技术

木材作为天然建筑材料，分布广、易取材、可再生，其在质感、强重比（强度与自重的比值）、能量吸收、环保等方面具有独特的优势。随着木材防腐技术的快速发展，现代木结构桥梁也迎来了新的复兴，未来将在满足多样化需求的桥梁建造中发挥更为重要的作用。

O2-4　桥梁运营智慧化

将物理桥梁与虚拟模型相结合，通过使用传感器、数据采集、云计算和人工智能等技术，实现桥梁运营状态实时监测、预警和维护管理的智能化，大大提高桥梁的安全性、可靠性和可维护性。同时可通过桥梁信息的数字化共享，实现与城市智慧化管理的协同联动，提高城市智慧化治理水平。

O2-4-1　推广使用智慧桥梁数字孪生技术提升运营效率

通过使用传感器、数据采集、云计算和人工智能等技术，将传统的桥梁系统模型与先进的信息技术相结合，形成一个全面、真实的桥梁数字模型，反映桥梁的结构、材质、负荷等基本信息，根据实时的监测数据进行分析和预测，提供针对性的管理与维护方案。

O2-4-2　引入智慧桥梁系统提升桥梁品质

结合科技创新打造多位一体的现代智慧化桥梁：如具备安全监测、人脸及行为识别、智能音响、智能驱蚊、光伏发电、自动喷淋、自动喷雾、可视化数据平台等复合功能，通过先进智能技术的复合协同使用，使桥梁成为具备智能检测、智能维护、安全监控、科普教育等多位一体的现代智慧创新桥梁。

O2-5　桥下空间多元化

桥下空间是城市中重要的空间形态，城市更新中应通过对桥下空间的更新和功能优化，织补老城区城市功能，重塑城市空间肌理，提升空间品质和利用效率。

O2-5-1　与城市功能定位相融合，织补城市功能

桥下闲置空间的规划利用是在有限的存量空间中挖掘出新的增量价值，是城市更新中解决城市空间资源紧缺问题的破题之举。

城市更新中可因地制宜地将桥下空间打造成休闲娱乐、运动健身、商业活动等场所，为市民提供休闲广场、运动场、游乐场、停车场、商业店铺等复合功能空间。

O2-5-2 与城市空间环境相融合，重塑城市肌理

针对桥梁建设造成的社区分隔、城市发展空间不连续等问题，可通过梳理和净化桥下空间、加强空间联系，形成城市发展的有机路径，促进城市自然生长，给城市带来新的生机和发展机会。

O2-5-3 与城市交通网络相融合，完善交通系统

城市桥梁构建立体交通、布局"大交通"网络的同时，由于桥下空间在缺少统一规划情况下的私占乱用，在一定程度上切断了小、微层级交通系统的生长路径，特别是城市慢行系统。城市更新中可利用桥下空间，结合交通需求重新规划构建低层级交通体系，促进各级交通形成网络，改善城市交通环境。

O3 管廊管线综合设计策略

O3-1 优化布局，加强工程管线综合统筹

O3-1-1 摸清底数，新旧管网信息化管理

充分利用城市信息模型（CIM）平台、地下管线普查及城市级实景三维建设成果等既有资料，运用调查、探测等多种手段，全面摸清城市地下管网和设施种类、权属、构成、规模、位置关系、运行安全状况等信息，掌握周边水文、地质等外部环境，明确老旧管道和设施底数，建立更新改造台账。

建立和完善城市市政基础设施综合管理信息平台，充实城市地下管网等基础信息数据，完善平台信息动态更新机制，实时更新信息底图。

O3-1-2 综合设计，统筹老旧管网科学布局

我国城市管网建设历史悠久，早期缺乏统一的管网综合规划和标准化管理，加之原有管网建设资料老旧或缺失，建设标准不统一，导致在城市更新过程中，管网现状复杂混乱，管线路由不清，接口不明。

城市更新中街区管网改造首先要排查各类管线数量、路由、走向、接口位置等现状信息。在此基础上，协调各工程管线布局，根据现场实际情况确定管线敷设方式、平面和竖向间距、管线高程和覆土深度等。

管网综合布局优化应遵循"压力避重力，易弯避不弯，分支避主干，小管避大管，临时避永久"的原则，优化管线综合布置。维修频次高的工程管线尽量布置在非机动车道和人行道；当街道、胡同较为狭窄时，管线布置尽量只为本片区服务，不设主干管网。

O3-2 集约用地，市政管网系统廊化敷设

O3-2-1 综合管廊，因地制宜精准提升管网韧性

综合管廊适用于城市重要道路下主干管线更新敷设，将多种管线集约敷设在管廊内，采用综合管廊方式以解决"马路拉链"、架空线密集、管线事故频发等问题，集约化利用地下浅层空间。

城市更新管网改造采用综合管廊时应以需求为导向，重点改善现状管线存在的问题，补齐基础设施短板。应结合城市老旧管网改造、道路交

市政综合管廊断面分析图

通改造、老旧小区改造、城市风貌改善、架空线入地等城市更新建设需求，通过综合管廊引导和优化区域管线系统布局，促进改造区域内的管线纳入综合管廊，减少区域内直埋管线和架空线缆，提升改造片区的安全韧性。

O3-2-2　小型管廊，经济集约灵活构建管网布局

历史文化街区、老旧小区、小街小巷的地下空间环境复杂，末端管线一般种类众多，敷设空间局促。在城市建设发展过程中，地下管线种类和数量逐渐增多，敷设空间不满足现行规范标准，可采用小型管廊敷设管线。

小型管廊源于市政支线管廊，有别于市政综合管廊，一般为单舱形式，可做通行、半通行、或不通行型式，断面空间布局紧凑，埋深较浅。附属设施系统简化配置，根据内部敷设管线种类、数量、管理要求等一般设置照明、通风、排水系统，要求较高的可设置监控报警系统、消防自动灭火系统等。

小型管廊规模较小，造价约为市政管廊的三分之一。实施过程中可采用明挖或暗挖施工，结合预制装配技术可快速实施，不适宜明挖的可采用暗挖顶管技术。依据管线改造进度分段梯次实施，减小对周边影响。

小型管廊分析图

O4　给水排水设计策略

O4-1　供水系统增强安全品质保障

完善供水系统整体合理布局，加强管网更新改造与监控，降低管网漏损，提高供水系统安全保障率。

O4-1-1　提高现状供水系统安全布局

水源安全是保证居民生活饮用水安全卫生的措施之一，应根据具体情况进行选择。有多个水源可供利用的城市，应采用多水源给水系统；单一水源的城市应考虑应急水源或备用水源建设；以生活用水为主的自备水源，应逐步改由公共给水系统供水。

城市给水管网中的水压，应根据供水分区布局特点确定，并满足直接供水建筑层数的最小服务水头。地形起伏大或供水范围广的城市，宜采用分区给水系统；有地形可供利用的城市，宜采用重力输配水系统。根据用户对水质的不同要求，具备实施条件的，可采用分质给水系统。采用长距离输水管道时，输水管不宜少于2根。配水管网应布置成环状，现状枝状给水管应尽量闭合连通。

O4-1-2　全生命周期理念实施供水系统更新改造

供水工程可结合管网漏损控制、二次供水设施改造、"一户一表"改造、推动分区计量管理、完善消防给水设施等进行供水工程更新改造。更新改造工程应实施全生命周期管理，并建立全过程档案。更新供水管道应结合总体规划布置在线流量和压力监测点，并实时传输数据；在线监测点的布设应满足监控、调度和智慧化管理的要求。供水管材和施工工艺应先进适用、质量可靠、符合卫生规范，供水管道尽量采用柔性接口。供水管道更新改造时，应协调好与现状供水支管的衔接及地块规划供水支管的预留。临时管线应注明使用期限，废弃给水管网应逐步拆除。当胡同过于狭窄（宽度小于4m）造成消防车无法通行时，可铺设地下干式消防供水管，利用停靠在市政道路上的消防车为胡同片区内部提供灭火水源。

O4-2 污水系统提高综合治理效果

合理选择排水体制，优化污水系统更新措施。管线修复充分应用非开挖更新技术，实现污水系统的提质增效与碳减排。

O4-2-1 合理选择排水体制和方式

除降雨量少的干旱地区外，新建地区的排水系统应采用分流制。老城区现有合流制排水系统可通过低影响开发、分流、截流、调蓄和处理等措施控制溢流污染。胡同雨污分流改造可将现状合流系统改造为污水系统、新建雨水系统。新增雨水系统可采用新建雨水管渠、新建线性雨水排水沟、雨水地面流、胡同海绵化改造等方式解决。部分区域可对初期雨水进行收集处理，控制径流污染。

O4-2-2 适应性污水系统更新措施

污水系统设计中应确定旱季设计流量和雨季设计流量，并采用占地少、节能环保的新型材料和设备。当胡同道路狭窄且地下管线种类多时，可采用小型管廊统筹布置，污水管线也可与其他管线双层铺设，污水管和检查井可采用新型管材和小型塑料检查井。院落内雨污分流改造，确实需要增设化粪池且有困难时，可在院落外公共区域集中设置混凝土模块式或玻璃钢一体式化粪池。局部区域地势较低污水无法自流排入下游污水系统时，可采用小型一体化污水提升泵站。

O4-2-3 应用非开挖更新技术减少施工影响

管道非开挖技术是采用不开挖或微开挖方式对埋地管道进行敷设、检验和修复。污水管道施工过程中可采用非开挖技术，降低老旧病害管线更新过程中的施工影响。非开挖可采用内衬、碎管、顶管、拉管等技术；为保证施工安全，可采用泥水平衡顶管技术。

各类管道的非开挖修复技术可根据各管道更新工程技术规程的要求，确定所选工法和关键技术参数。

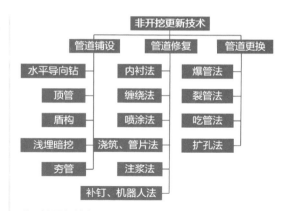

非开挖更新技术

O4-3 雨水系统提高防涝安全保障

提高雨水系统设计标准，多措并举提升排水效能，系统化推进海绵城市建设，提高防涝安全保障。

O4-3-1 多措并举提高雨水系统排水能力

市政雨水管与地块排水管道衔接时，应避免大管接小管、管道逆坡等情况。现状市政道路出现积水时，可通过将现状雨水箅改造为平立结合雨水箅、增设雨水箅数量等提高路面雨水排除能力。排水管道破损严重或管道过流能力低时，可采用非开挖修复方式更换管道，管道可采用新型管材，提高管道通水能力。

现状道路积水点改造时，可采用增大排水管管径或者在不改变本段排水管道参数的情况下采用源头分流减排、中末端设置调蓄设施等方式系统解决。

O4-3-2 系统化推进海绵城市建设

海绵城市能够有效应对强降雨产生的内涝问题和面源污染，降低径流峰值，提高年径流总量控制率，使城市在适应气候变化、抵御暴雨灾害等方面具有良好的弹性和韧性。海绵城市建设应聚焦建成区范围内因雨水导致的问题，以缓解城市内涝为重点，统筹兼顾削减雨水径流污染，提高雨水收集和利用。

海绵城市建设的技术路线经比选后使具体措施更符合城市现状和规划目标，同时应避免将城市规划控规单元、行政区划边界作为排水分区边

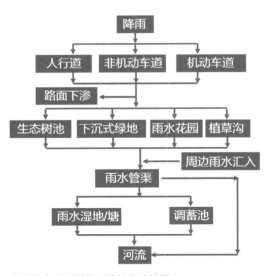

海绵城市建设道路系统技术路线图

界。城市道路可在隔离带、立体交通中采用生态树池、生物滞留池、道路渗井等海绵措施减低城市内涝风险。

O4-4   非常规水资源加大循序利用

完善并提升再生水和雨水利用设施布局，扩大区域非常规水资源的循环利用领域，促进节约优质水资源，实现水环境品质与生态功能全面提升。

O4-4-1   完善并提升再生水设施布局

再生水是城市第二水源，可作为景观水体与生态环境补水、道路浇洒用水、城市绿化用水、工业冷却水和冲厕用水等。对再生水的合理利用既能减少水环境污染，又可缓解水资源紧缺。合理利用再生水可显著提高水资源利用效益和供水系统韧性，支撑社会经济的绿色低碳发展。再生水系统应以片区本地再生水为主，同时兼顾外部再生水水源。对既有再生水管网的断点、堵点、漏点进行更新改造，将原有分支管网进行互联互通，形成环状管网，系统解决再生水用户水量、水压不足问题。有条件的区域，还可利用景观水系进行转输与存储。

O4-4-2   加大非常规水资源循序利用

非常规水资源可首先用于生态补给，为水生态系统修复提供条件。污水厂达标尾水和收集雨水经过自然储存净化后，转化为具有生态属性的"生态水"，循序用于生态补给和农业灌溉，促进非常规水资源循环利用，提高用水效率，解决生态生产生活"三生争水"问题。在重要排污口下游、支流入干流处、河流入湖（海）口等流域关键节点或利用城市河湖池塘、景观空间，因地制宜建设人工湿地水质净化工程，净化水质的同时营造绿色空间，提升生态环境品质。天然水体、水系可作为非常规水资源的调蓄和输送通道，解决非常规水资源利用的波动问题，缓解输配水管网的建设和运维压力。

再生水循序利用路线图

O5   供热设计策略

O5-1   优化供热系统布局，提升核心设备
　　　　效能

优化提升供热系统整体布局，增强管网热平衡，提升热源、热力站、供热管网、末端散热在内的整体供热系统核心设备效能，采用热量回收、水力优化等技术措施降低供热损耗，推进智慧供热，提升供热质量和效能。

O5-1-1   系统布局优化提升

随着城市开发面积不断扩大，供热系统随之扩张，因规划和城市发展的变动，部分老旧管网已无法满足城市发展，管网存在管径设置不合理、布局不合理、设备选型不合理、运行能耗高、水力失调严重等问题，需对区域管网进行整体规划设计，分期实施，以实现供热系统高质量发展。

供热系统布局优化提升是一个综合性的工作，需要从多个方面入手，从区域着眼，整体性、系统性开展供热系统优化工作。首先需了解更新需求和目标，全面评估现有供热系统存在的问题，然后结合热源布局、热源型式、地区能源特点等合理选择热源类型，如热电联产、工业余热利用、清洁能源等，实现能源的高效利用和减排。通过安装水力平衡装置，自动调节管网中的水流分配，确保各个供热区域的热量均衡供应，避免局部过热或过冷现象。最后优化设备配置、引入智能技术，提高系统效率、降低能源消耗。城市供热管网改造内容包括管道重建、附属构筑物（工作井）重建、附属设备（阀门、补偿器等）重建等工作。

05-1-2　核心设备效能提升

在城市供热系统中，热源、管网和末端设备是核心组成部分，对它们的效能进行技术性提升是实现整体供热效率提升的关键。供热系统核心设备包括供热机组、水泵、阀门、管道、散热器、换热设备等。供热机组是供热系统的起点，应选择高效、污染小的供热机组。引入高效燃烧技术、热回收技术等高效节能技术，是提高系统效率的关键。水泵性能不佳会导致水流不畅，影响供热效果。更新高效循环泵，对水泵等设备采用变频控制，可以减少能源浪费，提高系统效率。管道和阀门是供热系统中的重要组成部分，负责输送和调节热水或蒸汽。如果管道老化、漏水或阀门失灵，会导致能源浪费和系统性能下降。更新高质量的管道和阀门，对老旧管网进行更新改造，使用耐高温、耐腐蚀、低导热损失的新型管材和保温材料，可以减少能源损失。在末端设备中采用高效换热器，如板式换热器、热管换热器等，可以提高热能的传递效率，降低能耗。散热器是将热能传递给室内空气的设备。如果散热器老化或性能不佳，会导致热量散失过多，降低供热效

率。更新高效散热器可以减少热量损失，提高供热效果。

供热系统核心设备效能提升工作除了更新高效设备、引入节能技术外，加强设备的维护和保养也是提升效能的关键。定期的设备检查、清洗、润滑以及必要的维修和更换，可以确保设备处于良好的工作状态，减少故障发生的概率，延长设备的使用寿命。这不仅可以提高供热系统的可靠性，还可以降低运维成本。

供热系统核心设备

供热环节	核心设备
热源	供热机组
	水泵
	阀门
	换热设备
输配	管道
	阀门
	水泵
末端换热	阀门
	散热器

05-2　推进可再生能源供热，降低化石能源消耗

城镇供热对热源品位要求较低，满足供热温度需求即可，应大力发展可再生能源供热，减少化石能源消耗。可再生能源利用是建设绿色低碳城市，实现能源可持续发展的必然选择，城镇供热应在有条件的地区积极推广使用可再生能源供热，形成可再生能源与其他供热方式相结合的互补供热体系，促进可再生能源与常规能源供热系统融合。

05-2-1　地热能利用

地热供热系统是指利用地热能为主要热源的供热系统。地热供热系统按照地热流进入供热系统的方式可分为直接供热和间接供热。直接供热即把地热流直接引入供热系统，间接供热即地热流通过换热器将热能传递给供热系统的循环水，

地热能利用

地热流不直接进入供热系统。

　　地热供热常见的供热形式有三种：纯地热水换热供热、地热水换热与压缩式热泵供热、地热水换热与吸收式热泵供热。

　　纯地热水换热是基础的供热方式，直接抽取地热井中的高温热水，通过换热器实现供热，适合地热资源丰富、水质好的地区。地热水换热与压缩式热泵则在热水热量不足时，通过热泵消耗少量的电能将低位热能提升至可供使用的温度水平，补充供热能力，增加供热灵活性和可靠性。地热水换热与吸收式热泵以热能（如蒸汽、热水等）为驱动能源，提高能源效率。在地热丰富且有其他热源（如工业废热、余热等）时，采用地热水换热与吸收式热泵相结合的供热方式可以进一步提高能源利用效率和经济性。

O5-2-2　生物质能、太阳能利用

　　除地热能外，生物质能和太阳能也可作为城镇供热的主要热能来源。农林生物质、生物质成型燃料、生物天然气等为燃料的生物质供暖可为具备资源条件的县城、人口集中的村镇提供民用供暖。在集中供暖网未覆盖、有冷热双供需求的地区可使用太阳能热水、供暖和制冷三联供系统。

O5-3　创新供热运行技术，实现供热智能智慧

O5-3-1　完善供热系统智能化设备设施

　　智慧供热是以供热物理设备网为基础，以供热信息物联网为支撑，通过基于智能供热平台的智能决策系统，为运行管理人员提供辅助决策支持，形成在保证室内舒适度的前提下，降低运行能耗的供热系统形式。

　　智慧供热是由供热智能化设备系统（热源、供热管网、用户系统、就地显示仪表和控制调节设备组成的网络）、智能化控制系统（传感器、数据采集设备、数据传输设备等组成的网络）和智能化供热系统平台组成的新型供热系统。

　　智能传感器和监测设备：在供热系统中引入智能传感器和监测设备，如温度传感器、压力传感器、流量计等，建设可远端调控的电动阀门等设备，实现从热源到换热站再到热用户以及热网平衡的全面可监测、可调控，并根据控制系统分析并对供热系统"产、输、消"全流程进行调节。

　　智能化供热控制系统：通过引入先进的控制系统，建立统一数据标准，利用大数据、云计算等先进技术，融合室温数据、天气数据、建筑数据、热网实时运行参数等多类型多维度数据进行分析计算，实现对供热系统的自动化控制和远程管理。控制系统可以根据监测数据和预设参数，自动调节锅炉、循环泵、散热器、阀门等设备的运行状态，有效指导热源按需定产、平衡管网输配、保障用户供热舒适度，确保系统在最佳状态下运行。

　　建立智慧供热系统平台：通过建立能源管理系统，实现对供热系统能源使用的智能化管理。该系统可以根据实际需求和监测数据，自动调整供热量和运行参数，实现能源的节约和优化利用。同时还可根据需要增加故障诊断、运行维护管理、应急响应等功能。

智慧供热分析图

O6　电气设计策略

O6-1　智能化配套建设

O6-1-1　建立基础设施综合监管和智慧监测系统

　　完善智慧管理建设，对片区内市政设施进行信息化、数字化、智能化改造，鼓励片区建立基础设施综合监管和智慧监测系统，增设智慧检测、灾害预警、视频监控、智慧传感器等设施，运用物联网、云计算、大数据等信息技术提升城市基础设施规范化、高效化、智慧化管理水平。

O6-1-2　车路协同提升城区活力

　　从智慧的车到智慧的路进一步延伸到双智城市，利用大数据和人工智能技术对交通状况进行实时监测与预测，优化交通流量管理，推广使用智能交通诱导系统；整合车辆与道路之间的通信技术，如V2X（车对车、车对基础设施、车对行人灯）技术，规范使用标准化通信协议，实现车辆之间的兼容性和互操作性；对现有道路基础设施进行改造升级，增设智能感知设备，如摄像头、雷达等对道路状况进行实时监测；优化交通信号灯控制策略，提高路口通行效率，实现交通信号灯与智能交通系统的联动，实现自适应控制，利用大数据分析技术，对交通信号协同策略进行持续优化；加强对交通数据的挖掘和分析，为政策制定和城市规划提供数据支持。

O6-1-3　智慧电网赋能

　　利用先进的传感、通信和控制技术，实现对电网的实时监控和智能调度，通过智能调度和分布式发电等技术，促进可再生能源的利用，对用电数据进行实时分析和精准预测，避免电力短缺或过剩，提高电力资源的利用效率，优化能源配置，推动城市绿色低碳发展，为城市注入强大动力。

O6-2　智慧化道路照明

O6-2-1　采用智慧灯杆集约布设

　　根据5G基站的覆盖距离（可选150~200m）选择合理间距、合理位置布设智慧灯杆，根据道路等级、道路区域，重点区域选择智慧灯杆类型。例如路段上可每隔3~4根普通路灯杆布设一根智慧灯杆；交叉口内应结合交通设施共同设计布设智能灯杆；公交站台、大型单位出入口、学校应为智慧灯杆设计"控制点"。

灯杆功能	灯杆类型		
	路口	路段	公交站台
智慧照明	√	√	√
电子显示屏	√		√
5G信号发射器	√	√	√
视频监控	√	√	√
交通标志	√	×	×
环境检测	√		
紧急呼叫	√		√
临时充电			

智慧灯杆功能选择（√为可选项）

O6-2-2　优先使用智能照明产品

　　推广绿色低碳的智能照明理念，优先使用高效、节能、环保的智能照明产品，加强政策引导，推动智能照明技术的研发和应用，鼓励产学研合

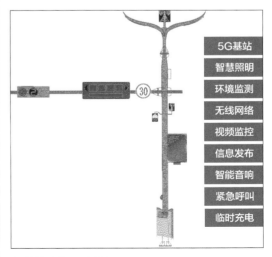

智慧综合杆示意图

作机制。加强智能照明与城市管理的融合，利用物联网、大数据、5G通信、智能传感器等先进技术，实现对照明系统的智能化管理，提高照明效率和节能效果。例如，智能路灯可以根据天气和时间自动调节亮度和色温。

O6-2-3　鼓励感应式人行道路灯

居住区路网鼓励应用感应式人行道路灯，对移动的行人提供有针对性的照明，没有行人通过时保持熄灭状态，节约能源并避免光污染。

O6-2-4　景观照明与环境相协调

景观照明，需要在继承传统的基础上，以创新的理念赋予夜景照明城市的魅力，综合艺术与技术、创意与科技，多学科交融，推动灯具、光源、智能化控制及电气行业的大发展和大创新。

O7　燃气设计策略

O7-1　助力绿色低碳

拓展燃气应用领域、推广燃气节能措施、推动氢能有序利用，充分发挥燃气在绿色低碳目标中的重要作用。

O7-1-1　拓展燃气应用领域

大力发展城镇燃气，提高城市民用燃气普及率，推动工业领域能源消费结构逐步转向使用天然气等清洁能源；因地制宜发展调峰电站和天然气分布式能源，以实现清洁燃气的规模化应用，提高天然气在一次能源中的占比。

O7-1-2　推广燃气节能措施

大力推广绿色节能燃气具，绿色节能燃气具产品涵盖家用及商用的燃气灶具、燃气快速热水器和燃气采暖热水炉等，能源利用效率达到能效2级及以上；燃气输送过程中采取节能降耗措施。

O7-1-3　推动氢能有序利用

因地制宜逐步构建高密度、轻量化、低成本、多元化的氢能储运体系，统筹规划加氢网络；推进氢能在交通、储能、发电等行业领域的多元化、规模化的有序利用。

O7-2　保障安全韧性

O7-2-1　燃气输配系统完善

城镇燃气的供气过程涵盖燃气生产、储存、输配和应用，在此过程中涉及的供气系统包括燃气厂站、输配管道及终端用户。

城镇燃气供应系统的设置应满足城乡建设发展、燃气行业发展和城乡安全的需要；燃气气源节能环保、稳定可靠、多源多向，考虑不同种类气源的互换性。燃气供应系统具有满足调峰需求和应急气源供应的能力。燃气输配系统构架合理、设施完整，包括设置保证安全稳定供气的厂站、输配管道以及用于运行维护的必要设施等；各厂站分布及规模配置合理。

O7-2-2　燃气设施功能可靠

燃气厂站的主要供气设施包括装卸、储存、过滤、压缩、调压、流量计量及控制、加臭、泄漏报警、安全放空、管道阀门及附件等。输配管道主要包括高、中、低各压力级制的管道、阀门、调压箱（柜）等设施。终端用户设施主要包括居民、商业、

城市燃气应急气源站示意图

工业等各类用户的计量表、切断阀、管道、燃气具等设施。各类燃气设施应保证功能可靠。

燃气厂站供气运行压力、流量等工艺参数保证了系统安全和供气要求。燃气输配管道压力级制、供气规模与管径的配置及运行压力范围能保证各类用户的用气需求。燃气设备与管道具有承受设计压力和设计温度下的强度和密封性。输配系统具备事故工况下能及时切断的功能，并应具有防止管网发生超压的措施。燃气供应系统设置信息管理系统，并具备数据采集与监控功能。终端用户燃气具设施与燃气性质匹配，计量及切断装置可靠。

燃气系统厂站、管道等各设施在设计工作年限内的正常适用维护条件下应运行可靠，达到设计工作年限或遭受损害后，应对燃气设施进行评估。

燃气厂站设施更新改造示意图

O7-2-3　燃气建设安全合规

1. 建设程序合规性

落实城市燃气更新改造项目建设程序（立项审批、各类专项评价、管道路由审批、厂站用地手续审批及设计成果审查等）要求，保证改造更新工作建设程序的合规性。

2. 燃气设施合规性

城市更新工作中燃气设施的合规性主要针对其建设时与运行后周边条件的变化、现行规范要求的变化进行分析。

燃气厂站总平面布置厂内燃气储存设施、放散装置、主要工艺设施等与站外居民区、重要公共建筑、工业企业、铁路、公路、电力设施等的安全间距应符合建设期及现行规范要求。厂站内各设施在满足生产工艺要求的前提下，各设施之间的间距应符合建设期及现行规范要求。厂站内主要工艺设施、管道及附件应采取防火、防爆、抗震等措施。厂站内消防、自动控制、通信、供水暖电、土建等公用专业的设施应符合建设期及现行规范要求。燃气管道与建（构）筑物及其他管线的安全间距、管道敷设方式、管道材料、防腐及阴极保护、管道附属等设施应符合建设期及现行规范要求；明确管道最小保护范围及最小影响范围，对后续其他设施的建设提出要求。

3. 燃气管网设施更新改造

根据国务院颁布的《城市燃气管道等老化更新改造实施方案（2022—2025年）》要求，要加快开展城市燃气管道等老化更新改造工作，彻底消除安全隐患。

（1）更新改造类型和范围

城市燃气管道更新改造对象为材质落后、使

燃气管道更新改造类型和范围

类型	范围
厂站设施	存在超设计运行年限、安全间距不足、临近人员密集区域，地质灾害风险隐患大等问题，经评估不满足安全运行要求的厂站和设施
市政管道与庭院管道	全部灰口铸铁管道
	不满足安全运行要求的球墨铸铁管道
	运行年限满20年，经评估存在安全隐患的钢质管道、聚乙烯（PE）管道
	运行年限不足20年，存在安全隐患，经评估无法通过落实管控措施保障安全的钢质管道、聚乙烯（PE）管道
	存在被建（构）筑物占压等风险的管道
引入管、立管、水平干管	运行年限满20年，经评估存在安全隐患的立管
	运行年限不足20年，存在安全隐患，经评估无法通过落实管控措施保障安全的立管
用户设施	居民用户橡胶软管、需加装的安全装置等
	工商业等用户存在安全隐患的管道和设施

用年限较长、运行环境存在安全隐患、不符合相关标准规范规定的老化燃气管道和设施。

（2）合理安排改造工程时序

旧城区管网更新改造时，要统筹协调旧城改造与管网改造计划，确保旧城改造时同步改造片区内老旧管网设施。其他区域管网改造时，要做好管网改造和道路提升改造时序衔接，力争老旧管网改造与道路提升改造同步推进；管网改造与道路提升改造不同步时，要尽力缩小作业范围，降低道路挖掘程度。

（3）因地制宜选择实施方法

因地制宜选择改造施工方法，对于改造区域较小、具备开挖条件的，可选择局部开挖、改造更换等施工方式；对于改造区域较大，影响范围较广，可选择网格推进、分部改造等施工方式；对于管材适宜、管径较大、不宜开挖的，可采取内衬扩径、顶管及拉管等施工方式，尽量实现无补偿直埋，减少道路挖掘修复。

（4）妥善处理废弃管道

改造后废弃的燃气管道及设施应及时拆除；不能立即拆除的，应及时处置，并应设置明显的标识或采取有效封堵，管道内不应存有燃气。

4．燃气用户设施更新改造

（1）设置自动切断装置

用户管道应设置当管道压力低于限定值或连接燃气具管道的流量高于限定值时能够切断向燃气具供气的安全装置。装置应具有超压、欠压、过流各状态的自动关闭功能，关闭后须手动开启。

（2）采用燃具专用软管

用户使用燃气软管应采用专用燃具连接软管，家用燃具连接软管长度不应超过2m且不应有接头。

（3）推进燃气表智能化

超过使用年限的旧燃气表应更换为物联网智能燃气表。物联网智能燃气表除了具备计量计费功能外，它还具有存储备用气量、记录用气情况、各种功能状态显示和声音提示、限制燃气超流量、燃气泄漏报警等智能管理和安全防范功能。

O7-3　推进智慧创新

O7-3-1　提交燃气数字化成果

构建燃气设施在设计咨询、建设施工、竣工验收、运营管理等全过程的数字化管理体系，完善各阶段的数字化成果交付，为燃气数智化发展奠定基础。

O7-3-2　完善燃气智能化设施

完善燃气系统智能化运行的前端感知设施，为构建智慧燃气平台创造条件。

燃气厂站设置自动化监测装置。输配管道增设阀门井智能检测装置、阴极保护智能检测装置、电子标识等装置，完善燃气厂站及管网的智能感知设施。推广物联网燃气表及检测装置等，为终端用户管理植入"神经末梢"，实现对终端用户的气量、流量过载、低流量微漏检等远程感知，为供销差统计分析提供数据基础，使用户足不出户就可以在线充值、查询，提升客户体验度。

O7-3-3　构建智慧燃气平台

构建包括燃气运行数据采集与监视控制系统、地理信息系统、数字化工程管理系统、气量预测智能调度系统、应急调度管理系统、运维安全管控系统（巡查巡检系统、维抢修管理智能系统、

智慧燃气平台示意图

燃气运输车辆卫星定位监控系统、LPG钢瓶管理系统等）、用户信息及服务系统等在内的智慧燃气平台，实现数字赋能，保障燃气供应系统运行高效、安全、可靠。

O7-4 入廊燃气安全

O7-4-1 符合设计要求，管线统筹布置

1. 城市地下综合管廊内的燃气管道宜敷设在独立舱室内，也可与给水管道、市政再生水管道等共舱敷设。

2. 为减少气体泄漏相互影响，燃气舱不应与污水舱相邻设置。

3. 当管廊平行多舱时，燃气舱位于最外侧；当管廊上下多舱时，燃气舱应位于其他管线舱室的上方。严禁燃气舱布置在强电舱室下方。

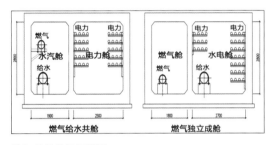

燃气共舱敷设示意图

燃气单舱敷设示意图

O7-4-2 工艺设施可靠，远程监控完善

1. 入廊燃气管道设计压力不宜超过1.6MPa。

2. 入廊燃气管道应采用无缝钢管，阀门比管道提高一个设计压力等级。

3. 管廊内燃气主干管上设置分段阀门，分段阀门之间应设置放散管。

4. 燃气管道进出管廊时应设置具有远程控制功能的紧急切断阀。

O7-4-3 附属设施配套，保障管廊安全

综合管廊燃气舱附属设施主要包括通风系统、电气系统、监控与报警系统、消防系统等。确保各系统相互配合、高效、稳定是综合管廊燃气舱安全稳定运行的必要条件。

1. 燃气舱按防火分隔划分通风单元，每个通风单元独立设置进、排风口；综合管廊燃气舱通风机与可燃气体浓度报警控制器联锁。

2. 燃气舱排风口尽量设置在道路绿化带内，排风口不应朝向人员密集、车流量多等处，排风口应设置隔离设施及警示标识。

3. 燃气舱内应设置可燃气体探测报警系统，且作为环境监测系统的一个子系统与综合管廊统一管理平台联通。

4. 燃气舱内管道分段截断阀用电负荷、通风系统的用电负荷、监控与报警设备、应急照明设备用电负荷均为二级，其余用电负荷等级为三级。

5. 燃气舱室人员进出口、逃生口、吊装口等处设置灭火器材，在燃气舱阀门位置处设自动灭火装置。

6. 燃气舱室每隔200m采用耐火墙体进行防火分隔。

燃气舱防火分区及灭火器布置

燃气舱内燃气管道安装示意图

设计策略及技术措施

专业	设计策略	策略编号	技术措施	技术措施编号	应用解析
道路	街区规模化统筹更新	O1-1	片区化规划引领	O1-1-1	
			多部门统筹协作	O1-1-2	
			多专业协同设计	O1-1-3	
	街区全要素融合设计	O1-2	街道与建筑群、绿化融为一体	O1-2-1	
			一街一策，补齐街道要素	O1-2-2	
			U型空间+地下空间一体化	O1-2-3	
	街道慢行空间人性化	O1-3	优化道路空间，增加慢行	O1-3-1	
			注重人行安全，步行需求	O1-3-2	
			完善全龄化无障碍设计	O1-3-3	
	街道节点弹性精细化	O1-4	交叉口精细化	O1-4-1	
			市政设施精细化布置	O1-4-2	
			公交站点布局优化	O1-4-3	
			与沿线出入口衔接精细化	O1-4-4	
	街道设施智能纯净化	O1-5	地上设施集约化、隐形化、景观化处理	O1-5-1	
			地下管网集约布设，共沟（不）共井设计	O1-5-2	
	道路材料本土绿色化	O1-6	就地取材，设计本土化	O1-6-1	
			采用新型路面技术	O1-6-2	
			采用废旧材料再生产品	O1-6-3	
桥梁	桥梁本体艺术化	O2-1	强调本土设计思维的艺术化表达	O2-1-1	
			提倡多专业融合的创新设计理念	O2-1-2	
			注重桥梁与环境的和谐共生	O2-1-3	
			巧用景观照明点亮桥梁夜景	O2-1-4	
			创造性运用现代化科技手段	O2-1-5	
	桥梁结构轻量化	O2-2	以新材料、新技术的应用推进结构轻量化	O2-2-1	
			充分挖掘材料潜力，精细化控制结构安全冗余度	O2-2-2	
			优选受力明确、高效、材料性能应用充分的结构体系	O2-2-3	
	桥梁材料绿色化	O2-3	绿色低碳混凝土技术	O2-3-1	
			钢材和合金绿色技术	O2-3-2	
			竹木及竹木复合材料	O2-3-3	
			现代木结构桥梁技术	O2-3-4	
	桥梁运营智慧化	O2-4	推广使用智慧桥梁数字孪生技术提升运营效率	O2-4-1	
			引入智慧桥梁系统提升桥梁品质	O2-4-2	
	桥下空间多元化	O2-5	与城市功能定位相融合，织补城市功能	O2-5-1	
			与城市空间环境相融合，重塑城市肌理	O2-5-2	
			与城市交通网络相融合，完善交通系统	O2-5-3	

专业	设计策略	策略编号	技术措施	技术措施编号	应用解析
管廊管线综合	优化布局，加强工程管线综合统筹	O3-1	摸清底数，新旧管网信息化管理	O3-1-1	
			综合设计，统筹老旧管网科学布局	O3-1-2	
	集约用地，市政管网系统廊化敷设	O3-2	综合管廊，因地制宜精准提升管网韧性	O3-2-1	
			小型管廊，经济集约灵活构建管网布局	O3-2-2	
给水排水	供水系统增强安全品质保障	O4-1	提高现状供水系统安全布局	O4-1-1	
			全生命周期理念实施供水系统更新改造	O4-1-2	
	污水系统提高综合治理效果	O4-2	合理选择排水体制和方式	O4-2-1	
			适应性污水系统更新措施	O4-2-2	
			应用非开挖更新技术减少施工影响	O4-2-3	
	雨水系统提高防涝安全保障	O4-3	多措并举提高雨水系统排水能力	O4-3-1	
			系统化推进海绵城市建设	O4-3-2	
	非常规水资源加大循序利用	O4-4	完善并提升再生水设施布局	O4-4-1	
			加大非常规水资源循序利用	O4-4-2	
供热	优化供热系统布局，提升核心设备效能	O5-1	系统布局优化提升	O5-1-1	
			核心设备效能提升	O5-1-2	
	推进可再生能源供热，降低化石能源消耗	O5-2	地热能利用	O5-2-1	
			生物质能、太阳能利用	O5-2-2	
	创新供热运行技术，实现供热智能智慧	O5-3	完善供热系统智能化设备设施	O5-3-1	
电气	智能化配套建设	O6-1	建立基础设施综合监管和智慧监测系统	O6-1-1	
			车路协同提升城区活力	O6-1-2	
			智慧电网赋能	O6-1-3	
	智慧化道路照明	O6-2	采用智慧灯杆集约布设	O6-2-1	
			优先使用智能照明产品	O6-2-2	
			鼓励感应式人行道路灯	O6-2-3	
			景观照明与环境相协调	O6-2-4	
燃气	助力绿色低碳	O7-1	拓展燃气应用领域	O7-1-1	
			推广燃气节能措施	O7-1-2	
			推动氢能有序利用	O7-1-3	
	保障安全韧性	O7-2	燃气输配系统完善	O7-2-1	
			燃气设施功能可靠	O7-2-2	
			燃气建设安全合规	O7-2-3	
	推进智慧创新	O7-3	提交燃气数字化成果	O7-3-1	
			完善燃气智能化设施	O7-3-2	
			构建智慧燃气平台	O7-3-3	
	入廊燃气安全	O7-4	符合设计要求，管线统筹布置	O7-4-1	
			工艺设施可靠，远程监控完善	O7-4-2	
			附属设施配套，保障管廊安全	O7-4-3	

5.4　典型案例

浙江丽水城市风廊及配套设施（科技公园）

项目背景

项目地点：浙江省丽水市莲都区

项目规模：占地约13hm²

项目类型：新建

桥梁类型：连体斜跨拱桥、钢结构

桥梁规模：主梁跨径均为70m，拱圈跨径分别为100m和117m。

项目东地路东西向横穿场地，规划为城市主干路，两座斜跨拱桥位于东地路上，跨越寿元湖水系布设，两座拱圈卧于水面之上，与科技馆建筑风貌一脉相承，场地—建筑—市政一体化设计，共同构建统一协调的城市景观。

问题研判

1. 城市主干路（东地路）东西向贯穿建筑场地，对地块构成严重割裂，不利于建筑布局和建筑风貌的整体塑造。

2. 市政路和地块建筑在设计规则中分别属于市政和建筑两个行业，两者通常以建筑红线为界，通过上位规划协调相互关系。市政路和市政管线往往以功能需求为设计导向，与建筑有极其不同的设计理念和设计语言，为保证总体风貌的协调性，市政、建筑一体化设计是本项目的必然要求。

科技馆北馆　　　　　　　　　　科技馆北馆

科技馆、桥梁鸟瞰效果图

道路专业设计策略及技术措施应用解析

设计策略	策略编号	技术措施	技术措施编号	应用解析
街区规模化统筹更新	O1-1	片区化规划引领	O1-1-1	
		多部门统筹协作	O1-1-2	
		多专业协同设计	O1-1-3	
街区全要素融合设计	O1-2	街道与建筑群、绿化融为一体	O1-2-1	√
		一街一策，补齐街道要素	O1-2-2	
		U型空间+地下空间一体化	O1-2-3	

续表

设计策略	策略编号	技术措施	技术措施编号	应用解析
街道慢行空间人性化	O1-3	优化道路空间，增加慢行	O1-3-1	
		注重人行安全，步行需求	O1-3-2	
		完善全龄化无障碍设计	O1-3-3	
街道节点弹性精细化	O1-4	交叉口精细化	O1-4-1	
		市政设施精细化布置	O1-4-2	
		公交站点布局优化	O1-4-3	
		与沿线出入口衔接精细化	O1-4-4	
街道设施智能纯净化	O1-5	地上设施集约化、隐形化、景观化处理	O1-5-1	
		地下管网集约布设，共沟（不）共井设计	O1-5-2	
道路材料本土绿色化	O1-6	就地取材，设计本土化	O1-6-1	
		采用新型路面技术	O1-6-2	
		采用废旧材料再生产品	O1-6-3	

O1-2-1　街道与建筑群、绿化融为一体

基地具有城市景观、道路交通、生态自然一体复合的特征定位，调整规划后的东地路为两条分离式道路，两座斜跨拱桥与科技馆建筑遥相呼应，并融于公园景观，将街道空间与沿线公共空间、建筑、绿化融合，一体化设计，既满足道路功能性，又考虑景观的针对性要求，实现道路与景观、建筑、场地无缝衔接，多学科融合设计。

桥梁专业设计策略及技术措施应用解析

设计策略	策略编号	技术措施	技术措施编号	应用解析
桥梁本体艺术化	O2-1	强调本土设计思维的艺术化表达	O2-1-1	√
		提倡多专业融合的创新设计理念	O2-1-2	√
		注重桥梁与环境的和谐共生	O2-1-3	√
		巧用景观照明点亮桥梁夜景	O2-1-4	
		创造性运用现代化科技手段	O2-1-5	
桥梁结构轻量化	O2-2	以新材料、新技术的应用推进结构轻量化	O2-2-1	√
		充分挖掘材料潜力，精细化控制结构安全冗余度	O2-2-2	√
		优选受力明确、高效、材料性能应用充分的结构体系	O2-2-3	√
桥梁材料绿色化	O2-3	绿色低碳混凝土技术	O2-3-1	
		钢材和合金绿色技术	O2-3-2	
		竹木及竹木复合材料	O2-3-3	
		现代木结构桥梁技术	O2-3-4	

续表

设计策略	策略编号	技术措施	技术措施编号	应用解析
桥梁运营智慧化	O2-4	推广使用智慧桥梁数字孪生技术提升运营效率	O2-4-1	
		引入智慧桥梁系统提升桥梁品质	O2-4-2	
桥下空间多元化	O2-5	与城市功能定位相融合，织补城市功能	O2-5-1	
		与城市空间环境相融合，重塑城市机理	O2-5-2	
		与城市交通网络相融合，完善交通系统	O2-5-3	

O2-1-1 强调本土设计思维的艺术化表达

桥梁采用与科技馆建筑相似的设计语言，将左右幅桥梁采用一侧拱脚交于一点的联合拱圈的布置方式，与科技馆建筑大跨度拱形屋顶保持形式和规律上的呼应，包括基本色调的一致性，形成类似传统聚落的空间体验，回溯了现代建筑与传统建构的对话。

O2-1-2 提倡多专业融合的创新设计理念

本项目创新地贯彻建筑、景观、市政一体化设计理念，以建筑美学为主导，用统一的设计语言和创作思维统筹各专业，实现精神上和风貌上的高度融合，达成一体化协同设计，实现最优设计效果。

O2-1-3 注重桥梁与环境的和谐共生

多专业融合设计保证了桥梁在尺度和风貌上与建筑相互协调，同时桥梁跨径布置与水系、景观的协同互动，保证了桥梁与场地的高度协调。

O2-2-1 以新材料、新技术的应用推进结构轻量化

O2-2-2 充分挖掘材料潜力，精细化控制结构安全冗余度

O2-2-3 优选受力明确、高效、材料性能应用充分的结构体系

桥梁采用拱圈、拉索、主梁协同的受力体系，设计中结合索力通过对拱圈和主梁结构尺寸的精细化调整实现承载能力的合理分配，同时拱圈和主梁均采用高强钢材减轻结构自重荷载，最大限度地实现结构轻量化设计，保证桥梁各部尺寸的协调可控，以满足结构对艺术造型的适应性。

济南遥墙国际机场改扩建工作区道路及管廊工程

项目背景

项目地点：山东省济南市

项目规模：济南遥墙国际机场二期改扩建道路是机场工作区重要的枢纽，道路总长共4.5km。本项目为市政道路、管廊管线、轨道交通和绿化一体化开发项目，设计融入海绵城市、智慧管廊、智慧灯杆、多杆合一等新理念，体现全要素综合一体化设计。

问题研判

现有机场容量和设施已不能满足航空需求，需要在不影响现有机场运行的前提下，对进场交通系统全面整合升级，使其满足扩容后的机场需求，同时为航空枢纽在雨、雪等恶劣天气及特殊情况下提供应急交通保障。

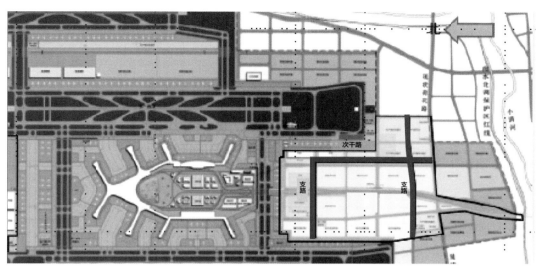

项目地理位置图

设计策略及技术措施应用解析

设计策略	策略编号	技术措施	技术措施编号	应用解析
街区规模化统筹更新	O1-1	片区化规划引领	O1-1-1	
		多部门统筹协作	O1-1-2	
		多专业协同设计	O1-1-3	√
街区全要素融合设计	O1-2	街道与建筑群、绿化融为一体	O1-2-1	
		一街一策，补齐街道要素	O1-2-2	√
		U型空间+地下空间一体化	O1-2-3	
街道慢行空间人性化	O1-3	优化道路空间，增加慢行	O1-3-1	
		注重人行安全，步行需求	O1-3-2	
		完善全龄化无障碍设计	O1-3-3	
街道节点弹性精细化	O1-4	交叉口精细化	O1-4-1	√
		市政设施精细化布置	O1-4-2	
		公交站点布局优化	O1-4-3	
		与沿线出入口衔接精细化	O1-4-4	√
街道设施智能纯净化	O1-5	地上设施集约化、隐形化、景观化处理	O1-5-1	√
		地下管网集约布设，共沟（不）共井设计	O1-5-2	
道路材料本土绿色化	O1-6	就地取材，设计本土化	O1-6-1	
		采用新型路面技术	O1-6-2	
		采用废旧材料再生产品	O1-6-3	
优化布局，加强工程管线综合统筹	O3-1	摸清底数，新旧管网信息化管理	O3-1-1	
		综合设计，统筹老旧管网科学布局	O3-1-2	
集约用地，市政管网系统廊化敷设	O3-2	综合管廊，因地制宜精准提升管网韧性	O3-2-1	√
		小型管廊，经济集约灵活构建管网布局	O3-2-2	√
供水系统增强安全品质保障	O4-1	提高现状供水系统安全布局	O4-1-1	
		全生命周期理念实施供水系统更新改造	O4-1-2	

续表

设计策略	策略编号	技术措施	技术措施编号	应用解析
污水系统提高综合治理效果	O4-2	合理选择排水体制和方式	O4-2-1	
		适应性污水系统更新措施	O4-2-2	
		应用非开挖更新技术减少施工影响	O4-2-3	
雨水系统提高防涝安全保障	O4-3	多措并举提高雨水系统排水能力	O4-3-1	
		系统化推进海绵城市建设	O4-3-2	√
非常规水资源加大循序利用	O4-4	完善并提升再生水设施布局	O4-4-1	√
		加大非常规水资源循序利用	O4-4-2	√

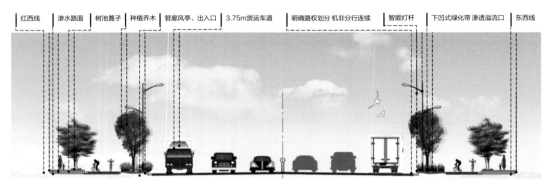

街道断面图

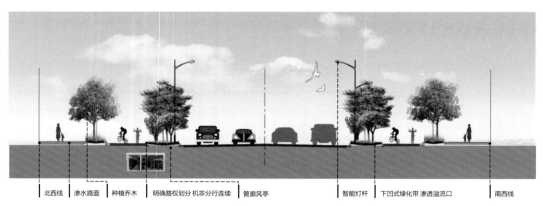

街道管廊断面图

O1-1-3　多专业协同设计
O1-2-2　一街一策，补齐街道要素

道路、管廊、直埋管线、廊内管线协同设计，设计包含道路、交通、结构、给水排水、强弱电、热力等专业；公共市政与建筑场地市政管网无缝

对接，最后一公里高效衔接。
O1-4-1　交叉口精细化

1. 在保证各种车辆可靠通行的前提下，道路交叉口采用小转弯半径，交叉口缘石采用9～10m，单位出入口采用3～4m，通过缩小缘

石半径降低右转车速，缩短人行过街距离，增加慢行过街等候区，保障人行过街安全。

2．在单位出入口机动车道设置全宽式坡道或抬升式坡道，由传统的车行连续转变为人行连续。

O1-4-4　与沿线出入口衔接精细化

设计过程中针对沿线地块出入口、地块管线预留等方面及时跟踪，多轮沟通协商，适当控制出入口间距及数量，保证竖向高程合理衔接，确保交通贯通、衔接顺畅。

O1-5-1　市政设施集约化、隐形化、景观化处理

1．敷设综合管廊建设以集约利用地下空间，精细化布置管综断面、检查井位置，应用BIM技术从设计端解决各类管线间、管线与管廊间竖向冲突等问题。

2．按照"多杆合一、能合则合、能减则减"的原则，对交通设施和路灯进行统一化设计。高效融合照明、监控、无线网络、物联网中继、信息发布等多功能。

O3-2-2　小型管廊，经济集约灵活构建管网布局

1．采用综合管廊建设理念对机场飞行区、航站区、工作区的给水、再生水、电力、通信、热力、燃气、雨水、污水等全种类管线，结合场站设施分布、用户需求、道路路网走向、地形地势等要素进行系统性梳理规划，集中敷设主干管线，优化管线支线路由。

2．依据管网规划成果，结合机场地下空间利用、功能分区、土地利用性质、道路布局、轨道交通布局、用户需求等因素统筹布局综合管廊系统，确定管廊布局及入廊管线，开展管廊设计。

3．结合机场管理需求、管廊运维要求、管线运维要求等建设涵盖实时监测、故障报警、安全防护、智能调度、应急响应等主要功能的智慧管廊系统。

O4-3-2　系统化推进海绵城市建设

采用"慢排缓释""源头分散""生态引领"的设计思路，通过合理存蓄、生态涵养将济南遥墙国际机场打造成生态交通枢纽、绿色海绵机场。工作区道路在规划设计阶段考虑海绵设施，人行道采用透水砖铺装，雨水口设置在绿化带内，路面雨水经过绿化种植截流后排入雨水口。

O4-4-1　完善并提升再生水设施布局

污水收集后统一排至临空污水处理厂进行处理，场区内无污水处理设施。为充分利用再生水资源，机场道路和管廊建设时预留再生水管线敷设空间，并满足全场使用再生水的条件，为后续场区利用再生水进行绿化灌溉、道路冲洗提供条件。

O4-4-2　加大非常规水资源循序利用

济南遥墙国际机场利用雨水和再生水等非常规水资源利用包括雨水和再生水，机场全场考虑设置4座雨水调蓄池，一方面可以调蓄雨水，减轻下游雨水排放压力，另一方面可以充分利用雨水资源。

武当山通神大道近远期环境提升工程

项目背景

项目地点：湖北省十堰市

项目规模：总长度约6.75km，总改造规模约15.33万m²，包含二道沟村委会段、316国道和通神大道交叉口、通神大道段及周边、元和观街口、遇真宫段、玄岳门等节点。其中通神大道长度约1.9km，改造规模约3.4万m²。

问题研判

目前现状路面铺装破旧，慢行系统不连续，道路周边绿化品质过低，缺乏便民活动设施，整段道路活力氛围不足。

项目地理位置图

设计策略及技术措施应用解析

设计策略	策略编号	技术措施	技术措施编号	应用解析
街区规模化统筹更新	O1-1	片区化规划引领	O1-1-1	
		多部门统筹协作	O1-1-2	
		多专业协同设计	O1-1-3	
街区全要素融合设计	O1-2	街道与建筑群、绿化融为一体	O1-2-1	
		一街一策，补齐街道要素	O1-2-2	√
		U型空间+地下空间一体化	O1-2-3	
街道慢行空间人性化	O1-3	优化道路空间，增加慢行	O1-3-1	
		注重人行安全，步行需求	O1-3-2	
		完善全龄化无障碍设计	O1-3-3	
街道节点弹性精细化	O1-4	交叉口精细化	O1-4-1	
		市政设施精细化布置	O1-4-2	
		公交站点布局优化	O1-4-3	
		与沿线出入口衔接精细化	O1-4-4	
街道设施智能纯净化	O1-5	地上设施集约化、隐形化、景观化处理	O1-5-1	
		地下管网集约布设，共沟（不）共井设计	O1-5-2	
道路材料本土绿色化	O1-6	就地取材，设计本土化	O1-6-1	
		采用新型路面技术	O1-6-2	
		采用废旧材料再生产品	O1-6-3	

O1-2-2　一街一策，补齐街道要素

　　根据景区的需求，对每一空间和要素进行整体和局部的现状梳理研究，在有限的空间内进行街道功能的平衡及交通空间的取舍，一路一策，选择街道改造内容。

　　近期提升策略：道路铺装提升；增加街道服务设施，设置路灯；商业街宽度满足区域增加移动花箱，绿化品质提升。

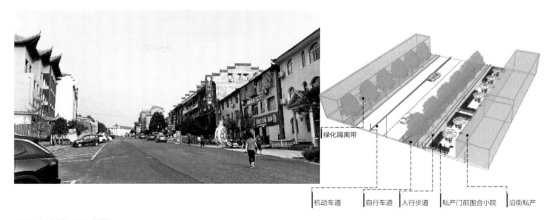

绿化隔离带

机动车道　自行车道　人行步道　私产门前围合小院　沿街私产

断面改造前后示意图

街道改造内容

改造内容	安全	活力	智慧	绿色	品质
道路通达性	√				
路面平整度	√				
过街安全设施	√				
行人及非机动车等候区	√				
慢行空间连续	√				
交通标志标线	√				
交通信号及监控	√				
街道照明	√				
中分带、侧分带、树池				√	
景观绿化				√	
口袋公园				√	
机动车停车区		√			
多功能景观设施		√			
非机动车停靠区		√			
智慧灯杆			√		
配电箱集成			√		
无障碍设置					√
休息座椅					√
出入口间距、铺装					√
窨井盖					√
建筑立面					√
垃圾箱等其他公共服务设施					√

崇礼区裕兴路与长青路道路交通集成规划方案

项目背景

项目地点：河北省张家口市

项目规模：项目用地为崇礼区主城区的裕兴路与长青路，其中裕兴路南起黑山湾桥，北至万龙路路口，全长4669m；长青路南起黑山湾桥，北至滨河西路路口，全长3751m。

问题研判

1. 功能问题——不好用

（1）车道宽度过大，设置停车后，侵占非机动车道空间。

（2）没有独立的非机动车道。

（3）道路设施位置随意，占道严重导致行人无路可走。

（4）道路设施功能缺少统筹，导致资源浪费，管护困难。

2. 美观问题——不好看

（1）设施外观与崇礼的小镇风貌不协调。

（2）设施风格缺少统一设计，难以呈现整体性效果。

项目位置图

设计策略及技术措施应用解析

设计策略	策略编号	技术措施	技术措施编号	应用解析
街区规模化统筹更新	O1-1	片区化规划引领	O1-1-1	
		多部门统筹协作	O1-1-2	
		多专业协同设计	O1-1-3	
街区全要素融合设计	O1-2	街道与建筑群、绿化融为一体	O1-2-1	
		一街一策，补齐街道要素	O1-2-2	
		U型空间+地下空间一体化	O1-2-3	

设计策略	策略编号	技术措施	技术措施编号	应用解析
街道慢行空间人性化	O1-3	优化道路空间，增加慢行	O1-3-1	√
		注重人行安全，步行需求	O1-3-2	√
		完善全龄化无障碍设计	O1-3-3	√
街道节点弹性精细化	O1-4	交叉口精细化	O1-4-1	
		市政设施精细化布置	O1-4-2	
		公交站点布局优化	O1-4-3	
		与沿线出入口衔接精细化	O1-4-4	
街道设施智能纯净化	O1-5	地上设施集约化、隐形化、景观化处理	O1-5-1	√
		地下管网集约布设，共沟（不）共井设计	O1-5-2	
道路材料本土绿色化	O1-6	就地取材，设计本土化	O1-6-1	
		采用新型路面技术	O1-6-2	
		采用废旧材料再生产品	O1-6-3	

O1-3-1　优化道路空间，增加慢行
O1-3-2　注重人行安全，步行需求
O1-3-3　完善全龄化无障碍设计

　　以问题导向、需求为引导，一体化考虑长青路、裕兴路的街道断面、空间布局，设置独立的非机动车道，保证人行流线通畅，满足冬奥城市无障碍的要求，人行道增设花箱。

O1-5-1　地上设施集约化、隐形化、景观化处理

　　打造综合设施带，集中安置道路相关设施，并采取多杆合一，统筹布局各类交通设施，结合场地条件将电箱藏于街道绿地内，提升整体街道风貌。

　　市政设施进行景观化处理，整体把控设施小品风格，契合小镇风貌，统一设计设施小品外观，展线崇礼特色。

改造前现状

改造效果

朝天门广场片区更新项目

项目背景

项目地点：重庆市渝中区

项目规模：人行步道贯通提升段长约2.1km

项目类型：城市更新

桥梁类型：原桥为预制预应力混凝土T梁桥

桥梁规模：桥梁拼宽段长约720m

本项目是重庆市"两江四岸"综合治理工程的一部分，"196步道贯通"是指从洪崖洞经由朝天门广场到湖广会馆，高程位于187～201m之间，全长约2.1km滨江路人行步道的贯通和提升工程，其中桥梁更新改造段从洪崖洞到来福士段约720m，是对现状嘉陵江滨江路市政桥梁临江一侧的人行道进行拓宽。

问题研判

1. 196步道是朝天门片区游客主要沿江游览步道，现状步行空间狭窄且有多处不连续的情况，步行通达性和体验感较差，已经成为片区慢行交通系统的痛点，急需进行步道的贯通和提升改造。

2. 现状桥梁处于嘉陵江泄洪区，桥梁拓宽改造不能削减行洪断面。

3. 改造人行道紧邻嘉陵江，是"两江四岸"景观形象的重要组成部分，改造方案应考虑对景观的影响。

4. 现状桥梁大部分修建于1996年左右，年代较为久远，且在后期经过多次改扩建，对桥梁结构健康状况评价较为困难。

5. 现状桥下布置有洪崖洞车库、城市干线污水管等市政设施，且与现状桥梁结构关系密切，桥梁改造过程需保证现状设施不间断运营，因此桥梁结构方案特别是下部结构方案是本项目的技术关键点。

设计策略：

1. 分析和梳理本段人行道的功能需求和现状痛点。该段属网红景点——洪崖洞景区核心路段，人们有驻足观景、拍照打卡的实际需求，但现状人行道仅有2.5m宽且有局部路段宽度不规则、不连续，已远远不能满足使用需求。方案阶段对步行空间舒适度和景观形象进行分析

196高程步道贯通平面示意图

论证，结合工程可实施性，确定将人行道加宽至7.0m。

2. 为了在改造中尽可能少地压缩行洪断面，采取不新建桥梁墩柱，而是对原桥墩柱和基础进行加固，并在其上架设新的桥面结构作为改造的基本策略，在技术标准上秉承实事求是的态度采取"新桥新标准，老桥老标准"的总原则，既保证安全性又能保证本项目的可实施性。

桥面人行道现状照片

桥面人行道加宽后效果图

3. 桥梁改造总体思路为：在原桥墩每个桩基础侧面各新建一对桩基础，这一对桩基础通过钢承台连系起来，然后用固定在钢承台上的钢管把原桥墩柱包起来构成组合截面，这样就实现了对原桥墩柱和基础的加固，然后在钢管上方安装预制钢盖梁，再通过钢盖梁外伸支撑拼宽的桥梁上部结构，桥梁上部结构也采用轻质高强的钢结构。该方法的核心是创造性地利用施工顺序调节新老结构受力的方式，尽量降低新建结构对原结构的不利影响，具体做法如下：

施工步骤一：新建桩基、钢结构承台、外包钢管、钢结构悬挑盖梁和上部结构，再将与1/2的人群荷载等效压重施加在拼宽桥面上，此时新建结构与原结构在受力上相互独立，新建结构自重和1/2人群荷载由新建结构自身承担，对原结构不造成任何影响。

施工步骤二：施工混凝土承台，将钢结构承台包裹起来形成整体，再将钢管和原桥墩柱之间的空隙灌注微膨胀混凝土形成钢管混凝土组合结构，此时新增结构恒载和1/2运营阶段人群活载均由新建结构承担，另外1/2运营阶段人群荷载由加固后的组合结构承担，实现了对原结构影响最小的情况下对其实施了加固。

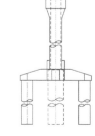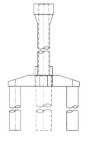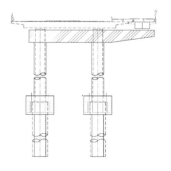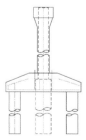

施工步骤一结构示意图　　　　　　　　　　施工步骤二结构示意图

设计策略及技术措施应用解析

设计策略	策略编号	技术措施	技术措施编号	应用解析
桥梁本体艺术化	O2-1	强调本土设计思维的艺术化表达	O2-1-1	
		提倡多专业融合的创新设计理念	O2-1-2	√
		注重桥梁与环境的和谐共生	O2-1-3	√
		巧用景观照明点亮桥梁夜景	O2-1-4	
		创造性运用现代化科技手段	O2-1-5	
桥梁结构轻量化	O2-2	以新材料、新技术的应用推进结构轻量化	O2-2-1	
		充分挖掘材料潜力，精细化控制结构安全冗余度	O2-2-2	√
		优选受力明确、高效、材料性能应用充分的结构体系	O2-2-3	√
桥梁材料绿色化	O2-3	绿色低碳混凝土技术	O2-3-1	
		钢材和合金绿色技术	O2-3-2	
		竹木及竹木复合材料	O2-3-3	
		现代木结构桥梁技术	O2-3-4	
桥梁运营智慧化	O2-4	推广使用智慧桥梁数字孪生技术提升运营效率	O2-4-1	
		引入智慧桥梁系统提升桥梁品质	O2-4-2	
桥下空间多元化	O2-5	与城市功能定位相融合，织补城市功能	O2-5-1	√
		与城市空间环境相融合，重塑城市机理	O2-5-2	
		与城市交通网络相融合，完善交通系统	O2-5-3	√

O2-1-2 提倡多专业融合的创新设计理念

本项目桥梁位于嘉陵江和长江的沿江景观带，沿岸风貌由城市规划、建筑、景观等专业进行总体规划和系统性控制。桥梁的加宽改造方案要基于以上要求，同时为了保证效果，项目进程中贯彻一体化设计理念，注重细节，建筑、景观和桥梁专业深度融合，实现最佳改造效果。

O2-1-3 注重桥梁与环境的和谐共生

1. 桥梁位于嘉陵江泄洪通道内，为最大限度地保留泄洪断面，桥梁加宽方案尽量不新增墩柱，响应城市更新低影响、轻扰动的设计理念。

2. 桥梁作为沿江景观带的立面，通过建筑和景观的设计手法进行景观化处理，自然地融入滨水环境以及城市环境中。

O2-2-2 充分挖掘材料潜力，精细化控制结构安全冗余度
O2-2-3 优选受力明确、高效、材料性能应用充分的结构体系

1. 桥梁改造中新增结构采用高强钢材，桥面铺装采用轻质材料，最大限度减小结构恒荷载。

2. 利用施工阶段对新增结构施加预加力的方式，使新增结构在完成变形后再与老结构结合，实现新老结构受力比例分配的精确控制，保证既有结构全过程受力可控，确保结构安全。

3. 利用钢材力学性能稳定、本构关系明确的特点，通过计算精确控制结构安全冗余度，减小结构尺寸和材料用量，实现结构轻量化。

O2-5-1 与城市功能定位相融合，织补 城市功能

O2-5-3 与城市交通网络相融合，完善 交通系统

现状桥下空间已自然地与城市生活深度融合，分布有停车场和品类繁多的商业店铺，但桥下空间缺乏统一规划，布局杂乱无章且整体利用率偏低，环境昏暗、杂乱、品质低下。本次桥下空间也同步进行提升改造，规划为高程180m的步道，完善城市慢行系统，对桥下业态也进行了统一规划，通过介入景观对桥下空间进行品质提升，形成宜人的城市生活空间，织补了城市功能。

人行天桥（彩虹桥功能提升）项目

项目背景

项目地点：新疆维吾尔自治区哈密市

项目规模：新建两处梯道全长约62.8m

项目类型：改扩建

结构类型：钢结构

本项目彩虹桥位于新疆维吾尔自治区哈密市，跨越广东路布置，该天桥临近哈密南粤文化中心，为该路段唯一立体过街设施。由于现状天桥主要功能是连通道路两侧公园，出入口均设置于公园内，距离市政路距离较远，市政路上的过街行人需要绕行上百米才能到达现状出入口，使用起来非常不便利。本项目是为过街人行天桥在市政路路侧位置新建上下梯道，方便行人上下天桥，提高天桥使用效率，同时对周边公园景观和场地进行恢复性更新改造。

问题研判

1. 现状天桥具有明显的景观桥特征，新建梯道在形象上应进行重点考虑，处理好新与旧的关系以及新建梯道与场地的关系。

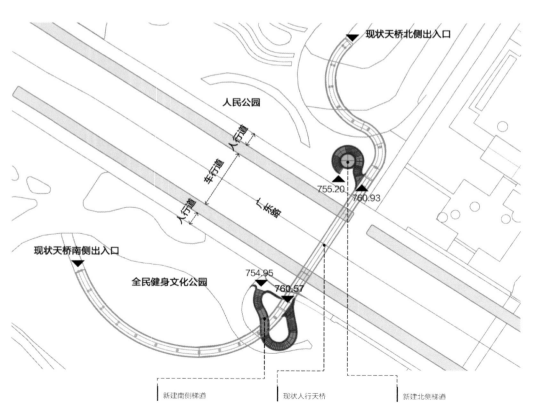

彩虹桥新建梯道平面示意

彩虹桥增设两处上下梯道

新建梯道与旧桥关系平面图

新建梯道效果图

2．梯道处地下布置有现状天桥的独立基础，地上分布有多棵现状景观树木，梯道平面以及基础的布置应对原桥基础和现状树木进行避让，平面布局受限。

3．原桥结构的运营状态和安全储备难以评定，因此此改造过程中应尽量避免对原桥结构造成影响。

设计策略

1．本项目将园林景观、建筑艺术和桥梁工艺充分融合，在满足使用功能的基础上，梯道方案不采用效率优先的正交直线型布局，而是延续原桥设计风格，蜿蜒迂回自然延展，与街边公园步道系统、园林景观一体化设计，实现了功能和景观的同步提升。

2．梯道平面布置曲线布局精准，避开原桥大体量的独立基础和场地现状树木，既保证了方案的可实施性，又对现状进行了有效保护。

3．梯道结构通过悬挑的形式与原桥进行衔接，并在衔接处采用断缝处理，受力体系上各自保持独立，对原桥结构不构成影响，与原桥界面清晰、各自受力明确。

4．为了塑造梯道轻盈飘逸的形象，桥梁结构采用钢结构，墩柱样式和尺寸与原桥协调一致；墩柱和主梁焊接形成整体；墩梁之间不设支座，简洁干净，提升了梯道整体表现力。

设计策略及技术措施应用解析

设计策略	策略编号	技术措施	技术措施编号	应用解析
桥梁本体艺术化	O2-1	强调本土设计思维的艺术化表达	O2-1-1	
		提倡多专业融合的创新设计理念	O2-1-2	√
		注重桥梁与环境的和谐共生	O2-1-3	√
		巧用景观照明点亮桥梁夜景	O2-1-4	
		创造性运用现代化科技手段	O2-1-5	
桥梁结构轻量化	O2-2	以新材料、新技术的应用推进结构轻量化	O2-2-1	√
		充分挖掘材料潜力，精细化控制结构安全冗余度	O2-2-2	√
		优选受力明确、高效、材料性能应用充分的结构体系	O2-2-3	√
桥梁材料绿色化	O2-3	绿色低碳混凝土技术	O2-3-1	
		钢材和合金绿色技术	O2-3-2	
		竹木及竹木复合材料	O2-3-3	
		现代木结构桥梁技术	O2-3-4	
桥梁运营智慧化	O2-4	推广使用智慧桥梁数字孪生技术提升运营效率	O2-4-1	
		引入智慧桥梁系统提升桥梁品质	O2-4-2	
桥下空间多元化	O2-5	与城市功能定位相融合，织补城市功能	O2-5-1	
		与城市空间环境相融合，重塑城市机理	O2-5-2	
		与城市交通网络相融合，完善交通系统	O2-5-3	

O2-1-2　提倡多专业融合的创新设计理念

项目方案突出融合的设计理念，将场地环境、园林景观、桥梁艺术作为整体一体化制定改造方案，新旧结构自然衔接，各专业充分融合，实现桥梁功能和环境品质的同步提升。

O2-1-3　注重桥梁与环境的和谐共生

项目场地位于城市公园内，新建梯道平面通过曲线布置精准避开原桥大体量的独立基础和场地现状树木，最大限度保护现状，同时对公园场地的景观风貌和慢行路径进行重新规划，让本期工程与场地自然融合。

O2-2-1　以新材料、新技术的应用推进结构轻量化

O2-2-2　充分挖掘材料潜力，精细化控制结构安全冗余度

新建梯道结构为不规则空间曲线，结构受力复杂，应力集中现象突出，这种"短板效应"容易造成构造尺寸偏大、材料强度利用不充分等问题，设计中通过调整跨径、墩柱和主梁刚度等措施精细化调节结构受力状态，使结构各部受力均衡协调，达到理想的受力状态。

O2-2-3　优选受力明确、高效、材料性能应用充分的结构体系

新建梯道结构采用高强钢材，上部结构采用空间梁格体系而非整体式钢箱梁，各部构件受力明确，构件尺寸和板厚可根据受力精准调整，便于结构轻量化、节省材料、降低造价。结构整体呈现出轻薄通透的效果。

南京市小西湖历史地段小型管廊项目

项目背景

项目地点：南京市小西湖历史风貌区

项目规模：628m

项目类型：改建

项目位于南京市小西湖历史风貌区，历史悠久，但公共设施落后。基于"在保持原有建筑肌理、街巷宽度的前提下，又要适度更新各类市政管线"的市政设施更新思路，项目采用"小型综合管廊"敷设方案在小西湖地块探索实施。项目在2～4m的狭窄街巷，安全集约地敷设了给水、通信、电力、雨水、污水等管线，极大提升了市政基础设施安全性，为片区更新提供了有效支撑。

小西湖小型管廊平面布局图

问题研判

片区长期存在雨污合流、市政和建筑消防设施不足、电力通信架空敷设等"顽疾"，管线老旧腐蚀严重，存在安全隐患，影响居民生活品质。

街巷空间狭窄，需敷设电力、通信、给水、消防、雨水、污水等多种管线，采用直埋敷设的方式地下空间不足，无法进行现代化市政管网改造。

O3-1-2　综合设计，统筹老旧管网科学布局

在历史研究和现状分析的基础上，参与修建性规划的道路组织、用地布局和保护更新策略的讨论，以历史格局保护为前提，兼顾地块活化利用对交通、消防和工程管线设施的需求，开展工程管线综合的系统规划。规划保护并利用现状3～4m宽的主要历史街巷小西湖巷和堆草巷，通过拆除个别后期搭建建筑和院墙，向东连通宽度略大于3m的西湖里巷东段，构成全线宽度3m以上、呈不规则十字形均匀分布的小型综合消防车道兼限行机动车道系统，沿路布置主干小型综合管廊。其他3m以下支巷内布置支巷管廊或直埋，与主管廊相互配合，确保全部216个产权单元获得与之用地功能相匹配的市政供给。

O3-2-2　小型管廊，经济集约灵活构建管网布局

为适应街巷宽度、建筑基础和业态布局变化，小西湖小型综合管廊最终细分为17 种不同的断面施工图。典型断面总宽2.9m，深2.1m，采用1主舱2耳舱结构，各舱上部均预留300mm的管线上引入户或横穿街巷的空间。主舱内部空间较大可通行检修，两侧舱壁上架设信息光缆、1 根市政给水消防合用管，以及由3 根给水管组成的区域性建筑消防环网，底部设置内置检查井的污水管。两侧耳舱埋深较浅，分别作为电力、燃气（细砂填充）和雨水舱。

设计策略及技术措施应用解析

设计策略	策略编号	技术措施	技术措施编号	应用解析
优化布局，加强工程管线综合统筹	O3-1	摸清底数，新旧管网信息化管理	O3-1-1	
		综合设计，统筹老旧管网科学布局	O3-1-2	√
集约用地，市政管网系统廊化敷设	O3-2	综合管廊，因地制宜精准提升管网韧性	O3-2-1	
		小型管廊，经济集约灵活构建管网布局	O3-2-2	√

方案阶段考虑到街巷狭窄，小型综合管廊施工只能垂直开挖，为避免影响两侧建筑基础安全，采取先直接从地面打入旋喷桩和微型树根桩完成主舱室支护后，再截去上部桩头，开挖两侧耳舱基坑。小型管廊采用渐进性微更新原则，分段推进，每次开挖施工20m，减少施工影响。施工过程中做好沿线房屋临时支撑防护，并进行全程监测。

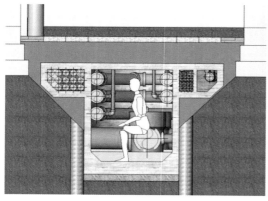

小西湖小型管廊断面效果图及建成实景图

北京市西城区力学胡同片区地下管线及其他设施梳理提升项目

项目背景

项目地点：北京市西城区

项目规模：12条胡同

项目类型：改建

项目位于北京市西城区，隶属首都功能核心区。项目是落实核心区控规指引，突出规划引领，加强道路公共空间管控，提升城市地上地下一体化、精细化管理水平，结合拆除违建、交通市政更新等工作，恢复老城传统风貌，重塑古都文化精华区风貌。本项目对力学胡同等12条胡同的地下设施进行摸排，分析现状存在的问题并提出相应的解决措施。

问题研判

力学胡同片区包括12条胡同，其中大胡同2条（太仆寺街、力学胡同），小胡同10条。12条胡同现状主要敷设有给水、排水（雨污合流）、燃气、热力、电力、照明、通信等管线。通过本项目对胡同市政部分存在的问题进行梳理，形成问题解决清单，为后续相关项目的实施提供解决思路和方案。常见的历史街区胡同市政部分存在的问题及解决方案见下表。

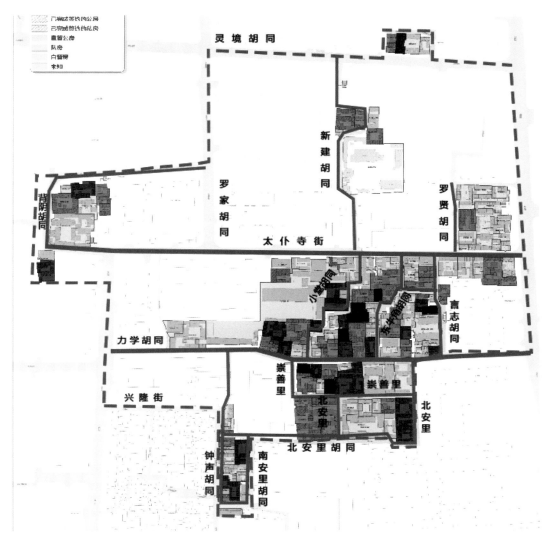

力学片区12条胡同平面布局图

历史街区胡同市政部分存在问题及解决方案

问题分类	序号	存在问题	解决方案
管网超期服役，标准偏低	1	管道老化需更新改造，部分胡同排水设施仍为1949年前后铺设的合流管道等	管网更新改造
	2	部分管线腐蚀严重，管材质量偏低，维修频繁	管网更新改造
	3	雨污水管为刚性连接的平口管和企口管，检查井有下沉现象，部分污水管道已超负荷	管网更新改造
	4	管道标准偏低，雨水重现期低，电力负荷不足	管网更新改造
	5	雨污合流，雨污管道存在错接、混接、断头管现象	雨污分流改造，增设雨水或污水管线

续表

问题分类	序号	存在问题	解决方案
市政设施统筹不足	6	胡同狭窄，资源不整合，道路地下空间利用低效	优化管线布局，布置管线尽量只为本片区服务以节约空间；设置小型管廊，充分利用地下空间
	7	各类工程建设难统筹，存在"马路拉链"现象	结合片区定位，充分考虑片区需求，各类管线尽量一次敷设到位
	8	市政设施陈旧，无法满足现代化需求	管线及附属设施改造、市政设施智能化改造等
	9	道路井盖多，井盖、雨水口位置与行道树、路缘石等冲突，影响整体景观效果	加强井盖、强弱电箱体、线缆等设施的隐形化、小型化、景观化处理
	10	箱体占地面积大，影响步行环境和城市景观	地上地下市政设施改造，市政附属设施集约、紧凑、一体化设计（多杆合一，多箱并集等）

经过现状调研及与管线产权单位对接，力学胡同片区市政管线部分改造需求主要包括给水管线老旧、燃气管线老旧、排水管线消隐、雨污分流、热力管线明铺入地等。

设计策略及技术措施应用解析

设计策略	策略编号	技术措施	技术措施编号	应用解析
优化布局，加强工程管线综合统筹	O3-1	摸清底数，新旧管网信息化管理	O3-1-1	
		综合设计，统筹老旧管网科学布局	O3-1-2	√
集约用地，市政管网系统廊化敷设	O3-2	综合管廊，因地制宜精准提升管网韧性	O3-2-1	
		小型管廊，经济集约灵活构建管网布局	O3-2-2	
供水系统增强安全品质保障	O4-1	提高现状供水系统安全布局	O4-1-1	
		全生命周期理念实施供水系统更新改造	O4-1-2	√
污水系统提高综合治理效果	O4-2	合理选择排水体制和方式	O4-2-1	√
		适应性污水系统更新措施	O4-2-2	
		应用非开挖更新技术减少施工影响	O4-2-3	
雨水系统提高防涝安全保障	O4-3	多措并举提高雨水系统排水能力	O4-3-1	√
		系统化推进海绵城市建设	O4-3-2	
非常规水资源加大循序利用	O4-4	完善并提升再生水设施布局	O4-4-1	
		加大非常规水资源循序利用	O4-4-2	

O3-1-2 综合设计，统筹老旧管网科学布局

力学胡同片区部分管线建设年代较久，管线有消隐和提升改造需求，单管线或单市政部分的改造无法系统解决片区问题，后期有重复破路可能，影响街区整体改造效果。该片区对院落、院落外公共空间和市政、交通等进行系统考虑，统一实施改造。

当历史文化街区空间内管道敷设较多时，街区空间无法按照规范要求敷设管道，因此力学胡同等历史文化街区管线改造时对多管线敷设进行统筹、集成与创新，考虑电力和通信管线同槽敷设的可能性。力学胡同片区改造时对大胡同（力学胡同、太仆寺街）管线敷设有各管线单独敷设和小型管廊方案，并对两种方案进行比选，结合项目实际确定最优方案。

根据产权院落的功能、用地及建筑面积测算

院落所需的管线类型及其容量、接口位置，充分考虑后期活化利用中增容、增项需求，分专业细化管线系统图。

O4-1-2 全生命周期理念实施供水系统更新改造

力学胡同片区给水管线的建设年代为1979~2017年，管线管径$DN25~DN300$，给水管材为球墨铸铁管、铸铁管、钢塑复合管等。现状给水管线存在材质老化，管径偏小等问题。为提高供水安全和满足消防要求，对力学胡同片区给水管线进行更新改造，材质采用球墨铸铁管、柔性接口。当胡同狭窄（宽度小于4m），无法满足消防车通行要求时，铺设地下干式消防供水管，利用停靠在市政路边的消防车为胡同区内部提供灭火水源。

O4-2-1 合理选择排水体制和方式

历史文化街区基于现状和保护要求，街巷空间狭小且拓宽难度大，雨污水管线敷设条件复杂，为满足院落排水功能需要创新雨污水收集排放模式。对历史文化街区雨污水收集模式进行梳理研究，为后续相关项目的实施提供参考和案例。

力学胡同片区现状为雨污合流管道，排水管线的建设年代为1950~1982年，管龄均已超过40年，管径范围$D=300mm~630mm×1150mm$。院落现状污水与雨水一同排至胡同合流管线，胡同设有公共卫生间。院落改造是将厕所、厨房入院，满足做饭、淋浴等生活居住需求。力学胡同片区现状排水存在雨污合流，部分胡同污水管线缺失、管道埋深过浅等问题。为减少合流污染，满足院落排水需求，对片区合流管线进行系统改造，院落内进行雨污分流并增设化粪池，胡同进行雨污分流改造。

O4-3-1 多措并举提高雨水系统排水能力

力学胡同片区现状合流管线排水标准偏低，为使改造后雨水设施满足相关设计标准，雨水系统改造采用合理划分排水分区、提高雨水系统设计标准等方案。雨水排除根据胡同特点采用敷设雨水管沟、铺设线性排水沟、雨水地面流等方式解决。利用和延续各街巷的现有路网、地面坡度开展雨水设施平面及竖向规划，尽可能利用或修复现状排水系统。

正定自贸区综合管廊口部精细化设计创新示范

项目背景

项目地点：河北省石家庄市正定新区

项目规模：3km综合管廊16个通风口

问题研判

综合管廊通风系统及通风口部常规设计以满足管廊使用功能为优先，设计思路较为简单，导致通风口出地面部分结构尺寸较大，导致形成了"炮楼"林立的现象。当前管廊通风口设计存在以下问题：

1. 一些通风口结构尺寸过大，不符合当下建筑节能、绿色环保等新理念，同时较大的通风口位于马路绿化带中影响城市交通视线，造成一定的安全隐患。

2. 一些通风口设计较为简单粗放，景观效果差，影响了城市景观，破坏了整体城市风貌预期，与建设美丽城市、人民日益增长的精神文化需求不符。

3. 普遍采用现浇混凝土结构，整体施工周期长，同时也不便于后期地面进出等运营维护。

设计策略及技术措施应用解析

设计策略	策略编号	技术措施	技术措施编号	应用解析
街区规模化统筹更新	O1-1	片区规划引领	O1-1-1	
		多部门统筹协作	O1-1-2	
		多专业协同设计	O1-1-3	
街区全要素融合设计	O1-2	街道与建筑群、绿化融为一体	O1-2-1	
		一街一策，补齐街道要素	O1-2-2	
		U型空间+地下空间一体化	O1-2-3	
街道慢行空间人性化	O1-3	优化道路空间，增加慢行	O1-3-1	
		注重人行安全，步行需求	O1-3-2	
		完全全龄化无障碍设计	O1-3-3	
街道节点弹性精细化	O1-4	交叉口精细化	O1-4-1	
		市政设施精细化布置	O1-4-2	√
		公交站点布局优化	O1-4-3	
		与沿线出入口街接精细化	O1-4-4	
街道设施智能纯净化	O1-5	地上设施集约化、隐形化、景观化处理	O1-5-1	√
		地下管网集约布设，共沟（不）共并设计	O1-5-2	
道路材料本土绿色化	O1-6	就地取材，设计本土化	O1-6-1	
		采用新型路面技术	O1-6-2	
		采用废旧材料再生产品	O1-6-3	

O1-4-2 市政设施精细化布置

首先，对通风风量进行精细化核算，在标准规定的条件下，通过详细调研、现场运行实测、参数精细核定等方式对改造项目通风风向进行精细化计算，减少过多通风余量。

其次，消除通风口出地面大型构筑物，通风口采用平格栅设计，通风口出地面高度统一为高出设计地面300mm。对于平格栅设计带来的防雨防倒灌能力降低问题，创新研发了可开闭式防雨百叶及相关运维策略，可防小到大雨，以及城市内涝。

最后，根据新型设计带来通风及防雨防涝策略变化，对通风节点内部工艺设计进行精细化改造，通风节点夹层内部设置雨水收集池，通过排水导管排至管廊内排水沟，进而通过廊内集水坑排出管廊。

O1-5-1 地上设施集约化、隐形化、景观化处理

对改造后的地面通风口进行景观改造处理，使管廊出地面口部与城市区域整体风貌保持一致，实现管廊通风口部的景观化和隐形化。

一体化装配式可开闭通风百叶设备

通风口部改造前后对比图

5.5 未来展望

5.4.1 街道展望

街道作为践行城市高品质发展的空间载体，是新时代满足人们美好生活和交往的重要空间，是城市高质量发展转型的催化剂，需要不断实践探究，突破创新，探索内涵集约式发展新路，让街道回归生活。

1. 建立全方位、多层次防控体系的安全街道

未来街道的安全管理将更加智能化和高效化。通过引入智能交通系统实时监控交通状况，有效预防和减少交通事故的发生。在车路协同的背景下，加强对市政设施的安全防护和应急处理能力，确保设施在遭受外部攻击或自然灾害时能够迅速恢复运行。

2. 打造充满生机、多元化的活力街道

街道将不仅是交通通道，更是市民交流、休闲和娱乐的场所。通过举办各种文化、艺术和体育活动，吸引市民和游客参与，商业和服务业也将得到进一步发展，激发街道的活力。

3. 借助先进的信息技术和智能设备的智慧街道

未来街道将实现道路基础设施、智能汽车、运营服务、交通安全管理系统、交通管理指挥系统等信息互联互通和智能化管理。市政设施智能化改造将提升设施的运行效率和管理水平。

4. 追求生态、环保和可持续发展的绿色街道

未来街道将更加注重绿色环保，通过优化绿化、雨水利用、节能照明等手段，打造宜居的生态环境。建筑材料和设施也将更加注重环保和可持续性，使用可再生资源和节能技术减少对环境的影响。

5. 注重细节和品质提升的多元化街道

未来街道将不再单一，而是融合了多种功能和元素的公共空间，适合多样的公共用途，承担休闲、娱乐、文化等多种功能，更加注重人们的出行体验，将充分考虑人们的视觉、听觉、触觉等感受，提供舒适、安全的出行环境。

5.4.2 桥梁展望

过去在市政基础设施增量发展时期，桥梁建设的目标是用尽可能小的代价建造更多更实用的桥梁，以满足使用功能为主，而在强调高质量发展的今天，桥梁正在由过去的注重功能慢慢向追求品质转化，在城市的存量发展阶段，桥梁仍然有很多的发展机会：

1. 建筑、景观与桥梁跨界融合

将建筑和景观的创作逻辑和设计手法应用于桥梁创作当中，创造多专业跨界融合的多元化桥梁新美学，为桥梁的创作提供更多的可能性，推动桥梁的艺术创新、文化创新、技术创新，满足人们多样化需求。

2. 装配式、智能化的建造方式

随着全球对绿色低碳发展和可持续发展的日益关注，装配式桥梁作为一种创新的建造模式，正在受到越来越多的重视。其特点在于大量减少现场作业，降低湿作业对环境的干扰，提高施工效率，并可融合先进的数字化技术，使建造过程更为环保、高效和智能。

3. 基于新材料应用的新型结构体系

目前绝大部分桥梁都是由混凝土和钢材建造的，其结构类型、技术规范、建造工艺、工程经验等都是基于这两种常规材料，经过多年的实践和发展，在日趋成熟的背后也成为桥梁发展的瓶颈，要想突破瓶颈实现更高质量的发展，就需要从根本上进行创新，构建新的建构体系，而材料创新就是最根本的驱动力。

4. 架空桥梁在灵活适变新型交通体系中的应用

在城市更新当中，在既有城市空间条件下面临新的交通需求时，通过架空桥梁构建立体交通系统，是改善城市地面交通、集约利用土地、提高交通效率的最有效的方式之一。

5.4.3 管网展望

市政基础设施是保障城镇居民生活和社会经济发展的生命线，需要从绿色、智能、协同、安全着手，构建安全韧性、数字转型、智能升级、融合创新等服务的市政基础设施体系，从而实现市政基础设施可持续发展。

1. 强调市政管网的系统性、协同性、整体性

强化城市雨水和污水资源化，推进污水提资增效工作，全域系统化推进海绵城市建设，加强水安全、水资源、水环境、水生态"四水"统筹，实现整个水系统的整体保护、系统修复、综合治理。

增强市政管网设施的薄弱环节，加快给水、燃气和供热等老旧管网更新改造，并根据能入尽入的原则推进市政管网的入廊建设，提高市政管网的安全运行和有效监管。

充分发挥城市综合管理信息平台作用，将城市地下市政基础设施日常管理工作逐步纳入平台，建立信息动态更新机制，提高信息完整性、真实性和准确性。远期将综合管理信息平台与城市信息模型（CIM）基础平台深度融合，完善管网实时监控、模拟仿真、事故预警等功能，逐步实现管理精细化、智能化、科学化。

2. 完善市政管网全生命周期管理机制

城市基础设施全生命周期管理是指从城市基础设施建设的规划、设计、建设、运营到废弃处理等各个阶段。对城市基础设施进行全过程的管理，以实现资源的高效利用和环境的可持续发展。落实"全生命周期管理"理念，统筹规划建设的各个环节，强化对废弃市政管网设施的处置，实现全流程监管，从而持续推进市政管网高质量发展。

3. 加强智慧管网的大规模、常态化应用

智慧管网是一种集信息化、自动化、智能化等多种技术于一体的管理系统。它利用现代科技手段，通过传感器、通信设备、自动控制技术等手段，实现对市政管网的实时监测、控制和优化，从而提高管道运行效率，减少能源浪费和环境污染。随着智慧管网的实施，管网数字孪生会逐步成为现实，推动综合管理信息平台采用统一数据标准，消

除信息孤岛，促进城市"生命线"高效协同管理。

5.4.4 管廊展望

在城市更新的进程中，市政管廊和小型管廊的建设将迎来前所未有的发展机遇。通过规划先行、设计创新、施工革新以及新技术的融合应用，构建更加安全、高效、智能的城市地下管线系统，为城市的可持续发展和居民的高品质生活提供有力保障。

1. 规划先行：构建城市地下管线新蓝图

在城市更新的大背景下，规划先行显得尤为重要。对于市政管廊和小型管廊的建设，规划不仅关乎管线的有序布局，更是城市未来发展的重要基石。通过深入调研、科学预测，制定出与城市发展相匹配的管廊建设规划，既满足当前需求，又具备扩展灵活性。

2. 设计创新：精细化与智能化引领潮流

管廊设计将更加精细化和多样化。通过精确计算、优化布局，实现管线空间的高效利用。同时，创新管廊类型，实现管廊与其他构筑物融合设计，集约利用地下空间。

3. 施工革新：高效环保，打造绿色工程

施工是管廊从蓝图变成现实的关键。采用预制装配式构件、机械化施工等技术手段，提高施工效率。同时，注重环保要求，选择低噪声、低污染的施工设备和方法，实现绿色施工，降低对环境的影响。

4. 运维安全：确保管廊长期稳定运行

为确保管廊的稳定运行，需要建立完善的运维管理体系，包括定期检查、维修保养、应急响应等。同时，运用智能化手段，实时监测管廊运行状态，及时发现并处理潜在问题，降低人力成本，保障管廊安全。

5. 新技术融合：推动管廊建设迈向新高度

随着科技的不断发展，新技术在管廊建设中的应用将越来越广泛。如，新型材料如高性能混凝土、复合材料等，可以提升管廊的耐久性和安全性；数字孪生技术则能实时监测管廊的运行状态，及时发现并处理潜在问题。

6

6.1—6.5

结构

STRUCTURAL ENGINEERING

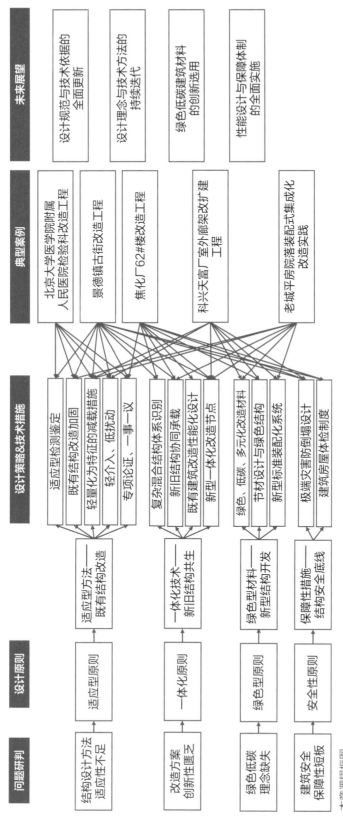

本章逻辑框图

6.1 问题研判

基于现阶段城市更新实践的经验分析，现有方法和技术依然存在诸多不足，具体表现为：结构设计方法适应性不足、改造方案创新性匮乏、绿色低碳理念缺失、建筑安全保障性短板，具体论述如下：

结构设计方法适应性不足

城市更新项目普遍存在检测鉴定与改造设计方法粗犷、规范技术要求缺乏针对性，改造设计策略适应性不足，改造施工技法低效等问题。直接作用的结果表现为：检测鉴定成果作为设计依据缺乏适应性问题；普遍存在的非必要过度加固问题；针对性不足的规范计算与实际关键位置的措施缺失问题；针对复杂结构体系处理方案的灵活性不足问题；集中采用低效能、长周期的人力密集型加固施工手段问题；未能实现具体问题具体分析区别化设计问题。

改造方案创新性匮乏

现阶段针对既有建筑的改造设计方法依然是主流的抗力型设计手段。针对复杂结构体系的改造设计方法与分析方法尚未系统构建；针对新旧结构体系协同工作与性能化设计的关键技术缺失；针对改造项目的新型节点样式研发与使用经验不足；针对改造项目的适用的标准装配化技术和装配式构件样式尚未出现。

绿色低碳理念缺失

建筑结构改造材料选用及建筑结构改造体系的构建依然以传统材料、传统体系为主流。对于新型结构材料应用不足，缺少绿色、低碳建材应用；改造设计未考虑减载、节材、美观的综合技术要求；建筑材料利用率偏低、构件承载模式合理性不足；高强度材料、耐久性材料应用受限。

建筑安全保障性短板

尚未建立系统的极端灾害防治手段与全生命周期房屋监测机制。具体表现为：罕遇地震、台风等极端灾害条件下的风险识别与规避能力不足；尚未提出系统的房屋体检制度，缺乏全生命周期房屋安全保障、监测机制。

6.2　设计原则

考虑到城市更新项目设计的现状问题和迫切需求，以因地制宜、绿色低碳、创新发展为指导性基本原则，提出基于结构专业的设计原则。

适应型原则

1. 适应型检测鉴定技术，是针对改造结构的实际情况进行的精细化检测和适应性鉴定；

2. 既有结构改造加固技术，关键内容可分解为改造设计模式的识别、改造设计参数的确定、改造施工技术的选择；

3. 轻量化设计策略，是利用荷载控制策略，实现低荷载，甚至自平衡的改造前置条件，有效控制土建改造工程量；

4. 轻介入、低扰动方法，是新旧结构间采用脱开或者轻连接方式，尽量降低改造部分对既有结构的不利影响；

5. 专项论证、一事一议，是结合改造项目的实际情况，针对性选择改造设计方法，并依托专家论证的方式保证结构实际安全。

一体化原则

1. 复杂混合体系适应性识别，针对既改建筑结构体系复杂、多种体系常见交错布置的实际情况，提出系统性对应设计措施；

2. 新旧结构协同承载体系，通过设置新结构、子结构等方式，实现新旧结构"共生"关系，新老结构协同承载，共同工作，全面更新传统改造结构的设计方式；

3. 既有建筑改造性能化设计，依据新旧结构性能差异、既有结构实际承载状态，针对性采用适应型性能设计方式，提出安全、合理、可行的性能目标，保证改造结构实际安全；

4. 一体化新型改造节点样式，基于改造设计方法更新，提出对应的新型节点连接样式，保证改造体系共同工作。

绿色型原则

1. 绿色低碳多元化建筑材料，具体包括胶合木材料、重组竹材料、铝合金材料等，兼具低碳、高强、轻量化特征，结合项目情况具体选用；

2. 节材设计与绿色结构，选择合理的结构承载体系、选用高强度高耐久性的结构材料，有效降低结构材料用量、提升结构设计使用年限；

3. 新型标准装配化系统技术，结合改造项目情况，依据项目条件开发新型装配化构件、提出新型装配化安装方式，有效提升生产、加工、安装效率。

安全性原则

1. 极端灾害防连续倒塌设计，在罕遇地震、台风等极端天气条件下保证改造结构"不倒塌"的基本技术要求；

2. 建筑房屋体检制度，利用定期、规范的房屋体检，实现对改造建筑的规律性检测监控，保证改造结构整个生命周期运维安全。

6.3 设计策略及技术措施

Q-1 适应型方法——既有结构改造

Q-1-1 适应型检测鉴定

依据房屋在更新改造过程中的建筑使用功能、结构荷载条件、抗侧力体系变化情况，采用适应型检测鉴定方法，合理设定安全性鉴定与抗震鉴定的执行范围与判定标准，提供适应建筑现状和改造需求的检测鉴定结论及后期改造加固建议。

1. 既有建筑结构测绘与检测

城市更新项目中的既有建筑通常情况下因建设年代久远，较难取得现状建筑结构竣工图纸。即便可以获取设计图纸，也大概率存在图纸内容不完整、图纸与现状不匹配、图纸未表达后期改造等情况。因此需要针对性系统测绘复原设计图纸/竣工图纸，明确测绘深度及控制标准，满足改造设计前置资料需求。结构专业的需求包括但不限于：构件平面布置与标高关系、构件截面尺寸、构件材料强度、配筋直径与间距、构件支撑条件、局部节点构造等内容。

2. 既有建筑适应型结构鉴定

依托系统性的结构测绘、检测成果，按照结构安全性鉴定和结构抗震鉴定的区分，明确针对改造结构差异化建筑类型依据其重要性程度、安全性需求、建筑文化传承需要等特征，选用适应型鉴定标准和方法，提供适合现状、保证安全、兼顾经济的鉴定结论和加固建议。对于历史建筑等需要重点考虑建筑文化传承的改造项目，鉴定标准优先考虑结构实际安全，尽量避免过度的严苛鉴定结论引起的大拆大改；对于装修改造为主的更新项目，由于整体结构的荷载情况和抗侧力体系未出现显著调整，优先考虑既有结构的竖向承载安全性能，对于结构抗震性能可以基于维持现状或部分提升的控制标准进行鉴定标准控制；任何类型的改造建筑鉴定中，如出现重点安全隐患部分则应从严控制。

案例应用：北京某大型商业综合体建筑，改造前

进行适应型结构检测鉴定，针对结构现状进行系统化检测工作，并依据改造模式进行适应型鉴定评估。典型检测结果（局部楼盖裂缝分布示意）如下图所示。

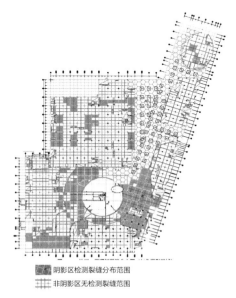

▨ 阴影区检测裂缝分布范围
▦ 非阴影区无检测裂缝范围

典型检测结果（楼盖裂缝分布）示意图

Q-1-2 既有结构改造加固

城市更新设计中，既有建筑的改造加固是工作范围最大、实施内容最多、与安全和造价关联性最密切的重要部分。以现行规范体系为依据，充分考虑项目的具体特征，选择合理的改造设计模式和方法，对于建筑结构改造成果的安全性、实用性、经济性都至关重要。

1. 结构改造设计模式的识别

考虑到既有建筑改造项目中建筑现状及改造需求的巨大差异性，需依据实际情况确定结构改造设计模式，这对于整个项目的改造设计至关重要，需作为优先确认的内容。

（1）装修改造设计模式

该模式适用于以下情况：整体结构的荷载条件未发生显著变化；整体结构的建筑功能未发生显著变化；整体结构的施工功能未发生显著变化。

满足上述条件，即意味着既有建筑的主体结构承载体系和使用条件未发生显著变化，在改造设计中可以判定为延续或不降低原设计安全标准。故在该类型的改造设计中，结构专业重点配合建筑、设备专业，完成局部的、影响有限的拆改工作；对于主体结构部分则不做系统性调整；整体结构专业部分的改造工作界面、造价水平可控。

（2）土建改造设计模式

该模式适用于以下情况：整体结构的使用荷载发生了显著改变（通常可以理解为超出原设计荷载的5%~10%）；整体结构的抗侧力体系发生了显著改变（通常同样可以按照5%~10%程度进行判别）；整体结构的使用功能发生了显著变化。上述三类情况下，由于既有建筑需要进行结构体系性调整或者荷载水平、使用功能已经发生系统性变化，结构改造设计需要综合考虑其竖向承载性能和水平承载（抗震、抗风等）性能的实质性变化，故无法延续原结构设计的安全控制标准，需要按照更新后结构的实际情况及相关规范要求，实施包括结构功能性改造、结构安全性加固、结构抗震加固等系统的改造加固工作内容。

模式识别的核心要素。考虑到土建改造设计模式可能的作业范围、施工周期、土建造价都会显著高于装修改造设计模式，故该问题需要在项目前期策划阶段即开展系统性研究。

重要的控制核心要素可以归纳为以下三点：

一是与业主和建筑专业沟通确认实际改造需求，明确成本、工期、现场等影响因素，在充分了解造价与可行性的前提下确定改造设计目标。尽量避免出现设计预期过高，实际造价与现场条件不匹配，进而影响项目推进的被动局面。

二是精确、合理地识别模式判断依据，对于局部的、影响有限的、作业范围可控的调整与变化，应该以概念分析配合定量计算的综合模式予以判别，对于大量实际可以采用装修改造模式的既改工程，要尽量避免不必要的大拆大改，实事求是确定改造方案。

三是对于建筑使用功能的显著变化问题，要采用灵活的识别方法。当建筑功能变化明确影响整体结构荷载，或者涉及抗震设防分类等关键问题时，应该尊重变化，如实确定改造模式；当建筑功能变化为局部调整，或者功能调整基本不影响结构使用荷载时，依然可以重点考察荷载调整和抗侧力体系变化确定改造模式。

2. 结构改造设计参数的确定

既有结构改造设计中，部分关键性参数的选择对于改造设计成果的安全性和经济性水平具有显著影响。依据规范要求、针对项目情况，合理选用设计参数，可以在保证改造项目基本安全的前提下，有效控制改造成本与实施难度。典型关键策略包括以下内容。

设计荷载、抗震参数、分项系数等控制性参数。依据确定的后续设计使用年限和规范相关要求，优先依据现行规范进行更新处理。同时，结合项目情况可以酌情考虑合理性折减和参数调整。条件允许时，部分项目沿用原设计规范要求或者适当放宽，规范更新的影响需要以专项论证方式予以明确，在保证主体结构设计安全的基础上，针对性调整和确认。

旧结构旧参数、新结构新参数原则。对于装修改造项目和部分参数调整的土建改造项目，应当遵循旧结构旧参数、新结构新参数原则。即对于依据原设计规范要求无需改动部分，可以理解为对于其结构安全性能按照不低于原设计标准进行控制，故参数选择可以参考原设计规范要求；对于经验算已无法满足要求，需要进行结构加固设计时，则针对加固部分完全现行规范要求执行加固设计标准，保证加固结构及新做子结构部分可以满足新建结构要求。

抗震构造与承载力控制。土建改造设计模式项目限于其建设年代的原因，抗震构造往往难以满足规范更新要求，关键性参考策略如下：

对于关系结构安全的关键性构造需求，尤其是关系脆性破坏的抗剪、倒塌等危险性较高部分，严格按照规范要求采用结构加固方案予以补强。

对于部分现有构造基本可靠，但是无法满足现行规范要求时，可以采用高承载力、低延性的设计方法；罕遇地震抗倒塌验算等其他补强措施和验算方法予以保证，实际沿用原设计构造方案或适当降低现行规范构造要求。

示范案例：北京十里河船舶重工酒店改造工程。项目位于北京市朝阳区，建设于20世纪90年代，地上21层，采用框架–核心筒结构体系，项目改造前经历多次局部改造工作。本次改造设计的工作内容主要是全楼系统性功能调整，即酒店改办公。策划改造范围包括：结构体系部分改动、建筑功能全面调整、建筑立面更新、机电系统更新。该项目在方案设计阶段，结构专业改造分析与定量计算前置，安全、合理、经济地确定了整体改造技术工作内容，为项目整体造价估算与业主商务策划决策提供了翔实依据。项目整体平面情况如下图所示：

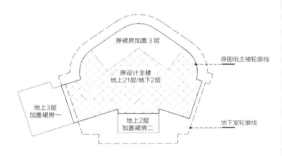

项目整体平面示意图

结构专业改造设计工作主要包括：项目现状分析与识别，适用规范体系与关键设计参数的比较与决策，结构加固策略与关键技术措施，设计荷载优化与自平衡处理，结构改造计算与加固工程量评估，加固定量分析结果评估与措施优化，造价分析与商务决策建议。方案设计阶段进行结构加固计算模型及定量分析如下图所示。

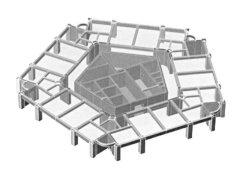

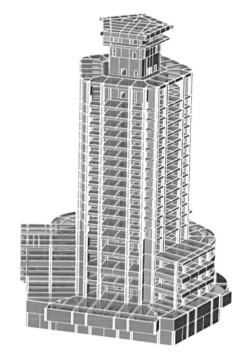

典型标准层模型与整体结构加固计算模型

整体结构改造加固设计策略如下：通过荷载控制及自平衡设计策略，地基基础可基本维持现状，未做额外加固处理；结构竖向构件加固量较少，采用增大截面法（占比较少）及粘钢方法进行加固；结构水平构件加固量适中，通过增大截面法（占比较多）及粘钢方法进行加固。体系调整、减隔震的其他特殊加固方法经评估不适用于项目情况。典型标准层结构加固评估如下图所示：

典型标准层结构加固评估（水平构件）

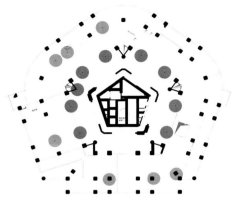

典型标准层结构加固评估（竖向构件）

楼板板底粘钢加固示意

结构梁粘钢加固示意

3. 结构改造施工技术措施的选择

优先选用施工效率高、造价可控、现场操作方便的施工手段，提倡以干作业、免支模、小尺度、一次成型等为主要特征的施工技法。

结合既有建筑项目现状属性及改造后的建筑功能需求，优先选用效果显著、造价可控的高效能改造加固设计措施。传统的改造设计项目中，典型的改造设计加固方式包括：增设剪力墙、框架柱、支撑、子结构等调整结构体系类型的改造加固方式；以粘钢加固、碳纤维加固为代表的干作业结构构件改造加固方式；以截面增大法为代表的湿作业结构构件改造加固方式；以增设隔震支座、耗能阻尼器为主要措施的消能减震类型整体结构加固方式。上述方法措施中，虽然都能一定程度满足改造设计的基本需求，但是其对应的成本、工期、现场适用条件等差异巨大，需要结合项目现状和改造需求，优选适应型改造设计策略，采用效率优先原则作为改造方案的决策依据。

典型的传统加固方式示意：砌体结构增设叠合层加固、板底粘钢加固、结构梁粘钢加固等。

基于改造项目现场作业面条件、施工队伍的设备条件、项目整体造价工期控制需求，选择施工方法简单、作业时间可控、现场操作方便的施工技术手段。条件允许时，优先选择以干作业为主的改造加固技术手段，避免现场支模、钢筋绑扎、混凝土浇筑等相对烦琐的施工操作；限于改造设计需求，必须采取湿作业方式时，优先选取喷射锚固混凝土、纤维增强水泥基复合材料板墙加固等易于施工作业的加固技术手段。

典型的高效能、易实施的改造施工技法示意：纤维增强水泥基复合材料（简称ECC）板墙加固方法，兼顾免支模、易实施、效果稳定等诸多优势，在砖混构件加固中广泛使用。ECC材料比普通混凝土有更高的抗拉、耐磨、韧性、耐酸碱、致密性、抗冲击等优点，且可以直接通过人工涂抹的方式简易施工作业。ECC加固法不仅能显著提高结构承载能力和抗震性能，还可大幅提升结

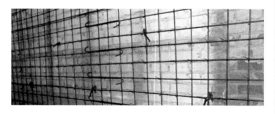

砌体墙增设叠合层加固示意

构的耐久性能和关键部位的耐磨性能。典型ECC加固砌体结构及其加载实验、振动台实验如下图所示。

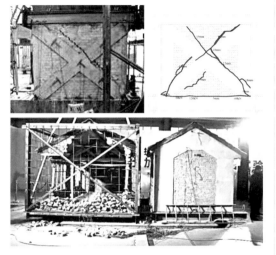

典型ECC加固砌体结构及其加载实验、振动台实验对比

Q-1-3　轻量化为特征的减载措施

对于加建结构或子结构部分，以轻量化作为主要设计特征，在保证、提升建筑外观的前提下，降低结构荷载，节约结构材料用量。

城市更新改造工程设计中，结构荷载控制对于整体改造加固设计成果的安全性能和造价水平至关重要。建筑结构的竖向承载安全性能直接取决于整体结构荷载量级；水平承载安全性能（抗震为主）通过地震惯性力的作用，间接受控于整体结构的荷载水平。通过合理化的改造设计策略，优先控制整体结构的荷载水平，对于控制改造加固工程量、减少既有结构扰动、提升改造后结构安全性能具有显著意义。

1. 结构恒荷载控制

城市更新改造工程设计中，结构恒荷载的控制手段包括但不限于：既有建筑楼盖改造面层材料做法的更新，剔除现状面层，优先替换为低厚度或者架空等轻型面层做法，有效控制楼层恒载；隔墙材料更新与调整，除防火墙、管井等必要位置外，拆除原有非承重砌块隔墙，主要建筑

功能空间优先采用轻钢龙骨石膏板隔墙、装配化条板隔墙等轻量化隔墙材质，有效控制隔墙荷载对既有建筑的不利影响；建筑屋面做法的更新与调整，可将现状屋面找坡材料替换为轻质材料，必要时采用架空做法、更新设备基础做法，合理控制屋面荷载水平；对于幕墙荷载、隔墙荷载、结构自重等参数，真实考虑、真实计算，有效避免结构计算设计中可能存在的人为放大因素，具体问题具体分析，对于改造类项目不做非必要设计冗余提升方案。

2. 结构活荷载识别

城市更新改造工程设计中，结构活荷载的控制手段包括但不限于：合理识别改造后建筑功能的真实情况，在保证实际结构安全的前提下，合理确定活荷载水平，对应的荷载规范版本及分项系数取值可以结合建筑建设年代酌情选择，保证改造后建筑的承载安全水平以保持或提升作为基本控制标准；对于设备机房、厨房备餐、绿化屋面等特定区域，依据专项厂家提资，精细化计算活荷载水平，避免新建结构设计中可能采用的粗犷型预估荷载方案，控制活荷载加载水平。

3. 自平衡设计策略

通过合理控制整体结构的荷载水平，在装修改造设计模式项目中基本保证自平衡，即改造前后整体结构的荷载水平不提升或轻微变化；对于土建改造设计模式项目，在建筑方案允许的前提下，尽可能实现自平衡，即便限于建筑设计需求对主体结构的抗侧力体系已经进行了实质性调整，自平衡的设计策略依然是有效降低加固工程量、提升结构安全性能的必要手段。

示范案例：鄂尔多斯科技馆项目

采用系统的结构减载设计措施，对于建筑面层、隔墙材质、屋面做法、装修构造等方面全面采用轻量化材料，有效降低结构加固工程量。项目现状和减载计算模型如下图所示。

鄂尔多斯科技馆项目现状

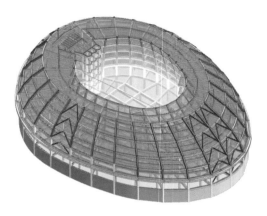

鄂尔多斯科技馆采用轻量化措施的结构计算建模

示范案例：博鳌零碳示范区项目

针对结构大跨度网架屋面，通过系统的结构减载措施，有效实现网架屋面的自平衡目标，合理规避结构加固。屋盖现状和减载后结构计算模型如下图所示。

网架屋面现状

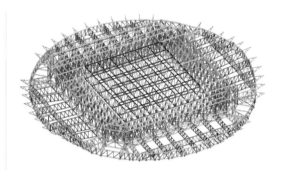

网架屋面结构减载验算模型

Q-1-4　轻介入、低扰动

现状结构条件允许时采用保护、维持为主的改造策略；新建结构、子结构与既有结构之间采用脱开或轻连接方式，以降低改造过程对既有结构的非必要扰动。

1. 新旧结构脱开的改造设计策略

采用新建结构、新建子结构与既有建筑完全脱开的设计策略，对现状结构采用维持现状、不扰动的处理方案。采用该策略后，可以最大程度地降低对既有建筑的扰动与破坏，有效实现现状保存，合理规避非必要性加固；同时，增设的结构系统可以完全按照新建标准予以设计。整体实现既有建筑性能维持或适当提升，仅考虑基本安全性能的补强性加固；新建部分功能灵活，结构承载水平满足现行规范标准。

2. 新旧结构轻连接的改造设计策略

城市更新过程中，对于部分老旧建筑，当限于各种条件和保存需求，无法或不适宜采取拆除重建策略，且新建结构部分与既有建筑无法完全脱开时，可优先选用轻连接的改造设计策略。轻连接是指新建结构与既有结构之间采用铰接连接节点、侧向水平支撑、竖向构件对位等，对既有建筑的竖向和水平承载性能影响较小的连接方式。采用上述策略，可以在保证建筑外观效果、支撑新建结构、实现改造功能平面等多个层面保证设计意图的有效实现；同时，最大程度地降低对既有建筑的改造影响，依然属于轻介入、低扰动的设计策略范畴。

示范案例：北京某现状仓库改造工程

系统采用新旧结构脱开的设计策略，新建二层平台、报告厅与原主体结构不发生结构连接，采用V形柱支撑，保证地上结构与地基基础部分新旧结构的空间避让，有效避免了既有建筑部分的不利扰动，整体加固方案经济、安全、高效。新建结构与既有结构嵌套脱开设置示意及V形柱组成方案与既有结构基础规避示意如下图所示。

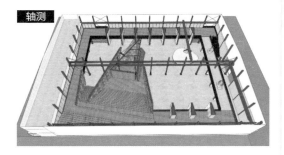

新建结构与既有结构嵌套脱开设置示意图

V形柱支撑方案与既有结构基础规避示意图

Q-1-5 专项论证、一事一议

不同地区、不同类型、不同重要程度的建筑，依据其既有结构体系类型，检测鉴定识别的安全性能、抗震/抗风结构安全水平、改造功能重要程度等现状特征，采用专家论证、一事一议的针对性改造设计策略。

1. 专家论证模式

有效利用专家论证模式，合理确定改造设计标准。结合改造更新建筑的结构现状和可能的历史文化传承需求，依托专项论证和权威专家意见，对于荷载取值标准、结构安全系数、复杂体系认定、计算指标控制、抗震构造要求等方面进行针对性调整，适应改造项目的建筑、结构、造价、文化等综合属性，保证实际安全前提下，适当调整其对应的规范要求。

2. 一事一议方法

依据项目初始条件的差异化特性，采用一事一议的针对性设计方法。城市更新过程中的各类改造工程，依据其建筑结构重要性程度、项目所在地点的自然条件、既有建筑结构现状保存情况、项目整体效果与造价控制平衡等多种因素，采取针对性改造设计措施，以基本结构安全为前提，抓住改造设计的关键事项，剔除方案设计中的非必要性改造控制需求，采用差异化设计措施，实现综合效益最佳。

示范案例：北京天坛泊寓装修改造项目

该项目毗邻北京天坛公园，存在建设年代复杂、地理位置特殊；大规模土建施工难度较大；项目预算受限等特殊改造限定条件。项目若采用传统规范限定改造设计方法无法满足限价、限时条件下的改造设计目的。同时，该项目改造方案虽然调整了部分区域建筑功能，但是结合建筑功能平面，配合适当的结构措施，依然有条件保证整体结构荷载实现自平衡；整体结构抗侧力体系未发生显著调整；主体结构扰动较少。设计团队结合项目实际情况，采用专家论证方式，结合项目具体情况、一事一议，综合考虑规范要求和项目特定情况，确定装修改造设计模式为基准模式，辅以结构竖向承载计算、加固等基本保障措施，实现了安全性能提升、造价水平可控的既定目标。项目建筑效果和改造后实景如下图所示。

项目建筑效果示意

项目改造后实景

Q-2 一体化技术——新旧结构共生

Q-2-1 复杂混合结构体系识别

基于城区更新片区既有建筑普遍存在砖混、框架、木结构、钢结构等多体系混用的现状特征，采用专项化识别技术，并针对性选用适应型改造设计方法。

部分城市更新对应的改造设计建筑，限于其建设年代、建设条件等客观现实，其现状结构体系通常是较为复杂的，以砌体结构、混凝土现浇结构、钢结构、木结构为代表的多种结构体系往往同时存在，且可能在建筑平面和建筑立面交叉布置。此种情况与新建结构中相对清晰的结构体系定义存在较大差异。基于上述情况，需要对现状结构体系的复杂情况及其对应的可能安全隐患系统识别，将其作为改造加固设计的重要技术依据。

1. 低烈度地区复杂混合结构体系识别

对于低地震烈度地区的多种结构体系交叉、共存情况，考虑其地震作用水平较低，可以优先考虑整体结构的竖向承载安全性能，保证正常使用状态下的结构安全；对于整体结构的复杂多样化连接、整体结构的计算控制指标可适当放宽，对于多种结构体系的连接区域宜适当加强，作为小概率灾害情况发生时的基本结构延性和基本构造安全保证措施。

2. 中高烈度地区复杂混合结构体系识别

对于中高地震烈度地区的多种结构体系混合布置、情况，主要采取的改造设计措施包括但不限于：利用高精度结构计算软件和分析手段，真实建模、精细化分析，合理确定多种结构体系交叉布置状态的实际结构安全状态，作为改造加固设计措施选择的基本计算依据；采用承载能力优先的性能化设计策略，适当降低计算指标的控制影响，重点保证整体结构和构件在竖向和水平荷载作用下的承载安全性能，必要时可以补充中大震水平的承载力控制要求；对于存在安全隐患的多体系连接位置结构节点构造，采取重点分析、重点加强的设计策略，保证复杂交叉混合结构体系的整体性及计算分析的准确性。

示范案例：北京某办公楼改造设计工程

项目建设年代为1975~1983年，主体承重结构为砌体结构与混凝土框架结构混合布置。设计团队结合主体结构扰动有限的情况，优先选用结构安全性加固；对于混合型结构体系，采用了重承载力、重变形、轻体系、轻指标的针对性改造设计措施。下图为砌体结构与混凝土框架结构复杂结构体系混合布置情况示意。

砌体结构与混凝土框架结构混合布置示意

Q-2-2 新旧结构协同承载

基于既有建筑的结构体系特征及改造更新后的建筑功能特征，采用"共生"模式，构筑新旧结构一体化协同承载体系，提升改造后整体结构的安全性能。

1. "以新带旧，修旧如旧"的"共生"型改造设计策略

采用在既有建筑结构上增设新结构或者子结构的方式予以实现，新旧结构采用一体化设计方案。其中，依靠增设的新结构和子结构，分担部分既有结构承担的竖向荷载和水平荷载，降低既有结构部分的承载负担，从而实现保护既有建筑、降低改造加固费用的设计目的。

示范案例：北京某人行天桥项目

现状桥梁为铝合金结构桥梁，为2007年前后使用德国进口材料设计完成，经鉴定承载力冗余度较低。考虑建筑专业增设遮阳需求，结合结构承载力加固需求，采用新旧结构共生策略，协同承载。遮阳棚架的建筑龙骨兼做主体桁架的加固杆件，调整桁架整体布局，提高承载力水平；选用膜结构等轻型覆盖材料，尽量降低附加荷载，不影响主体结构承载安全性能。

典型"共生"建筑理念与方案生成如下图所示。

改造前后的主体结构承载力和变形比较如下图所示。通过采用"共生策略"，桥梁主体结构承载力提升约15％，变形减少约10％，结构加固效果显著；同步也采用了更换桥面板材质，减少桥面板范围等减载策略，保证整体结构荷载不增加；加固材料和结构同样也采用铝合金材质与原结构栓接抱箍连接方案。

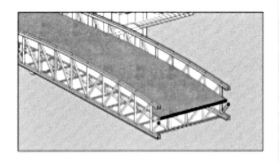

原始结构

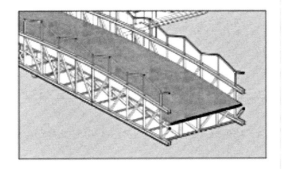

补充龙骨

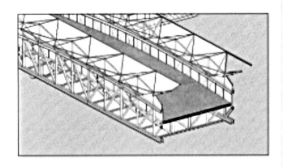

完成覆盖

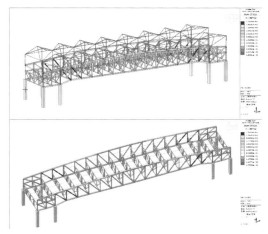

承载力水平示意：提升15％

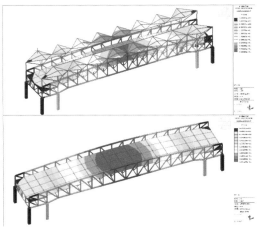

变形幅度示意：下降10％

改造后的综合建筑效果表达如下图所示。

改造后建筑效果示意

2. 新旧结构协同承载策略

典型技术方案包括：按照新结构主要承担地震等水平荷载、既有结构主要承担自身范围内的竖向荷载的区别化承载模式。协同承载模式下，新建结构部分抗侧刚度较大（相比于既有建筑），是整体结构的主要抗侧力部分，作为抗风/抗震的主要结构部分，充分地吸收水平荷载作用；既有建筑部分抗侧刚度较低，故仅少量或基本不吸收水平作用荷载，局部结构验算依然是竖向承载为主。采用上述方案后，通常情况下既有建筑部分的竖向承载是相对容易验算通过的，故可以有效降低既有建筑区域的改造加固工程量，有利于节约土建成本，保护既有建筑现状；新建结构区域，由于重新设计、状态可控，故作为主要抗侧力部分也可以满足相关规范设计要求，保证整体结构承载安全性能。

3. 附加子结构协同承载策略

典型技术方案包括：通过增设子结构提升新旧整合结构的抗侧刚度和竖向承载性能，充分发挥子结构的有利作用，利用协同承载体系和一体化结构设计方案，实质性提升整体结构的竖向或水平向承载能力。通过合理的荷载传递路径及荷载分配比例，以新建子结构作为重点承载区域，有效降低既有结构部分的承载比例；通过整合后一体化结构体系，利用空间和构件层面的结构强化效应，有效提升整体结构的承载性能，降低既有结构区域的承载负担，控制改造加固工程量。

示范案例：北京宣武外国语实验学校改造工程

其中漂浮书屋单体，采用屈曲约束支撑（BRB）子结构。结构设计中，BRB一方面充当桁架斜杆功能，有效支撑上部结构，达到"漂浮"效果；另一方面，BRB作为减震构件，在地震中可以充当主体结构的耗能减震功能机构，有效吸收地震能量，提升主体结构抗震安全性能。

漂浮书屋单体采用BRB子结构效果示意

示范案例：昆山叶荷河桥项目

通过设置调谐质量阻尼器（简称TMD）子结构改善桥梁结构的振颤舒适度问题。桥梁结构在设置TMD前后整体振颤加速度衰减了一个数量级，有效改善了人行舒适度体验。该类方法对于城市更新中既有人行桥的舒适度改造具备极高的通用性意义。

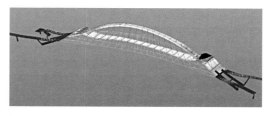

桥体一阶振型示意图（TMD匹配）

西跨桥局部照片

TMD设置示意

TMD结构布置示意

设置TMD前加速度时程

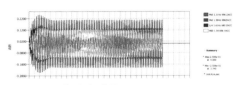
设置TMD后加速度时程

Q-2-3 既有建筑改造性能化设计

针对既有建筑改造项目现状复杂的客观条件，提出以一体化安全判别性能水准和一体化安全判别性能等级为依托的新旧结构一体化安全判别准则，以现状性能维持或提升作为优先控制目标，以结构实际安全性能作为控制底线，保证改造性能与经济水平的均衡控制。

1. 一体化安全判别水准

基于新旧结构一体化精细建模计算方法，以协同工作体系在地震荷载作用下的损伤发展程度为识别标准，提出新旧结构协同工作体系及结构构件层面的分级性能水准识别标准，并对各个水准下的分类结构构件（参考高层建筑结构性能化设计方法，分类结构构件拆解为：耗能构件、普通水平构件、普通竖向构件、重要构件、关键构件等）损伤发展程度给予明确定义，并从定性描

述（损伤状态描述）和定量界定（构件损伤因子及其发展范围）明确性能水准划分标准。主要内容包括：以损伤状态为依托的定性判别标准；以损伤因子及损伤发展为依托的定量判别标准。

2. 一体化安全判别性能等级

以既有建筑新旧结构一体化分级性能水准为依托，依据多遇地震烈度、设防地震烈度、罕遇地震烈度3个层级，定义既有建筑新旧结构统一化性能目标等级。各个目标等级在3个设防烈度下对应满足选定的目标性能水准，据此评估各个抗震设防烈度下新旧结构协同工作体系的综合性抗震性能水平。主要内容包括：多遇地震性能等级控制标准；设防地震烈度性能等级控制标准；罕遇地震性能等级控制标准。

3. 一体化安全判别准则

依托新旧结构一体化精细建模计算方法，依据既有建筑新旧结构协同工作性能等级及对应选用的性能水准，以设定的各个性能水准下对应设防工况（多遇地震烈度、设防地震烈度、罕遇地震烈度）和设防烈度下结构构件损伤发展程度为识别标准，构建既有建筑新旧结构一体化安全判别准则。以损伤发展、性能水准、性能等级为递进关系，从构件层面提升至体系层面，综合评估判别既有建筑新旧结构一体化协同工作抗震安全性能。主要内容包括：以损伤发展、性能水准、性能等级为递进关系的综合评价体系；协同工作模式下的综合抗震水平评估。

示范案例：北京某工业建筑改造项目

针对新旧结构一体化设计方案，应对结构超限情况，采用性能化设计方法。针对既有建筑改造的特定前提，承载力提升的性能化指标主要针对新建结构、新增子结构设定；对于既有建筑部分，不再额外提升控制要求，以规范标准控制；补充罕遇地震"大震不倒"验算，保证整体结构安全属性。典型新旧结构区别化性能化指标如下表所示。

适用型性能目标示意表

设防水准 性能描述	多遇地震 完好	设防地震烈度 可修复	罕遇地震 不倒塌
允许层间位移	1/550		1/50
耗能构件	新建钢结构区域框架梁 满足规范	可屈服	
	原混凝土结构区域框架梁 满足规范	可屈服	满足大震不倒
竖向构件	新建钢结构区域框架柱 满足规范	可屈服	
	原混凝土结构区域框架柱 满足规范	可屈服	
重要构件*	原有混凝土主体结构区域 BRB约束屈曲支撑 轴力不超过 BRB屈服强度	可屈服、 轴力不超过BRB极限强度	
	收进位置相邻楼层，钢结构 区域框架梁 满足规范	承载力满足不屈服设计要求	
	钢结构区域BRB约束屈曲支 撑布置位置框架梁和框架柱 满足规范	承载力满足不屈服要求	满足大震不倒
	平面凹凸区域周圈钢结构框 架柱、框架梁、水平支撑及 观演楼盖 满足规范	承载力满足不屈服设计要求	
	首层和二区域 钢结构框层框柱 满足规范	承载力满足不屈服设计要求	
关键构件	新建钢结构部分与原混凝土 主体结构相连接的叠合梁 满足规范	承载力满足弹性设计要求	承载力满足不 屈服设计要求
	新建钢结构区域BRB约束屈 曲支撑	轴力不超过 BRB屈服强度	轴力不超过BRB极 限强度	可屈服、轴力 不超过BRB极 限强度

注：标识部分为原结构目标

Q-2-4 新型一体化改造节点

以协同一体化节点计算方法及节点设计样式为主要更新内容，提出新型一体化关键节点连接样式，综合考虑建筑美观、装配化样式、多材料融合、快速安装，等技术特征

1. 协同一体化节点计算方式

基于大型通用有限元软件的精细化计算方法，对既有建筑新旧结构交界位置的节点做法进行精细化模拟，综合考虑新旧结构材料属性、锚固材料粘结属性、节点位置相关构造做法影响等，对现有通用节点计算方式进行更新，真实模拟实际节点做法及其材料、力学属性，有效提升计算精度，保证节点设计计算依据的真实、准确。主要内容包括：节点位置结构材料属性影响分析；节点位置锚固材料属性影响分析；节点位置构造做法影响分析；考虑综合影响因素的精细化节点计算模拟方式。

2. 协同一体化节点设计样式

延续新旧结构节点位置一体化精细计算方式的更新研究，对现有节点的设计样式和锚固方式进行有效更新，以一体化精细计算结果为依据，综合考虑新旧结构体系动力性能、节点位置材料性能、节点位置构造保证条件、节点位置承载条件及关键性程度，对现有节点设计样式和锚固方式进行更新和性能提升，针对节点保证措施、锚

固件设置数量、锚固要求、类型选用等方面提出切实有效措施，对一体化计算模拟和一体化设计分析提供有效的节点设计支持。具体包括：一体化节点设计方法更新；一体化节点锚固方式更新。

示范案例：北京某竹结构室外工程研发的多种壳体节点样式

套管+插板+碳纤维　　　套管+插板　　　套管+纵横肋板

Q-3 绿色型材料——新型结构开发

Q-3-1 绿色、低碳、多元化改造材料

响应国家绿色低碳的指导方针，拓展对于胶合木、重组竹、铝合金等绿色、低碳、多元化建筑材料的应用范围，开发基于新材料、新模式的新型结构体系。

以胶合木、重组竹、铝合金为代表的新型绿色、低碳/负碳材料，具有强度高、容重低、碳排放水平低、美观、装配化水平高、防腐耐久性好等诸多优势。通过合理选用上述新型建材，可以有效构筑城市更新改造设计中的新加结构和新加子结构，合理利用其轻量化、装配化的结构特征，在保证建筑外观效果和结构承载安全性能的基础上，有效降低改造过程对既有建筑承载安全性能的不利影响。

1. 胶合木材料及其应用

胶合木材料选用原生木材，结合现代加工手段，按照单元化拼装粘结方式构成天然基质条件下的重组材料。采用上述方法后，一定程度上有效解决了木结构材料的承载稳定性问题；并结合相关化学处理，对于木结构材料的耐久性和防火性有一定程度提升；可以作为相对适宜的绿色低碳建筑结构材料。尽管如此，胶合木材料依然存在以下问题亟待解决：材料承载性能依然偏低，整体与钢结构相比构件截面偏大，与此相对应造

价控制水平一般；材料防火性能依然未实现实质性改进，一小时碳化深度达到5cm，控制耐火极限一般不超过1.0~1.5小时，故通常在室外和半室外建筑物采用；原材料基本还是北欧和加拿大进口木材，虽然基本可以实现国内生产加工，但是材料产地本土化问题依然未取得实质性改进。

2. 重组竹材料及其应用

重组竹材料在建筑工程领域应用的初始需求，源于一种高强度、低成本、本土化的胶合木平替方案。相比于胶合木材料，重组竹材料对于原材料的分解、再生过程更加复杂，基本分为纤维化分解和高温高压粘接流程，成品材料在强度、防火、耐久性等方面也相对更加成熟、实用。依据粘接材料的差异，重组竹材料可以分为"竹钢"和"竹混凝土"两类，具体说明如下。

"竹钢"材料采用有机粘接材料，由本土生产（主要是四川毛竹）的竹材纤维化处理后，在高温高压条件下采用有机粘结剂压制成型，配合防火、防腐处理，构成材料原型。主要技术优势包括：材料强度高，基本承载性能达到胶合木材料2~3倍以上；在有机结构材料中处于绝对领先地位；原材料本土化采集、本土化生产，全流程解决了有机建筑材料国产化的问题。其主要技术问题包括：尚未有系统规范体系指导结构设计，更多的依托于工程经验和专项论证作为设计支撑；由于采用有机质粘结剂，依然未能实质性解决防火问题，虽然初步厂家实验其耐火性能比胶合木材料有一定程度提升，但是仍未有系统的论证依据。

"竹混凝土"材料是针对"竹钢"材料的耐火性能缺陷，改进采用硫酸镁类无机粘合剂，适当降低加工重组工艺标准，全新的研发产品。"竹混凝土"结构材料强度略低于"竹钢"材料，但是相比于胶合木材料依然有较大优势；"竹混凝土"材料由于采用了硫酸镁类粘合剂，其防火性能相比其他有机材料有实质性提升，实验数据3小时碳化深度仅为5cm，配合消防性能化论证等专项技术，已经可以考试考虑在室内空间结构选用；"竹混凝土"材料由于对生产工艺进行了适当简化，

在保证基本材料性能的前提下，其采购成本相对控制较好，对于工程应用相对有利。

3. 铝合金材料及其应用

铝合金材料作为结构材料在建筑工程领域的应用，尤其是作为结构材料，近年有逐步推广趋势。铝合金材料在建筑工程常用牌号为6061，7075规格虽然强度等综合性能显著更佳，但是限于成本问题仍未广泛采用。铝合金结构的主要优势包括：结构材料自重轻，仅为钢结构的1/3，对于采用膜结构、阳光板屋面等轻型建筑屋面材料的结构尤为适宜，可以最大程度控制结构荷载；材料耐腐蚀性好，由于铝结构在材料表面生成的致密氧化物保护膜，可抑制内部材料的进一步腐蚀，其耐久性、易维护性远超普通钢结构。铝合金结构依然存在以下固有问题，限制其在普通建筑工程领域的应用：材料耐火性能显著较差，耐高温性能相比钢结构有较大差距，甚至相比木结构的碳化情况都有劣化，故主要在室外或半室外工程应用较多；材料不宜焊接（焊接强度低于母材50%），主要采用栓接连接，一定程度限制了工程应用范围；型材规格基本是适应项目需求专项定制，缺乏统一的多规格供给；材料强度即便选用热处理高强型号，相比钢结构依然偏低，限制了其在重型结构的应用，依然主要是在大跨度天窗、景观建筑等跨度大、自重敏感的结构区域选用；限于建筑工程领域材料推广程度依然处于起步阶段，整体造价水平依然不尽理想。

示范案例：厦门茶室项目

主体建筑造型充分考虑了建筑功能布置与结构承载的合理性，结构设计中主要结构构件均采用"竹钢"材料，节点位置及部分连接构件辅以少量钢构件。

厦门茶室建筑效果示意

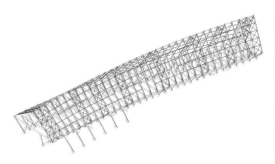

厦门茶室整体结构示意

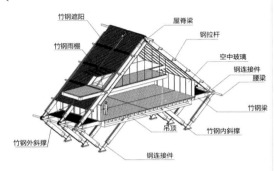

厦门茶室局部构造示意

示范案例：丽水书院改造项目

系统化采用胶合木材料，在保证绿色、低碳的前提下，有效实现建筑表达效果。

丽水书院建筑效果示意

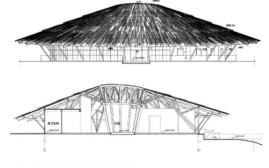

丽水书院建筑结构构造示意

丽水书院胶合木结构完成示意

Q-3-2　节材设计与绿色结构

系统化采用结构节材设计方法，采用合理化结构体系、构件承载模式，降低结构材料用量，在保证基本结构安全的前提下，提升建筑外观，降低土建造价。

1. 合理的结构承载体系实现节材的控制目标

城市更新改造设计工程中，对于新建结构、补充子结构的设计范畴，可以优选承载模式合理、材料性能运用充分的结构体系和结构类型。优选拱形结构、悬垂结构、张弦支撑结构、预应力张拉索膜结构等以受拉/拉弯、受压/压弯、张拉为主要承载模式的结构类型，充分利用混凝土材料的承载优势性能、钢结构材料的受拉优势性能。通过合理化结构承载模式的设定，有效提升结构材料的工作效率，降低结构材料用量，达到节材、绿色的设计目标。

2. 高强度、耐久性建材与绿色结构设计理念

充分利用高强度钢材、高强钢索、耐候钢、铝合金等强度高、耐久性好的建筑材料。通过高强材料的运用，有效提升单位结构材料用量的承载体量，更大程度发挥材料性能优势，有效控制单位建筑面积的结构材料用量；通过高耐久性结构材料的运用，合理减少后期运维负担，在保证建筑效果与结构安全长期稳定可控的前提下，有效规避了材料腐蚀、性能退化引起的外观、安全等不利影响。

示范案例：福建霞田文体园体育馆、游泳馆项目

体育馆和游泳馆单体采用双向悬垂大跨度轻

型屋盖体系。主跨度方向为单跨悬垂桁架和三角柱支撑系统；横向跨度方向为两跨连续悬垂梁系统，中部支座为主跨度桁架，两端支座为A形柱。项目创造性采用刚性预应力加载方案，有效解决了特定几何条件下的悬垂结构拉应力衰减问题，大幅度提升了主体结构的承载效率。主体结构构造和主体建筑结构竣工效果如下图所示。

示范案例：景德镇职业艺术大学二期项目

体育馆单体采用改进型双向悬垂大跨度轻型屋盖体系，主方向悬垂桁架由空间桁架调整为平面桁架+拉索稳定构造，有效利用悬垂结构的合理受力模式，减小构件截面，提升建筑外观，综合实现节材、美观的设计效果。

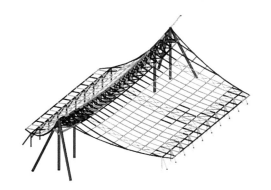

主体结构构造示意

双向悬垂屋盖体育馆建筑效果

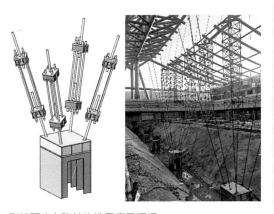

刚性预应力张拉构造示意及现场

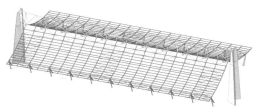

双向悬垂轻型屋盖结构体系整体示意

主体建筑结构竣工效果

双向悬垂轻型屋盖结构体系局部

Q-3-3　新型标准装配化系统

城市更新中的改造项目，可能存在部分存量大、易复制、可推广、批量效应显著的改造内容，针对性开发新型标准装配化系统对于改造效率的提升、改造成本的控制、改造模式的更新都具有显著意义。区别于传统混凝土装配式构件的常规定义，对竖向承重构件和水平承重构件，针对性开发承载性能优异、安装方式简便、建筑结构一体化的成套技术具有显著价值。

1. 竖向承重体系装配式技术开发

针对竖向承重体系开发的新型装配式构件方案，主要技术特征包括：

优先采用干作业安装方案。构件连接利用抗剪螺栓、构造铆接、预应力张紧等方式，兼顾承载性能保证与改良安装方式。构件连接全面采用张紧、卡榫、螺栓等干作业方式替换传统的注浆、灌芯等湿作业模式，根本性改善常规混凝土装配式构件的施工作业方法，大幅度提升施工作业效率，缩减项目工期并降低造价水平。

建筑结构一体化策略。即采用的装配化模块是主体结构的竖向承重构件，同时兼做建筑立面材料，即在保证结构承载的同时有效降低了建筑装饰成本，实现综合造价最优，有效匹配绿色、低碳、节材的设计理念。

2. 水平承重体系装配式技术开发

针对水平承重体系开发的新型装配式轻钢结构体系。对于采用膜结构、阳光板、轻型金属屋面等重量较小的建筑覆材作为主要结构覆盖材料时，应尽量减低结构构件自重，控制整体建筑荷载水平，保证构件纤细、美观。同时，辅以螺栓连接、套扣连接等易实施、高效率的装配化连接节点，使施工高效、迅速，并保证一定程度的可循环利用率。兼具以上两个特征的装配化轻型钢结构体系在城市更新的大背景下具有显著的创新意义，关键性特征包括：

高强度材料（例如高强钢材、6061铝合金、高强度不锈钢）的采用。

小直径、级差壁厚，以纤细为关键建筑特征的结构杆件选用。

定制化、特色化，必要条件下采用机加工成型的节点构造；全面采用螺栓、套扣、卡榫等易安装、可拆卸的装配化连接方式。

示范案例：北京灵境胡同装配化轻型钢结构室外景观项目

项目采用膜结构屋面材料、直径60mm杆材、全装配化螺栓节点构造，项目设计、加工、安装、竣工整个周期在25天内全部完成。

北京灵境胡同装配式室外景观建筑整体

北京灵境胡同室外景观建筑装配化节点

Q-4　保障性措施——结构安全底线

Q-4-1　极端灾害防倒塌设计

在保证城市既有建筑日常使用安全的前提下，对于罕遇地震、狂风/台风等极端自然灾害条件下的结构抗倒塌性能提供系统化判别标准和对应设计方法。

1. 适应性改造设计策略与防倒塌灾害控制标准

考虑到城市更新项目中的既有建筑，可能存在建设年代久远、结构体系复杂、建设标准不统一、构件老化等情况，综合考虑现状保存、造价控制、施工可行、扰动可控等需求，结构改造设计中可能选用灵活的设计处理措施，在保证实际安全的前提下适应性选用设计控制标准。基于上述情况，对于罕遇地震、狂风/台风等极端自然灾害条件下的最低结构安全控制标准就显得至关重要，以防倒塌作为基本控制需求，保证灾害条件下的最低结构安全性能标准。

2. 重型结构罕遇地震防倒塌设计

对于采用砌体结构、混凝土结构、设置现浇楼屋盖的钢结构等重型上人改造工程，考虑其结构质量较大，对应抗震安全性能为首要控制标准。提出罕遇地震作用下的防倒塌设计要求，允许部分构件损伤及结构塑性发展，控制最大楼层变形满足"不倒塌"设计需求，保证地震灾害条件下最基本的人民群众生命财产安全。

3. 轻型结构狂风/台风防倒塌设计

对于采用轻钢结构、木结构、竹结构、铝合金结构等轻量化材料的轻型不上人改造结构体系，考虑其结构质量较小、迎风面较大的特殊情况，其风致效应的影响相对显著。提出狂风/台风作用下的防倒塌设计需求，允许构件出现一定程度的超越规范限值变形、允许构件承载力计算选用不屈服工况，控制整体结构不出现实质性承载破坏和引起安全隐患的过大结构变形，依然以"不倒塌"作为核心设计需求，保证狂风/台风灾害条件下最基本的人民群众生命财产安全。

示范案例：北京某工业遗址改造项目

考虑到新旧结构连接构造的复杂性，按照最不利条件进行补充分析。采用罕遇地震弹塑性分析方法，对于各种包络工况及各种分区单体进行的结构地震响应包络分析，控制罕遇地震作用下的结构整体及各个楼层弹塑性变形峰值，保证极端自然灾害条件下的"大震不倒"设计要求。建模分析中考虑了BRB约束屈曲支撑退出工作、新建钢结构区域独立工作、既有混凝土结构区域独立工作等多种极端不利情况，确保抗连续倒塌目标的确实实现。典型分析计算模型如下图所示。

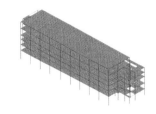

BRB退出工作

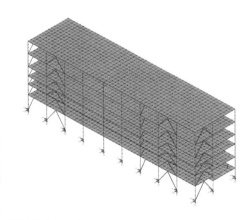

钢结构独立工作

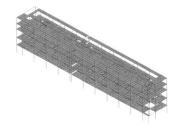

既有结构独立工作

Q-4-2 建筑房屋体检制度

将定期开展房屋检测、维修，加强日常维护策略作为改造更新设计控制标准的补充安全措施。

补充房屋体检为手段的设计、施工、运维等全生命周期的安全保障方法。考虑到城市更新既有建筑改造设计中对于结构安全性能的适应性控制策略，相比新建结构存在一定程度的"设计妥协"标准，提出基于改造建筑全生命周期的房屋体检制度，通过设计、施工、运维全过程安全性控制，保证建筑物的全生命周期综合安全性能，将一次性设计、一次性改造、一次性提升的传统概念拓展为基于改造、检测、维护的长周期、多手段控制方法，有效补充、修复可能的后续安全隐患。

房屋体检过程中的检测方法可以灵活设定，可以按照短期小检、长期大检的策略予以执行。短期小检优先选择简单易行的外观巡查、变形监测、承载力触探等非破坏性检测手段予以执行；长期大检考虑遴选常规结构安全性检测鉴定的部分内容予以实施，具体依据改造后建筑物状况和特征综合决策。

设计策略及技术措施

设计策略	策略编号	技术措施	技术编号
适应型方法——既有结构改造	Q-1	适应型检测鉴定	Q-1-1
		既有结构改造加固	Q-1-2
		轻量化为特征的减载措施	Q-1-3
		轻介入、低扰动	Q-1-4
		专项论证、一事一议	Q-1-5
一体化技术——新旧结构共生	Q-2	复杂混合结构体系识别	Q-2-1
		新旧结构协同承载	Q-2-2
		既有建筑改造性能化设计	Q-2-3
		新型一体化改造节点	Q-2-4
绿色型材料——新型结构开发	Q-3	绿色、低碳、多元化改造材料	Q-3-1
		节材设计与绿色结构	Q-3-2
		新型标准装配化系统	Q-3-3
保障性措施——结构安全底线	Q-4	极端灾害防倒塌设计	Q-4-1
		建筑房屋体检制度	Q-4-2

6.4　典型案例

北京大学医学院附属人民医院检验科改造工程

项目背景

　　该工程位于北京市西城区，具体的改造设计需求为利用园区现有建筑，选择合适的区域增设检验科作业范围。检验科改造区要求荷载新增为500kg/m²；改造楼宇其他区域可以维持现状功能及荷载条件；主体结构竖向承重及抗侧力体系尽量规避大范围拆改，保证实施周期和改造区功能满足需求。

问题研判

　　针对既有建筑的现状特征，如何选用针对性、适用性的检测鉴定技术。

　　如何采用轻量化技术及轻介入、低扰动技术方法有效控制改造加固影响范围。

　　需要有效分析既有建筑的实际结构现状及适用型改造技术方法，是否可以选用专项论证、一事一议的设计方法。

设计策略及技术措施应用解析

设计策略	策略编号	技术措施	技术编号	应用解析
适应型方法——既有结构改造	Q-1	适应型检测鉴定	Q-1-1	√
		既有结构改造加固	Q-1-2	√
		轻量化为特征的减载措施	Q-1-3	√
		轻介入、低扰动	Q-1-4	√
		专项论证、一事一议	Q-1-5	√
一体化技术——新旧结构共生	Q-2	复杂混合结构体系识别	Q-2-1	
		新旧结构协同承载	Q-2-2	√
		既有建筑改造性能化设计	Q-2-3	
		新型一体化改造节点	Q-2-4	
绿色型材料——新型结构开发	Q-3	绿色、低碳、多元化改造材料	Q-3-1	
		节材设计与绿色结构	Q-3-2	√
		新型标准装配化系统	Q-3-3	
保障性措施——结构安全底线	Q-4	极端灾害防倒塌设计	Q-4-1	
		建筑房屋体检制度	Q-4-2	√

改造建筑比选与策略分析

　　依据设定的改造技术目标，可供选择改造结构单体包括科教楼和医技楼两栋单体，结合建筑功能排布，具体改造方案分别如下。

　　科教楼单体。现状建筑地上10层，属于高层建筑；采用钢筋混凝土框架-剪力墙结构体系；建设于20世纪90年代；现状功能主要是教室、试验室；原设计使用荷载150kg/m²，改造后策划在二层局部设置检验科功能区域，荷载提升3倍以上。对应的备选改造模式包括：①装修改造设计模式，后续设计使用年限延续原设计标准；②土建改造设计模式，采用B类建筑，后续设计使用年限40年。该单体的结构改造计算模型及二层局部改造范围如下图所示：

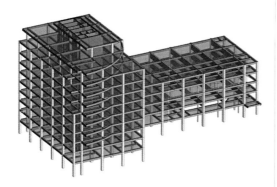

科教楼结构改造计算模型示意

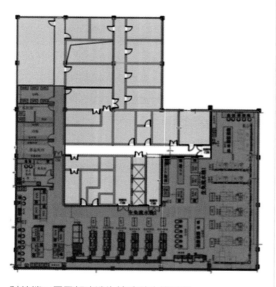

科教楼二层局部改造为检验科功能示意

医技楼单体。现状建筑地上10层，属于高层建筑；采用钢筋混凝土框架−剪力墙结构体；建设于20世纪80年代；现状建筑功能主要为办公；原设计使用荷载150kg/m²。改造后策划在地上五层~地上九层部分楼层设置检验科功能区域，该范围楼层荷载提升3倍以上。对应的备选改造模式

包括：①土建改造设计模式，后续设计使用年限30年，采用专项论证方式，改造设计尽量延续原有规范的设计标准及要求；②土建改造设计模式，后续设计使用年限30年，全面考虑规范更新及设计参数标准提升。该单体的结构改造计算模型如下图所示：

医技楼单体结构改造计算模型示意

科教楼单体改造方案比选与定量分析

改造模式概念分析。该方案仅针对结构二层局部改造，虽然小范围内荷载变更幅度较大，局部加固在所难免，但是对于整体结构的荷载水平、抗侧力体系影响有限。兼顾造价、工期等多方面影响，优先考虑装修改造设计模式。

专项论证、一事一议。考虑到局部二层改造条件下，主体结构未显著扰动、结构荷载未显著增加；建筑功能调整是局部的、有限影响的。采用专家论证方式，确定选用装修改造设计模式。结构加固重点针对竖向荷载和正常使用需求；整体结构抗震性能以延续原设计标准作为主要控制目标。

适应型检测鉴定。结构检测鉴定考虑到装修改

造设计模式下局部调整的实际情况，重点针对局部改造区域及其相关区域开展结构安全性鉴定（满足北京市地方相关规定要求），专项委托。鉴定结论综合考虑结构计算和专项论证结论予以出具。

功能调整区改造策略。二层局部设置检验科区域，建筑功能调整、使用荷载增加为原设计标准的3倍以上；主要选用的改造手段为板底、梁窝间增设钢梁支撑，其主要技术优势为全部采用干作业方案，易于施工、工期可控、造价占优；有效避免对既有混凝土构件湿作业加固，效率显著提升。局部增设钢梁支撑的改造策略如下图所示。

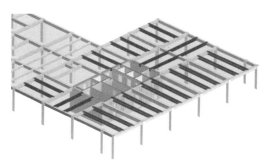

二层检验科局部增设钢梁支撑示意

改造工作定量分析。分别按照装修改造设计模式和土建改造设计模式进行结构计算，评估得到的改造范围包括水平构件的改造范围和竖向构件改造范围。

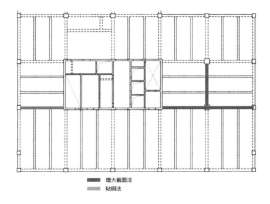

装修改造设计模式水平构件加固范围示意

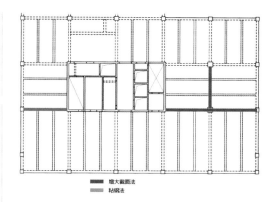

土建改造设计模式水平构件加固范围示意

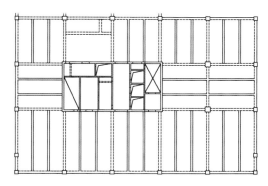

装修改造设计模式竖向构件加固范围示意

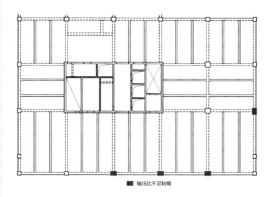

土建改造设计模式竖向构件加固范围示意

方案比选与评估。装修改造设计模式条件下，由于仅针对改造区域进行正常使用校核，抗震性能维持原设计标准，仅有少量框架梁需要加固，未出现框架柱加固需求；土建改造设计模式下，需要考虑全楼的抗震性能校核，故经验算，即便考虑诸多有利因素，依然有较多框架梁及部分框架柱需要加固，且出现了较大范围增大截面法等湿作业加固构件分布。综合比选后，优先采用装修改造设计模式，延续原设计使用年限，尽量减少对非加固区正常使用的影响。

医技楼单体改造方案比选与定量分析

改造模式概念分析。医技楼改造范围较大（接近全楼地上面积的50%），且改造范围荷载变化显著（使用荷载提升3倍以上），需要采用土建改造设计模式。比选的改造方案包括：专项论证，尽量延续原设计规范标准的策略；考虑规范更新与设计参数标准提升，尽量满足主要现行规范的策略。

抗震加固延续原设计标准。考虑到项目建设年代较早，且有整体改造造价、实施周期、尽快恢复正常使用等多方面需求的限制条件，需要尽可能控制改造作业面的影响，尽量延续原设计规范对于抗震等关键性能的控制需求。故采用专项论证模式，对于部分规范更新和设计参数标准提升进行逐一讨论，确定选用方式，重点关注结构实际安全，综合讨论决策。

综合型检测鉴定。结构检测鉴定按照安全性鉴定和抗震鉴定的综合模式进行，全楼检测鉴定，专项委托。鉴定结论综合考虑结构计算和专项论证结论予以出具。

部分楼层检验科功能区改造策略。地上五层～地上九层局部检验科设置区域，建筑功能调整、使用荷载增加为原设计标准的3倍；主要选用的改造手段为板底、梁窝间增设十字钢梁支撑，局部增设钢梁支撑。

地上五层~地上九层增设十字钢梁支撑示意

改造工作定量分析。分别按照尽量延续原设计规范标准策略和考虑规范更新与设计参数标准

提升两种土建改造设计模式进行结构计算，评估得到的改造范围分别如下图所示，主要包括水平构件的改造范围和竖向构件改造范围。

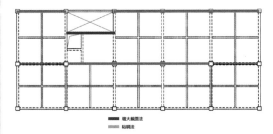

延续原规范及参数水平构件加固范围示意

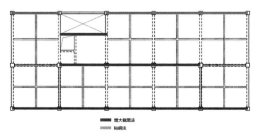

更新规范及参数水平构件加固范围示意

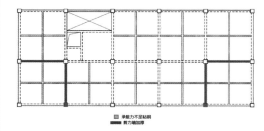

延续原规范及参数竖向构件加固范围示意

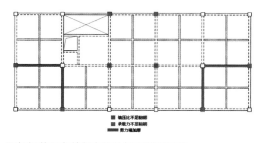

更新规范及参数竖向构件加固范围示意

方案比选与评估。延续原设计规范及设计参数方案条件下，由于整体控制标准适宜，仅有少量框

架柱和结构梁加固需求，部分剪力墙加固主要是现状条件不足引起的必要加固；采用更新规范和设计参数标准提升条件下，由于现行规范及设计参数与建筑物设计年代不匹配，整体加固工程量较大，且部分为增大截面法等湿作业模式，施工复杂、造价高。综合比较，优先采用沿用原设计规范方案，后续设计使用年限30年，尽量减少对下部非加固楼层的不利影响；优选便于施工的干作业加固手段、优选喷射混凝土等易于施工的加固手段。

综合改造方案结论

综合比较两栋单体、多种方案的改造策略，结构专业优选在科教楼单体二层局部设置检验科改造方案，可以选用装修改造设计模式，整体造价、工期、正常使用影响等方面显著占优。多单体、多方案的定量比选为业主单位的技术决策提供了可靠、稳定的数据支撑。

除去结构专业比选结论与决策建议外，科教楼单体局部二层设置检验科改造方案对于建筑、总图、机电条件等其他专业技术要求同样相对适宜，故作为最终决策方案。

景德镇古街改造工程

项目背景

景德镇古街历史建筑群位于景德镇陶阳里历史保护区内，古街全长约2km，沿街分布60余栋现状建筑，建设年代横跨20世纪30~90年代，地上2层~4层，主要结构包括砖混结构、混凝土框架结构、钢结构、木结构、多体系组合结构等多种类型。古街正处在衔接陶阳里片区南北方向的东西干道，起到衔接东西片区里弄"脊梁"的作用，已经成为远近闻名、热闹非凡的历史街区。

古街项目总平面布置示意

古街项目改造前实景

问题研判

针对历史街区历史建筑的特殊情况，需要有效平衡结构安全与建筑文化传承的矛盾。

针对历史建筑体系复杂、现状复杂的实际情况，需要新型改造结构体系与设计方法，巧妙、合理地在完成改造设计目标的同时，全面提升建筑物综合性能。

针对历史建筑自身结构安全储备较低的客观属性，有效实施房屋体检及极端灾害防倒塌设计等措施，保障建筑物的实际安全。

设计策略及技术措施应用解析

设计策略	策略编号	技术措施	技术编号	应用解析
适应型方法——既有结构改造	Q-1	适应型检测鉴定	Q-1-1	√
		既有结构改造加固	Q-1-2	√
		轻量化为特征的减载措施	Q-1-3	√
		轻介入、低扰动	Q-1-4	√
		专项论证、一事一议	Q-1-5	√

续表

设计策略	策略编号	技术措施	技术编号	应用解析
一体化技术——新旧结构共生	Q-2	复杂混合结构体系识别	Q-2-1	√
		新旧结构协同承载	Q-2-2	√
		既有建筑改造性能化设计	Q-2-3	
		新型一体化改造节点	Q-2-4	√
绿色型材料——新型结构开发	Q-3	绿色、低碳、多元化改造材料	Q-3-1	
		节材设计与绿色结构	Q-3-2	
		新型标准装配化系统	Q-3-3	
保障性措施——结构安全底线	Q-4	极端灾害防倒塌设计	Q-4-1	√
		建筑房屋体检制度	Q-4-2	√

土建专业改造原则

基于现状历史街区的结构、空间等现实条件、业态造价工期的要求，我们必须选择有别于常规的改造策略，既能够体现所在城市、街区的历史文脉，又能够适应各种功能空间的灵活性需求。主要控制原则包括：

现存即历史，采用多保留、少拆除、置景式改造。改造中，我们摒弃了大拆大建这种最简单易行且表面效益较高的方式，我们认为每一个立面、每一个空间都有历史信息的价值、文脉的意义，尤其是仿古立面，反映了当时的时代需求，也有其历史意义。

针灸式改造，一房一议、一墙一议。相比于普通新建工程，老街改造项目在设计前置条件、现状复杂程度、施工作业难度、成本控制标准、现状保护需求等方面往往存在显著差异。基于上述特征，针对性的选用适应性设计原则，采用就事论事、量身定做的设计理念，可以最大程度平衡利弊，获取项目综合最优收益。对组团内每一栋具体的建筑，采取针对性的改造策略。

新技术表达，采用小截面轻型组合结构、新材料、强调新旧结构对比。受制于一般保护区或一类建设控制地带的限制和要求，历史街区中的旧建筑改造对立面、屋顶风貌和空间界面都有严格的要求和限制。尽管如此，为了丰富街区活力，

增加辨识度，我们在三福菜市场新增加的棚子，采用了小截面轻钢组合结构和彩色阳光板雨棚覆盖室外灰空间，创造了一个完全新鲜的空间体验，提高了整个历史街区的亮度和新鲜度。在电影院观众厅内，我们新增了一些黑色钢结构放映盒子，置于原放映厅台阶上。三福菜市场新增典型轻钢结构如下图所示。

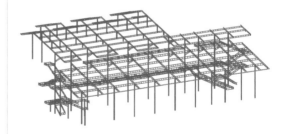

三福菜市场典型轻钢结构示意

为了突出不同时期历史特征、以最小的改造代价、安全性及工期的要求，结构专业采用以下改造设计原则。

多保留、少加固：通过合理化规范选用、适应型结构鉴定、结构性能化论证的方式，减少加固内容。能不加固就不加固。

少加固的前提在于良好的保障性措施。由于既有建筑部分通常存在年代久远、资料缺失、现状不明等特殊情况，在项目设计过程中，相关保障性措施的落实情况对于设计成果的准确性、改

造成果的可靠性、极端情况的安全性等方面意义重大。采用适应型现状测绘及检测鉴定技术、提出系统规律的运维保障制度、分析制定可靠的灾害防止手段，从基础资料准确完整、全生命周期保证安全、极端自然条件防止倒塌等多个角度保证项目安全可靠。

自平衡、轻量化：主要针对在原有结构上新增加功能部分，或部分结构构件替换。建筑结构的荷载控制是改造类设计项目核心理念的关键要素，通过系统化减载措施，采用轻量化、自平衡为主要手段的改造设计策略，可以有效降低既有建筑部分的承载负担，控制非必要结构加固工程量，对于控制改造工程造价、保护既有结构现状、降低加固施工风险等方面具有关键性控制作用。通过局部拆除，采用轻质墙体，选用轻量化面层来控制建筑整体荷载，新加结构不增加原结构的实际荷载。

轻介入、少干扰：主要指新老结构之间的连接关系。设计中，我们在老结构上增加新结构，尽量采用放置的方式，将新旧结构通过叠放栓接方式来进行连结，新旧脱开或轻连接。同时，新增加部分采用轻材料与单元化施工，最小化干扰老结构的受力体系和控制整体荷载。

强对比、可辨识：主要指新加建内容的可辨识性、新旧结构的差异展示。我们通过新旧、轻重对比方式来实现这一目标。新旧对比指的是原结构样式、尺寸、色彩、肌理等历史信息与新建内容的清晰可辨。轻重对比指的是新旧材料、建造方式之间的对比。典型新建轻型钢结构与既有混凝土结构之间的对比如下图所示。

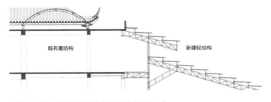

既有重结构与新建轻结构对比示意

新旧结构及其关系处理

新建结构均采用钢结构，通过轻介入方式与场地、旧建筑融为一体。钢结构形式选择采用最小截面、最少用钢量、结构轻盈为原则，尤其注重轻量化、格构化方向。典型模式包括：小截面组合梁柱系统、装配式安装柱脚系统、建筑结构一体化构件系统等，典型如下图所示。

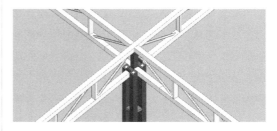

小截面组合梁柱系统示意

装配式安装柱脚系统示意

旧结构优先采用少拆除、易实施、可控价的处理方案。除常规加固技术手段外，采用的典型高效、创新模式下的措施手段如下。

利用建筑面层兼做结构叠合层方式。对大部分采用预应力钢筋的预制楼盖及部分楼盖系统梁板加固。由于楼板自身承载性能尚可，主要采用板顶位置利用建筑面层厚度设置配筋叠合层方案进行楼板加固，有效提升现状楼板和结构梁的承载性能，兼顾建筑做法与结构加固。

钢箍柱支撑方式。对于部分截面过小（直径不超过200mm）的钢筋混凝土柱，由于承载安全性能过低，且考虑建筑外观需求不适宜采用增大截面法时，优先选用整体钢管柱置换或外包钢管方案，有效保证基本安全、兼顾建筑外观。

喷射混凝土砌体加固方案。对于大部分非重点类建筑物的砖混墙体，由于结构体系和设计荷载未有显著调整，在计算论证满足承载条件的基础上，优先采用现状维持方案；适当提高结构承载控制标准，适当降低结构构造控制要求。对于部分重点类建筑物的砖混墙体和砖混柱构件，当结构体系和建筑功能有较大调整，且承载力验算和结构构造均无法满足实际安全需求时，采用喷射混凝土板墙加固方案。该施工工艺免支模、高效率、低消耗、易实施，可以有效提升改造现场施工效率、缩短工期、控制造价。具体方案包括单侧板墙加固（外墙为主）和双侧板墙加固（内墙为主）。

支撑承载转移方式。通过檐廊内侧柱子增加斜撑，成为悬挑结构，外立面保持原结构尺寸。通过增设梁下托梁、增设摇摆柱、增设斜向支撑等方式，有效降低被加固结构构件（包括部分楼板、结构梁、框架柱）的计算跨度、计算长度，从而降低内力水平，实现结构加固的目的。典型支撑转移承载加固模式如下图所示。

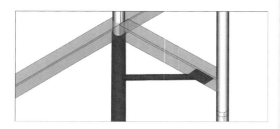

支撑转移承载加固模式示意

为了清晰地表达新旧结构关系、突出新旧对比，主要采用以下方式处理新旧结构关系。

并置：指新结构竖向独立承载，仅水平向新旧结构采用铰接等弱连接方式，两个结构同时发挥作用。这种方式可以解决新结构钢柱稳定性、长细比等问题。

放置：指新结构直接放到老结构上，向老结构传递竖向荷载，老结构承托新结构，两者之间铰接连接。

嵌套：新增加为子结构，镶嵌在老结构内部，新旧结构独立工作，基本不改变原结构承载体系。

共生：部分现状确实较差的老建筑，仅保留外立面墙体，内部新建结构为老结构提供支撑。

脱缝：新增钢柱系统与原有结构之间没有相互作用的，通常采用脱缝方式，处理两者之间的关系。

焦化厂 62# 楼改造工程
项目背景

焦化厂62#楼始建于1957年，位于北京市朝阳区原北京炼焦化场内，原始建筑面积约4000m^2，采用钢筋混凝土框架结构，地上5层，最大结构高度25.5m，属于典型的新中国成立初期建设的工业建筑。

62#楼单栋建筑物改造前现状如下图所示。

焦化厂62#楼改造前现状照片

焦化厂62#楼改造前结构示意

问题研判

既有建筑始建于1957年，属于典型的工业遗址，改造设计希望对既有建筑结构现状尽可能地予以保护和保留。

现有建筑功能空间面积有限，希望在改造设计中采取拓展和延伸策略，实现新旧结构、新旧建筑的有机统一。

既有结构部分，现状承载能力相对较低，尽可能在改造后主要承担竖向荷载，水平方向地震作用由新建结构主要承担。

设计策略及技术措施应用解析

设计策略	策略编号	技术措施	技术编号	应用解析
适应型方法——既有结构改造	Q-1	适应型检测鉴定	Q-1-1	√
		既有结构改造加固	Q-1-2	
		轻量化为特征的减载措施	Q-1-3	
适应型原则——既有结构改造	Q-1	轻介入、低扰动	Q-1-4	√
		专项论证、一事一议	Q-1-5	√
一体化技术——新旧结构共生	Q-2	复杂混合结构体系识别	Q-2-1	√
		新旧结构协同承载	Q-2-2	√
		既有建筑改造性能化设计	Q-2-3	√
		新型一体化改造节点	Q-2-4	√
绿色型材料——新型结构开发	Q-3	绿色、低碳、多元化改造材料	Q-3-1	
		节材设计与绿色结构	Q-3-2	√
		新型标准装配化系统	Q-3-3	
保障性措施——结构安全底线	Q-4	极端灾害防倒塌设计	Q-4-1	√
		建筑房屋体检制度	Q-4-2	√

创新型改造策略

鉴于改造建筑物具有典型的历史建筑属性，改造设计方案中对于原有结构的保护和延续成为重要目标。综合考虑历史建筑保护与改造结构安全，通过建筑师与结构工程师的通力合作，提出了"以新带旧、修旧如旧"的改造设计策略。关键的技术要求及建筑师的设计初衷包括：保留工业建筑的特色是工业建筑改造中最重要的；不要去加固旧结构本身，要用钢结构扶着混凝土结构，相互之间共同作用；新旧结构的编织，不是片面的加固和替换，把漂亮的钢结构从老的混凝土里长出来。通过新旧结构一体化改造设计，构成了一个新建钢结构与既有混凝土结构嵌套交叉的联合结构整体，新增叠合结构面积及新建结构面积约10000m^2，实现了结构承载性能与建筑使用功能的双重提升。

改造后一体化结构建筑效果示意

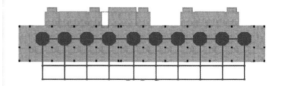

改造后一体化结构平面示意

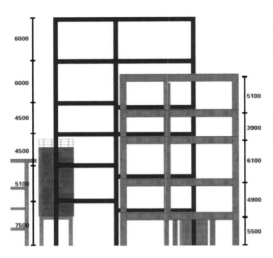

改造后一体化结构剖面示意

上述技术方案及其结构工作机理为：利用现状结构楼板开洞的特征，嵌套新建钢结构与既有混凝土结构构成协同承载体系。其中，新建钢结构部分主要承担抗震功能，作为水平方向结构承载骨干；既有混凝土部分主要承担自身竖向荷载，地震水平力作用利用叠合楼盖部分传递给新建钢结构区域。通过上述方案，既有混凝土结构区域由于主要承担自身范围内的竖向荷载，有效剥离了相对实现困难的抗震承载需求，从而巧妙地实现了现状结构保留的初始目的，并未采用增大截面、粘贴钢板等传统加固措施，较好地完成了"以新带旧、修旧如旧"的设计初衷。典型一体化结构设计模型如下图所示。

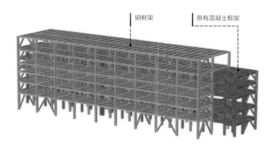

新旧一体化结构模型示意

创新设计策略

项目所采用的具体创新策略包括：

轻介入、低扰动。由于采用了"以新带旧、修旧如旧"的改造设计策略，本工程虽然新增了钢结构部分，但是对于既有建筑部分除去部分必要增设的BRB子结构（约束屈曲支撑，附加措施，吸收部分剩余地震力）区域外，其他部分现状可以满足承载安全要求，有效规避了常规加固手段，保护了历史建筑现状，匹配了轻介入、低扰动的设计策略。

专项论证、一事一议。项目所采用的一体化结构体系在现行规范中并未给与明确定义，作为保证创新安全的基本手段，开展了多位行业权威专家参与的专项论证评审，顺利通过评审并得到了多项改进建议。

新旧结构协同承载。本工程采用新建钢结构与既有混凝土结构一体化协同承载，交接位置采用叠合结构，保证100%水平力传递。

既有建筑改造性能化设计。本工程作为超限结构，在性能化设计过程中重点强调对于新建结构的高标准要求；在保证基本结构安全的前提下适当放宽对既有结构的性能标准要求；兼顾了整体结构安全需求和改造加固工程量的控制。

新型一体化改造节点。本工程对于新旧结构的叠合连接部分，为了保证一体化属性的有效实现，设计了新型叠合梁节点样式，并进行了系统计算和构造分析，在节点层面保证了设计理念的有效实施。开发的新型一体化节点如下图所示。

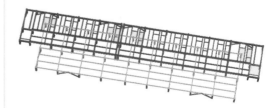

楼层叠合梁布置示意

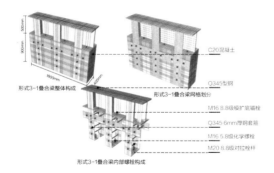

新型一体化叠合梁节点样式

节材设计与绿色结构。本工程通过"以新带旧、修旧如旧"的改造设计策略，有效规避了既有混凝土区域的传统加固措施，有效节约了外包混凝土、附加钢筋、粘贴钢板等传统加固材料的使用，降低了改造土建造价。

极端灾害防倒塌设计。本工程在改造设计中基于创新型设计方法，采用了规范未定义结构体系，在采取专家论证等一些列基本安全性保证措施的基础上，依然补充了极端灾害防连续倒塌设计（针对本工程的实际情况主要为罕遇地震工况下的防倒塌设计），作为特殊条件下的基本结构安全兜底措施，有效保证了整体结构的综合安全性能。罕遇地震作用下的结构防连续倒塌分析及其损伤发展如下图所示。

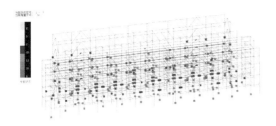

罕遇地震作用结构防连续倒塌计算损伤发展示意

科兴天富室外廊架改扩建工程
项目背景

科兴天富室外廊架改造扩建工程位于北京市大兴区科兴天富厂区内，原设计欲改善厂区室外环境，提供一个精美的、舒适的半室外空间环境，大

幅度提升改造覆盖范围内的建筑使用体验和景观感受体验。主体结构采用空间模数化切割网壳结构方案，构件层面综合采用不锈钢、铝合金、高强钢索等多种绿色、低碳材料；造型层面采用兼顾建筑轻盈、通透与结构高效、安全的一体化设计模式。

科兴天富项目典型完成照片（局部）

科兴天富项目典型完成照片（整体）

问题研判

从建筑结构一体化设计角度，室外轻型景观建筑物，对于高效能结构体系设计、构件尺度控制、承载的合理性保证等方面有着强烈需求，最终在保证结构承载安全的基础上充分实现建筑纤细、通透的表达效果。

对于绿色、低碳、高强的新型结构材料的使用，更新型结点样式的研发，对于整体建筑物综合创新性能具有重要意义。

设计策略及技术措施应用解析

设计策略	策略编号	技术措施	技术编号	应用解析
适应型方法—— 既有结构改造	Q-1	适应型检测鉴定	Q-1-1	
		既有结构改造加固	Q-1-2	√
		轻量化为特征的减载措施	Q-1-3	√
		轻介入、低扰动	Q-1-4	
		专项论证、一事一议	Q-1-5	
一体化技术—— 新旧结构共生	Q-2	复杂混合结构体系识别	Q-2-1	
		新旧结构协同承载	Q-2-2	
		既有建筑改造性能化设计	Q-2-3	
		新型一体化改造节点	Q-2-4	√
绿色型材料—— 新型结构开发	Q-3	绿色、低碳、多元化改造材料	Q-3-1	√
		节材设计与绿色结构	Q-3-2	√
		新型标准装配化系统	Q-3-3	√
保障性措施—— 结构安全底线	Q-4	极端灾害防倒塌设计	Q-4-1	√
		建筑房屋体检制度	Q-4-2	

高效能、轻量化的设计方案

本工程作为厂区建筑群功能更新的点睛之笔，设计过程重点强调了高效能的建筑结构形式和轻量化的设计策略，具体说明如下：

空间模数化切割网壳结构方案。基于传统网壳结构交接位置几何关系混乱，承载传递不直接等固有弊端，创造性提出空间模数化切割网壳结构方案，利用等边三角形切割方案创造一面切割、二面切割、三面切割三种标准模块，并据此构筑无限自由可能的几何拼接模式，在保证基本结构壳体承载构型的基础上，有效实现了几何方案自由。

基于建筑切割形体需求，进行结构承载合理性分析，增设闭合对拉平索，有效改善壳体切割后推力平衡体系不闭合问题，有效提升承载效率，减小构件尺寸和结构材料用量，提升建筑表达效果。增设自平衡对拉平索前后，结构承载变形示意如下图所示。

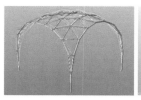

自平衡对拉平索工作效果示意

适应性分区材料选用的轻量化策略。结合特色网壳采用膜结构等轻量型覆材的特定技术特征，采用控制结构自重的轻量化设计策略，对于边拱、立柱等竖承载负担较重的竖向构件，优先采用高强度不锈钢材质；对于壳面等结构自重较为敏感的区域，优先采用6061-T6铝合金等高强度、低

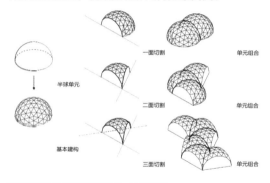

空间模数化切割网壳结构方案示意

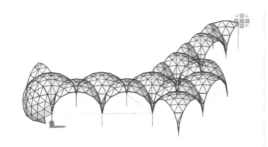

高强度不锈钢构件选用区域示意

6061-T6铝合金构件选用区域示意

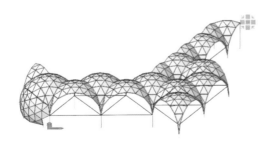

高强度不锈钢钢绞线选用区域示意

自重、耐腐蚀材料；对于造型复杂、受力集中的节点区，采用机加工不锈钢材质；对于预应力受拉构件，采用高强不锈钢钢绞线材料。各类材料分区选用示意如下图所示。

铸钢节点、张弦柱等高效、节材、纤细局部构造样式，依据构件的承载模式、内力水平、不同状态等多因素综合考量，合理确定竖向构件的结构模式。

对于多柱合一位置的普通短柱，考虑其结构高度偏小、节点构造复杂、内力状态较高等特性，优先选用高强度、大壁厚、小直径的竖向承压钢柱，兼具一定水平承载能力。节点位置采用一体化铸钢节点做法，提升建筑外观品质、保证节点

区域结构安全。典型节点区铸钢结构做法如下图所示。

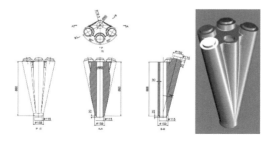

多柱合一位置铸钢节点做法示意

对于部分高度大、荷载小、相关构件数量可控的位置，选用了张弦柱结构样式，两端铰接，仅承担竖向荷载（不作为水平抗侧力构件），利用边界张索抑制芯柱的失稳可能，有效控制芯柱截面尺寸，提升结构承载效率，保证建筑通透外观效果。典型多拱合一立柱和张弦柱对比如下图所示。

多拱合一立柱和张弦柱对比

绿色低碳材料与创新型节点开发

绿色低碳结构材料选用。本工程壳体设计工程中，全面比较了胶合木结构、重组竹结构、铝合金结构、普通钢结构等多种材料的选用可能。最终铝合金结构因自重轻、耐腐蚀、强度可控等

综合优势，被作为主要壳体结构的材料主体；不
锈钢材质因承载性能好、耐久性好、可焊接、可
铸造、易加工等多重特征，被作为主要拱柱及节
点位置的结构材料主体。

新型铝合金装配化节点的开发。铝合金结构
限于其材料特性，不宜采用焊接连接方式，且多
为工字形截面构件样式。本工程为有效控制铝合
金构件截面尺寸，开发了以箱型构件截面、套筒
式连接方式、装配化螺栓安装的成套新型节点技
术。节点设计中，在不锈钢节点区预留连接挑头，
矩形铝合金型材管与节点挑头套筒式放置，通过
周圈的多排沉头螺栓与不锈钢节点区紧固连接，
基本满足单层网壳结构刚接/半刚接节点样式要
求。典型铝合金装配化节点如下图所示。

节点区及其周圈范围结构照片

精细化索结构节点控制。针对本工程大范围
采用索结构（包括主体结构承载索和膜结构支撑
索）的实际情况，进行了精细化索结构节点设计，
在保证结构承载要求的基础上，满足建筑外观控
制需求。典型索结构节点如下图所示。

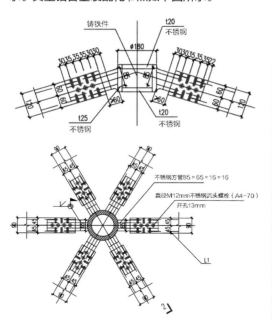

新型铝合金装配化节点设计图示意

典型精细化设计索结构节点示意

新型铝合金装配化节点实物照片

老城平房院落装配式集成化改造实践

项目背景

老城区平房院落的改造提升显然属于城市更新的主线任务之一，尽管在实践中已经出现了多种相对稳妥、可行的设计、施工策略，然而实际执行的效果在工作效率、造价控制、风貌保护等方面依然存在诸多问题，尤其是技术措施的零散性、独立性，导致难以形成相对稳定和具备普适性的改造策略。

北京力学胡同片区已实施的典型的传统方式更新平房院落效果如下图所示。在系统的专业设计与施工技术支持下，该类案例工程在风貌保存、功能提升、安全保障等方面确实可以达到较好水平，但是对应的设计方法、施工策略依然缺乏通用型指导作用，尚未实现关键技术的产业化、装配化升级；同时，建筑、结构、室内、设备等骨干专业的设计依然停留在各自为政的传统模式，尚未考虑集成化与一体化的新型建造要求。

问题研判

针对老城平房院落现状结构的实际特征，开发新结构与旧结构一体化的承载体系。

针对老城平房院落实际施工条件，需要开发以产业化、装配式、易实施为特征的新型装配化结构体系。

结合新型结构体系，需要开发新型装配化构件和装配式节点。

北京力学胡同片区传统模式平房院落更新

设计策略及技术措施应用解析

设计策略	策略编号	技术措施	技术编号	应用解析
适应型方法—— 既有结构改造	Q-1	适应型检测鉴定	Q-1-1	
		既有结构改造加固	Q-1-2	√
		轻量化为特征的减载措施	Q-1-3	√
		轻介入、低扰动	Q-1-4	
		专项论证、一事一议	Q-1-5	

续表

设计策略	策略编号	技术措施	技术编号	应用解析
一体化技术—— 新旧结构共生	Q-2	复杂混合结构体系识别	Q-2-1	
		新旧结构协同承载	Q-2-2	√
		既有建筑改造性能化设计	Q-2-3	
		新型一体化改造节点	Q-2-4	√
绿色型材料—— 新型结构开发	Q-3	绿色、低碳、多元化改造材料	Q-3-1	√
		节材设计与绿色结构	Q-3-2	
		新型标准装配化系统	Q-3-3	√
保障性措施—— 结构安全底线	Q-4	极端灾害防倒塌设计	Q-4-1	
		建筑房屋体检制度	Q-4-2	

老城平房院落装配式集成化改造成套技术

基于北京力学胡同片区平房院落改造提升的实践基础，充分利用新型装配式建造技术与一体化集成构件模式，开创性提出老城平房院落装配式集成化改造成套技术，具体说明如下。

技术开发意义：存量大、易复制、可推广，批量效应显著，综合成本可控，兼顾建筑性能提升、结构安全保证、设计实施高效；创造性采用承载型装配技术，维系传统风貌特征，延长传统平房使用年限。

技术开发需求：建筑外观保留传统风貌，建筑使用性能综合提升；安全隐患构件置换、加固，整体结构承载性能提升；采用小型化、装配化构件模式，采用适用老城现状的施工工艺。

技术开发内容：采用成套化装配式技术，系统解决平方院落改造模式问题。

屋面部分：按照装配化更新处理，采用超高性能混凝土整浇装配式模块方案，预应力拼接张紧，辅以保温、防水一体化构造做法，实现建筑结构一体化装配式方案。

衬墙部分：采用超高性能混凝土预制模块方案，与原结构保留外墙构成双层支撑体系，新增衬墙兼具竖向承载与结构加固功能，同时内置保温一体化做法，系统解决建筑、结构全专业性能提升需求。

窗墙立面部分：采用超高性能混凝土预制梁、柱替换支撑方案，统一材料与装配化工艺。

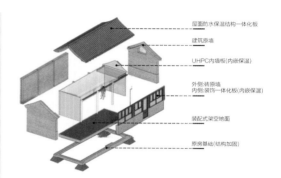

屋面防水保温结构一体化板
建筑原墙
UHPC内墙板（内嵌保温）
外侧:砖原墙
内侧:装饰一体化板（内嵌保温）
装配式架空地面
原房基础（结构加固）

成套化装配式集成化样板房爆炸展开图

地基础部分：现状延续与减少扰动+少量基础地梁补充支撑。

装配式集成化构件开发

研发的预制装配化屋面构件如下图所示，具体的技术特征包括：屋面板采用UHPC超高性能混凝土与保温复合一体化板，外形模拟传统合瓦屋面形式；采用自平衡拆分预制模块方案，屋盖左右侧拆分独立件，设置拉杆平衡推力，适合场地条件较为紧张的安装环境；各个模块之间，采用干作业安装、紧固，设置预应力筋张紧方案。

研发的建筑结构一体化装配式衬墙具体的技术特征包括：内衬墙拟采用UHPC超高性能混凝土板，承重、保温、内装饰一体化墙板；衬墙采用U形截面，UHPC厚度约20~40mm，兼顾结构竖向承载与原结构预留外墙加固功能；衬墙内嵌保温材料，采用装配化拼接方案，干作业施工，

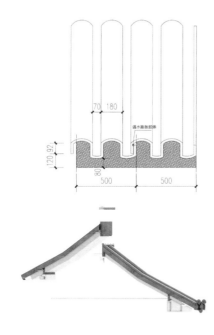

典型预制装配化屋面构件示意

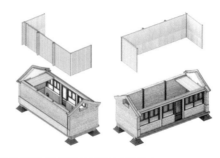

一体化装配式衬墙系统示意（整体）

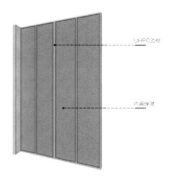

一体化装配式衬墙系统示意（局部）

属于建筑结构一体化多功能构件。

地基基础与装配式地面：整个改造过程尽量遵循自平衡设计策略，控制改造后结构自重不超过原结构总量，减少对既有地基基础的额外负担；地基础优先采用现状维持方案，改造过程减少不必要扰动，保证安全、简化施工；针对新做装配化衬墙等构件，补充浅埋地梁等构造处理方案，减少大挖、大建施工作业；针对窗墙立面，少量新做预制立柱，适当补充结构基础做法，且与原结构基础采用错开设置方案；补充装配式地面做法，地面增加地暖功能，提升平房冬季舒适度；采用架空地面做法，提升防潮性能。

技术开发路线

整个开发过程遵循的技术路线如下图所示，具体包括四个版块，分阶段开展。

研究背景与技术梳理：老城区改造实践经验，耐久性、系统性、适应性需求，绿色化、装配化、成套化策略，综合提升方法与集成技术体系。

装配化成套技术开发：装配式集成屋面、嵌入式内衬墙系统、装配式窗墙立面、集成地面与低扰动基础。

关键构件研发与试验：装配式屋面构件研发、

项目技术路线示意

装配式内衬墙构件研发、构件性能数值计算、构件性能试验与验证。

样板与示范工程：样板房系统搭建与技术验证、示范工程实践与工程验证。

样板房与示范工程

装配式样板房：基于力学胡同拟建设示范工程放样条件，联合专项厂家，技术落地，在工厂园区内进行样板房实施搭建工作，并评估实施效果。

示范工程应用：充分利用样板房已完成装配式构件及其可拆除、再安装优势，进行力学胡同实施示范工程应用，并评估技术实施可行性。

北京力学胡同片区选取的示范工程总平面布置和现状照片如下图所示。

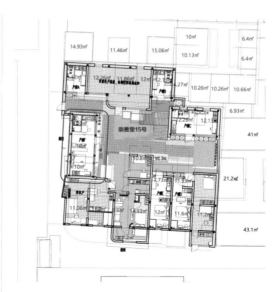

示范工程总平面布置

6.5　未来展望

城市更新设计中，以伴随着设计规范与技术依据、设计理念与技术方法、绿色低碳建筑材料、性能设计与保障体制等方面为代表，预期可能出现的系统更新包括以下几点。

设计规范与技术依据的全面更新：针对城市更新中既有建筑的实际性能特征和改造功能需求，综合考虑结构安全性能、建筑文化传承、实施造价控制等多个方面，更新现有设计规范体系，提出具有针对性、适用性的控制标准。在保证改造建筑实际安全性能的基础上，有效控制结构加固范围和加固水准，实施方案兼顾安全、高效、经济多维度需求。

设计理念与技术方法的持续迭代：结合城市更新改造实践，在系统的技术积累和经验总结上，对于改造设计方法和设计理念逐步更新，从传统的改造一加固模式更新为多维度的改造一提升模式。可能的方向包括：适应型改造控制标准的制定，新型协同承载体系的选用，高效合理的承载结构体系研发，特殊改造节点与构造的开发等一系列基于现状、立足提升的新型改造设计方法的技术更新。

绿色低碳建筑材料的创新选用：适应绿色、低碳的国家发展战略，新型特色建筑结构材料的开发与采用是提升城市更新改造技术的重要方向。以低碳/负碳、轻量化、高强度为特征的新型建筑结构材料的开发与应用，是城市更新改造技术提升的重要手段。胶合木、重组竹、铝合金以及其他低碳/负碳类材料的选用，在降低碳排放、提升耐久性等方面效果显著；轻量化与高强度材料的选用可以有效控制结构自重、提升材料使用效率、减小构件截面；逐步实现节材、美观、经济、高效的综合目的。

性能设计与保障体制的全面实施：随着结构设计方法与技术手段的持续更新，适用性、针对性较强的性能化改造设计方法逐步成为主流设计方法。系统地识别改造安全风险、针对性确定改造重点加强位置、合理化设定改造控制目标，逐步实现以重点加强、全面提升为特征的新型设计方法。系统的保障措施与机制是对常规设计手段的有效补充，通过全面实施房屋体检、房屋监测等新型技术手段，全生命周期监测、评估改造建筑的综合性能，作为改造设计的有效补充和兜底措施。

7

7.1—7.5

机电

MECHANICAL, ELECTRICAL & PLUMBING

7.1 给水排水专业

问题研判	设计原则	设计策略&技术措施		典型案例	未来展望
建设标准落后	契合需求	分类施策	设备设施更新	北京城市副中心绿心起步区共享配套设施	智能化与精细化
			设备系统完善		
			系统协调整合		
功能符合性差	增强韧性	技术适配	保证系统安全	中德未来城核心区二期智能绿塔项目	绿色低碳与可持续发展
			优化系统配置		
			设施协调风貌		
环境干扰严重	绿色发展	绿色低碳	节水优先	朝天门广场片区更新项目	装配式技术应用
			低影响开发		
			节能减排措施	朝阳区朝外大街升级改造一期工程及THE BOX朝外/年轻力中心项目	
绿色措施缺失	鼓励创新	创新发展	建筑水系统微循环技术		跨学科融合
			水质保障新技术	博鳌零碳示范区建筑绿色化改造项目	
			智慧监控系统		

本节逻辑框图

7.1.1 问题研判

基于现阶段城市更新项目设计案例的具体情况，从需求适应、品质提升、变化应对、新旧关系、绿色低碳、创新发展等维度分析，典型问题包括：

1. 建设标准落后

（1）规范标准落后。城市更新过程中，旧有系统执行的规范标准落后，其设计与现行规范可能存在不匹配的问题。

（2）技术做法落后。旧有系统实施过程中采用的技术和方法已经过时，由于长期使用造成损耗，系统已难以维持正常状态。

（3）设施产品落后。城市更新中，老旧设施与产品因技术陈旧、功能低效，难以适应现代需求，亟须升级换代。

2. 功能符合性差

城市更新以适应新的使用功能为目的，针对不同类型建筑的需求，需重点关注的问题包括：

（1）供水品质与更新需求不适应。供水系统设置不合理、设备选型不恰当、工艺选择缺失，导致供水水量不足、水质不达标、压力波动严重、水温过高或过低，与更新实际需求有差异。

（2）排水系统不畅影响环境卫生。排水管径取值偏小，通气系统设计不合理或缺失，导致排水不畅或返水。地漏选型或设置不当，引起水封失效，臭气通过地漏通道进入室内。室外雨污水管网混接，导致受纳水体生态环境破坏。

（3）消防系统设施保护覆盖不足。城市更新和历史文化保护建筑维修项目中，由于建筑空间和结构强度的限制，很多在新建项目中可采用的消防灭火手段难以完全实施，导致部分室内空间未被消防设施完全保护覆盖。

（4）防涝防淹与土建条件不统一。提升设计标准和加强防涝防淹管理措施，有利于降低被淹的风险，但难以根本性消除风险。更新设计全过程应加强与土建专业的沟通协调，在风险区域的方案设置、土建条件预留等方面与土建专业建立统一性。

（5）智慧化运维管理措施不完善。更新设计未考虑水质在线监测、管网漏损监测、物联网消防等新技术系统的设置，也未预留智慧化运维系统设置所需的条件，不利于运维管理的便利性和效率提升。

3．环境干扰严重

城市更新是多专业协作的过程，应注意专业间的相互影响，减小环境影响扰动，需避免的问题有：

（1）设施系统与建筑环境不协调。在满足现行规范标准和安全的前提下，设施的设置位置和型式选择及管道的敷设应灵活考虑，与历史风貌、建筑风格和空间形式应和谐统一，不突兀。

（2）低影响开发措施落实不到位。片面地以景观提升代替低影响开发措施，地面雨水流向组织不合理，灰色设施不足，导致整体实施效果不佳。

4．绿色措施缺失

以绿色低碳的措施服务城市更新，给水排水专业在节能、节水两方面的主要问题有：

（1）热水供应系统高能耗低效率。集中热水系统管网庞大，易出现热源选用不恰当，供热设备低效，管道保温不足，末端热水出水不及时，冷热水压力不平衡等问题。

（2）系统节水措施单一或不充分。旧的部分无节水措施或节水措施单一，新的部分各技术措施间的互补协调不够，不能较好呈现节水效果。

7.1.2　设计原则

考虑城市更新项目设计的现状问题和实际需求，以提升品质、完善功能、培育特色、增强活力、修复生态为指导性基本原则，提出给水排水专业的核心设计原则：

1．契合需求

充分进行现场调研，结合项目特点和实际更新需求，采用各种科学方法进行分析和研究，制定切实可行的更新方案。针对各种具体功能和需求，因地制宜地采用替换、维修、增补和整合的更新方式，通过各种技术和产品的系统组合，保证项目在水质、水量、水压及水温等各方面的全面响应。

2．增强韧性

城市的未来发展具有较强的不确定性，给水排水专业必须对城市韧性的提升做出足够的支撑。在城市更新项目设计中，宜在基于满足实际需求的前提下，预留适度的系统扩展条件和冗余度，

某项目雨水利用设施实景照片

如一定的机房和管井空间、设备容量条件、系统预留接口和应急条件等，有利于提高系统韧性，提升营商的多样性变化及环境品质。

3. 绿色发展

整体采用轻介入、微打扰的设计思路，尽量减少用地、空间和材料的占用和消耗；贯彻节水、节能和环保理念，优先采用高水效、高能效、低排放的技术和产品，尽量减少城市运行的成本和环境影响；践行国家"双碳"目标，合理采用可再生能源和绿色电力，为城市未来的绿色发展创造完善的技术和设施基础。

4. 鼓励创新

国家提倡发展新质生产力，就是鼓励创新，推动高质量发展。城市更新项目可以提供丰富的创新实践场景，给水排水专业应在设计中合理选用如水质在线监测、远传计量控制、智能设备产品和智慧运维平台等具有创新性和前瞻性的新技术和新产品。

7.1.3 设计策略及技术措施

基于城市更新项目的区位、功能、规模、空间关系、现状条件，以更新目标为导向，以实际需求为基点，以适宜、适度、融合为原则，遴选出经济、合理、安全、绿色低碳的更新技术方案，对城市更新项目进行全流程动态控制、全专业协作设计。

R1-1 分类施策

更新设计之前，应首先根据更新项目的实际情况，分析设备设施老化劣化程度、既有系统的功能和能力、既有系统运行维护管理问题、与建设功能和需求的符合度等因素，对专业设计工作内容进行评估，根据不同情况将相应系统分为：更新、完善和整合三种类型。

其中更新就是需要拆除和替换，对应评估后确认不可利旧的部分；完善就是需要增补和提升，对应评估后可延续利用的部分；整合就是连接和合并，对项目中存在多个可利用的分散系统，通过集中管理能够提效，保证建设目标。这三种类型不是完全独立存在的，可能在一个系统中混合出现，但每种情况都对应不同的设计策略，多种设计策略也可能混合使用。

分类施策措施应在城市更新项目的水系统规划设计中确定。

R1-1-1 设备设施更新

经评估后，相应的给水排水系统设备设施老化劣化严重，不具备利旧价值，或者包含在整体更新内容中，投资占比较低时，采用完全拆除更新的设计策略，其设计应尽量符合现行标准要求。

整体更新时，最佳策略是土建利旧：即完全更新相应的给水排水系统，根据土建现有条件按照实际需求配置设备和管线路由，尽量减少拆墙打洞等对建筑结构的影响和扰动；局部更新时，尽量保留可用的立管和主干管，可只更新横向管道和末端。

R1-1-2 设备系统完善

经评估后，相应的给水排水系统设备基本功能和能力完备，或只更新局部关键设备就能使系统恢复功能和能力，具备较大重复利用价值，或者其完全更新技术难度较大、投资费用过高时，采用设备设施完善的策略，其设计以原有系统设计标准为基础，保证关键技术指标符合现行标准要求。

对于给水排水系统整体而言，只要不全面更新管网，更换水泵、阀门、末端配件都属于局部完善提升工作。设备设施完善要保证管网的输配水能力和安全性能够适应未来功能和需求的水量、水压、水质和水温等技术要求。

给水排水、消防系统无法满足国家现行规范标准的既有建筑，在供水水量满足的情况下，只要旧有管网修复后能保证供水能力，优先采用局部更新水泵、阀门和末端等的方式完善系统。

示范案例：北京某医院门诊部装修改造项目

对于整座楼的局部改造，结合整体的给水排水、消防设计系统，基于不影响非改造区域正常使用的原则，采用了给水、排水、消防管道均在现状的基础上接入和接出的设计措施。下图为改造区域布置情况示图意，及以消火栓系统为例的设计系统图。

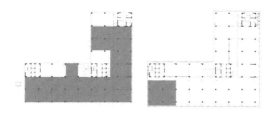

改造区域示意图

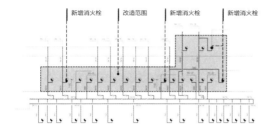

消火栓系统原理图

R1-1-3　系统协调整合

对于包含多个建筑的区域城市更新项目，由于每个建筑原设计时大多只考虑自身的系统需求，所以都是系统俱全，能力不一。当开展城市更新项目时，如果能协调各建筑的权属关系，将其中重复的系统进行协调和整合，将大量节约空间、设备和相应成本，并为区域未来的低成本、高智慧的管理运行创造良好的基础条件。

对于给水排水专业，最常见的可协调整合系统是消防系统和给水系统。以消防系统为例，更新项目中每个建筑的消防系统一般都配置消防水池、消防泵和高位消防水箱，但由于原有建设标准与现行建设标准的差别，经常出现消防水池和高位消防水箱容积不足，消防水泵流量扬程不足的问题，通过对多个建筑内部的消防水池容积和水泵的协调整合利用，有可能避免增设消防水池和消防泵房，同理也有可能整合多个高位消防水箱。对室外消火栓的整合可能有效减少室外消火栓的数量。给水系统的协调整合策略原理也类似。给水系统可以统筹设置给水泵房，为节能降耗和后期维护管理提供基础。

污废水系统和雨水系统的协调整合主要体现在室外小市政管线部分，区域建筑更新项目可以

共设化粪池、隔油池和雨水调蓄池等构筑物，还可优化室外管线路由，降低造价。

通过系统的整合，也有可能实现设备设施的整合和综合利用，为充分利用现有资源，支撑城市未来发展创造更好的基础条件。

R1-2　技术适配

R1-2-1　保证系统安全

1. 供水系统安全

在城市更新设计中，除了供水水源段无法控制之外，在供水机房，供水管网和用水末端都必须对水量、水压和水质加以控制。在不同阶段供水系统安全控制的内容和方式可能有所不同，但整个控制必须是系统性的，并保持一个统一的控制目标。为此在每个环节的连接处都应该设置安全控制屏障。

安全屏障Ⅰ一般是采用倒流防止器将建筑内部管网与市政管网隔开，默认市政管网的性能完全可靠。

供水系统安全控制示意图

安全屏障Ⅱ是供水机房内的监控和水处理系统，一般监控项目是：流量、压力和水质。常见的水处理系统一般采用消毒工艺，对水质有更高要求的项目，应增设深度处理工艺，如增加酒店功能的，可能需要增设过滤、软化等工艺。

安全屏障Ⅲ是用水末端的监控和水处理系统，一般的监控设备是水表，水处理系统在末端采用各种精度的过滤和膜技术。

为保证供水系统安全，建议采用精细化的智慧监控系统，可以实时对供水系统的流量、压力和水质进行监测和控制。

2. 排水系统安全

建筑的室内排水安全应主要关注保障生活排水系统能力和末端卫生器具水封安全两个关键点。

保障生活排水系统能力可通过适当增大排水管管径，设置合理的通气管道，更换内壁光滑的排水管材等措施提升排水系统安全性，但需要保证足够的管道空间。在卫生间内部，推荐采用墙壁式及不降板同层排水技术，可避免降板、土建开洞等施工操作和排水横管对下层用户的影响。

墙壁式同层排水示意图

排水管道系统中的浊气泄漏会污染室内环境，可能引发严重的公众健康问题。末端卫生器具水封是保证排水系统内气体泄露的关键环节，是必须设置的。当卫生器具自身不带水封时，必须在其连接的下部或者排水横支管上设置存水弯。

为了保障排水系统安全，地漏的数量不宜过多，合适就好。地漏的水封深度不应小于50mm，不能选用未设置水封的机械密封型地漏。改造项目中已淘汰地漏产品存在较多，拆除钟式结构等机械密封型地漏和未设置水封的活动机械活瓣地漏，更换为薄型地漏或同层排水专用地漏等满足规范要求的合格地漏。

同层排水专用地漏

3. 防系统安全

城市更新项目中消防灭火系统设置的重点在于首先要保证系统的完全覆盖，然后再保证设施设置符合消防标准要求。

在很多城市更新项目和历史文化保护建筑维修项目中，由于建筑空间和结构强度的限制，很多在新建筑上可以采用的消防灭火手段难以完全实施，必须采用部分替代的方法保证灭火系统的完全覆盖。在不宜设置自动喷水灭火系统的区域可以采用气体消防、高压细水雾和超细干粉等自动灭火系统替代；在空间小和应用要求不高的区域可以采用简易自动喷水系统和消防卷盘系统提供一定的消防保护能力。

如果消防灭火系统的设置受到限制，给水排水专业应协调相关设计专业，控制建筑材料的燃烧性能和可燃材料的应用，提高火灾报警、人员疏散和事故排烟能力。

4. 雨水防涝安全

城市区域由于建筑密度高、地面硬化率高、排水速度快等因素，容易发生内涝。特别是需要更新的既有区域，很可能由于规划和场地设计的缺失存在大量低洼地，更增大了内涝的风险。

在城市更新项目中，给水排水专业应配合场地设计专业梳理地面竖向高度、划分地面排水流域和统筹地面排水方向；同时加强与土建专业的沟通协调，在内涝高风险区域的设置和土建防涝条件的预留等方面共同采取措施。如项目场地设计时，建筑主体宜设置在场地标高较高的区域，车库入口、下沉庭院等风险较大区域，应与土建专业沟通考虑设置抬高出入口、设置排水沟等防止客水进入的措施。

在防涝重点区域应适当提升设计标准，例如地下车库、下沉庭院等民用建筑采用雨水重现期为50年；城市公共空间或信息基建、城区区域电站等设计雨水重现期为100年；增大地下空间出入口区域排水设施的排水能力。在地下机房、下沉庭院、地下出入口等危险性较大区域加设防淹门槛、防洪沙袋等临时性措施，增加应急避险能力。设备

雨水沟

车库入口设置雨水沟

机房尽量采用防淹设备，如给水泵房可以采用防淹水泵。加强排水防涝设施、易涝点的智慧化监控，在低洼处安装积水报警装置，有条件的地方可以与市政排水管网地理信息系统（GIS）联网。

```
┌──────────┐   ┌──────────┐   ┌──────────┐
│ 地面积水报警 │→│ 物业管理平台 │→│ 物业人员到位 │
│          │   │   报警    │   │   处理    │
└──────────┘   └──────────┘   └──────────┘
     │              │
     │              ↓
     │         ┌──────────┐   ┌──────────┐
     └────────→│ 市政排水管网 │→│ 片区责任专业 │
               │ 地理信息系统 │   │ 人员到位处理 │
               └──────────┘   └──────────┘
```

防涝报警流程示意图

R1-2-2 优化系统配置

给水排水专业在城市更新项目中提供的大部分是"隐形品质"的提升，具体可采用以下设计策略：

1. 系统优化选配

应根据城市更新项目的具体情况和建设要求，对各系统的方案、设备、管材和控制方面进行优化选择，科学合理地统筹各系统实现的功能和需求。

如在给水系统方面，建议采用"水箱+全变频泵组"联合供水，合理评估"管网叠压供水"对市政管网和相邻区域的影响。

在系统管材方面，应综合工作压力、使用条件和地质状况等多因素通过经济技术比较后选择。建议选择材料坚固耐久，次生污染可控的管材。例如室外埋地管道优先采用离心球墨给水铸铁管

无负压给水设备

和食品级覆塑S31603不锈钢管；室内管道优先选用S31603不锈钢管、S30403不锈钢管等。

示范案例：典型方案示意

城市更新在水系统改造中应以保障用水安全为前提，提升用水品质为目标，秉承适用、耐用的标准选取改造工艺及方法，着力解决直接关系用户体验的供水问题。根据供水现状资料，结合项目特点，综合分析供水要求，采用科学的标准，先进的设备、工艺及材料，使供水系统达到水质安全、水压合理、水温舒适的高品质供水要求。

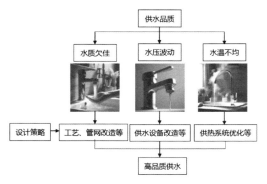

供水系统优化选配示意图

2. 功能集约综合

基于城市更新项目中既有建筑内的有限空间以及土建改造的成本和难度，结合不同场景，在设计中经充分调研和经济分析后，推荐选用可拆卸、可灵活组装式的集约型、整合型、复合型一体化成套设施。常用的集约型给水排水专业设备主要有智能可移动式泵房、智能一体化户外给水

设备、消防给水成套机组、一体化提升设备、成品组合式不锈钢水箱等。集约型设备的应用可以实现设备管线与主体结构的分离，可以提高设备管线的可更新性并减少建筑废弃物的产生，是一种高效利用空间、简化设计施工和优化运维管理的优良方式。

对于无地下室且采用市政供水的老旧小区，原市政供水压力已无法满足高层用户水压要求，小区内亦没有预留给水泵房的土建空间，重新建设泵房的改造难度和代价均太大。当周边市政管网允许叠压供水时，可选用智能可移动式一体化给水泵房或智能一体化户外给水设备代替土建给水泵房。

智能可移动式集成化给水泵房

智能一体化户外给水设备

对于空间紧张局促的消防泵房，无足够的水泵和配电柜安装空间，当需更换无法满足现行规范要求的消防供水设备时，可选用所需安装空间更小、可灵活拆卸组装的消防给水成套机组。

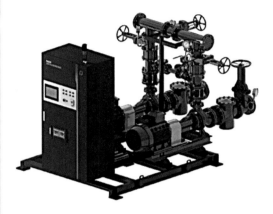

消防给水成套机组

R1-2-3   设施协调风貌

给水排水专业作为城市更新项目中的重要基础环节，应与城市更新项目的整体风貌协调一致，同相应的建筑风格和室内装饰风格保持和谐统一，给水排水专业的设施和管道的设置位置和型式应根据不同的功能、空间、墙面材料和吊顶型式，灵活布置和处理。

主要应从三个方面关注：

1. 管道敷设与空间形式协调

室内管道应优先暗装在吊顶、管井、垫层内，明装管道尽量敷设在机房或车库内，应沿墙柱有序排列布置，并保证合理安装敷设间距，管道外进行装修包封或刷漆处理，提升整洁美观的观感。明装在建筑外立面的管道和设备，采用与建筑立面相同的颜色和风格进行粉刷或遮挡，尽量减小对建筑外立面整体性的影响。如住宅空调冷凝水管设置专用排水立管收集，防止冷凝水无序排放和水管安装混乱，影响建筑品质；冷凝水立管可敷设于阴角等不易被察觉的角落，或选择与建筑外立面相协调的材料进行包封，尽量减小对建筑外立面的影响。

2. 末端设备与装饰风格协调

消火栓门可选择与墙面统一的材质，门面色调与墙面保持一致，需设置明显的"消火栓"标识，以方便火灾时消防人员及时找到。在室内满足规范要求的区域，采用隐蔽式自动喷水喷头，提高吊顶的完整性；格栅吊顶设置喷头需加设挡水板时，挡水板可设置于格栅吊顶上方，对建筑效果的影响降到最低。位于公共空间的给水排水设备设施和卫生器具宜根据建筑空间和内装效果，选用合适的尺寸和颜色，与室内装饰协同设计。

3. 消防设施与历史风貌、高密度聚集性街区协调

针对历史风貌、高密度聚集性街区的更新改造，其消防设施的设置应以最小干预和经济实用为原则，充分利用现有消防基础设施，最大限度地维持建筑原有风貌，不随意破坏和更改原有结构、布局、风格，通过合理设置消防灭火措施，有效减少火灾危害。

对于本体建筑保护要求高，如木质建筑等，应避免设置新的室内消火栓系统和喷淋系统，以免管道敷设穿孔和设施固定安装对建筑的损坏，可以采取室内消火栓外置的方式进行消防保护。

对于风貌要求较高的区域，设置的室内消火栓设置还应结合风貌要求进行设施的立面美化，并设置相关标识，室外消火栓则尽量采用地下式进行隐蔽。

对于消防车无法进入的高密度聚集性街区，则可以就近设置消防点，配备小型消防车、消防摩托车、手抬消防泵等机动灭火设施。

R1-3 绿色低碳

R1-3-1 节水优先

1. 选用节水器具

使用节水器具能够有效提升建筑给水排水系统节水节能效果，应根据用水场合的不同，合理选用节水龙头、节水便器、节水淋浴装置等。公共卫生间的蹲式大便器、小便器均采用脚踏式或自动感应式冲洗阀；公共卫生间洗手盆水龙头采用感应式水龙头，做到人走水停。

洁具和配件应符合现行建设行业标准《节水型生活用水器具》CJ/T 164和现行国家标准《节水型卫生洁具》GB/T 31436。便器的一次冲水量和洗手（脸）盆水龙头以及淋浴器的流量应满足绿色建筑评价得分要求的用水效率等级，并尽量采用用水效率为Ⅰ级的节水器具。

国家水效标识

现行节水器具用水效率等级

器具类型	节水器具水效等级指标	
	Ⅰ级	Ⅱ级
普通洗涤水嘴	0.1L/s	0.125L/s
淋浴器	0.075L/s	0.1L/s
带水箱坐便器	5/3.5（L/次）	6/4.2（L/次）
蹲便器	5（L/次）	6（L/次）
小便器	0.5L/次	1.5L/次

2. 控制末端出水压力

给水系统超压出流不仅直接造成了水资源的浪费，还会造成高压出水形成射流外溢影响正常使用，噪声大、接口易磨损、影响高低层水量平衡等其他危害。应合理控制配水点水压，在配水支管或用水点处采取减压限流的节水措施，控制各用水点处供水水压≤0.20MPa。

3. 避免管网漏损

建筑给水系统漏损重点发生在给水系统的附件、配件、设备等的接口处。

为避免管网漏损，设计中采用高质量阀门与管材，选用适宜的安装工艺方法，避免压力泄露和水资源浪费。供水管采用内壁光滑的不锈钢管和衬塑钢管，减少因管道阻力损失的能量；选用密闭性能好的阀门、设备，耐腐蚀、耐久性能好的管材、管件，可以有效减少漏损。

4. 设置计量设施

用水计量应符合分户、分类、分质及分级的要求，用于贸易结算的水表应采用智能远传水表或流量计。通过设置多级水表计量，进行水量平衡计算，有利于查找漏损点。

需独立水费结算的用水部位加装水表，通过经济杠杆达到节水目的。冷却塔补水、游泳池补水、公共洗浴用水、餐饮厨房用水、洗衣房用水、锅炉房、冷冻机房补水、中水系统补水等均单设水表计量。住宅、公寓内分户水表设在走廊公共管井内，办公、商业每层卫生间单设水表。

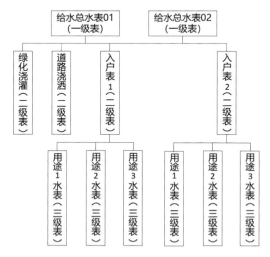

分级水表计量示意图

5. 分质供水

按照"高质高用、低质低用"的原则，冲厕、车库冲洗、道路和广场冲洗、绿化及水景用水可以采用中水，其余生活用水采用自来水。有市政中水的区域尽量采用市政中水；没有市政中水的更新项目，可以自建中水处理站，收集优质杂排水处理达标后回用；有条件的项目也可以收集屋面雨水或场地雨水，处理达标后回用。

更新项目自建再生水处理站时，应选择设置中水系统还是雨水回收系统，同时进行水量平衡计算；一般来说，根据水量需求同一个项目中设置一种再生水系统即可，并应进行经济技术比较，选择最经济最合理的系统方案。部分地方政府有文件规定两种系统都要设置的，应满足合规要求，同时设置。有条件的地方可以考虑设置建筑户内中水。

设置建筑中水（包含雨水回用）系统可以节约水资源、减轻城市排水系统的负荷，同时还可以减轻对水体的污染，具有明显的经济效益、社会效益和环境效益。

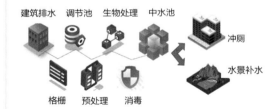

中水回水示意图

示范案例：首钢老工业区改造西十冬奥广场项目

为践行"绿色办奥"理念，首钢老工业区改造西十冬奥广场项目选用了部分适用节水措施。项目所用用水器具均为节水器具，用水效率限定值及用水效率等级均符合国家和行业所规定的1级；更新设计选用不锈钢和衬塑管等优质管材，采用密闭性良好的阀门配件，避免管道漏损；控制末端出水压力不大于0.20MPa；按绿建要求设置分级计量水表；冲厕和绿化浇灌采用园区中水。

R1-3-2 低影响开发

1. 因地制宜确定海绵目标

城市更新中的海绵城市实施首先要解决的是影响小区居民日常生活的显性痛点问题，如地面积水、雨污混接导致的环境脏乱差问题，满足居民的基本生活需求；其次是结合当地政策要求，合理确定年径流总量控制率等指标要求，并提升小区景观环境和完善小区功能。因此海绵城市实施应兼顾问题导向和目标导向，综合确定海绵城市实施内容。

透水铺装

地面积水

2. 结合场景多措并举

　　海绵城市技术措施包括"渗""滞""蓄""净""用""排"六大类措施。应根据更新区域的环境现状，科学制定更新方案，合理确定更新内容和标准，提出针对性的海绵化改造策略，利用屋顶绿化、下凹绿地、透水铺装、雨水花园、生物滞留设施等各项技术措施有机结合，强化对雨水径流的源头消纳，减少雨水排放。

　　结合当地降雨情况设立雨水收集池将经弃流后的雨水收集，处理达标后的雨水可以用于厕所冲洗、绿化景观用水、冷却塔循环用水以及其他适用再生水水质标准的用水。雨水的收集利用在增加可利用水资源总量的同时，还可以间接缓解自然水资源的压力，减少污水排放。

3. 海绵城市与景观有机结合

　　海绵措施的设置应与园林景观有机结合，增强更新区域生态功能和景观效果。通过景观的微地形规划，将雨水层层引导到自然景观进行储存

下凹绿地

或下渗，为雨水径流组织提供路径。海绵生物滞留设施中植物的配置同时考虑景观效果、耐水性和污染物去除能力。

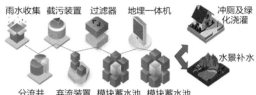

雨水回用示意图

水体可建立自然驳岸，岸边设置的景观带还具有削减面源污染的功能。透水铺装要注意道路功能要求和美学搭配，透水材料的选取应能满足路面雨水的快速下渗要求，有效过滤和净化雨水中的污染物。通过将海绵城市建设雨水管控功能与园林景观美化功能融合应用，以更低的资源消耗实现生态的可持续发展。

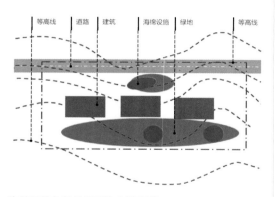

海绵设施与绿地景观结合示意图

示范案例：遂宁市宋瓷文化中心

本项目充分贯彻海绵城市建设理念，按照当地政策要求确定海绵城市建设目标，综合运用绿化屋顶、透水铺装、下凹绿地、雨水花园、雨水调蓄池收集雨水回用等措施，达到了年径流总量控制率70%的海绵城市建设要求。

R1-3-3　节能减排措施

1. 热源选择

根据项目的功能、规模、区位及市政热力条件选择合适的热源供应方式，积极应用新型热源，发挥太阳能、热泵等优势，可以采用传统热源与新型热源相结合的方式供应热水。

更新项目中，对于有集中热水需求的项目，

宜优先考虑采用可再生能源应用。夏热冬暖地区可采用空气源热泵系统；太阳能资源丰富地区可采用太阳能生活热水系统；项目附近有工业废热资源的区域，可以利用废热作为热源；在项目用地较宽裕的更新项目中还可以结合景观绿化、湿地公园、城市水系等有效利用地热资源；在项目附近有湖泊、河流或者成熟城市集中污水管网的区域，可以考虑设置水源热泵系统。

更新项目中有洗浴功能的，还可以利用稳定可靠的洗浴废水中的热能，辅助太阳能、空气源，替代化石能源制取低碳热水，实现余热、废热与可再生能源的循环利用。让洗浴废水变成不竭的清洁能源，解决更新项目中热水能源成本居高不下的问题，实现绿色低碳、节能省钱的热水供应。

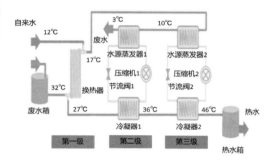

废热梯级利用水源热泵热水机原理图

采用智能梯级贮热装置，利用热水分层原理多罐串联，耦合多源可再生能源（太阳能、空气源热泵等），供热效率和可靠性可得到大大的提升和改善。

一般项目中，暖通专业的能源耗费占比较大，设计中可与暖通专业协调设置生活热水系统，可以提高能源利用效率和节约投资。

2. 管网设置

对于分散式生活热水供水系统或局部供应生活热水系统，宜采用异程管道布置，减少供水管道长度；对于集中生活热水供水系统，宜采用同程管道布置方式。对于大型建筑，可采用多处设置机房，以减少管道长度，减少热损失。

根据功能需求，集中热水系统采用干、立管

或干、立、支管循环，如高标准酒店，集中热水系统一般采用干、立、支管循环，以保证龙头热水能在规范规定的时间内能及时流出。

3. 设备选用

采用节能设备，优化供水调度，可以提高供水效率，减少能源消耗。如智能梯级贮热装置，利用热水分层原理多罐串联，耦合可再生能源（空气源热泵、太阳能等），供水效率和可靠性得到大大的提升和改善。

对于更新项目中旧有系统设置的供热设备，应根据其运行工况和现场勘探情况，判断设备运行状况，在运行良好的情况下，可以考虑利旧。

4. 保温设计

保温可以有效地减少热能的散失，提高热水供应设备的能效比，节约能源。保温材料的选择是保温效果的关键。常见的保温材料有岩棉、玻璃棉、橡塑棉和聚氨酯等，这些材料各有优缺点，选择时需要根据具体的应用环境和需求进行评估。保温措施包括选择合适的保温材料，正确地安装保温材料，以及定期进行保温材料的维护和检查。

示范案例：典型技术产品

城市更新过程中积极采用清洁、高效和绿色的可再生能源技术能有效降低热水系统能耗，从而贯彻绿色可持续发展理念。

太阳能是清洁可再生能源，太阳能热水系统能够利用太阳能集热器收集太阳辐射，从而加热内部循环水，满足生活热水需求，目前技术成熟，应用广泛。

太阳能热水系统

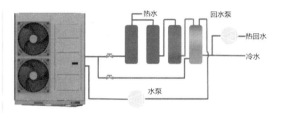

空气源热泵热水系统示意图

空气源热泵热水系统作为高效清洁的能源系统，具有制热效率高、运行平稳、环保、无污染等特点，在生活居住和公共建筑等不同场景改造中均能适用。技术产品如图所示。

R1-4 创新发展

R1-4-1 建筑水系统微循环技术

建筑水系统微循环技术是供水系统的发展趋势，其在城市更新项目中也是适用的。针对给水系统管网布置特征，为避免产生死水区，考虑采用技术措施让管网内的水都能流动起来，保障用水水质。

1. 末端管网循环供水技术

当末端配水管道环状布置时，任一用水器具使用都会使整个配水管网的水流动，缩短水在管道内的停留时间，降低水质污染风险。

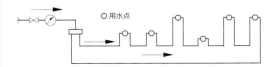

末端管网循环供水技术示意图

双承弯是可以实现户内配水管道链状、环状连接的重要阀件，1接口与用水点洁具连接，2、3接口分别与给水管连接。

双承弯

2. 给水管网循环回流技术

建筑的给水立管末端设置回流管路系统，可将管道系统内停留的水及时更新，起到保障水质的作用。通过构建回流管路缩短自来水在建筑小区的二次供水系统管道内的水力停留时间；对长时间停留在建筑小区的二次供水管道中的二次供水进行重新消毒和回用。

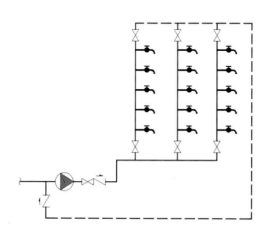

给水管网循环回流技术示意图

R1-4-2　水质保障新技术

建筑用水末端水质保障是饮用水质安全保障工作的重要环节。建筑物二次加压与调蓄供水系统的特点是开口多、管材类别多样、管道系统复杂、污染控制难度大，因此二次供水系统的消毒尤为重要。

1. 紫外光催化二氧化钛（AOT）消毒技术

当二氧化钛受到紫外线照射时，会和水及氧气生成羟基自由基，进而氧化水中的有机污染物，整个过程纯物理灭菌，不生成任何有害物质，也无任何残留。AOT消毒技术对二次供水水中微生物有很好的杀灭效果，消毒效果明显优于单独的紫外线消毒技术。

2. 银离子消毒技术

银离子带正电荷，细胞、微生物带负电荷，依靠库仑引力作用使两者牢固吸附。银离子穿透细胞壁进入细胞内，破坏细菌细胞内的蛋白酶和呼吸酶，使细菌细胞溶解和死亡。

AOT消毒设备

银离子消毒技术具有良好的广谱杀菌能力，兼有瞬时消毒和延时消毒作用，尤其适用于生活热水系统，对军团菌有很好的灭活效果，银离子浓度限值为0.05mg/L。

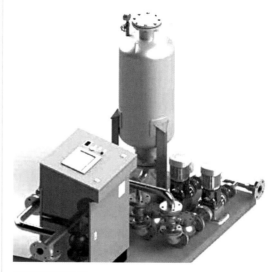

银离子消毒设备

R1-4-3　智慧监控系统

1. 水质在线监测

　　水质在线监测系统有助于确保用水的安全，及时发现水质问题，保障公众健康。通过安装的监测传感器，水质在线监测系统可以实时监测pH值、溶解氧、电导率、浊度、温度等参数。通过水质在线监测系统，一旦监测到水质异常，系统会自动发出警报，提醒相关人员及时处理。

　　生活给水系统、热水系统、再生水系统、游泳池水系统均可以设置水质在线监测系统。如生活给水系统可以在小区供水接口、二次供水设备出口及管网末端设置监测传感器，分别实时监控供水系统的水源、供水设备出口端和用水末端的水质，及时准确地发现和处理水质问题。

　　更新项目中可以根据功能需要选用合适的水质在线监测系统，提高动态掌控水质的能力，同时也可以提高维护保养的效率。

水质在线监测系统示意图

2. 远传计量

　　远传计量水表在供水行业的应用实现了"抄表到户不入户"，不仅改善了服务质量，而且成为供水企业和物业管理人员快速、高效、准确抄收户表和回收水费的有效途径，提升了供水企业和物业管理单位的运营管理水平和效益。

3. 物联网消防

　　在系统层面，借助大数据技术实现对海量数据的存储和管理，同时也可有效收集与分析处理各类数据，促使各级消防部门及时、有效、全面地了解消防现状，并对数据进行归类分析，从而提升区域消防能力水平。

物联网消防示意图

　　在设备层面，物联网消防可实时显示检测管道的工作压力、放水流量及阀门的开关状态，并可通过系统总线与监控主机保持实时通信，同时系统可显示末端试水装置所在的位置信息，也可通过手机App对智能末端试水装置进行管理和监测，实现智能化管理，大大提高了消防系统的安全性和维护保养的便利性。

示范案例：中国建筑设计研究院创新楼项目

　　本项目消防系统包含：室内消火栓系统、自动喷水灭火湿式系统、厨房设备灭火系统、灭火器、固定式气体灭火系统。各子系统通过物联网与消防主控系统相连，实现实时、动态、互动、融合的消防信息采集，传递和处理，增强了灭火救援的指挥、调度、决策和处置能力。

给水排水设计策略及技术措施

设计策略	策略编号	技术措施	技术措施编号
分类施策	R1-1	设备设施更新	R1-1-1
		设备系统完善	R1-1-2
		系统协调整合	R1-1-3

设计策略	策略编号	技术措施	技术措施编号
技术适配	R1-2	保证系统安全	R1-2-1
		优化系统配置	R1-2-2
		设施协调风貌	R1-2-3
绿色低碳	R1-3	节水优先	R1-3-1
		低影响开发	R1-3-2
		节能减排措施	R1-3-3
创新发展	R1-4	建筑水系统微循环技术	R1-4-1
		水质保障新技术	R1-4-2
		智慧监控系统	R1-4-3

7.1.4　未来展望

建筑给水排水专业作为建筑工程领域的一个重要分支，其未来展望是多方面的，涉及技术进步、绿色低碳、跨学科发展等多个层面：

1. 智能化与精细化

随着科学技术的不断发展，物联网、在线监测、智能传感器和数据分析等技术在建筑给水排水领域得到了越来越广泛的应用，建筑给水排水系统也将越来越智能化。如智能供水系统可以通过传感器和控制器实时监测水质和水压，实现供水量的动态调整，根据实际需求进行优化分配，从而提高供水效率和节约用水。智能排水系统可以通过智能感应器和控制器实现智能排污和排水，提高排水效率和环境保护。这些技术的应用使给水排水系统更加高效和可靠，控制更加精细准确，能够实时监控和调整以适应不同的环境变化和需求。

2. 绿色低碳与可持续发展

环保和可持续发展是全球性的议题，建筑给水排水专业也将更加注重绿色建筑的设计和实施。考虑到各类建筑的不同需求，通过优化给水排水系统设计，使用绿色低碳的材料和设备，可以更好地实现节能减排的目标。如工程项目中采用雨水收集系统可以收集雨水用于冲洗和绿化灌溉，减少对自来水的依赖；采用节水器具和节水措施可以降低用水量，提高水资源利用效率；采用高效节能的供水设备和排水设备，减少能源消耗；采用太阳能热水系统，利用太阳能提供热水，减少热水的能耗。

3. 装配式技术应用

未来的建筑给水排水系统可能广泛采用预制模块化设计。这些预制模块包括管道系统、泵站、水箱等，它们可以在工厂内按标准化流程生产，既确保质量又减少现场施工的复杂性和错误率。预制模块可以根据不同的建筑需求进行定制，现场只需组装和连接，大大提高了施工速度和系统可靠性。同时，装配式给水排水系统将与智能化技术更加紧密结合，实现系统的智能监控和管理，如集成化给水泵房、一体化户外给水设备通过设置传感器和物联网技术，实时收集和分析系统运行数据，及时发现和解决问题。

4. 跨学科融合

建筑给水排水专业将与其他学科如土木工程、环境工程、信息技术、软件工程等更加紧密地结合，形成跨学科的合作，以更好地解决复杂的工程问题。如环境工程中水处理技术的进步大大提高了建筑工程中再生水利用的范围。计算机专业软件的模拟对于复杂屋面雨水的排放大大提高了计算的准确性。又如BIM技术的在工程中的广泛应用，BIM技术可以科学计算管道的方位、敷设线路、管道材料大小以及安装方式，通过模型计算减少数据误差，促进设计施工的精确度；还可以对建设过程中的资源消耗和环境影响进行评估，从而提高给水排水设计的环保节能水平。

　　未来建筑给水排水行业将越来越注重创新、可持续性及智能化，同时保障水资源的安全和有效利用。展望建筑给水排水专业的未来是积极的，将面临新的挑战和机遇，需要不断学习新技术、新理念，以适应行业发展的需求。

遂宁宋瓷文化中心实景

7.2　暖通专业

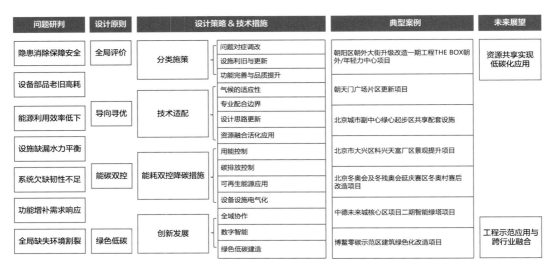

本节逻辑框图

7.2.1　问题研判

基于现阶段城市更新项目设计案例的具体情况，从变化应对、合理利旧、功能完善、品质提升、技术实施、创新发展等多维度展开分析研究，问题主要包括：

1. 隐患消除保障安全

建筑中的设施隐患主要包括：核心设备故障率高，带"病"运行；阀门部件损坏、失灵；水系统管网出现"跑、冒、滴、漏"、管道锈蚀严重、流通截面减小；设备自动控制系统失效等问题导致的运行安全失控。

消防隐患主要包括建筑内部防火封堵耐火等级不足、封堵材料缺损、防火阀动作失灵、消防系统联动功能失效以及防止火灾蔓延的技术措施存在隐患。城市更新活动中存在建筑功能变化、房间分隔改变、空间高度调整等变化，既有设施防排烟系统设计与现行规范要求差距大，存在消防设施明显不满足使用要求的风险。

2. 设备部品老旧高耗

既有核心设备额定性能参数远低于现行节能产品技术标准；使用期内缺乏必要的维护保养；部件磨损严重、运行故障率增高且配件难寻，设备调节性能无法匹配系统运行需求；运行工况性能持续低下；保温层剥落破损、构造层欠缺；风系统管路、阀门、连接节点漏风严重；阀门调节失灵；部分负荷的系统运行调控措施缺失或无效；管道布置气流不合理，局部阻力高；运行电耗高等问题。

3. 能源利用效率低下

普遍存在系统运行效率低下、设备水阻力高，逆止阀、过滤器运行阻力高，欠缺维护清扫工作，输配系统能效低，运行调控手段不当，能源的可回收利用、梯级利用意识欠缺，运维人员节能意识薄弱，管理水平良莠不齐，造成大量隐形能源消耗。机电各子系统间缺乏有效的集成与协同，导致整体性能不佳、能源综合利用率低，在增加运营成本的同时仍有多数区域温度、湿度、空气品质未达到设计、使用要求。"被动式节能技术优先，主动技术优化"的设计理念没有得到有效贯彻。高效节能系统的技术适配工作没有得到充分重视。

4. 设施缺漏水力失衡

水力失衡是工程运行中常见问题之一，首先是设计阶段的建筑功能与实际运行使用功能存在差异，导致设施系统不匹配；设计、实施阶段未设置有效的水力平衡技术措施，未进行系统水力平衡调试；系统全季节运行调适工作欠缺。主要表现为室内冷热不均，无法用技术手段缓解室内过热或过冷情况；房间送风量、新风量与设计参数存在明显差异，影响室内环境舒适性及空气品质。空调风系统、水系统运行中动态调节措施缺失，造成输配系统高耗能、低效率。

5. 系统欠缺韧性不足

基于建筑功能"新旧兼容"盘活低效闲置空间的理念，新增或调整既有建筑功能的机电系统与之对应。在建筑功能多元化、室内外空间多变化的趋势下，大部分老旧系统缺乏对需求调整的应对能力，韧性不足。设备设施的源、网、末端系统的不匹配问题十分突出。系统与设施配置普适性差、功能适应性弱、智能调控缺失、数据互通性差等。土建条件预留欠缺、无法兼顾运营扩展。普适与差异化需求兼顾的设计思路没有得到应用。

6. 功能增补需求响应

以运营效果为导向进行前置思考，对闲置的设施、资产进行梳理。结合更新建筑标准及冷热负荷需求对既有系统设施进行适用性摸排。原系统未达到使用效果或存在缺陷的部分，采取相应的技术措施进行修补与改进。结合拓展功能的具体需求，采用更换高能效核心产品、设备增容、系统调整设置、全面资源共享、管网的互联互通等多种方式来应对与响应，通过系统利旧与适度更新最终实现系统集成与适配。

7. 全局缺失环境割裂

城市更新中通常从小区、街区、片区等多个层级进行品质提升，若缺乏全局优化的意识，则难以结合既有条件、运营模式落实更新策略。

空调系统运行会产生噪声、振动，排放废气、余热等，处理不当将对室内、室外的微环境产生一定影响。设置进、排风竖井、冷却设备、通风设备、制冷机房时未充分重视设施运行对环境的影响及噪声限定值的要求，缺失有效消声、减震、隔震措施；有害物质排放未根据其排放成分选择相应净化措施；空调室外机设置位置通风不良、检修不便；设备与室外景观、整体街区风貌无法有机融合，呈现格格不入的视觉效果。

既有建筑现状

7.2.2 设计原则

结合城市更新项目中既有设施现状和需求更新的迫切性，以全面治理、功能完善、品质提升、活化利用、增强韧性、环境融合、全龄友好为指导，提出暖通专业设计的核心原则：

1. 全局评价

城市更新的实施应符合因地制宜的宗旨，结合片区、街区独有特色，区域整体风貌和商业运营模式，通过现场调研和实地勘测，进行主、客观评测。

基于消除隐患、需求响应、提质增效、合理利旧、技术更新、全局优化、资源共享等工作目标，制定总体规划、分步实施的原则。

城市更新涉及多领域、多专业工作的全面协同，措施有机结合，研究成果共享。经过全方位综合评价，创建更新策略实施技术清单，为后续行动与评估提供实施指南。

2. 导向寻优

立足全局评价的结论、技术策略清单，实行一楼座多策略、一类型一通则、一区域一集合的实施原则。实施策略可不拘泥于固定模式，需因地制宜、与时俱进、推陈出新。

工作中秉承以全面治理、解决问题、改善民生、节能降耗、环境友好、绿色可持续为实施宗旨；结合"留、改、拆"的轻介入、分步实施的指导方针；以适度补足被动技术应用、主动技术迭代更新、可再生能源合理应用为总体技术路线；以高能效、低成本、低维护的多性能目标为导向开展实施技术方案遴选与系统适配性研究。

实施中遵循技术适用为前提、更新适度为根本、综合效益为准则、协调融入为抓手的工作原则。

3. 能碳双控

城市更新项目有别于新建建筑，在品质提升与功能完善中，既有设施与新增用能设施的融合设置应通过研判供需侧的匹配关系，从单一的技术应用，向以需求为导向的多种技术耦合、规模化应用发展。

基于更新项目运营模式，通过性能化、精细化、数智化设计方法，推进用能的量化调控措施，合理降低用能强度的同时减少用能总量。充分重视能源系统全场景、全时段高效运行。合理降低输配能耗，适当填补被动式节能应用的短板，以经济效益与社会效益相结合为前提确定技术更新措施。

通过选用强弱电一体化设备、使用高性能模块化产品、采用轻量化机房构架、集约化机电系统，降低更新项目实施阶段的碳排放。项目碳排放量计算方法应按照《建筑碳排放计算标准》GB/T 51366实施。重点是运行阶段碳排放计算。计算数据通常以"碳排放量（$kgCO_2e$）""碳排放强度（$kgCO_2e/m^2$）""年均碳排放强度（$kgCO_2e/m^2 \cdot a$）"表示。

4. 绿色低碳

聚焦既有建筑中施工安装空间受限的难点，采用基于BIM技术的施工组织优化管理；结合模块化产品、工厂化预制、装配式施工安装、阀部件在线更换技术、管线原位更新模式的应用，有效降低现场实施难度。

选用低碳、固碳、可循环利用的绿色建筑材料；采用耐腐蚀、抗老化、耐久性、长寿命的阀门部件，提升管网的整体无故障运行时长；采用光致变色玻璃，降低增设外遮阳体系导致的土建风险；采用装配式模块设备带，规范顶棚送风口、回风口、灯具、喷洒、烟感、温感的设置。实施中合理确定各工序碳排放边界，采用新工法、新材料，构建绿色低碳建造体系。

更新的机电设备可以单独搭建自动化控制系统，并且与项目同步设计、同步实施、同步竣工验收。结合项目情况进行分区域、分系统全季节调适，使系统运行尽快达到设计预期效果。复杂能源系统、多源耦合系统采用基于已搭载的数字底座，依托智能算法进行用能预测与调节响应，实现"目标设定—偏离识别—寻优控制—协同调度"等精准调控，寻优运行。

7.2.3 设计策略及技术措施

根据城市更新项目实施地点归属的行政区

划、气候分区、能源政策，基于尊重既有设施差异化条件，以"查找盲点""消除痛点""破解难点""找准切入点"为工作重点，聚焦综合治理、分类施策、对症调改、共享与活化应用、合理利旧与适度更新、能源综合利用、数字赋能等几个层面策略的实施，提高系统能效与韧性。技术方案以实用、适用为原则，简繁从优，达到品质提升、全局增益的核心目标。

R2-1 分类施策

R2-1-1 问题对症调改

1. 提高安全设施韧性

防、排烟系统关乎人员生命安全，既往事故中出现报警后防排烟系统或事故通风系统无法按需快速响应或系统功能失效的情况，导致人员逃生难度大幅度增加或引起灾情升级的恶性事件。

城市更新中需要摸排防烟系统、排烟系统、事故通风、相应自动联控系统的设备设施现状，以生命财产安全为宗旨，贯彻住建部《建设工程消防设计审查验收工作细则》，落实建设地点的既有建筑改造消防设施规程、专项论证会结论。建设地有地方标准、政府管理规定的也应同步落实。

根据项目需求整改消防系统、事故通风系统、设备、管线接入既有系统，完成整体系统的重构工作，从而降低既有建筑的火灾危险等级，延缓烟气蔓延的速度，提高安全保障度。

改造工程中新增室内面积和功能调改区域的防、排烟系统设置、设备性能参数、机房设置标准、防火隔火措施、消防自动控制系统应遵循现行规范标准要求。可以利用既有建筑附属用途空间、室外平台、屋面增设的消防设备机房，结合外立面调整增设通风竖井。措施的应用需符合建设地点规划部门管理规定。

2. 提高系统运行韧性

以系统、设备运行安全，完善功能需求为切入点，针对室内温湿度环境、空气品质、系统运行、能耗分项计量以及设备自动控制点位进行相应的补足与更新。

对于高耗能、老旧、带"病"运行的设备进行更新，选用与既有系统适配的节能产品。

解决既有水系统管网的跑冒滴漏、腐蚀破损，管道阀件被残渣堵塞等问题；解决既有风系统中管道连接点密封不严、气流不合理、局部阻力过大等问题；同时关注输配系统水力失衡的整改工作。

可根据问题管线的位置和数量占比，采用局部原位更换，直至全部更新。当系统不能停用时可采用在线更换技术实施。设置在隐蔽工程中的管线选用耐久长寿命管材，易损件或组合件等寿命差异大的部件应预留便于单独更换的条件。

消除系统中阀门部件调节（或关闭）功能失效，执行机构失控的问题；更换新型低阻力过滤器、止回阀；将设置不当的阀门更换为与既有管路特性相匹配的品类。

针对管线保温层的材料不适用、构造不合理、设置不连续、吸湿性强、导热系数高、年久失效、耐火等级不达标等问题，对应进行整改。

保温性能薄弱的位置可通过现场"打补丁"的方式进行更换、贴补进行局部加强；耐火等级不足的位置可通过增设防火板进行加强；保温体系全面失效或者使用的材料判定存在安全隐患的，应全面更换进行整改。

示范案例：朝阳区朝外大街升级改造一期工程及 THE BOX 朝外／年轻力中心项目

制冷机房内的冷水机组已运行25年，工作年限已超出产品设计使用寿命。机组能效远低于现行节能规范限值。经过踏勘评估，核心机房内管线锈蚀严重，阀门部件多数失效，需要整体更新，核心设备运输通道采用室外吊装孔吊装。

冷水机组实景照片

R2-1-2　设施利旧与更新

许多项目在使用期间历经过多次调整改造，系统中新、旧设施并存，不同品类产品混搭使用的情况较为普遍。为全面掌握既有设施的情况，通过必要的产品性能检测、可行性分析、自动控制系统的完善与增补、运行调适等手段，实现新、旧设备和既有管网的搭载、嵌入与有机融合，达到系统品质提升的增值效益。

积极推进既有设备自动控制系统的调适与整改，实现分系统、分环路、分阶段使用，盘活现有资产，物尽其用。通常弱电系统设备更新速度快，各类元器件前后兼容性差，新旧产品难以互联互通。新增小型、少量用能设备宜采用强弱电机电一体化产品或选用独立的群智能建筑智能化系统，实现新增系统相对独立范围内的设备自动控制、自主寻优运行功能。

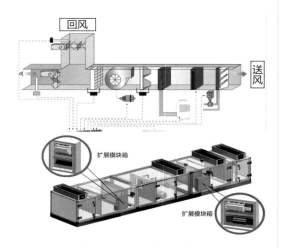

强弱电一体化空调机组控制系统及功能段框架图

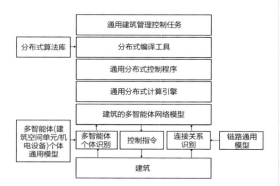

群智能控制系统逻辑框架

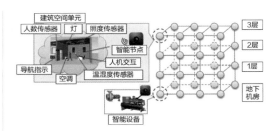

群智能控制系统图

遵照能利旧则利旧的有效资金利用原则。平时使用的设备，其性能参数满足或贴近节能标准、相关节能规范要求的，且与原有系统可实现互容互通的设备、部品方可利旧。利旧设施不能成为系统运行后的能效短板。

新增设的用能设施、已确定更新的设备，其能效等级、性能参数应满足或优于现行规范、项目绿建等级标准要求。

管路、阀门、部件按需更换，水系统调改时应重新进行管网水力计算，结合平衡计算结果进行设备选型，按需设置调控技术措施。实施中按照施工验收规范的相关要求，进行管网冲洗与水压试验。

增设的设备机房、设备安装区域、设备运输通道应核查既有项目土建中结构荷载承受能力和室内净高条件，结合投资情况，优先采用小型模块化设备和轻量型产品，降低对结构的影响；新增设备布置区域结构体系与既有土建结构之间采用脱开建造或轻连接模式，降低改造过程对既有结构的非必要扰动。

示范案例：博鳌零碳示范区建筑绿色化改造项目

城市更新项目中制冷设备、管道阀门附件、空气源热泵设备、自动控制系统及配套设施的合理利旧与设备更新。

设备管道实景照片

R2-1-3　功能完善与品质提升

1. 人工环境品质提升

　　基于不同场景、空间类型、人群的适应性构建更新项目差异化的室内温湿度标准、空气品质、机械新风量、噪声标准等评价指标。系统、设施据此标准进行分类优化，确定设计（运行）参数。

　　对于持续散发刺激性气味或大量余热的室内空间，通风系统基于源头控制法和就近排除原则设置局部通风（岗位通风），按需采用自然通风、诱导通风以及混合通风方式。在自然通风口部顶端增设无动力通风帽可提升不同季节的应用效果。

公共卫生间低位排风、高位排风实景照片

　　人员密集区的室内空气品质提升以可吸入颗粒物 PM2.5、挥发性有机化合物 VOC 与室内 CO_2 浓度为主控目标。空调末端设备安装的空气净化装置在运行期间不应对室内环境产生二次污染。新风系统净化设施对 PM2.5 的控制要求应以建设地室外空气品质数据作为首要依据，推荐根据近三年来官方发布的城市空气品质数据作为基础值进行评价。

　　高大空间通过空调风系统的气流组织优化，人员活动区设置辐射供暖系统，合理调控送风温度；过渡季节通过焓值控制方式调节系统新、回风比等措施将运行季节的室内温度、温度梯度控制在合理数值范围内。

　　更新项目的多数大空间难以全面增设末端设施，另外针对不规则空间例如：倾斜墙体、屋面；曲面空间、室内变高差台地、扭转形变空间等难以增设常规末端系统。室内温湿度处理的空调末端可以采用与商业运营信息显示、多功能吧台、服务岛结合的模块式送风单元，也可以与其他机电设施合

　　并综合设置。设置数量多、位置分布零散的可以采用强弱电一体化设备实现自动控制运行模式。

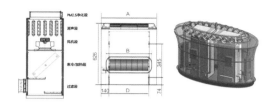

明装分布式送风单元构造及喷口侧送应用示意

　　特定循环风量参数条件下，一定数量范围内的分布式送风单元的数量与运行能耗、初投资变化有一定相关性。

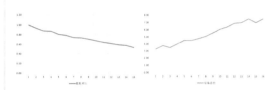

送风单元数量与运行能耗、初投资变化趋势示意图

　　冷暖强制对流器的设置可降低幕墙围护结构对室内空间的冷热辐射影响。

地面嵌入式冷暖强制对流器示意图

　　机械通风系统根据排除余热、余湿设备的台数控制、变频调节控制措施，降低通风系统运行能耗。

　　针对开敞空间室内温度、送风量均匀性差的问题，核查室内测点的设置位置是否与末端设备服务区域相一致，是否可真实反映检测点的温度且不受外界环境的影响。室内各空间对应的设备容量应与其负荷需求相匹配，避免简单的负荷与台数容量平均分配。容量不一致的末端设备在综合吊顶的送风口、回风口可以采用标准模块协调统一。

　　养老适老建筑、医院病房、学校宿舍采用感

应集成式送风口，通过智能检测，实现自动控温、随动调整空调送风气流方向，可实现避人模式或者选择空调送风气流直吹模式。空调室内机可以采用纵横百叶3D柔和气流模式的产品服务于特殊人群及功能空间。

感应集成式送风口应用示意图

更新活动中建筑优化出的半室外空间，根据使用功能、是否有人经常停留，通过仿真模拟计算，基于全年各季节的计算结果，通过分散的水喷雾蒸发冷却系统、岗位送风系统、浅层地热新风系统的设置，辅助自然通风+局部诱导通风系统，满足使用要求。

喷水电扇　　水喷雾系统

喷水蒸发冷却应用示意图

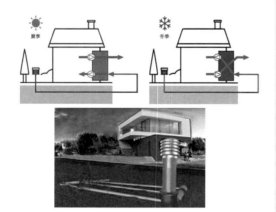

浅层地热新风系统室外部分安装示意图

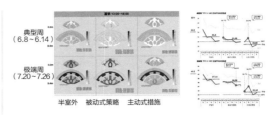

半室外走廊位置夏季舒适度空间分布示意图及不同措施下平均体感温度对比

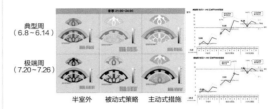

半室外走廊冬季舒适度空间分布示意图及不同措施下平均体感温度对比

浅层地热新风系统服务于分散独立的小型空间，使用灵活，在满足室内空气品质的前提下，新风能耗明显降低。

示范案例：朝阳区朝外大街升级改造一期工程及 THE BOX 朝外／年轻力中心项目

商业建筑空调新风净化设施结合PM2.5的控制要求，采用了初效+中效过滤方式。在不同的使用空间采用不同的空调系统室内设计参数标准。人员密集场所空调系统设置了CO_2检测联动系统调节系统新风量。

物理过滤用风机将污浊空气抽入机器，通过内置的滤网来过滤病毒、悬浮颗粒、灰尘、动物毛发等。

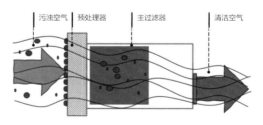

污浊空气　预处理器　主过滤器　清洁空气

空气的物理过滤原理图

示范案例：北京市大兴区科兴天富厂区景观提升项目

室外空间通过CFD数值模拟计算空间的速度场、温度场，同时优化膜结构开口位置及设置标高。

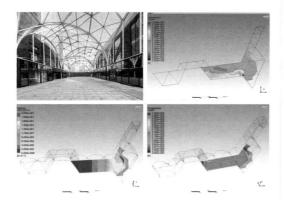

空间速度场、温度场CFD模拟结果示意图

2. 功能完善活化应用

城市更新中的大型管网应充分考虑分段检修、分段更换、分段使用的可能，按需设置分段阀。

紧急状态时，水管、气管可采用在线更换施工技术，以及管网带压开孔方式，进行阀门、管道、部件应急更换。

聚焦既有管网水力失衡的严重程度。系统重构后的管网总体平衡问题，需要重新进行水力计算，根据结果按需采用调整管道管径、优化管道路由，设置静态（压差）平衡阀、能量一体阀等措施，同时进行分系统、分环路调适。具备条件时分支环路按需增补传感器、电动调节阀、能量计量装置，为实现数字化调控、数据的互联互通预留数字底座条件。

空调冷却水系统性能优化策略。通过冷却塔水管流量平衡的调控，均衡各塔的布水量，选用冷却塔低流量时布水均匀性良好的产品，实现运行全时段达到设计逼近度。设备更新时，在同等条件下优先选用具有CIT及节水认证的低漂水产品。

冷却水泵变频变流量运行，定温差控制优先。

产品的可变流量范围应与既有冷却塔、冷水机组冷凝器变流量能力相匹配。冷却塔供、回水管路温度旁通电动调节阀设置与否应根据冷水机组运行工况的冷凝器进水最低温度值确定。

当冷水循环泵按变频变流量运行设计时，变化范围应与末端设备流量、冷水机组蒸发器可变流量范围相匹配。

重视既有设备自动控制系统的应用现状核查，可利旧的应尽快投用并根据运行策略进行系统调适。增设、完善必要的能耗分项计量设施，计量仪表优选具有就地数据显示、数据存储、远传的产品类型，便于指导现场调适工作。

示范案例：博鳌零碳示范区建筑绿色化改造项目

冷却塔布水均匀性措施，管网水力失衡措施、流量计、传感器设置。

流量计、传感器图片，冷却塔均匀补水实景照片

3. 有机融合改善室内外微环境

合理组织通风系统运行的污染物排放，仅排除余热、余湿的排风口可在非人员活动区与室外景观设计相融合，通过设置格栅、风帽、挡墙、树池、造景、绿植、步道、台地等手法，在满足功能使用的同时进行消隐。在散热需求相同的条件下，尽量避免采用低穿孔率的装饰板进行遮挡。

浓度高或危险性大的污染物经过净化处理后高空排放，排放点远离人员活动区及空气动力阴影区。

结合建筑通风屋面、架空层、30～45°坡屋面造型中有利于通风排热的空间进行活化应用，成为空调通风设备设置区。重点核查设备平台的结构承载力、减震、隔震、消声降噪措施是否满足《建筑环境通用规范》GB 55016的相关要求。

既有通风竖井面积、地面排风出口位置设置不合理的若强行变更，可能引起既有机电管线、设备设施受损或连带拆改。当条件困难时可调整思路，对问题所在室内服务区针对空气的硫化氢、氮氧化物、氨气等污染源设置壁挂式（或风管式）一次净味效率高的循环风除臭净味装置，降低室内臭度等级，在满足室内品质的前提下，通过减少全面通风换气次数或机械通风系统运行时长，合理降低其对室外环境的影响。

微等离子技术的除臭装置示意图

示范案例：北京城市副中心绿色起步区共享配套设施广场片区朝天门城市更新项目

空调室外机设置位置、取风口、排风口由景观设计、装饰构件进行消隐处理。

通风取风口、排风口在景观设计中的消隐处理示意图

示范案例：朝天门广场片区更新项目

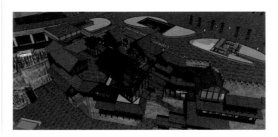

空调室外机在建筑设计中的消隐处理示意图

R2-2 技术适配
R2-2-1 气候的适应性

我国幅员辽阔，气候类型复杂多变，大陆性季风气候显著。节能降碳技术在不同的气候条件下也存在适用性差异，因此要有针对性地进行技术适配工作。在能耗模拟分析计算中，不同的计算期对采暖、空调能耗总量数值影响大，因此采用能反映当地实际用能的计算期是保证模拟结果准确性的前提条件。

1. 严寒、寒冷地区

严寒地区主要代表城市：哈尔滨（ⅠB）、呼和浩特（ⅠC）、西宁（ⅠC）、海拉尔（ⅠA）。寒冷地区主要代表城市：北京（ⅡB）、太原（ⅡA）。

严寒、寒冷地区供暖季节运行时长根据《民用建筑供暖通风与空气调节设计规范》GB50736—2012的附录A中所在城市确定，表中未列出的城市可根据纬度就近参照。供冷时长可按照日均温度≥25℃天数进行计算。

高效保温体系应用：采用高蓄热性、低传热系数、热惰性强、防火无毒的保温材料，采用低传热系数、高气密性等级的玻璃窗（玻璃幕墙），减少室内热量的损失。

太阳能有效利用：优化不同朝向的窗墙比，完善可调节遮阳体系，使得阳光分季节分时段按需进入建筑，冬季减少供暖能耗，夏季不增加供冷需求。根据全年太阳辐照强度数值，经过技术经济比较后，确定是否设置光伏发电系统、光热系统。

通风降温除湿运行：基于焓湿图计算，确定通风运行状态点，根据全年干、湿球温度分布等室外气象条件，依托系统全年节能运行策略，分时段应用自然通风、混合式通风、机械通风、夜间通风系统，有效减少人工冷源投用时间。

与自然环境相适应：干旱缺水、高蒸发量地区应降低能源系统对水资源的依赖性；室外湿球温度低、空气含湿量低的区域，优先采用蒸发冷却系统。室内空间夏季以温度控制优先。常规水冷系统根据末端系统需求，可将冷水供水温度提高2~5℃，冷却水进水温度降低1~3℃，大幅度提升冷水机组运行能效。

2. 夏热冬冷地区

主要代表城市：上海（A）、重庆（B）等。夏热冬冷地区各城市间存在显著的气候条件差异，用能计算期应以城市的实测气象数据为基准。

供热优先采用电热泵技术，当使用风冷热泵冷温水系统时应按照供热工况进行主机、循环水泵的设备选型，室外空气低温高湿时段的设备供热量应进行融霜修正。供冷量不足的部分，应采用其他高效能设备补充。

建筑物不同朝向的冬季热负荷差异不明显，但东、西向围护结构对于夏季冷负荷影响较大。因此对可透光围护结构的热工性能要求是保温与隔热性能兼顾。

夏热冬冷地区室内温度、湿度控制持续整个用能季节，夏季空调系统降温除湿运行时间长，过渡季节空调系统除湿运行会出现室内温度低，需要再热的工况。当利用夏季空调系统结合低温供暖系统，可在不增加系统复杂度的前提下提高冬季潮湿低温室内热舒适度。系统热源优先采用电热泵系统或余热、废热回收系统提供。

3. 夏热冬暖地区

主要代表城市：福州（A）、广州（B）、南宁（B）、海口（B）等。

围护结构性能要求以防潮、隔热为主，通过设置通风屋面、轻型种植屋面、地面架空层、植物景观棚架等措施实现。

注重建筑透光围护结构的遮阳体系设计，包括设置遮阳板、可调百叶窗、光致变色中空玻璃、Low-E玻璃，低SHGC值玻璃等。

冷凝热回收技术的应用。有长时段的制冷系统运行需求，且有稳定用热需求（生活热水或工艺用热系统）时，可通过冷凝热回收装置降低排热对室外环境的影响，同时提高能源综合利用率。当用热需求量小、用量短时间波动明显时，可结合冷水系统，采用水—水热泵系统进行用热制备。

室外低温高湿时段以室内湿度控制优先，小空间或间断使用时可借助通风系统降温，通过设置在房间内的相变吸湿模块、强弱电一体化升温除湿机组进行连续除湿运行。大型公共建筑集中空调系统根据冷负荷的显冷、全冷量占比、室外气象条件通过技术经济比较确定采用双冷源或双水温的温湿度分控系统。

在暖湿气流明显的"回南天"，通过维持室内气密性或者一定的正压值，减少湿空气的进入，可以提升室内温度，降低空气的相对湿度。通过温度、湿度的控制需求解耦运行，化解常规冷冻除湿后导致室温过低且除湿运行能耗高的问题。

太阳能应用：合理设置可调节遮阳体系，使其在低温时段最大化利用阳光，提高室内环境舒适度；在高温时段通过设置有效遮阳体系，降低太阳辐射得热，减少建筑制冷运行能耗。

4. 温和地区

主要代表城市：昆明（A）、丽江（A）、大理（A）、瑞丽（B）等。

注重与生态环境融合设计：通过设置成片绿地以及生态景观带，优化局地的微环境。依托建筑垂直绿化体系，减少围护结构得热量，降低空调冷负荷。

自然通风应用：以全年自然通风高效应用为目标，结合片区室外风环境、既有建筑基本条件，适度优化自然通风开口数量、位置；调整、增设

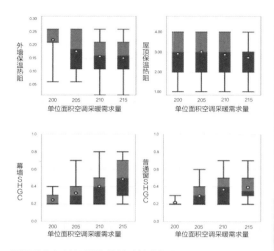

保温措施与遮阳措施的敏感性分析图

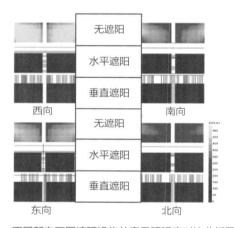

不同朝向不同遮阳设施外窗日照强度对比分析图

可开启外窗,计算热压引起的通风动力值,并通过CFD模拟计算预判运行效果,综合评价自然通风系统有效运行时长及节能降碳效果。

R2-2-2　专业配合边界

1. 用地红线内小市政设计配合

用地红线内的小市政管线,主要有市政热力接驳管道(或区域供冷管道)和市政燃气接驳管道,燃气管线通常由专业公司实施。

红线内的综合管沟、直埋敷设的管道在室外景观区更新改造前需要结合竣工图纸进行地下管线物探工作,避免因施工造成损害。

需要增设的管线,优先选择设置在地下室可连通的区域,当设置在室外场地时应与总图专业

核实管位、路由的可实施性。直埋管线施工中按需进行焊缝探伤检测,敷设在湿陷性地质的管线、高压高温热力管线应与管道同步埋设漏水检测带及相关控制弱电线管,选用优质成品直埋金属管道,严格按照规范要求进行安装、质检、验收等各项工序,确保隐蔽工程高质量完工。

片区更新活动包含室外工程、外围护结构性能品质提升、建筑风貌整改内容时,既有老旧住宅、小型公共建筑既有室外架空"飞线",在条件允许时优先采用"入地"方式进行整合。结合外立面构造优化、主体结构加固、室外加装电梯工程,将安装不合理或存在隐患的空调室外机、冷凝水排放管进行调改,实现片区综合治理。

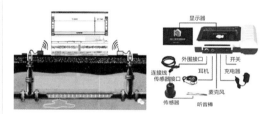

直埋管线在线检漏技术应用示意图

管线在线更换技术施工实景照片

2. 室内精装修设计配合

需要二次室内精装修设计的功能区,设计方案应与一次机电系统相匹配,在满足使用需求的前提下,可适当调整气流组织形式。室内方案的吊顶设置范围、标高,空调末端风口样式、位置、数量应与一次机电设计师充分沟通,达成一致。

防排烟风口原则上在满足规范的条文下可进行个数、定位尺寸的局部调整。防烟分区的划分

老旧小区室外机、冷凝水立管整合后照片

非必要不调整。固定式挡烟垂壁调整为电控型产品时应满足配电及手动、远控的技术要求。

所有室内空调设备的温控器和排烟口手动、远控装置应设置在相应服务区范围内，温控器设置位置应避免遮挡和温度干扰。消防设施的手动控制装置距地1.3～1.5m安装，并应有专用标识。

精装修区优先采用金属模块式集成设备带吊顶，按设计要求进行安装，避免空调系统不合理气流组织模式。

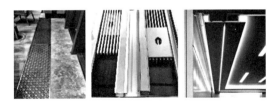

地面嵌入式强制对流器安装实景、装配式吊顶设备带模块

集成式吊顶实景照片

R2-2-3　设计思路更新

节能技术多种多样，合理应用均可达到良好的效果。既有项目存在的问题各式各样，具体细节差异化显著，简单粗暴地进行技术堆砌，难以切入关键点。设计阶段调改根据既有项目的问题精准施策，实现经济指标、技术目标双达标的要求。

基于项目需求对可行的节能降碳技术进行适配分析，遴选一种或多种措施进行深化设计。

设计思路宜从单一的技术应用向多种技术的集成化、系统化、全局化转变。紧扣气候的响应性、目标导向的性能化、精细化设计，以绿色可持续发展、系统整体能效提升、智慧运维为主控目标，进行实施方案技术集成与寻优。

性能化设计应基于目标导向、问题导向开展工作。精细化设计要结合既有建筑全面整改清单，运营策略按需重新进行全年冷、热负荷计算，调整后管网的水力计算。结合用户需求合理匹配能源核心设备台数、容量以及变工况运行能效。

示范案例：博鳌零碳示范区建筑绿色化改造 – 博鳌亚洲论坛会议中心及酒店配套建筑改造工程

系统运行控制逻辑可在多目标优化的前提下实现既定目标。

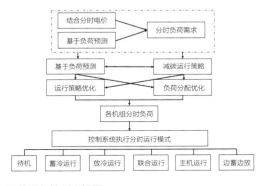

系统运行控制逻辑图

根据电价信息（商业电价），基于数字孪生可视量化技术实现远程监测、动态优化，达到高效运行、持续管理的目标。控制层面通过负荷预测数据对次日的运行策略进行规划，可通过不同运行目标改变热回收、冷机供冷运行、蓄冷、放冷运行策略的思路，结合机组群控策略，负荷分配优化，可采用最佳经济运行和最低碳排放运行等不同策略，进行按需调整。

1. 补足被动节能技术应用短板

根据更新的设计思路，基于既有单体建筑平面，借助片区、街区风环境、热环境CFD数值模拟分析结果，优化建筑的自然通风开口条件，预判自然通风运行效果。结合制冷系统、机械通风系统确定全年各时段系统运行策略。

根据不同的气候分区优化围护结构保温隔热体系，优化可透光幕墙、天窗的SHGC数值及气密性等级；根据模拟分析结果，构建高效遮阳体系。遮阳设施可采用固定式外遮阳、可调节型（电动、光控）外遮阳，内置可调百叶中空复合型玻璃窗。

夏热冬暖地区、温和地区可根据既有建筑结构的承载力条件增设垂直绿化、轻型覆土（或容器）种植屋面、通风（光伏板）屋面。

打开通风效果不良的室内空间，通过设置内庭院、半室外空间，借助景观水系打造丰富的空间环境、在分隔人员活动流线的同时通过蒸发冷却，改善、调节环境的微气候。

示范案例：博鳌零碳示范区建筑绿色化改造－博鳌亚洲论坛会议中心及酒店配套建筑改造工程

打开通风不良的室内空间，形成更有利的自然通风条件。

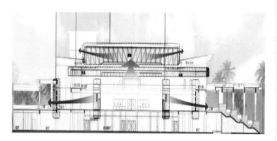

大堂共享空间自然通风优化示意图

建立外围护结构各性能参数化设计变量敏感性分析模型，通过大量的计算，根据不同的气候区，提供围护结构节能优化的具体落实工作的技术路线。

通过增设遮阳格栅、垂直绿化、碲化镉光伏

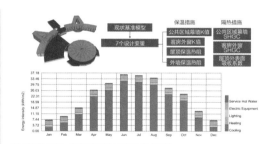

节能优化技术路线及敏感性分析图

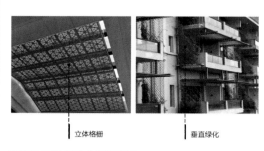

立体格栅　　　　　　垂直绿化

遮阳体系优化技术应用实景

玻璃等措施，整体优化遮阳体系。

示范案例：博鳌零碳示范区建筑绿色化改造－博鳌亚洲论坛会议中心及酒店配套建筑改造工程

借助CFD模拟空间的自然通风效果，基于既有建筑高大共享空间的两侧立面高位电控外窗，首层外门、对侧低位可开启外窗的设置，强化自然通风设计。

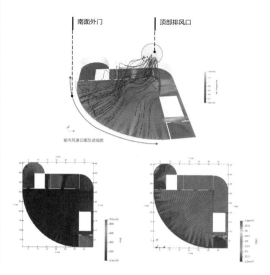

室内1m高处温度云图、室内风速图及轨迹图

2. 主动技术迭代更新

主动技术的迭代更新具有以下几个特点：

目标明确的过程。随着项目需求的逐步确立，目标层层明确，围绕既定目标不断修正、动态调整主动技术的遴选原则。

基于目标参数的不断逼近，需要进行选择、适配、效果评价。在技术剔除与更替中逐步完善主动技术的更新框架方案。

主动技术的迭代不是一次完成全部工作内容，而是一个循环更新的过程。在投资估算受限，难以支撑全局更新的情况下，遵循更新迭代的原则，把握改造的首要内容，聚焦系统能效的敏感因素，按照必要性、适宜性、经济性制定更新时序清单，优先采用适宜的低成本投入、低运维要求、高产出的技术措施。

结合项目特点指定更新工作的绿建节能、碳排放流程工作。

示范案例：博鳌零碳示范区建筑绿色化改造－博鳌亚洲论坛会议中心及酒店配套建筑改造工程

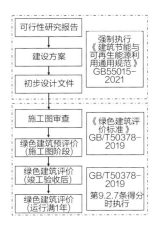

碳排放流程图

碳排放计算分析图

能耗分析：经围护结构、机电系统及智能化系统的整体改造，酒店建筑年能耗降低，初步估算建筑本体节能率。

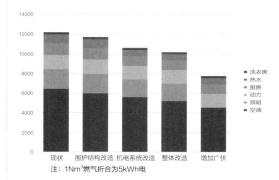

注：1Nm³燃气折合为5kWh电

建筑能耗的分项数据统计图

碳排放分析：经过模拟计算，基于强化被动式节能技术，围护结构性能优化、机电系统节能改造，在增设屋面和立面太阳能光伏板的条件下，初步计算碳排放降低量及降低比例。

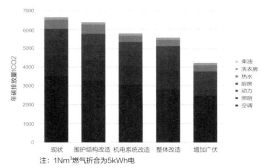

注：1Nm³燃气折合为5kWh电

碳排放降低量及降低比例分析图

3. 精细化、性能化设计思路

城市更新项目有别于新建建筑，各条件受限因素多。在品质提升与功能完善中，首先宜在既有设施中结合运行情况进行局部优化。

新增用能设施的实施方案应充分研判供、需侧的匹配关系，设计阶段通过全年动态负荷计算，用能季节负荷延续图、能耗模拟计算、CFD数值模拟计算等进行综合评测择优实施。

工作以硬件设施改进为主，秉承有限介入的基本原则，按照设施和系统高能效、低排放、低成本、低维护量为目标，进行全面或逐项的精细化、性能化设计。

实施策略以功能修补、设备系统增配为首选，整体无法满足使用及运行管理需求的应进行设施更换、分系统改造。少量、局部更换设备时，应充分考虑新增设施与既有系统的匹配性、互备性和融合性，实现整体的互联互通。

示范案例：博鳌零碳示范区建筑绿色化改造－博鳌亚洲论坛会议中心及酒店配套建筑改造工程

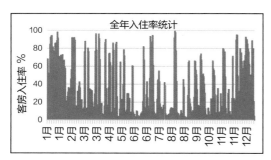

酒店全年入住率统计图

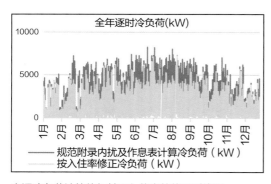

空调冷负荷计算值与基于入住率的修正对比图

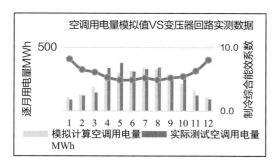

空调电耗模拟值与配电回路实测值对比曲线

根据既有设施的运行数据，修正构建的能耗预测模型，作为改造过程参数敏感性分析、蓄能系统设计及光伏消纳的数据研究基础，使结果更加贴近实际应用。

太阳能发电量逐时数值模拟计算图

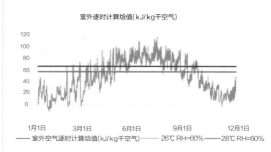

全年室外空气计算焓值分布曲线图

R2-2-4　资源融合活化应用

资源整合指既有建筑中对不同来源、不同系统、不同设施的可用资源进行归集与拾取、识别与选择、配置与激活，通过有机融合，重新缔造出具有更强系统性和价值性的可用资源。

1. 冷凝热回收系统应用

设置压缩制冷系统（或空气压缩机）大量冷凝热排放的同时又有热量使用需求的既有项目应用场景。

冷水机组在提供冷水的同时产生了大量的冷凝热，通过冷却塔、风冷冷凝器排出。回收此热量用于同时有稳定用热需求的空调、生活热水加（预）热系统，在提高能源综合利用率的同时节省一次投资费用。

风冷热泵冷凝热回收系统可实现单独供冷、

供热（供生活热水）以及通过双系统设置可实现四管制同时供冷供热多工况运行。

采用热回收型变冷媒流量多联机系统，一套室外设备连接的室内机可实现按需自动转换供冷或供热工况运行。室内余热在系统中的再利用，减少了人工能源的用量，同时降低排热对环境的影响。

能量回收系统的设置应通过经济技术比较确定系统形式、回收容量以及消纳的策略。

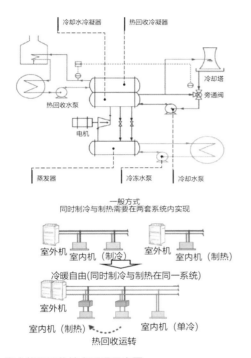

集中能量回收技术原理示意图

示范案例：博鳌零碳示范区建筑绿色化改造 - 博鳌亚洲论坛会议中心及酒店配套建筑改造工程

应用水冷冷凝热回收技术提供生活热水预热

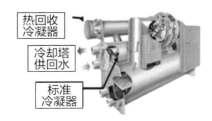

水冷冷凝热回收技术示意图

使用。

2. 新、排风热回收系统应用

采用带排风能量回收功能的新风处理机组，能量回收装置分为显热回收和全热回收两类。系统设置及产品选型应根据建筑功能，室内温、湿度设计参数以及所在气候区进行系统经济性综合判断。

严寒及寒冷地区适宜选用显热回收方式，并进行排风结露校核计算，必要时采取新风预热措施。

夏热冬冷地区宜采用设置旁通的低阻力全热回收系统。

在医疗建筑中，负压（隔离）病房、大型动物房由于系统持续维持固定的运行参数，全年采用直流新风系统连续运行，空调系统能耗高，可采用冷媒非接触型排风热回收系统，节能效果明显。

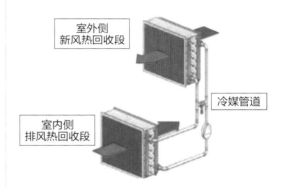

冷媒非接触型排风热回收系统示意图

示范案例：朝阳区朝外大街升级改造一期工程及 THE BOX 朝外 / 年轻力中心项目

集中新风系统采用高效新、排风热回收系统，降低运行的能耗。

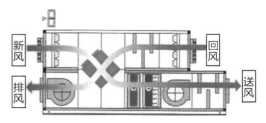

新、排风热回收系统示意图

3. 烟气热回收系统应用

天然气燃烧生成的高温烟气中携带大量水蒸气，其中蕴含了可利用的烟气余热和水蒸气潜热。热回收主要有间壁式、直接接触式两大类。间壁式主要用于加热液体和气体；直接接触式主要用于加热水。

既有片区的大型燃气锅炉需要利旧时，可通过增加烟气热回收装置及烟气热泵机组进行余热的回收利用，根据运行和设备配比可回收6%～12%的运行热量。此举可提高燃气能源利用率，降低直接碳排放量。

热泵可采用电力热泵或溴化锂烟气吸收热泵产品，根据所需的出水温度、运行方式通过经济技术比较后择优设置。

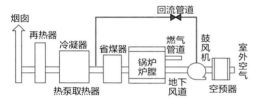

高温烟气热回收原理图

4. 多源耦合能源应用

伴随"双碳"目标的落实，冷热源系统应结合建设地点能源构架，既有项目用能特点，因地制宜地设置。在既有条件下，进行适宜性、合理性、适配性、经济性的全局评价。

品质提升、功能完善的调整部分。当条件适宜时应进行冷、热源系统优化整合，合理适配热泵技术、热回收技术、蓄能技术、变频技术、蒸发冷却技术、温湿度分控等技术。

局部区域需要增设小型冷、热源设备或组合式空调机组、新风（热回收）机组的。在既有的楼宇自控系统无法整体更新、新旧控制器无法融合使用时，可采用强弱电一体化设施或采用群智能建筑智能化系统平台，实现新增系统的自动化控制要求。

推动健全分项能耗计量装置，包括冷、热量

瞬时值、累计值，耗电量、耗水量、燃料消耗量，循环水泵用电量单独计量等设施。同时上述计量装置应具有显示、记录、储存、传输功能。

模块风冷热泵+模块调峰锅炉耦合应用

R2-3 能耗双控降碳措施

R2-3-1 用能控制

1. 用能量化计量

推动设置用能分项计量措施是城市更新项目用能控制的重要举措。使用集中能源的各单体建筑、租赁用户、楼内对外运营的区域应设置能量计量装置。

用电、用水、用燃气（油）、用汽、用冷、用热等均应设置分系统、分项计量措施。冷、热量包括瞬时值、累计值，输送系统（循环水泵）应单独计量电费。

结费点的计量装置采用定期检定且具有数据存储、传输功能的专用计量仪表。其他点位可采用自控计量仪表、水系统能量计量阀或同等功能的装置。

既有建筑推动设置室温自动控制装置，完善、强化分室控温、分区控温的调节功能，实现系统末端按需供能的基本要求。

2. 用能强度控制

通过对既有建筑机电系统运行情况与运行能耗（能源费用）数据的深入分析，优化用能时段系统的运行策略。

分功能区进行室内温度、湿度计算参数差异化设置；实行按需调控。

高大空间、非人员密集区采用分层空调方式

或岗位送风空调系统，服务于人员活动区。人员活动区可辅以通风系统运行排除余热余湿，降低全室空调系统运行能耗。

可调整、敞开室内封闭空间，根据气象条件的适宜性，按需进行使用空间转换。

践行适度补足被动式节能技术应用的短板：优化自然通风系统，优化围护结构性能；应用无动力通风设备。

客房走廊通过可调遮阳板的设置实现按需进行半室外、室外空间转换

推动高效设备的应用，构建高效能站房、采用变频技术、合理降阻技术、合理设置水力平衡措施等。

系统运行能效指标及能耗分布	
全年制冷能效比EERa	5.82
水(风)冷机组制冷性能系数COP	6.98
电冷源综合制冷性能系数SCOP	6.14
冷冻水输送系数WTFchw	112.65
冷却水输送系数WTFcw	103.99
主机能耗(kWh)	2115519.02
冷冻泵能耗(kWh)	131078.21
冷却泵能耗(kWh)	141993.43
冷却塔能耗(kWh)	146364

系统运行能耗指标分项计算结果数据表

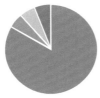

■主机能耗（kWh）■冷冻泵能耗（kWh）■冷却泵能耗（kWh）■冷却塔能耗（kWh）

系统运行能耗占比分布图

敦促设备自动化控制系统从全面监视到优化控制的转变，实现机电系统无故障运行以及集成寻优运行。

示范案例：博鳌零碳示范区建筑绿色化改造 – 博鳌亚洲论坛会议中心及酒店配套建筑改造工程

用能负荷强度调整分析：运营参数与计算值对比

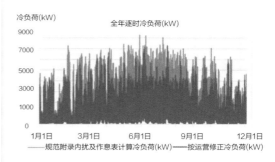

基于运营策略的全年逐时冷负荷分析图

走廊通过设置可调遮阳板实现按需进行半室内、室外空间转换。

玻璃幕墙外遮阳　　　窗台水平外遮阳　阳台采用碲化镉栏板

顶棚是碲化镉光伏玻璃对玻璃顶还有遮阳效果

遮阳体系优化、光伏一体化技术应用实景

3. 用能总量控制

根据项目的用能特点，结合建设地点气候条件，构建基于需求侧室内热舒适目标约束下的空调系统高效供能运行策略，有效降低人工能源的投用时长。

基于末端系统需求，适配系统供回水温度及温差，合理地提高冷水机组的出水温度，降低供热系统的出水温度。

合理设置能量回收系统；

适度应用可再生能源系统；

合理采用免费供冷系统；

根据逐时空气状态点的分布情况，合理地设置温度、湿度分控系统，按需运行；

采用自然（机械）通风系统排除室内余热余湿；

空调风系统通过焓值控制方式实现可变新风比至全新风运行；

基于大数据的负荷预测技术，为空调、通风系统实现全季节数字化精准调控，寻优运行，达成持续低能耗运行的目标。

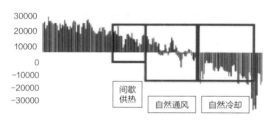

根据负荷确定系统运行及调控措施的分析图

通过室外空气逐时状态点分布情况，依托温湿度独立控制系统的运行策略进行能耗分析，进行精准调控。

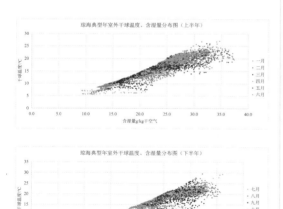

项目地点室外干球温度含湿量散点图

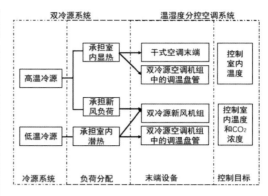

室内温湿度分控的系统设置逻辑图

温湿度分控系统室内末端设施示意图

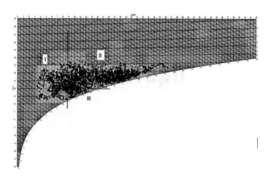

基于I-D图的温湿度分控系统运行策略及调控分析图

R2-3-2　碳排放控制

1. 削减直接碳排放

降低对天然气、燃油、煤炭等化石能源应用的依赖，逐步有序地推动设备设施电气化进程，减少或者消除直接碳排放的产生。常用化石能源燃烧过程中的二氧化碳排放因子（吨 CO_2/吨标煤）：天然气1.63，石油2.08，煤炭2.64[①]。

供热系统根据不同气候分区和平衡点温度选用各类电力驱动热泵系统，降低燃气（燃煤、燃油）锅炉的安装容量，逐步调整既有设施的供热占比，直至转化为调峰、应急设施使用。

厨房热加工区采用电厨具、灶具；电器设施提供多档位输出可调，使用中可进行量化调控，性能稳定可靠。

蒸汽制备可根据用汽量大小及蒸汽工作压力，采用机电一体化电阻型蒸汽发生器（水容积V小于30L），或小型D级锅炉（水容积V大于30L且V小于50L）替代，并设置必要的水质处理设备。使用方应根据供货产品的制造等级进行合规报备。产品应采用无极调节或多档位自动调节类型，有利于部分负荷节能运行。

2. 降低间接碳排放

建筑运行阶段的间接碳排放占建筑全寿命期碳排放总量的70%左右，主要以电力和热力为主。电力的二氧化碳排放因子每年动态发布，通用数值是全国平均电力碳排放因子，某些城市如上海市，每年可以提供当地计算用的电碳因子。城市热力（热电联产模式）碳排放通常以烟分摊法进行计算。

在设计阶段，通过技术手段降低既有建筑的用能强度、减少用能总量；合理设置用能量化控制措施；配置高性能、低阻力冷热源设备；应用大温差输送系统；进行合理的阀门、附件设置；注重系统管网降阻设计，为运行阶段降低能耗及碳排放奠定基础。

有序推进城市更新既有建筑绿色化改造，因地制宜加强可再生能源应用；安装能源监测系统，实时监测建筑的能源使用情况；基于数字调控技术，实现远程监测、故障诊断与运行优化，大幅度提升运维阶段的持续管理，自主寻优，进一步降低运行碳排放。

3. 降低非二氧化碳温室气体排放

采用新型环保冷媒。《基加利修正案》的颁布是在全球范围内对环保制冷剂的一次重新定义，同时也意味着自此以后常用的高GWP的制冷剂，如R134a、R404A、R407C、R410A、

R507A等，被正式纳入非环境友好产品序列，其市场应用将在可见的时间内大幅度降低。全面推行、逐步实施HFCs制冷剂替代工作。选用全球变暖潜能值（GWP）低的安全无害环保制冷剂；通过制冷机组性能提升减少氟烃类冷媒的充注量；降低运行期泄漏风险；有条件的选用CO_2或不含氟制冷剂的空调热泵机组。

制冷剂的安全性主要指标：制冷剂的毒性、燃烧性和爆炸性。制冷剂安全等级用A、B、C加1、2、3加L表示，A1最安全，C3最危险。L为ASHRAE安全分级的低可燃性。

在更换制冷设备的施工过程中，应充分重视既有设备制冷剂的回收与消解，减少非二氧化碳温室气体排放。

常见制冷剂性质

制冷剂名称	GWP	ODP值	安全等级	制冷系数
HFC-134a	1300	0	A1	冷水机组、热泵机组
HFC-410A	2090*	0	A1	变冷媒流量多联机
HFO-513A	573	0	A1	冷水机组
HFO-515B	299	0	A1	高温热泵、冷水机组
HFO-514A	2	0	B1	冷水机组
HFO-1336mzz(Z)	2	0	A1	中、高温热泵
HFO-1234yf	1	0	A2L	汽车空调
HFC-32	677	0	A2L	房间空调器
R1225ye(Z)	6	0	A1	冷水机组
HFO-1234ze(2)	1	0	A2L	高温热泵、冷水机组
HFO-1233zd	1	0	A1	超高温热泵
HFO-448A	1273	0	A1	各类冷库、冷链冷藏
HFO-466A	696	0	A1	房间空调器
R454B	467	0	A2L	变冷媒流量多联机

* 数值来源GB 9237的附录

（注：文献参考IPCC AR5报告）

R2-3-3 可再生能源应用

在城市更新项目中，各建筑用地红线难以调整，在红线内新增地热资源应用系统难以实现。但结合片区整体规划，利用城市的绿化景观带、湿地公园、城市水系、慢行步道等进行地埋管换热器的设置存在可能性。在利用资源的同时应对生态环境无害，对既有城市基础设施不产生影响，对未来城市地下空间开发利用不产生约束。

热泵系统作为主导能源或既有能源系统的有益补充，可实现多种能源形式互补耦合运行模式。风冷热泵系统额定工况供水温度为45°C或41°C

（低环境温度空气源热泵），可提供的供/回水温差相对小，通常为5～10℃，系统应用时优先采用就近消纳方式，避免远距离输送。

高辐照地区太阳能资源应用：结合既有建筑，根据需要因地制宜地选择光伏建筑一体化设施（BIPV）或附着在建筑物上的太阳能光伏发电系统（BAPV）等不同形式。采用碲化镉光伏玻璃（立面、玻璃屋面、玻璃遮阳棚）在光伏发电的同时还具有良好遮阳作用。

对于老城区、历史街区和地处风景区的小型建筑，根据建筑墙身构造节点做法，在屋顶、墙体设置与建筑材料相结合的蓄热体、热泵设备、储热设施，太阳能热水集热器或太阳能空气集热器、输配设备、末端系统及控制元器件共同组成的太阳能光热系统、太阳能热风供暖系统。

太阳能应用应符合《太阳能供热采暖工程技术标准》GB50495，《太阳能空气集热器技术条件》GB/T26976。

常用热泵系统如下图。

城市更新中能源设备应用较有优势的类型是模块化机组、空气源热泵机组。此类设施的应用规避了更换地下主机房大型设备的困难，不再需要特殊运输通道，土建构件的承载力校核也相对简便；避免了运输通道上非必要的隔墙、管线设施拆除与恢复工作。

空气源热泵冷温水机组为机电一体化设备，机型多样，容量齐全，室外布置空间灵活可变，不需要大面积室内机房。设备可实现一机供冷、供热或同时供冷供热多种功能。新增系统可搭配风机盘管、空调（新风）机组、地板辐射供暖系统等多种末端形式。

冷媒型直膨热泵空气处理机也是较为常用的小型化、轻量化的设施，末端为内设氟盘管的组合式空调机组。

热泵系统

模块化设备、装配式安装应用示意图及实景照片

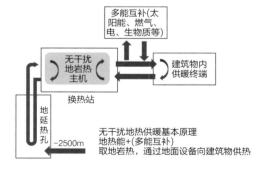

基于中深层地热的多能互补系统框架

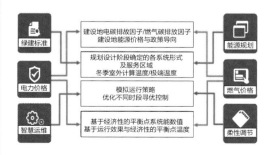

空气源热泵系统合理应用综合评价思路示意图

示范案例：朝阳区朝外大街升级改造一期工程及 THE BOX 朝外 / 年轻力中心项目；北京冬奥会及冬残奥会延庆赛区 – 冬奥村赛后改造项目

采用高效能空气源热泵替代既有的市政热力、区域供热设施。

空气源热泵、冷媒直膨型一体空气处理机组实景照片

R2-3-4　设备设施电气化

燃气设施电气化替代：基于建设地点的气候条件、燃气价格，遵循"双碳"目标主旨，摆脱化石能源应用的依赖性，大幅度减少第一类直接碳排放。

以模块式空气源热泵热水机组替代燃气热水锅炉（机组）。

以模块化电阻式蒸汽发生器替代小型燃气蒸汽锅炉。无极调节的蒸汽发生器单个模块负荷调节下限可低至8%，运行中可以更好地贴近用户侧的需求，同时多个模块之间还具有良好的备用性，使用方应根据所安装的产品生产商的资质、设备检测定级，在相关管理部门进行报备。

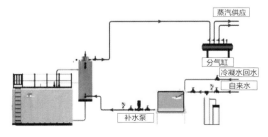

模块式空气源热泵热水机组示意图

以多档位输出可调的电灶具、炊具替代厨房燃气灶具。在食品热加工过程中，可根据热加工的食品差异，应用器具的不同挡位，从而逐步实现厨房热加工的量化操作。

示范案例：博鳌零碳示范区建筑绿色化改造 – 博鳌亚洲论坛会议中心及酒店配套建筑改造工程

燃气设施的灶具、热水锅炉、蒸汽锅炉的电气化替代。

燃气设施的灶具、热水锅炉、蒸汽锅炉实景照片

R2-4　创新发展
R2-4-1　全域协作

1. 新型电力消纳

新能源发电系统与空调系统高效结合，应用光伏（储）直流直驱技术可兼具光伏发电系统、储能系统、空调系统以及能源信息管理系统。光伏（储）直流电直接驱动空调运行，太阳能利用率达到98%，系统效率通常提高6%以上。

结合可再生能源发电系统的应用，空调通风设备可以采用直流供电的产品来响应系统设置。例如：直流直驱冷水机组、直流配电直膨型新风机组、光伏（储）直流变冷媒流量多联机（室外、内机）、直流分体空调、直流直驱空气源热泵模块机组以及光伏（储）直流冷库专用降温机组等。

基于可再生能源发电系统自发自用、余电上网的指导思路，以"不弃光"为目标，在光伏发电高峰时段运行直流直驱的空调设备；也可以利用蓄能系统（蓄冷、蓄热、跨季节储能）、电化学储能系统将发电时段难以消纳的发电量可靠地消纳和安全储存。

新型电力系统空调设备合理消纳的技术多种多样，常用的有以下几类。

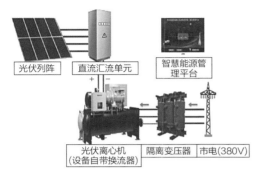

光伏水冷离心机供电系统示意图

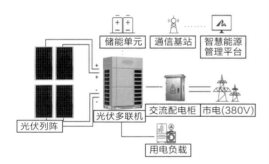

光伏（储）多联机供电系统示意图

示范案例：博鳌零碳示范区建筑绿色化改造—新闻媒体中心项目

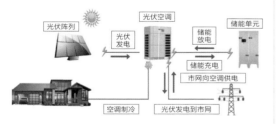

光伏发电（储）+直驱空调应用系统示意图

实施项目航拍照片

光伏发电（储）+直驱空调应用实景照片

2. 多能源互补：太阳能＋空气能＋相变储能

应遵循低质低用、高质高用的原则，当需要耦合应用时系统适配应经过必要的技术经济比较。太阳能集热系统吸收太阳辐射热，管内的导热介质在泵的驱动下循环流动，吸收热量后流经换热器将收集的太阳辐射转化为所需的热源。太阳能光热系统应用较为普遍，当光热系统无法消纳全部热量时可通过储热水罐，结合浅层地热系统地埋管换热器将多余热量转移到土壤内储存起来。

空气源热泵系统将室外空气中的低品位能量提升为高品位能量后，借助介质（冷媒或水）的循环运行，将能量输送至各个室内末端设备，服务于空调系统。

相变储能供热（冷）系统核心设备为电热（冷）储能、供能模块，集加热（制冷）、储能、热交换及自动控制技术于一体，将电网低谷时段的电能转换为热能（冷量）储存起来，通过热交换装置实现按需供能，是一种环保、高效的新型储能供热（冷）技术。

3. 全网通光伏（储）直流空调系统

当光伏发电功率＞空调主机耗电功率时，光伏发电系统所发电能优先满足空调运行，多余电能向储能单元充电或向公共电网发电。

当光伏发电功率＝空调主机耗电功率时，光伏发电系统所发电能刚好全部用于空调主机运行。此时系统电能完全自发自用，外电使用量为零。

当光伏发电功率＜空调主机耗电功率时，光伏发电系统所发电能不足以满足设备主机运行，需要储能设备放电补充到设备主机，或从公共电网补充部分电能。

当空调主机不工作时，光伏发电系统所发电能全部向外网送电。此时系统相当于一个小型分布式光伏电站。

4. 基于多源互补的智能建筑系统

多源互补：水，太阳能，风能、生物质能，天然气等清洁能源互补。通过相变储能技术，选择使用最廉价、最清洁和最方便的能源。

分布智能：负荷密度极低的片区采用末端分布解决方案，没有外管网的热损失和集中泵房管理成本，用户自主控制环境温度，减少物业矛盾。该种方式的总能耗明显比集中方式低。

智能末端：借助物联网、大数据云计算等先进的手段，监控整个系统的运行单元，根据室内、外环境温、湿度自动调节供能量，以及择优选择系统运行模式，实现远程自动监控环境温度、设备运行情况和用能计量收费等功能的智能管理平台。

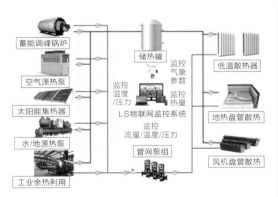

多能互补、分布智能的建筑采暖空调系统示意图

R2-4-2　数字智能

1. 完善自动化控制

补足设备自动化控制设施的短板，挖掘节能潜力，对节能运行具有较大的意义。通过自控设施的逐个系统调适，完善核心部位传感器、控制模块的设置，按需重置运行控制逻辑，达成降低运行能耗的目标。

既有自动控制系统可通过局部设施、控制软件的升级更新，使系统整体运行节能效果显著提升。

局部更新迭代的新产品应与既有设施实现供需侧互联互通。

年久的设备自控系统与现行的主流产品系列、控制软件难以互联互通影响运行效果，局部的系统更新或植入难以实现，当投资许可时宜整体更新。

2. 数据预测与精准调控

以健康舒适为基础，以节能降碳为目标，以系统能效提升为首选，以全局服务为特色，以智慧调控为抓手，以物联网大数据为依托，对运行数据进行采集、清洗、转换、加载整合；借助智能算法进行能耗预测与仿真技术的应用，实现"能效设定（或多目标设定）—偏离识别—寻优控制—协同调度"等精准调控策略。

智能控制系统框架示意图

借助人工智能、数字孪生、神经网络拓扑等技术，使城市更新中的提高韧性、系统多目标自动寻优运行、资源融合、源网互联互通成为现实。

示范案例：博鳌零碳示范区建筑绿色化改造项目

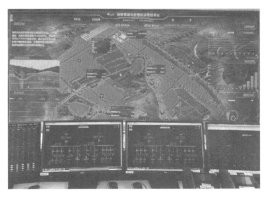

博鳌零碳岛电网智慧能源管控平台实景照片

3. BIM+CIM 能控平台

基于BIM技术的拓展应用与GIS及城市CIM系统共同搭建能控制平台：

能控平台具有AI分享展示功能，具有较强的直观性、可视化、数据的动态显示等特点。

对城市更新中的建筑物单体、公共设备设施的运行状态、使用情况、用能分类、能耗数据进行动态监视、记录、分析、展示。

集成智能化软件的加载与数字化调控技术的应用，可以将系统运维管理水平增速提升到一个新的高度，实现区域性系统设施动态监控、就地无人值守的管理新模式。

示范案例：博鳌零碳示范区建筑绿色化改造项目

采用了BIM+GIS+IOT搭建CIM平台作为全岛智慧运维的基础。

博鳌零碳岛CIM平台、电子沙盘实景照片

R2-4-3　绿色低碳建造

在城市更新项目中，不涉及主体结构规模化改造的项目占比非常大，仅有少量的楼板、墙体调整，部分涉及局部加固工作。因此隐含碳排放量要远小于同规模的新建建筑，同时也仅是主体改造工程隐含碳排放量的20%～30%。减少大拆大改，并且在实施过程中注意提高固废资源化利用也是低碳循环发展的有利举措。

在城市更新的项目实施中，聚焦以下痛点难点：有限的施工操作空间；受限的施工用电条件；施工人员的技术水平良莠不齐；利旧设施、管线施工保护困难；建筑材料运输通道不易打通；设备更新通常仅在机房内进行，施工作业面零散；设备施工安装工期紧，同时与精装修施工、土建加固改造多专业并行，成品保护效果不佳。

推广采用基于BIM模型的工厂化预制加工、设备模块化集成、管道附件组装供货，通过物联网信息识别技术，现场装配式安装、快速连接，在线更换技术，整体降低现场施工安装难度，缩短施工安装关键线路工作时长，支撑多团队并行施工，降低建造成本。

立足产品碳足迹可寻的基本要求，选用低碳水泥、高性能钢材、复合型可再生材料独立构件、固碳类新型建筑材料，在实施工作中，结合提高围护结构性能的调整需求，可通过合理采用装配式陶瓷发泡保温板材、光致变色玻璃等方式，降低改造施工阶段二次工程量的产生以及既有墙体和设施的修复。室内空间采用生态石膏板材、生态建筑部品用板材进行吊顶及分隔部品的设置，借助新工法、新措施打造绿色低碳建造体系。

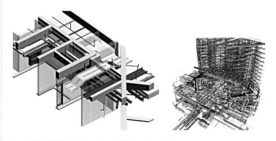

预制化模块集成设备安装与优化空间管线设计图

示范案例：博鳌零碳示范区建筑绿色化改造 – 博鳌亚洲论坛会议中心及酒店配套建筑改造工程

制冷机房利用BIM技术进行管网预制加工，实现快速施工安装。

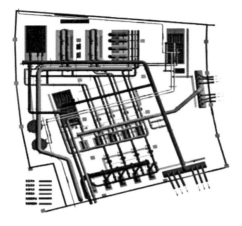

亚论制冷机房

BIM技术应用制冷机房管网设计图

示范案例：博鳌零碳示范区建筑绿色化改造项目

采用竹钢结构作为主要结构形式，结合当地植物复合材料建造的半室外休息区。

结合当地植物复合材料建造的半室外休息区实景照片

发泡陶瓷保温板材　　电致变色玻璃　　光致变色玻璃　　净醛石膏板材　　生态板材

7.2.4　未来展望

资源共享实现低碳化应用

在城市更新活动中如何实现低碳化应用，面临着多方面的挑战和机遇。在街区、片区既有资源中利用余热资源、土壤资源、新型电力、能源装机容量打破建造、服务、运维的边界壁垒，通过智慧运维、管网互联互通实现资源共享低碳化应用。

工业街区、片区的城市更新项目，当有运行的数据机房、城市污水处理厂、大型空气压缩站等产生余热的建筑时，可通过共享管网、共享设施对这些工业余热进行回收利用。

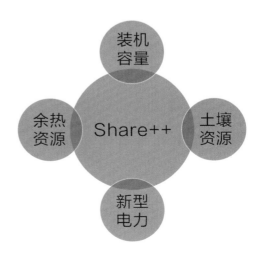

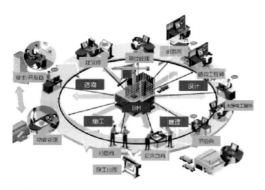

源网共享与多源异构

　　新型数据中心建设在通过提高每瓦功耗所产生的算力同时，利用温水、中温水的液冷技术，对超过80%的热量进行回收，进而通过水—水热泵机组、高温热泵机组实现区域能源综合利用，降低运行能耗。

　　街区中设置大型集中能源站的，当设备设施装机容量可承担临近附属建筑使用需求时，可通过输出管道设置能量计量的方式共享应用。

　　当片区周边有成熟的市政污水主干管网时，可结合管内的稳定流量、中介水的全年温度曲线进行适用性分析。应用污水源热泵系统服务于建筑单体的供冷供热系统，需要得到相关排水集团的认可与技术支撑。

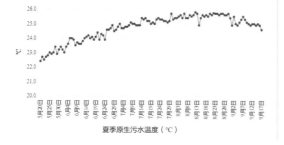

夏季原生污水温度（℃）

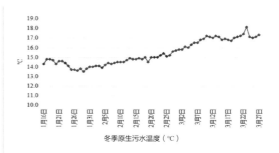

冬季原生污水温度（℃）

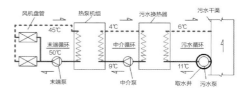

污水源热泵系统应用示意图

工程示范应用与跨行业融合

　　我国稳步推进能源绿色低碳转型，持续推动产业结构优化升级，协同推进降碳、减污、扩绿、增长。"双碳"目标日益成为我国经济高质量发展的绿色引擎。在未来的发展中，通过技术创新继续加快可再生能源的发展，推动化石能源的清洁化利用，加强能源系统的智能化整合。

　　制造业已经逐步开始向高端化、绿色化、智能化的"新三样"进行转型。通过产、学、研、用相结合的整体发展模式，伴随着在技术方面的不断创新与突破，实现从实验室—工厂化—市场化—工程化的应用。

　　进一步深化能源价格改革，进一步拓展电力行业、供热行业、储能产业各领域深度融合工作。推动能耗"双控"逐步向碳排放"双控"转变，为源头控制、末端治理、协同降碳作出贡献。

暖通设计策略及技术措施

设计策略	策略编号	技术措施	技术措施编号
分类施策	R2-1	问题对症调改	R2-1-1
		设施利旧与更新	R2-1-2
		功能完善与品质提升	R2-1-3

续表

设计策略	策略编号	技术措施	技术措施编号
技术适配	R2-2	气候的适应性	R2-2-1
		专业配合边界	R2-2-2
		设计思路更新	R2-2-3
		资源融合活化应用	R2-2-4
能碳双控降碳措施	R2-3	用能控制	R2-3-1
		碳排放控制	R2-3-2
		可再生能源应用	R2-3-3
		设备设施电气化	R2-3-4
创新发展	R2-4	全域协作	R2-4-1
		数字智能	R2-4-2
		绿色低碳建造	R2-4-3

7.3　电气专业

问题研判	设计原则	设计策略 & 技术措施		典型案例	未来展望
用电安全与消防安全	保障安全	提高安全韧性	提升用电安全韧性	北京城市副中心绿心起步区共享配套设施	虚拟电厂
			增强消防安全韧性		
设备安装与线路敷设	需求响应	分类施策	设施利旧与更新	中德未来城核心区项目二期智能绿塔项目	V2G车网互动
			功能完善与品质提升		
设备设施能效	韧性设计	综合能源系统	可再生能源利用	朝天门广场片区更新项目	新型储能系统
			基于光伏发电系统的多能互补技术		
控制与管理方式	系统适配	新型供配电系统	光储直柔新型供配电系统	朝阳区朝外大街升级改造一期工程及THE BOX朝外/年轻力中心项目	电氢耦合
			光储充一体化充电设施		
环境友好与绿色低碳	绿色低碳		源网荷互动控制系统	博鳌零碳示范区建筑绿色化改造项目	碳排因子
			V2G车网互动技术		
系统扩展能力	协同设计		柔性配电技术	博鳌零碳示范区建筑绿色化改造项目——博鳌亚洲论坛会议中心及酒店配套建筑改造工程	
			能源互济		
系统适配性			智慧配电系统		
			用电设备电气化提升		

本节逻辑框图

7.3.1　问题研判

基于现阶段城市更新项目不同设计案例的具体情况，从用电安全与消防安全、设备安装与线路敷设、设备设施能效、控制与管理方式、环境友好与绿色低碳、系统扩展能力、系统适配性等维度分析，典型问题包括：

1.　用电安全与消防安全

市政电源接入条件不足或缺少必要的自备电源，无法满足项目供电可靠性要求或供电容量需求。

受到供电部门容量限制，老旧小区用电增容困难，无法满足新增用电负荷（如充电桩、空调、电气化设备）的供电需求。

应对突发事件的供电保障能力差，应对城市洪涝等防灾措施不足。

随着用电负荷逐渐增加，保护开关过载跳闸的情况增多，保护开关经多次更换后整定值逐渐变大，但线路电缆未更换，导致保护开关整定值与线路截面规格不匹配的情况多有发生，保护开关无法有效保护电缆。

配电线路绝缘老化，泄露电流增大，漏电保护开关频繁动作，有些项目运维人员为了合闸供电而取消开关的漏电保护功能。

城市中大量的既有建筑未设置火灾自动报警系统，或联动设备控制逻辑不清。

老旧街区的燃气厨房、燃气锅炉房等可能散发可燃气体的场所缺少可燃气体探测报警装置。

应急疏散照明系统功能缺失或灯具损坏严重。

室内机电管井及室外电缆管沟穿越建筑物时防火隔离措施不到位。

2.　设备安装与线路敷设

潮湿场所或有油污场所明装配电箱防护等级不满足规范要求、桥架污损、腐蚀严重，导致观感差且存在安全隐患。

室外箱式变电站、配电箱安装杂乱，影响美观，甚至影响行人通行。

部分既有建筑变电所位置偏离负荷中心，路由规划不合理，造成线路损耗大，线缆敷设不规范，运行维护困难。

老旧街区、小区的线路存在私拉乱接、强弱电线路交叉敷设、接线混乱、架空线路交织，不仅严重影响美观，同时还存在火灾隐患。

配电线路过长或线缆截面规格不匹配，末端负荷增加后电压降增大，供电质量降低。

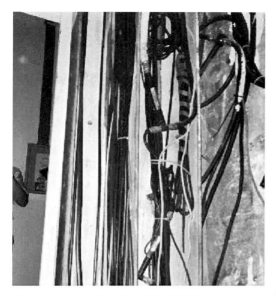

某既有建筑电气管井内线缆敷设实景照片

3. 设备设施能效

既有建筑变压器型号老旧，能效等级低、节能效果差、电磁屏蔽水平低、噪声大。

风机、水泵、灯具、接触器等电气设备节能水平低，达不到节能标准要求。

老旧街区、小区道路照明大多仍采用传统光源，照度低，灯具能效水平低，安全措施不足，且雨季漏电现象时有发生。

4. 控制与管理方式

机电设备控制方式落后，无法实现节能控制，机电系统运行效率低。

能耗计量不完善，能耗管理水平低。

某既有建筑机房手动控制柜实景照片

配电系统不灵活，智能化水平低，无法主动合理调配负荷。

5. 环境友好与绿色低碳

既有建筑用能过于依赖传统市政电力，未设置或未合理利用分布式新能源发电设施。

大部分设置了光伏发电的既有建筑，光伏实时发电功率与负载功率不匹配，负载无法主动调节，且无储能装置，导致光伏发电自我消纳率低。

可再生能源发电系统大量接入电网，由于风电、光伏电不稳定，对电网造成了不利冲击。

可再生能源发电自我消纳率低，光伏电返送电网导致配电变压器反向重过载，设备故障率升高。

各建筑用电负荷分布不均，各区域变电所负载率不均衡，区域电能缺少统一调配。

光伏发电系统安装条件不足，主要表现为屋顶无安装空间、结构荷载裕量不足、周边建筑遮挡严重。

光伏电并网条件要求高，各地区标准和政策不一致，原设计未考虑当地政策因素，导致很多光伏安装后无法并网，无法正常使用。

能源形式单一，冷、热、电缺乏统筹，能源供需矛盾大。

6. 系统扩展能力

强弱电机房、竖井受限于设计时的实际情况，一般面积较小，无法满足改造后强弱电系统设备的安装要求。

供配电系统容量预留不足，抗灾能力、扩展能力差，扩容空间小。

7. 系统适配性

系统构架未体现出业态特点，未针对不同的管理特点制定对应的系统方案。

室内外光环境与建筑功能不匹配，存在室内外照明过度设计的情况。

7.3.2 设计原则

对应城市更新的三大通用目标——因地制宜、绿色低碳、创新发展，根据电气专业改造需要解决的现状问题，确定在城市更新项目中电气专业的核心设计原则：保障安全、需求响应、韧性设计、系统适配、绿色低碳、协同设计：

1. 保障安全

在既有建筑改造设计中，应优先保障用电安全和消防安全相关改造内容。

2. 需求响应

电气设计应适应更新需求。根据建筑特点、现状机电系统情况、业主改造需求和节能降碳要求，采用利旧、改造、重构、完善等设计方法实现改造目标。

3. 韧性设计

根据现状电气机房、管井空间状态、机电设备运行状态，适度预留设计弹性，使电气系统具有安全、可扩展、可增容性，充分利用现有空间。

4. 系统适配

根据项目的实际情况和业主需求，针对不同的业态和管理特点制定对应的系统构架和系统方案。

5. 绿色低碳

通过合理制定电气系统方案，优化机房位置，选择高能效设备及智能控制方式等手段做到能碳双降。

在条件允许情况下增加分布式新能源发电设施，并围绕新能源发电设施构建新型的供配电系统。

6. 协同设计

包括专业内部、机电专业之间、机电与土建专业之间以及设计团队与专业顾问之间的协同设计。通过设计团队协作，优化设计流程，提高设计效率。

7.3.3　设计策略及技术措施

基于城市更新项目的地理位置、气象条件、能源政策、业主需求，尊重系统现状，研判现场问题，遴选适配技术，适度预留韧性，实现功能提升、能碳双降。

R3-1　提高安全韧性

R3-1-1　提升用电安全韧性

1. 供电可靠性提升

供电的可靠性提升包括市政电源、自备电源、外接应急电源、变电所、配电间及竖井、线缆的敷设、开关导线匹配、末端设备供电等多个环节，根据用户等级和负荷等级制定相适应的供电措施和保护方案。需要协调供电部门和原有系统的供电措施。

2. 建设智能供配电系统与用电负荷冗余

通过智能供配电系统可以实时监测、控制、管理各配电回路，确保重要负荷的不间断供电。

加强电气设备的用能及控制协调能力，提高运行效率。

随着"双碳"目标的推进，建筑用能终端电气化不断提升，供配电系统不仅要求变压器容量有一定的冗余，更要求系统能加强电气设备的用能及控制协调能力，提高运行效率，通过对负荷的柔性控制提升系统冗余。

供配电系统实现用电负荷柔性控制的途径包括：

（1）通过转移用电负荷，实现系统的均衡供电；

（2）利用环境参数分析，通过调频、调压等技术手段调节用电负荷的运行特性；

（3）根据建筑的用电要求调整用能方案，实现计划用电；

（4）根据用电负荷特点，改变负荷投入时段，通过削峰填谷，提升变压器供电能力的冗余空间；

（5）根据用电设备的负荷级别，具备调控三级负荷运行的功能。

3. 提升电气机房防水防涝能力

电气机房不应设置在低洼处或可能积水的场所，应高于当地防涝用地高程，且不宜设置在地下一层以下。尤其对于沿海城市、经常有台风登陆的城市、城市低洼场所、河边、湖边等防涝高程较高的场所，电气机房不应设置在地下，应根据地域实际情况设置在一层及以上。重要建筑和生命线工程的配电站房和备用发电机房宜设置在一层及以上，且应设置应急防涝排涝措施，并符合当地针对防汛防涝制定的相关标准和要求。

机房应有防止雨水灌入的挡水门槛，首层配电室地面应高出本层楼面100mm及以上，当对外开门时，应高出室外地坪300mm及以上，尚应采取预防洪水、消防水、积水从其他渠道淹浸配电室的措施。当既有建筑电气机房位于建筑低洼处或易积水场所时，应优先更换机房位置，无法更换时，应增加辅助防水措施和排水设施。

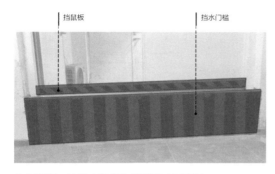

变电所门口的挡水门槛和挡鼠板实景照片

电缆管沟增设防止洪水倒灌设施。地下层的外墙不应设置暗装配电箱体和智能化箱体，采用明装箱体时不应破坏墙体的防水层。进出地下室的线缆应采用预埋防水套管敷设，并做好防水密闭处理。

地下室排水设施、室外雨水设施应有应急供电保障措施，并增加漏水检测、视频监控等辅助措施。

4. 完善各用电设备的供电措施

在变电所的低压母线处应预留外接移动电源接口，并有引至室外电缆井的电缆通路。必要时预备移动发电车或室外静音型柴油发电机组，为电力供应提供保障，同时勘察核实移动发电车的安装位置和接驳条件。梳理现有的室内外用电设备的供电措施，对照新规范、新标准完善、提升设备的供电可靠性。

5. 完善电击防护措施

提升室外箱变、配电箱、路灯、草坪灯等用电设备的安全措施，做好基本防护、故障防护、附加防护的电击防护措施。

6. 优化室内外缆线敷设方式和路由

老旧小区的管线敷设杂乱无章，尤其是各大运营商的通信线缆和网络设备没有统一的规划，存在严重的安全隐患。强电线路由于增容的需求，需要加大或增设线缆。

对强弱电室内外线路进行分类梳理、适当整合、推进线缆入槽、入地敷设。开展运营商通信线缆和设备的整合、轻量化集成、快装技术与产品研究。推进多网合一政策落地，降低线缆数量、统一线缆类型。

R3-1-2 增强消防安全韧性

1. 完善应急疏散照明系统

应急疏散照明系统近年来已建立了完善的体系，针对既有建筑改建、扩建、翻新的不同模式与需求，选择适度改造或重新构建应急疏散照明系统。

2. 完善火灾自动报警及联动功能

根据建筑中火灾自动报警系统的实际安装与运行情况，选择全部建设或局部完善消防报警系统，重新梳理核对各联动设备的逻辑关系。既有建筑增加火灾自动报警系统线路敷设困难时，可以适度采用无线传输的方式。

增补电气火灾监控系统、消防设备电源监控系统、防火门监控系统等，保障消防安全。

3. 完善可燃气体探测报警与联动功能

梳理老旧街区燃气使用场所，包括采用罐装燃气的场所。建筑内可能散发可燃气体、可燃蒸气的场所均应设置可燃气体探测报警装置。可燃气体探测报警装置应独立组成系统，系统由报警控制器、可燃气体探测器和声光警报装置等组成。报警控制器将信号传输至消防控制室图形显示装置或集中报警控制器，并与事故风机、燃气阀实现联动。住宅建筑的用气部位采用燃气报警探测装置直接联动燃气阀。

4. 智慧消防系统

通过智慧消防系统实现对消防设备的实时监测和智能化管理，打通各消防系统间的信息孤岛，提升消防感知预警能力，降低火灾风险和影响。

R3-2 分类施策

R3-2-1 设施利旧与更新

既有建筑改造设计，"设备利旧"问题不可避免。科学合理地进行"设备利旧"，需要充分了解现有设备参数、已工作时间、设备状态、预计剩余寿命、新设备采购费用、运行电价及电气设备损耗等内容，从减少设备浪费、节约资源、控制改造工程成本的角度出发，设计人员应在充分调研和对比的基础上给予业主合理的评估方案。

R3-2-2 功能完善与品质提升

1. 完善照明功能，提升照明控制水平

1）改善室内外光环境

光环境由照度水平、亮度、均匀度、照明的形式、光的色调、室内颜色分布等组成，良好的光环境对人的精神状态和心理感受会产生积极的影响，舒适的亮度分布、适当的照度水平、良好的显色性、宜人的光色不仅是影响光环境的重要因素，也是实现绿色节能的重要因素。光环境的影响因素主要包括光源与灯具、灯具的布置以及建筑装饰材料等。

2）天然采光与人工照明的结合

天然光是人保持健康生理和心理的重要因素，也是照明节能的重要手段。天然采光包括顶部采光窗、侧面采光窗、采光井等多种形式。人工照明设计时应充分考虑天然采光因素。

3）夜景照明与灯光控制技术

夜景照明在城市更新中具有重要的意义，夜景照明包括室外的功能照明和光环境的提升。老旧小区往往功能照明不完善，更不用说良好的光环境。通过智能照明控制对夜景照明功能进行提升，构建平时、一般节日和重大节日的不同光环境模式。

4）提升照明控制的自动化水平

针对不同场合，结合天然采光设计适宜的照明控制逻辑，减少建设和运行成本，满足系统经济性的要求。

照明控制的基本原则是安全、可靠、灵活、经济，对于控制系统来说安全性是最基本的要求，控制系统越简单则越可靠，还需具有灵活性以适应变化的空间布局要求，针对不同场合设计适宜的照明控制逻辑，减少建设和运行成本，满足系统经济性的要求，同时需要结合天然光进行控制。照明控制的种类很多，主要分为就地控制、集中控制以及感应控制。

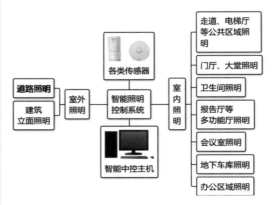

智能照明控制系统示意图

2. 设备设施功能完善

1）高能效电气产品应用

包括设备的更换、控制系统的控制策略和调试，需要结合现有建筑空间调整机房、竖井的位置、面积。

2）机电一体化控制系统应用

将硬件与软件、强电与弱电、配电、控制与用电、多个相互独立系统单元在统一标准中进行融合设计，实现配电监测、自动分析诊断、综合保护、节能控制、多系统融合、用户端泛在互联的高效管理系统。

3）LED灯具的应用

LED灯具类型包括筒灯、线形灯、平面灯、高棚灯。应大量推广应用LED灯具，并结合太阳

能光伏发电系统的建设，逐步采用灯具直流配电技术，减少交直流转换次数，提升系统效率。

4）轻量化和一体化设备

为节省占地、设备、管线等资源，实现节材、资源共享，需要采用轻量化的设备和材料，如轻量化的电缆桥架；为实现资源共享，需要整合多个系统，如一体化的空调控制柜。

R3-3 综合能源系统

R3-3-1 可再生能源利用

1. 分布式光伏发电系统

根据建筑造型和场地特点，充分利用太阳能资源，建设分布式光伏发电系统。

既有建筑太阳能光伏系统的建设，需要综合考虑光伏组件的安装位置、结构荷载条件、对建筑风貌的影响等因素，合理进行光伏组件的选型、布置、并网型式、系统设计等。通过光伏组件的逐步标准化，推动一体化光伏发电系统的应用。

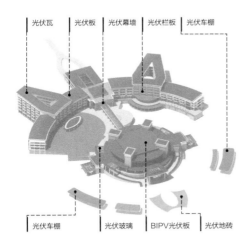

博鳌零碳岛建筑绿色改造项目——亚洲论坛酒店建筑光伏一体化应用示意图

2. 分布式风力发电系统

结合建筑造型和场地特点，建设小型分布式风力发电系统，可采用水平轴或垂直轴微风发电机。

风力发电系统可作为太阳能光伏发电系统必要和有益的补充，经过汇流后接入配电系统，推

垂直轴风力发电机（花朵风机）

博鳌零碳岛建筑绿色改造项目——亚洲论坛酒店垂直轴风力发电机（花朵风机）应用实景照片

动多种可再生能源利用。

R3-3-2 基于光伏发电系统的多能互补技术

多能互补是指通过结合多种不同类型的能源设施和技术，实现能源的互补和互利。传统的能源系统主要依赖于化石燃料，容易产生环境污染和能源枯竭等问题。多能互补通过综合利用太阳能、风能、水能、生物能等多种可再生能源资源，实现能源的多样化和可持续发展。例如，太阳能和风能可以在不同的时间和地点进行发电，通过独立或协同工作，能够实现对电力系统的补充和平衡，提高整体的能源利用效率和系统的可靠性。

在城市更新项目中，可基于光伏发电系统构建多能互补的分布式综合能源系统。

同一园区内的多个分布式能源系统，如光伏发电、风能发电电能系统通过多端能源路由器的柔性直流输电系统，实现分布式电源的发电并网，有效提升分布式电源的供电能力，更好地消纳可再生能源，实现安全稳定的供电系统。

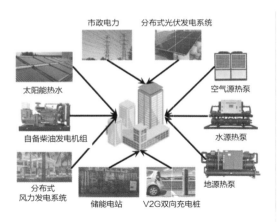

基于光伏发电系统的多能互补技术示意图

R3-4　新型供配电系统

通过建设以光储直柔、光储充一体化、源网荷互动、柔性配电、能源互济等为代表的新型供配电系统，提高供配电系统活力，降低建筑综合能耗、提高可再生能源利用率。

R3-4-1　光储直柔新型供配电系统

因地制宜，构建光储直柔微电网，实现可再生能源发电的充分消纳和用户电网的柔性可控。

充分利用既有建筑的屋面，配置建筑光伏发电系统。结合储能，充分消纳可再生能源、完善削峰填谷的控制策略。采用直流配电系统，减少电流变换次数，构建用电设备具备功率主动响应功能的新型建筑能源系统。

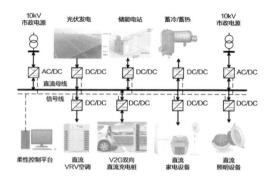

光储直柔系统示意图

R3-4-2　光储充一体化充电设施

结合建筑室外车棚，建设集光伏、储能、电动车充电桩功能于一体的光储充一体化车棚。

利用场地内室外车棚，在车棚屋面安装太阳能光伏组件，雨棚下安装电动车充电桩，并就近安装储能装置，建设成为光储充一体化充电站。

充电站通过顶面光伏发电后储存电能，光伏、储能、充电桩和微网能量管理系统共同组成微电网，根据需求与公共电网智能互动，并可实现并网、离网两种不同运行模式。

微电网可以基于直流母线建设，充电桩以直流充电桩为主，与光伏发电、储能装置共同接入直流母线。直流母线通过双向AC/DC变换器接入市政电网，减少了AC/DC转换次数，提高了系统效率。同时辅以交流充电桩，共同组成交直流混合微电网。

储能装置还可缓解充电桩大电流充电时对区域电网的冲击，并提高车棚光伏发电的自我消纳率。

博鳌零碳岛建筑绿色改造项目
南网展示中心光储充一体化充电站实景照片

R3-4-3　源网荷互动控制系统

源网荷（储）互动控制系统由主站、通信网络、互动终端组成。通过对配电网可调控资源的有功控制，实现对分布式发电、分布式储能、电动汽车、柔性负荷的互动协调控制；无功电压控制技术利用无功可调分布式能源参与配网无功电压控制，构建集中协同控制和分散自治控制体系；柔性直流配电网控制利用直流配电网的柔性开放接入能力，开展多端柔性直流配电网与交流配电网的协调控制研究。源网荷互动控制系统具备对用户的可中断负荷、可调节负荷、储能系统、充电桩、新能源发电等功率准确监测和快速调节的能力。

根据电网运行或故障时的负荷控制需求、主站与终端间互动信息，实现源、网、荷的互济调节、互动控制，支持重要负荷不间断供电、电网安全稳定运行、发供用平衡等目标调控。

R3-4-4　V2G车网互动技术

V2G车网互动技术将电动汽车由单纯的用能设备打造为储能、用能一体的柔性设备，参与电网调度。

车网互动（Vehicle to Grid，V2G）技术将电动汽车作为可灵活调度的储能、用能一体的设备，能够与电网进行能量和信息的交互。

通过该技术，可将新能源汽车纳入智慧城市、智慧能源中来，实现与电网的良好互动，电动汽车既作为电网用户侧的柔性负荷，也可作为分布式储能设备，参与电网调度。

通过V2G双向充电桩，电动汽车平时从电网取电，辅助消纳风电或光电，在建筑用能高峰时，可以根据电网调度向建筑物反向送电。该方法可用以解决目前的弃风弃光问题，同时为电网提供调频和备用服务。

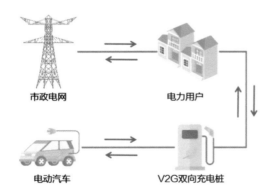

V2G车网互动技术示意图

R3-4-5　柔性配电技术

根据负荷类型设置不同的控制条件，根据不同的负荷等级进行柔性控制，根据负荷的运行特点确定投入和退出的时间。

用电高峰期可根据实际需要通过远程监控平台控制部分停止非重要负荷供电或调低用电负荷

功率。通过有序充电技术，避开用电高峰而选择在用电低谷期为电动车充电，在保障电力安全的同时，还能让用户享受低电价。

通过负荷柔性控制，尽量减少建筑的用电总量，降低最大功率，实现削峰填谷，从而降低变压器的装机容量，降低市政电网的调峰压力，使配电网在最大程度地接纳风电、太阳能发电功率的同时，保证电压质量与稳定性。

对有源配电网（指分布式电源高度渗透的配电网）的潮流进行调节与控制，优化配电网潮流分布，提高配电网运行可靠性，减少损耗。

R3-4-6　能源互济

利用多台区低压柔性互联技术打造电能互济系统，实现多台区间互联互供，提高区域电网灵活性。

大规模分布式光伏的并网接入及以电动汽车充电桩为代表的新型负荷的广泛普及，直接影响现有配电台区的电能质量和运行控制，大规模无序接入还将导致配电台区及电源线路容量不足的问题，需投入大量资金进行增容扩建。

同一区域内业态结构不一致导致各台区负载率差距较大，一些台区存在重载和过电压风险而又不便于通过变压器增容来解决，同一区域也存在负载较轻而未能充分利用变压器容量的情况。因此，同一区域多个台区间通过低压柔性互联装置可一定程度提高台区间负荷均衡和能量优化的能力，缓解变配电升级改造的压力。

通过点对点低压柔性互联可有效提高台区系统整体运行工况，具体包括：

1）互联台区系统中，各变压器互为热备用，大大节省了单台变压器的备用容量，从而节省一次设备的投资；

2）可提高单台变压器的负载率，降低变压器总体损耗；

3）通过主动调节控制潮流，实现潮流的灵活控制；

4）可提供无功功率，相应节省常规台区系统无功补偿设备；

5）有利于光伏、储能、电动汽车的集中接入。

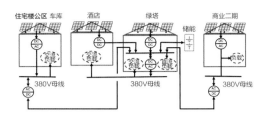

青岛中德未来城核心区二期智能绿塔项目
能源互济系统示意图

R3-4-7 智慧配电系统

智慧配电系统具有运行分析、实时预警、统计分析、权限管理和设备管理功能，能使运维工作更加标准化、科学化和规范化，减少人工管理的弊病；可轻松实现长时间、高效率的电力监控工作，替换人力去实时监管供电、配电等设备，找出环境的异常问题，降低人力成本。

智慧配电系统可用于多种业态场景，可为用户实现可视化、高能效的电力、环境、安全的一体化运维。

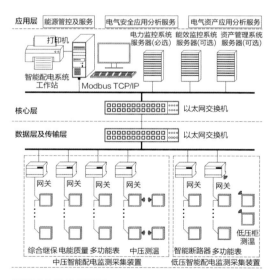

智慧配电系统示意图

R3-4-8 用能设备电气化提升

以电能替代为主的建筑用能终端电气化产业不断发展，产品种类丰富、性能不断提升、范围广、选择多，为建筑全面电气化提供了重要支撑。

建筑领域终端用能电气化水平的提升，可有效降低化石能源消费，推动行业提质增效。

供配电系统需要适应用能终端电气化提升的需求，灵活挖掘变压器的闲置容量，实现建筑物用电的灵活调度和柔性控制。

博鳌零碳岛建筑绿色改造项目——亚洲论坛酒店
原燃油/燃气锅炉更新为电蒸汽发生器实景照片

博鳌零碳岛建筑绿色改造项目——亚洲论坛酒店
原厨房内燃气灶具全部更新为电灶具实景照片

7.3.4 未来展望

虚拟电厂

城市更新背景下的建筑电气设计，除了满足传统意义上的供电可靠性、安全性、节能降碳要求，还需要因地制宜，设置基于可再生能源发电设施的综合能源系统和用户侧新型供配电系统，形成适配终端用能电气化的设计方法，促进用户侧供配电系统适应未来"虚拟电厂"的需求。

虚拟电厂是将用电侧的分布式发电、储能和其他可控负荷（例如楼宇空调、充电桩）聚合在一起，统一接受电网调度并参与电力交易的一种新型电力市场主体，将发电侧与用电侧关系从"源随荷动"变为"源荷互动"，当电力供给紧张时用户可主动减小用电负荷，当电力供给过剩时可主动增大用电负荷，使电力用户具备"源–荷"双重身份。

V2G 车网互动

随着电动汽车的保有量和渗透率大幅提升，逐步实现了对传统燃油车的大规模替代。

受限于V2G双向充电桩的产品序列不全，使用受限，且相关政策不完善，电动车作为建筑储能装置使用尚无政策保障。

未来具备完善政策和完整的产品序列后，V2G双向充电桩的安装数量会大幅度增加，居民可从车网互动中获利，这将推动V2G双向充电桩的大力发展，从而推动大规模的电动汽车成为建筑的移动储能设施，进一步促进建筑负荷的柔性调节和移峰填谷。

大规模的V2G双向充电桩作为电源时如何与电网协调将是一个待攻克的技术难关，也对电网的调节能力提出了更高的要求，促使电网加速智慧化提升。

新型储能系统

在新型储能领域，目前我国电化学储能（主要为锂电池）占据绝对主导地位，占总装机的比重在90%以上。其他储能形式如物理储能、电磁储能和热储能仍未得到商业化发展。

为了平抑新能源的波动性，保障电力系统供电的可靠性和安全性，我国未来需实现不同时间尺度的储能技术的创新与突破，这包括电化学储能、飞轮储能、超导储能、超级电容储能等分钟级和小时级的储能技术，以及满足中长周期储能需求的热储能和氢储能等。

多种储能形式涉及多学科领域，需要充分利用各自的优势，共同平抑新能源的波动性，促进建筑负荷的柔性调节和移峰填谷，提高新能源消纳率。

电氢耦合

我国氢能产业仍处于萌芽状态，产业规范的标准体系也存在较大缺失。未来在新能源为主体的新型电力系统的框架下，我国需要突破电解水制氢技术，通过新能源发电制取高质量的氢气，推动电解水制氢价格下降，氢气制取装备的小型化，促进氢气的就地转化和氢气输送管网化。氢能未来在储能、工业、交通等各个领域也将得以广泛应用。

碳排放因子

未来用电价格可能与碳排放因子挂钩，通过价格调控手段，促使电力用户采取必要手段错峰用电，促进柔性用电技术的发展。

电气设计策略及技术措施

设计策略	策略编号	技术措施	技术措施编号
提高安全韧性	R3-1	提升用电安全韧性	R3-1-1
		增强消防安全韧性	R3-1-2
分类施策	R3-2	设施利旧与更新	R3-2-1
		功能完善与品质提升	R3-2-2
综合能源系统	R3-3	可再生能源利用	R3-3-1
		基于光伏发电系统的多能互补技术	R3-3-2

设计策略	策略编号	技术措施	技术措施编号
新型供配电系统	R3-4	光储直柔新型供配电系统	R3-4-1
		光储充一体化充电设施	R3-4-2
		源网荷互动控制系统	R3-4-3
		V2G车网互动技术	R3-4-4
		柔性配电技术	R3-4-5
		能源互济	R3-4-6
		智慧配电系统	R3-4-7
		用电设备电气化提升	R3-4-8

7.4 智能化专业

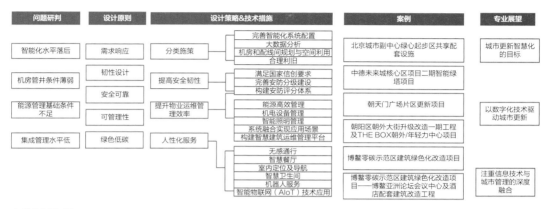

本节逻辑框图

7.4.1 问题研判

智能化专业因其发展速度和技术更新换代较快，通常各系统更新周期为5~10年。根据现状调研、系统体检，以及现阶段城市更新项目设计案例的经验，从智能化水平落后、机房条件薄弱、能源管理基础条件不足、集成管理水平低等方面分析，城市更新项目智能化的典型问题包括：

1. 智能化水平落后

城市更新项目建筑弱电标准及智能化建设水平低，导致运维管理落后、服务质量差、人员成本上升、信息化程度低、安防漏洞和高耗低效等，很难满足项目信息通信、安防管理及运维需求。

由于智能化行业技术发展快，产品迭代频繁，针对末端设备的小修小补已不满足系统改造建设需要。

安防技术的提升与进步，使得现有设备已无法满足安全管理理念，老旧的监控摄像机分辨率低已无法满足人脸识别、视频分析等需求，传统IC卡容易套卡复制造成泄密问题。

原有室外弱电配电箱安装方式多采用明装箱形式，影响园区整体建设效果，经过多年使用后还存在线管裸露影响使用，不利于通行，且存在安全隐患的问题。

2. 机房管井条件薄弱

城市更新项目建筑普遍存在弱电间空间狭小，甚至部分建筑弱电间与强电间合用，弱电机房面积不足以支持系统扩容要求，同时预留用电量不足以满足5G设备以及其他信息网络设备用电需求等问题，限制了项目扩容改造的前景。

3. 能源管理基础条件不足

城市更新项目建筑能耗高、设备设施复杂、安全和不间断运行压力大、同时由于物业管理人员不足导致处理问题能力较弱，事后补救多过事先预防。

能耗计量是实现绿色建筑的基础，待改造项目水、电、气、热计量表往往不具备远程功能，还存在仅设置能源总表缺乏分层计量等设置原则不合理的问题。同时项目建设缺乏能耗计量系统，通常以人工采集数据、电子表格记录数据的方式进行能耗计量，容易造成数据错漏，且不具备分析数据的基础。

4. 集成管理水平低

传统物业管理企业基于不断增长的人力成本，对内部管理效率提升的需求也越来越迫切。很多城市更新项目的智能化集成管理系统形同虚设，未实现数据可视化，其数据展示不直观，数据分析不全面，存在建而不用的问题。问题如下：

信息孤岛问题。各系统独立工作，之间没有数据交互，各业务系统孤岛自治，无法实现联动控制、信息共享。

知识转移难。运营过程中的数据、经验受人员流动影响，难以以体系化的方式沉淀下来；有效的知识转移深度不够。

数据利用率低。高昂的系统建设投入，没有及时、准确地上传数据，影响数据的真实性，无法为综合管理提供数据支撑。

设施故障难以定位。设备故障维护反应慢，应急指挥时可利用资源查询困难。

运维后置。一旦发生应急事件、故障报警、维修工单等问题，按传统流程进行解决，延长了处理时间，警情响应慢。

人工监管。人工对硬件运行监管、巡查、记录、判断，工作完成情况不能及时反馈，完成状态不易追溯。

7.4.2　设计原则

根据城市更新项目建筑特点、现状、业主改造需求和节能降碳等要求，智能化系统应在合理利旧的前提下，运用先进技术，采用成熟产品，本着"以人为本，应用便捷，适度超前，留有余地"的原则实现改造目标。在设计思路上着重从保证项目智能化系统建设的合理投资、长期稳定、易于扩容及建筑物内工作人员的安全、方便使用的角度展开设计，具体可以遵循如下的原则：

1. 需求响应

在城市更新项目智能化系统的设计中，围绕以人为本，应用便捷为先导，经过调研后满足业主的实际需求，具备实用性和易于操作性、方便管理和维护。采用成熟的技术和设备，在保障运行可靠的前提下可采用一些适度超前的技术和设备。

当前智能化技术发展迅速，新的设备不断涌现并趋于成熟，在满足实用性的基础上，应尽量选用先进的技术及通信设施，将智能化应用的技术水平定位在一个较高的层次上，但同时注意不要过度设计。

采用先进成熟的技术和设备，满足当前信息处理要求，兼顾未来的工作要求，采用先进的技术、设备和材料，以适应高速的数据传输需要，使整个系统在一段时间内保持技术的先进性，并具有良好的发展潜力，以适应未来发展和技术升级的需要。

2. 韧性设计

项目改造前需要总体评估和规划设计，围绕适度超前和留有余地，改造的内容应采用开放性的体系结构，使系统易于扩充，使相对独立的分系统易于进行组合调整。改造后的项目要有适应外界环境变化的能力，即在外界环境改变时，系统可以不作修改或仅作少量修改就能在新环境下运行。

选用的控制网络和通信协议以及设备要符合国际标准或工业标准，将不同应用环境和不同的网络优势有机地结合起来。也就是说，要使系统的硬件环境、通信环境、软件环境、操作平台之间的相互依赖减至最小，发挥各自优势。同时，要保证网络的互联，为信息的互通和应用的互操作创造有利的条件。

各子系统的设计围绕工程智能化综合管理平台，采用标准的通信协议、接口，实现高度集成。随着信息化的不断发展和应用水平的提高，网络中的数据和信息流会呈指数增长，需要网络有很好的可扩展性，并能随技术的发展不断升级。

系统具有良好的灵活性和可扩展性，能够根据信息处理系统不断发展的需要，扩大设备容量，提高用户数量和质量。

3. 安全可靠

为保证项目的安全性，需充分配备视频监控系统、入侵报警系统、出入口控制系统以及巡更系统等安防措施。各系统中的某些信息和配置具有一定的保密性，因此在系统的设计中，要采用安全措施保证系统的安全运行，防止未经授权的访问。根据具体情况采用人防、物防和技防相结合的安全控制措施，以保证系统的安全运行。

要求系统要有较高的可靠性，各级网络应具有网络监督和管理能力，要适当考虑关键设备和线路的冗余，能够进行在线修复、更换和扩充。要确保系统、数据传输的正确性，以及为防止异常情况所必需的保护性设施。

为保证项目各项业务的应用，网络必须具有高可靠性，决不能出现单点故障。要对建筑整体的使用布局、结构设计、设备选型、日常维护等各方面进行高可靠性的设计和建设。在关键设备采用硬件备份、冗余设置等可靠性技术基础上，采用相关的软件技术提供可靠的管理机制、控制手段和事故监控与安全保密等技术措施提高计算机机房的安全可靠性。

4. 可管理性

加强架构的规划和监管，通过制定架构各种标准和规范，加强系统自身对架构的主导和管理力度，通过良好的架构保证可持续性发展。

5. 绿色低碳

城市更新项目通过采用智能化技术和绿色低碳理念，实现建筑物的节能、环保和可持续发展。

节能高效：利用智能化系统对建筑能耗进行实时监控和优化管理，提高能源综合使用效率，减少不必要的能源浪费。

绿色环保：智能化设备采用环保材料和技术，减少对环境的负面影响，实现建筑物的绿色运营。

智能控制：通过智能化系统对建筑内的照明、安防等进行自动控制，提高居住和使用的舒适度和安全性。

室内环境质量：通过智能化监测和管理，保持室内空气质量良好，提供健康舒适的居住和办公环境。

数字化运维：利用物联网、大数据等技术对建筑设施进行实时监测和维护，提高运维效率，降低运维成本。

可持续设计：在建筑设计阶段考虑未来的可持续发展需求，确保建筑物的长期适用性和可扩展性。

7.4.3 设计策略及技术措施

针对城市更新建设基础薄弱、系统配置不合理、机房条件差等问题，通过分类施策，提高安全韧性，提升物业运维管理效率、人性化服务等设计策略，构建智慧建筑。

R4-1 分类施策

针对城市更新项目建筑运行品质低下、高耗低效等问题，通过完善智能化系统配置，大数据分析，机房和竖井规划与空间利用、合理利旧等设计策略，整合现有资源，完善项目功能，满足项目的日常需求。

R4-1-1 完善智能化系统配置

围绕城市更新项目建筑改造需求，结合周边同类竞品项目建设水平进行充分调查研究。在原有系统基础上，根据调研结果，有针对性地提升项目智能化水平，同时避免投资浪费。

在传统系统基础上根据智能化技术发展合理配置各系统，根据实际需求采用有源和无源网络的搭建融合技术，增加三维可视化为基础的物业运维管理平台，可根据需求有选择性地应用新系统，实现室内外无缝蓝牙定位导航系统，增加一卡通、一码通、人脸识别、NFC通，为用户带来全场景的新体验。

安防系统可在原有基础上根据需要在重要位置增加人脸识别技术、人员轨迹跟踪、人员异常行为分析、明厨亮灶、重要机房智能巡检监控、虚拟围栏越界报警等功能。在信息网络系统改造时，注意在原有基础上重新设计供电系统，以满足5G使用需求，更换6A类网线以满足Wi-Fi7新技术应用条件等。

R4-1-2 大数据分析

充分利用城市更新项目建筑空间资源，在原有中控室基础上，扩建数据机房与运维中心，将建筑设备管理系统、能耗监测系统、视频安防等系统数据进行存储，形成数据基础，为建立大数据模型提供条件。

利用AI机器学习功能，针对本建筑、园区情况进行分析，得出建筑运行、安防管理最优方式，提高建筑运行水平。

对于条件适宜的建筑群改造如城市片区的更新或部分工业厂房改建民用建筑的项目，可考虑统一建设数据中心，用以存储区域内的建筑运行数据。

R4-1-3 机房和配线间规划与空间利用

充分利用建筑原有弱电间、弱电机房空间，优化设备布局。根据项目系统建设改造需求，评估现有弱电机房面积并利用闲置房间合理扩容，合理规划新增机房竖井的位置，优化布线路由，不仅有利于节材也利于节能减排。如采用跨层合用机柜、空间狭小区域采用壁挂机柜等方式节约空间，结合城市更新项目建筑改造推广模块化、装配式的一体化布线设备。

弱电配线箱、光端箱等设备及其管线，采用与景观小品结合安装的方式，在保证系统功能完善、检修便利的前提下，整体考虑装饰效果，达到使用功能与美观相结合的建设目标。

R4-1-4 合理利旧

结合改造投资以及项目建设时间，合理利旧，如线槽、配管及可扩充的机房位置，在能够满足改造标准的条件下，应用尽用，选用具备友好扩展能力和兼容的设备。对达不到信息传输要求的配线和无法满足使用要求的末端设备进行更换，以达到改造目标。

R4-2 提高安全韧性

R4-2-1 满足国家信创要求

信创是中国信息技术领域国家战略的重要组成部分，在推动国产化和自主创新方面有着共同的目标，通过基础设施、基础软件、应用软件和信息安全等四大领域的自主创新和发展以适应信息技术快速发展的需求。

根据业主需求，充分响应国家应用安可信创的号召，信息网络系统设备选用按照全面实现100%自主可控原则实施，时钟系统、智能化卡应用系统信息引导及发布系统、智能会议系统设备按照能替尽替的原则实施。视频监控系统、背景音乐系统、建筑设备监控系统、无线对讲等系统的服务器及工作站在满足系统可靠稳定运行的前提下，优选自主可控CPU。

了解相关名录中的品牌代表性产品。相关项目的设计参数满足安可信创产品要求，采用市场成熟稳定产品的原则实施。

R4-2-2 完善安防分级建设

对于集中管理的园区类项目，可采用一个管理中心加若干管理分站的模式，将园区分为多个建筑组团，集中建设安防系统、楼控、能耗监测等系统，减少单个建筑建设投资，提高项目集成管理水平，并为大数据应用提供基础。

示范案例：中国人民大学通州新校区项目

该项目建筑面积100余万平方米，分两期建设，共用一个存储中心，以安防消防一体原则为基础，兼顾校园内市政道路、管廊以及各地块权重，设置安防及物联网三级管控分区，分设管理中心，通过光纤将系统数据引至存储中心进行集中管理，大大减少管理人员投入和建设投资。

R4-2-3 构建安防评分体系

围绕城市更新项目安全防范各子系统建设情况以及改造目标设置项目安防"体检表"，通过实地走访、问卷调查等形式，对项目安防系统建设情况进行调研，并根据不同系统权重进行评分，为项目改造提供依据。

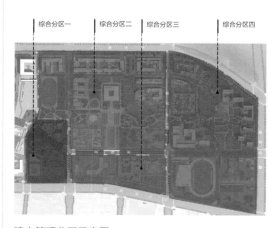

建立管理分区示意图

集约设置区域分控室示意图

示范案例：上海中远海运项目

在安防系统改造过程中，根据项目安防评分结果，对视频安防系统、周界防范系统、入侵报警系统等十余个系统进行了盲区点位增补、设备变更，应用CPU卡技术及视频人脸识别技术，对原有项目的安防漏洞进行了查漏补缺，实现人员轨迹追溯等功能，并对城市更新项目建筑进行BIM建模，建立基于BIM技术的智慧安防管理平台，实现自用办公区域与出租区域分区授权、独立管理、访客的零接触登记、零接触认证、零接触通行；与访客、梯控、派梯等系统无缝对接；通过与公共广播、信息发布系统联动，实现迎宾场景等多种场景。

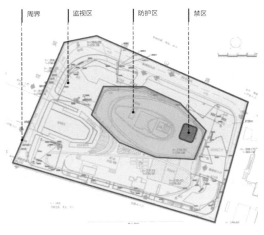

完善四级安防体系示意图

R4-3 提升物业运维管理效率

R4-3-1 能源高效管理

公建用能以空调占比最大，为23%～70%，针对中央空调的节能优化控制是建筑节能的重点。另外对于电梯联动、智能照明等的节能优化也应重点关注。

首钢东南区智慧园区项目：围绕近零能耗建筑理念建设能源管理并与运营对接，定期进行能耗审计，通过数字、图表直观地了解建筑物的实际能耗状况，分析各系统用能情况，制定节能策略，如同人定期体检。

然后根据建筑能源管理上传的大数据作为依据进行分析，以便运营团队也作出精准决策和应对办法，监督用能单位执行节能减排计划。

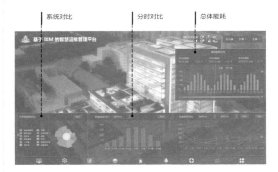

节能降耗平台大屏幕实景照片

R4-3-2 机电设备管理

空调末端采用联网控制，结合工作时段人员数量控制空调总冷量；因地制宜优化预置空调开闭时间，进行预冷/预热，根据日照、人员情况，划分强弱冷分区。

在数据积累基础上构建自学习模型，根据负荷预测，调用AI优化控制，自动调优运行策略，实现能源消耗"降得下"。

R4-3-3 智能照明管理

对照明系统进行精细化调光控制，设置人体探测设备，并结合季节、日照、室内光照度，设置不同场景，进行照明系统和窗帘的联动控制，实现最优能耗控制，提升建筑或城市的亮化管理水平。

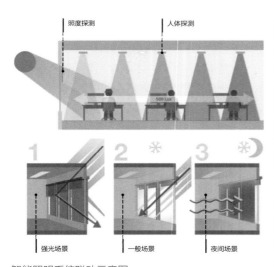

照度探测　　人体探测

500 Lux

1　2　*　3　*

强光场景　　一般场景　　夜间场景

智能照明系统联动示意图

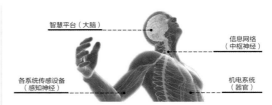

智慧平台（大脑）　　信息网络（中枢神经）

各系统传感设备（感知神经）　　机电系统（器官）

智慧建筑运维管理平台示意图

R4-3-4　系统融合实现应用场景

　　智能化各系统各自独立运行会造成信息孤岛效应，仅服务于部分物业部门，而无法将各系统数据真正用于项目综合管理。

　　要打破该问题，首先需要的是通过建筑运维管理平台对建筑各系统横向打通，实现数据共享，并通过大数据技术分析各系统运行关系，实现项目运维最优解。

　　在此基础上，应结合项目资产管理需求、绿色低碳需求、园区服务需求，业务运转需求以及外延的包括餐饮、消费、出行等园区生活服务形成运行稳定、功能全面的建筑运营管理平台，突破项目建设与运营之间的壁障。

示范案例：首钢东南区智慧园区项目

　　该项目由五个地块组成办公商业综合体，通过智慧园区管理平台将物业运维板块的空间管理、设备管理、能源管理、安防管理、零碳楼展示平台等系统与园区服务板块的通行管理、会议管理等模块有机地结合在一起，并针对园区管理对象、服务对象以及访客设置了不同移动端App，在便捷身份认证基础上，满足园区各类人群的使用需求，大大提高了园区运营效率，减少了运营人力需求，实现了项目降本增效的目的。

R4-3-5　构建智慧建筑运维管理平台

　　在城市更新项目中，由建筑单体、智慧园区、智慧城市组成，三者之间信息传递的纽带就是智慧建筑运维管理平台，来实现数据的自动上传和接收，完成三者之间数据的对接。单体建筑的数据和运维情况可以为园区乃至城市的管理提供基础信息，而园区和城市的智能化管理决策又会对单体建筑的运营产生影响。

　　对于智慧园区级别的智能运维管理平台则需要集成多个单体建筑的数据和系统，实现园区范围内的综合管理和服务。网络基础设施的建设更为重要，以确保数据和信息的流畅传输，同时还要重视对停车、能源、环境监测等多功能的分级管理能力。

　　城市更新项目的智能化运维管理平台的搭建是一个多层次、多维度的工作，需要综合考虑单体建筑、园区和城市之间的相互关系和影响，以实现整体的最优化管理。

　　智慧建筑的运维管理平台是智慧建筑的"大脑"，作为管理工具，打通了建筑智能化各系统之间的信息孤岛，为以场景化思维解决建筑服务、管理需求提供了可能。该平台向下接入各智能化系统，根据预设逻辑进行跨系统的设备联动控制，实现场景功能。平台架构一般是通过基础设施层、信息联通的网络通信层、数据中台层、平台功能层、应用场景层、展示终端层六层组成了智慧建筑运维管理平台的总体架构。

　　平台的功能一般有空间管理、人员管理、设备管理、能源管理、应急指挥、通行管理、安防管理、资产管理、会议管理等组成，最终根据城市更新项目业主的实际需求配置，可以一次性完成，也可以根据投资分阶段实现。

充分利用BIM数据结合平台功能，实现从设计到实施再到投用后运维阶段的全生命周期数据传递与建筑运维管理。

在此基础上对各系统数据进行清洗存储，形成数据资源池，并结合建筑、园区业务板块，将物业运维、资产管理、业务逻辑、园区生活多合为一，实现园区资产数字化。

对建筑内的各类建筑设备和能耗情况进行监控，结合室内外环境条件优化设备运行策略、监测实时能源消耗，打造健康、舒适、节能的超低能耗建筑。

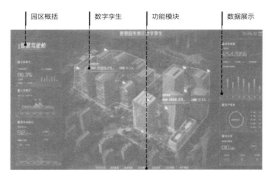

智慧建筑运维管理平台

R4-4 人性化服务
R4-4-1 无感通行

基于智能通行、智能访客、智能安防、智能防疫等场景需求打造"一卡通，一码通，人脸识别，NFC通"为用户带来全场景的新体验。

内部人员：人脸闸机（关联考勤系统）——办公室/核心区域无感知门禁——会议室人脸识别签到——消费人脸识别支付——住宅人脸识别门禁。

外部访客：访客登记录入人脸——系统分发访客可进入区域权限—— 人脸识别 ——智能迎宾。

加强对来访人员的登记管理，也是保障建筑安全的重要手段，可实现来访人员的零接触登记、零接触认证、零接触通行。

人脸识别快速通行

R4-4-2 智慧餐厅

智慧餐厅管理，实现分时就餐、智慧结算、线上订餐、无接触支付等功能。毫秒级快速消费结算以及智慧餐厅管理等多种便捷功能可以提高消费效率以适应快节奏生活。

人脸支付智慧食堂效果图

R4-4-3 室内定位及导航

越来越多的项目通过定位信标实现室内定位与室外定位的无缝结合，尤其在面积大、楼栋多、业态复杂的大型项目中应用效果更佳，可以结合手机摄像头进行实景AR导航。

无论是新入职员工寻找职能部门，还是内外部人员参加园区会议或是园区运维人员快速定位设备故障点，一个定位迅速、导航精准的室内定位系统都将是必然的发展趋势。

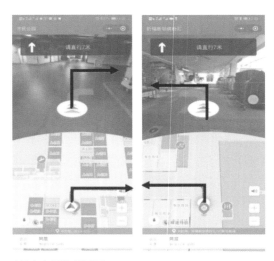

AR室内导航效果图

R4-4-4　智慧卫生间

对卫生间空位情况、耗材情况、环境情况（吸烟、异味、漏水等）进行管理，便于人员寻找空余厕位、敦促保洁人员日常清洁工作。

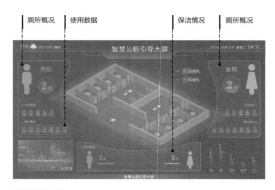

智慧卫生间

R4-4-5　机器人服务

通过Wi-Fi6技术的应用和室内导航系统的建设，迎宾机器人、导引机器人、送货送餐机器人

等便捷设备已经具备部署条件，并在餐饮、办公、酒店等业态的楼宇中得到了充分的应用。

机器人设备的应用，同时避免了快递员进入楼宇造成管理困难的问题和员工取快递影响工作效率的问题。

R4-4-6　智能物联网（AIoT）技术应用

1. 智慧灯杆

以灯杆为载体，将5G微基站，智能照明、空气质量监测，视频监控、公共广播、紧急按钮、WiFi热点，LED显示屏、电动汽车充电桩，多业务统一接入网关，达到"多杆合一，一杆多用"。

智慧灯杆示意图

2. 智慧井盖、垃圾桶监测

智慧井盖：实现对井盖丢失、损坏、移位等情况的监测及上报。

智慧垃圾桶：实现对垃圾满溢和异常掀起、内部温度过高监测及上报。

智慧环保：上述报警信号上传到城市物联网管理平台，实现环卫工人、垃圾桶、垃圾车等统一联网，可供智能调配。

3. 车位共享

基于物联网打造的车位共享运营平台，以"云平台+App+物联网地锁"的架构，倡导"共享互助停"，通过对闲置车位资源的供给盘活，从根本上解决固定车位闲置浪费与临时车辆停车难的问题。

案例分析：重庆"两江四岸"核心区朝天门片区整治提升项目

利用智慧灯杆作为设备安装平台，集视频监控、信息发布、公共广播、无线AP等系统设备于一身，采用全光网络技术，充分利用稳定可靠的有线网络、超高速无线网络和5G移动网络结合无线物联网技术，可实现城墙博物馆区域访客的零接触登记、零接触认证，客流量智能统计，并联动新风系统实现绿色节能管理。

7.4.4 未来展望

城市更新智慧化的最终目标是创建一个高效、可持续、宜居和包容的城市环境，为市民提供更高质量的生活体验。然而，这样的转型也需要考虑到隐私保护、网络安全、技术伦理等问题，以确保所有居民都能从智慧化城市更新中受益。

以数字化技术驱动城市更新，全面提升精益运营能力，实现产业数字化转型发展，通过运营数据积累形成数字资产，实现城市更新项目全生命周期平台化管理，向社会输出智慧园区建设能力与经验。通过拓展服务、精益运营、提升满意度等方面助力园区开源增收。通过节能降耗、集中管控等助力园区节流降本。数字化智慧化助力城市更新的发展，更加注重信息技术与城市管理的深度融合，推动城市生活从功能化时代逐步迈向数字化时代。

未来数字智能化与人性化建筑的趋势将越来越明显。一方面，在智能建筑中，物联网技术、无线通信技术、大数据分析技术、云计算和人工智能技术的不断创新，将为智能建筑提供更完善的技术支持。另一方面，在人性化方面，随着科技进步和城市生活的需求增长，人类对生活品质和健康的要求也在不断升高。未来人性化设计将更加贴近用户需求，设计更具体、更个性化，让结合了数字智能化和人性化设计的建筑能更好地为用户的生活贡献更大价值。

智能化设计策略及技术措施

设计策略	策略编号	技术措施	技术措施编号
分类施策	R4-1	完善智能化系统配置	R4-1-1
		大数据分析	R4-1-2
		机房和配线间规划与空间利用	R4-1-3
		合理利旧	R4-1-4
提高安全韧性	R4-2	满足安可信创要求	R4-2-1
		完善安防分级建设	R4-2-2
		构建安防评分体系	R4-2-3
提升物业运维管理效率	R4-3	能源高效管理	R4-3-1
		机电设备管理	R4-3-2
		智能照明管理	R4-3-3
		系统融合实现应用场景	R4-3-4
		构建智慧建筑运维管理平台	R4-3-5
人性化服务	R4-4	无感通行	R4-4-1
		智慧餐厅	R4-4-2
		室内定位及导航	R4-4-3
		智慧卫生间	R4-4-4
		机器人服务	R4-4-5
		智能物联网（AIoT）技术应用	R4-4-6

7.5 典型案例

北京城市副中心绿心起步区共享配套设施

项目背景

项目地点：北京市

项目规模：总建筑面积254997m²，其中地上建筑面积5389m²，地下建筑面积249608m²；地上1层，地下2层，建筑控高6m。

项目类型：新建，项目主要位于地下一、二层，主要功能为综合性配套服务设施、车库。

项目位于北京城市副中心城市绿心内，北至小圣庙街，西至六环西侧路，东至公园西北侧运河古道边界线，南至S路与运河故道交汇处。

问题研判

1. 绿色节水措施需进行系统性整合，应选取经济合理，同时又满足规定的设置方案。

2. 项目占地面积大，可采取多种海绵技术措施，在满足景观设置要求的前提下，合理设置。

3. 项目基本为地下建筑，大面积覆土，少量有下沉庭院功能。空调通风系统取风、排风口部设置要减少对景观、人员活动区的影响，结合建筑设计、景观设计进行消隐。

4. 因为本项目为地下建筑，对消防系统可靠性要求高，需要对消防相关各子系统进行智能监控，确保各子系统处于正常工作状态。

北京城市副中心绿心起步区共享配套设施鸟瞰效果图

给水排水专业设计策略及技术措施应用解析

设计策略	策略编号	技术措施	技术措施编号	应用解析
分类施策	R1-1	设备设施更新	R1-1-1	
		设备系统完善	R1-1-2	
		系统协调整合	R1-1-3	

续表

设计策略	策略编号	技术措施	技术措施编号	应用解析
技术适配	R1-2	保证系统安全	R1-2-1	√
		优化系统配置	R1-2-2	√
		设施协调风貌	R1-2-3	
绿色低碳	R1-3	节水优先	R1-3-1	√
		低影响开发	R1-3-2	√
		节能减排措施	R1-3-3	
创新发展	R1-4	建筑水系统微循环技术	R1-4-1	
		水质保障新技术	R1-4-2	
		智慧监控系统	R1-4-3	

R1-2-1　保证系统安全

给水系统接入地块引入管设置倒流防止器，空调机房设置真空破坏器，防止水质污染，保证供水安全。卫生间器具自带存水弯，合理设置地漏，保证水封深度不小于50mm，防止浊气进入室内污染空气。

R1-2-2　优化系统配置

为厨房预留了隔油器间，采用成品隔油装置处理厨房废水，处理后排至室外排水管网。

R1-3-1　节水优先

项目所选用的所有卫生洁具达到相关国家标准的2级要求；选用密闭性能好的阀门、设备，耐腐蚀、耐久性能好的管材、管件；采用市政中水用于冲厕、冲洗地面、绿化浇灌；绿化浇灌采用微喷或滴灌等节水灌溉方式；按照使用用途、付费或管理单元，分项、分级安装计量水表。

R1-3-2　低影响开发

城市绿心起步区海绵城市方案将起步区作为一个整体来考虑，本项目作为城市绿心起步区的一个部分，需服从统筹安排。根据海绵方案，设置下凹绿地、雨水花园、前置塘、沼泽区、透水铺装、生态边沟、旱溪、植草沟、多坡度绿地等海绵技术措施，综合利用，满足雨水径流总量控制、地面面源污染控制、雨水调蓄等控制指标。

暖通专业设计策略及技术措施应用解析

设计策略	策略编号	技术措施	技术措施编号	应用解析
分类施策	R2-1	问题对症调改	R2-1-1	
		设施利旧与更新	R2-1-2	
		功能完善与品质提升	R2-1-3	√
技术适配	R2-2	气候适应性	R2-2-1	
		专业配合边界	R2-2-2	
		设计思路更新	R2-2-3	
		资源整合活化应用	R2-2-4	
能碳双控	R2-3	用能控制	R2-3-1	√
		碳排放控制	R2-3-2	
		可再生能源应用	R2-3-3	√
		设备设施电气化	R2-3-4	

续表

设计策略	策略编号	技术措施	技术措施编号	应用解析
创新发展	R2-4	全域协作	R2-4-1	
		数字智能	R2-4-2	√
		低碳绿色建造	R2-4-3	

R2-1-3　功能完善与品质提升

进排风竖井采用座椅式景观化处理或采取GRC材料或仿石挂板装饰成卵石形态进行修饰，通过修饰融入景观。排风井与座椅结合进行一体化设计，在背对座椅侧设置进、排风口，避免设备运行对使用者的干扰，并利用镜面材料对人防竖井进行消隐处理，将景观绿地内的进、排风井与微地形做一体化处理，满足设备运行需求的同时减小其对景观效果的影响。

由于地下餐饮的设置，地面油烟井会有一定量烟气需高空排放。其尺寸较大，考虑用植被包围、尽量远离人群行走路径，且结合夏季的喷雾降温等措施，弱化处理。以绿星公园为灵感，以五角星形态作为基座造型，与绿心视觉识别系统统一，并在排油烟井外侧做环形花池，利用植被包围油烟井，弱化处理。

空调系统、新风系统设置空气净化装置，消除新风取风条件距地高度受限的影响。主要人员密集区室内设置 CO_2 浓度传感器，根据 CO_2 浓度调节机组新风量。

R2-3-1　用能控制

结合不同的功能区设置合理的室内设计参数、新风量标准。注重需求的差异化，热舒适标准的差异化。根据建筑条件最大限度利用自然冷源，通过焓值控制策略变新风量运行。

R2-3-3　可再生能源应用

项目采用区域能源站提供的冷热源，结合临近建筑整体片区用地，设置大面积地源热泵系统，达到资源共享、高效应用的主旨。

R2-4-2　数字智能

项目人防区域兼做车库应用，一次结构的预埋管件数量及种类繁多，在暖通管线深化的起始阶段，针对各专业图纸进行全面识图，结合施工规范，对预埋套管的具体加工尺寸进行统计，应用BIM技术在管综基础上进行预埋套管的模拟排布。

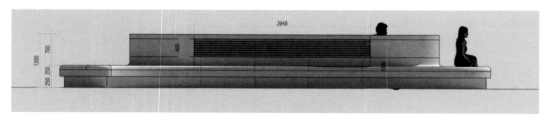

座椅通风示意

电气专业设计策略及技术措施应用解析

设计策略	策略编号	技术措施	技术措施编号	应用解析
提高安全韧性	R3-1	提升用电安全韧性	R3-1-1	√
		增强消防安全韧性	R3-1-2	√
分类施策	R3-2	设施利旧与更新	R3-2-1	
		功能完善与品质提升	R3-2-2	√

设计策略	策略编号	技术措施	技术措施编号	应用解析
综合能源系统	R3-3	可再生能源利用	R3-3-1	
		基于光伏发电系统的多能互补技术	R3-3-2	
新型供配电系统	R3-4	光储直柔新型供配电系统	R3-4-1	
		光储充一体化充电设施	R3-4-2	
		源网荷互动控制系统	R3-4-3	
		V2G车网互动技术	R3-4-4	
		柔性配电技术	R3-4-5	
		能源互济	R3-4-6	
		智慧配电系统	R3-4-7	
		用电设备电气化提升	R3-4-8	

R3-1-1　提高用电安全韧性

1. 供电电源满足双重电源要求，由市政开闭所放射引入，增加电源可靠性。

2. 变压器容量适度冗余，增加系统韧性，为未来建筑用能电气化的提升预留条件。

3. 电气机房设置防淹措施。

R3-1-2　增强消防安全韧性

本项目为全地下建筑，消防疏散和救援难度大。在传统消防系统基础上，增设智慧消防系统，在消防系统各环节上进行全面监测，提升消防感知预警能力，确保火灾时消防系统正常运行。

R3-2-2　功能完善与品质提升

1. 公区照明采用智能照明控制系统。

2. 采用高能效机电设备，全部灯具采用节能型LED灯具。

3. 针对不用业态，合理制定供配电系统方案，为项目运行维护提供友好的便捷性。

智能化专业设计策略及技术措施应用解析

设计策略	策略编号	技术措施	技术措施编号	应用解析
分类施策	R4-1	完善智能化系统配置	R4-1-1	√
		大数据分析	R4-1-2	
		机房和配电间规划与空间利用	R4-1-3	
		合理利旧	R4-1-4	
提高安全韧性	R4-2	满足安可信创要求	R4-2-1	
		完善安防分级建设	R4-2-2	
		构建安防评分体系	R4-2-3	
提升物业运维管理效率	R4-3	能源高效管理	R4-3-1	
		机电设备管理	R4-3-2	
		智能照明管理	R4-3-3	
		系统融合实现应用场景	R4-3-4	
		构建智慧建筑运维管理平台	R4-3-5	√

续表

设计策略	策略编号	技术措施	技术措施编号	应用解析
人性化服务	R4-4	无感通行	R4-4-1	
		智慧餐厅	R4-4-2	
		室内定位及导航	R4-4-3	
		智慧卫生间	R4-4-4	
		机器人服务	R4-4-5	
		智能物联网（AIoT）技术应用	R4-4-6	

R4-1-1   完善智能化系统配置

绿心起步区共享配套设施建筑功能涉及商业、餐饮、影院、超市、车库、办公等多业态，各业态对智能化系统配置需求各不同。智能化设计统筹考虑、统一规划，为面向公众服务的智能化、智慧化服务及展示应用，为面向租户的经营客流数据和能耗计量，以及为管理者提供高效便捷的办公网络，配置了智慧停车引导、商业POS系统、客流量统计分析和在线能源计量等各业态功能的智能化系统解决方案。

R4-3-5   构建智慧建筑运维管理平台

构建了智能化信息集成（平台）系统，通过采用BIM三维可视化，综合配置建筑内各智能化系统，全面实现对建筑管理系统（建筑设备管理系统、能耗计量管理系统、安防系统、智能卡应用系统、火灾自动报警系统等）的综合管理。

中德未来城核心区项目二期智能绿塔项目

项目背景

项目地点：青岛市

项目规模：总用地面积约6890m²，总建筑面积21187m²。

项目类型：新建

项目位于山东省青岛市西海岸新区中德生态园园区内，其东侧为生态园44号线，北侧为生态园21号线，南侧为生态园25号线，西侧为生态园40号线。地上7层，地下2层，建筑高度40m，建筑功能为办公和展览。

问题研判

1. 场地雨水处于无组织排放状态，周边容易形成地面积水或内涝，地面径流污染严重。雨水利用基本以入渗为主，没有得到充分利用。给水排水设计应最大化结合场地条件，贯彻落实海绵城市设计理念，遵循生态优先等原则，以"绿色、生态"为建设目标要求，在确保排水防涝安全的前提下，通过雨水系统整体设计，削减径流污染，最大限度地实现雨水的积存、渗透和净化，降低项目开发对水文和水环境的影响。

2. 本项目设计定位为零碳建筑，设计中应考虑"开源节流"。充分利用建筑屋面及其他位置合理设置光伏发电设施，降低建筑能耗，不使用化石能源，构建新型园区电力系统。

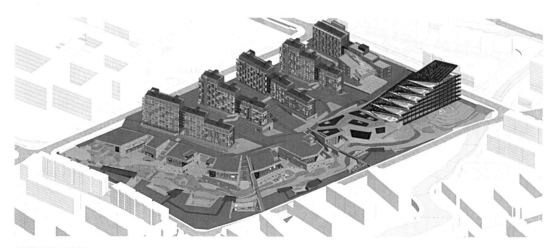

绿塔项目示意图

绿塔项目鸟瞰效果图

给水排水专业设计策略及技术措施应用解析

设计策略	策略编号	技术措施	技术措施编号	应用解析
分类施策	R1-1	设备设施更新	R1-1-1	
		设备系统完善	R1-1-2	
		系统协调整合	R1-1-3	
技术适配	R1-2	保证系统安全	R1-2-1	√
		优化系统配置	R1-2-2	√
		设施协调风貌	R1-2-3	√

续表

设计策略	策略编号	技术措施	技术措施编号	应用解析
绿色低碳	R1-3	节水优先	R1-3-1	√
		低影响开发	R1-3-2	√
		节能减排措施	R1-3-3	
创新发展	R1-4	建筑水系统微循环技术	R1-4-1	
		水质保障新技术	R1-4-2	
		智慧监控系统	R1-4-3	√

R1-2-1　保证系统安全

二次供水消毒方式采用外置式紫外线消毒器，保障水箱内水质。根据排水流量，卫生间设置专用通气立管、结合通气管和伸顶通气管，及时、安全、迅速地排除污水和臭气，保障室内环境。本体无水封的地漏和卫生洁具及排水沟、排水口设置管道存水弯，地漏及存水弯水封高度不小于50mm，严禁采用活动机械活瓣代替水封，严禁采用钟式结构地漏，隔绝管道内的臭气进入室内环境。

R1-2-2　优化系统配置

二次加压部分采用低位水箱+变频调速供水设备的供水方式，给水干管和主立管采用衬塑钢管，支管采用无规共聚聚丙烯（PP-R）管，管材内壁光滑，耐腐蚀，不结垢，保障管道内水质。

R1-2-3　设施协调风貌

全部给水排水、消防管道除车库、机房、库房、无吊顶的走廊等明设外，其余全部暗装在吊顶、管井、墙槽、后包管窿、垫层和找平层内。地下一层埋地排水管道敷设在覆土层内。明装管道的安装尽量减小对建筑视觉效果的影响，沿墙柱敷设的立管均以最小安全距离敷设，并排列整齐有序。

R1-3-1　节水优先

全部节水器具用水效率等级均达到1级，用水点处水压大于0.20MPa的配水支管设置减压措施，绿化采用微喷或滴灌等节水灌溉方式并设置土壤湿度感应器、雨天自动关闭装置。设置三级计量水表，通过经济杠杠达到节水目的。

R1-3-2　低影响开发

本项目海绵城市实施将自然途径与人工措施相结合，按照海绵设施的适用性、功能性、经济性及景观效果，以先绿色后灰色、先地上后地下的原则，统一考虑整个园区的雨水控制与利用。结合场地竖向和下垫面类型，利用路面引流导流、建筑周边绿地合理布置海绵设施等措施控制场地雨水径流总量。在考虑场地功能建设、景观配置、场地标高等综合因素后，主要采用雨水就地入渗，超过绿地接纳能力的雨水通过溢流口排入管网，并设置雨水收集池，对雨水进行收集并回用于浇灌绿地和景观水池补水。

R1-4-3　智慧监控系统

采用智能型远传水表，能分类、分级记录、统计分析各种用水情况，利用计量数据进行管网漏损自动检测、分析与整改。

暖通专业设计策略及技术措施应用解析

设计策略	策略编号	技术措施	技术措施编号	应用解析
分类施策	R2-1	问题对症调改	R2-1-1	
		设施利旧与更新	R2-1-2	
		功能完善与品质提升	R2-1-3	√

设计策略	策略编号	技术措施	技术措施编号	应用解析
技术适配	R2-2	气候适应性	R2-2-1	
		专业配合边界	R2-2-2	
		设计思路更新	R2-2-3	
		资源整合活化应用	R2-2-4	√
能碳双控	R2-3	用能控制	R2-3-1	√
		碳排放控制	R2-3-2	√
		可再生能源应用	R2-3-3	√
		设备设施电气化	R2-3-4	√
创新发展	R2-4	全域协作	R2-4-1	√
		数字智能	R2-4-2	√
		低碳绿色建造	R2-4-3	

R2-1-3　功能完善与品质提升

结合不同的功能区设置合理的末端空调系统。空调系统、新风系统设置空气净化装置，对大于或等于0.5μm的细颗粒物一次通过计数效率高于80%。主要功能房间室内设置CO_2浓度传感器，根据CO_2浓度调节机组新风量。

R2-2-4　资源整合活化应用

绿塔子项室外没有条件设置土壤换热器，通过协调工作，地源热泵室外埋地换热孔设置在临近的小学的运动操场内。

R2-3-1　用能控制

绿塔子项新风机组设置带旁通功能的高效新、排风热回收装置，设备显热热回收效率为不小于80%，潜热回收效率不小于60%。采用可再生能源的双源温湿度分控空调系统，高温冷水系统末端设置无动力冷梁、干式风机盘管消除室内余热。实现室内温度、湿度解耦运行。机房通风系统采用温度控制模式按需运行。空调系统可变新风比运行，通过焓值控制技术降低人工能源投用时间。

R2-3-2　碳排放控制

空调系统冬季供热采用电力热泵系统，厨房采用电厨房，全楼化石能源直接碳排放量为0。本项目按照被动式建筑设计，满足绿色建筑三星标准，有效降低了运行的碳排放。

R2-3-3　可再生能源应用

根据空调负荷需求全部采用地源热泵冷热水系统与空气源热泵冷温水系统耦合应用。其中一台夏季制冷提供中温冷水，其余的提供7～12℃常规冷水。冬季供热时机组供/回水参数为45/40℃。

R2-3-4　设备设施电气化

空调系统冬季供热采用电力热泵系统，减少燃气供热的直接碳排放量。厨房设施采用电力灶具、器具，全楼无燃气用量需求。

R2-4-1　全域协作

结合新型电力系统，最大限度实现核心区内光伏发电系统的自发自用。暖通专业设置水蓄冷蓄热系统，蓄冷容量450kWh，蓄热容量650kWh，结合光伏发电系统，安全合理地消纳发电量。

R2-4-2　数字智能

设置常规的设备自动控制系统。冷热源主机房设置群控系统。设置楼内各项用能消耗系统的计量系统、用能检测控制系统、智慧能控系统。

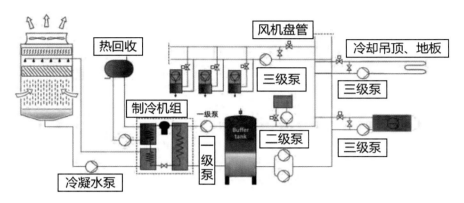

空调水原理图

电气专业设计策略及技术措施应用解析

设计策略	策略编号	技术措施	技术措施编号	应用解析
提高安全韧性	R3-1	提升用电安全韧性	R3-1-1	√
		增强消防安全韧性	R3-1-2	√
分类施策	R3-2	设施利旧与更新	R3-2-1	
		功能完善与品质提升	R3-2-2	
·综合能源系统	R3-3	可再生能源利用	R3-3-1	√
		基于光伏发电系统的多能互补技术	R3-3-2	√
新型供配电系统	R3-4	光储直柔新型供配电系统	R3-4-1	√
		光储充一体化充电设施	R3-4-2	
		源网荷互动控制系统	R3-4-3	
		V2G车网互动技术	R3-4-4	√
		柔性配电技术	R3-4-5	√
		能源互济	R3-4-6	√
		智慧配电系统	R3-4-7	√
		用电设备电气化提升	R3-4-8	√

R3-1-1　提升用电安全韧性

1. 供电电源满足双重电源要求，由市政开闭站放射引入，增加电源可靠性。

2. 变压器容量适度冗余，增加系统韧性。

R3-1-2　增强消防安全韧性

本项目在传统消防系统基础上，增设智慧消防系统，在消防系统各环节上进行全面监测，提升消防感知预警能力，确保火灾时消防系统正常运行。

R3-3-1　可再生能源利用

1. 在住宅子项各住宅楼屋顶和商业子项商业屋顶建设BAPV模式的光伏发电系统。

2. 在绿塔子项建筑斜屋面、裙房屋面、连桥等区域建设BIPV模式的光伏发电系统。

R3-3-2　基于光伏发电系统的多能互补技术

本项目设置了地源热泵等新能源设施共同为本项目协同供能。

R3-4-1　光储直柔新型供配电系统

在本项目绿塔子项内设置一套光储直柔系统：

1. 装机功率约452.13kWp（含9-2#酒店部分32.27kWp）的分布式光伏系统。

2. 全钒液流电池储能系统，250kW/500kWh。

3. 暖通蓄冷系统容量450kWh，蓄热系统容量650kWh。

4. 直流配电系统（含公区照明、光储直柔展区的展示性插座、空调、V2G双向直流充电桩）。

5. 智能微电网控制系统（"光储直柔"建筑系统柔性控制平台）。

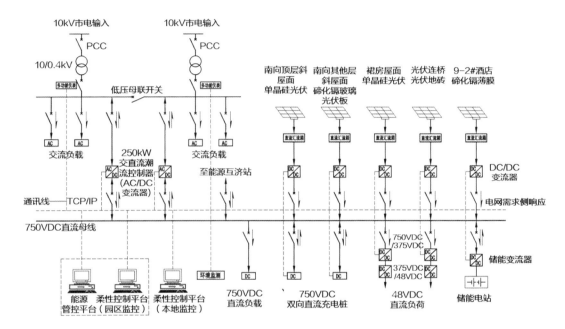

光储直柔交直流混合微电网基本网络架构

R3-4-4　V2G 车网互动技术

本项目在地下车库内设置了30台小功率V2G双向直流充电桩，并在地面设置了2台大功率V2G双向直流充电桩。

R3-4-5　柔性配电技术

本项目采用光储直柔新型供配电系统，融入柔性控制技术，通过"光储直柔"建筑系统柔性控制平台对微电网系统进行控制，使负荷曲线尽量靠近光伏发电曲线，充分消纳光伏发电，可适当降低变压器装机容量。

R3-4-6　能源互济系统

1）为最大限度实现核心区内光伏发电系统的整体消纳，将住宅子项、二期商业子项和绿塔子项微电网相互连接，形成能源互济系统。

2）互济网络采用AC380V系统，将住宅、二期商业和绿塔三个台区的微电网通过低压柔性互联装置实现连接，低压柔性互联装置统一安装于绿塔地下一层能源互济机房。各台区共享光伏和储能设施。

3）各区域的分布式发电系统优先就地消纳，剩余电能由能源互济站统一调配，实现园区微网内部流转消纳。余电储存在绿塔储能电站，再有电能剩余时，由绿塔变电所内并网上传至市政电网。

R3-4-7　智慧配电系统

本项目设置了光储直柔新型供配电系统，通过"光储直柔"建筑系统柔性控制平台和能源管控平台对楼内供配电系统进行智慧管控。预测光伏发电量、建筑负荷用电量，接受电网调度，支持与光伏发电、储能、充电桩、智慧配电、多联机等子系统对接，制定储能及充电桩（电动汽车）充放电策略，确保绿塔及园区微网内部电压稳定并给出系统负荷柔性调节裕度。

R3-4-8　用电设备电气化提升

本项目绿塔子项厨房采用电厨房，实现绿塔子项负荷全部电气化。

智能化专业设计策略及技术措施应用解析

设计策略	策略编号	技术措施	技术措施编号	应用解析
分类施策	R4-1	完善智能化系统配置	R4-1-1	
		大数据分析	R4-1-2	
		机房和配电间规划与空间利用	R4-1-3	
		合理利旧	R4-1-4	
提高安全韧性	R4-2	满足安可信创要求	R4-2-1	
		完善安防分级建设	R4-2-2	
		构建安防评分体系	R4-2-3	
提升物业运维管理效率	R4-3	能源高效管理	R4-3-1	✓
		机电设备管理	R4-3-2	✓
		智能照明管理	R4-3-3	
		系统融合实现应用场景	R4-3-4	
		构建智慧建筑运维管理平台	R4-3-5	✓
人性化服务	R4-4	无感通行	R4-4-1	
		智慧餐厅	R4-4-2	
		室内定位及导航	R4-4-3	
		智慧卫生间	R4-4-4	
		机器人服务	R4-4-5	
		智能物联网（AIoT）技术应用	R4-4-6	

R4-3-1　能源高效管理

本项目通过智能化设备网络实现对建筑内用电、水、气、空调等能耗的统计分析，实现对总能源消耗情况、各业态能源消耗情况的记录和分析，以便独立核算或调整能源使用管理，制定最优运营方案。

R4-3-2　机电设备管理

本项目设置了建筑设备监控系统，对建筑机电系统各主要设备运行状况进行监测，提高对楼内机电设备的管理水平，达到节能降耗的目的。系统能够保证高效、有序地对众多的机电设备进行监控管理，达到舒适、节能、高效的设计目的。

在地下停车库设置CO气体检测（位于住宅、车库子项），连锁开启相应的排风系统。对楼内主要空间（办公、展廊、多功能厅、报告厅）的温度、湿度、甲醛、光照、有机气体等环境信息数据进行监测（室内主要的几个空间），并连锁开启新风机组等相关空气处理设备。对园区室外有机气体、SO_2、CO_2、PM2.5、PM10、CO、温度、湿度、臭氧等环境信息数据进行检测（在人员相对密集的场所设置一两处）。环境检监测系统纳入建筑设备监控系统。

R4-3-5　构建智慧建筑运维管理平台

本项目智能化中构建了智慧建筑运维管理平

台，对建筑整体实现信息集成和优化控制，具有下列三个层级的功能：

1. 在一个系统内集成并采集记录温度、湿度、空气质量、照度、人体在室信息等与室内环境控制相关的物理量及系统各设备运行状态、能耗等信息。

2. 房间的遮阳、照明、供冷、供热和新风末端设备相互之间优化联动控制；在满足室内环境参数需求的前提下，以降低综合能耗为目的，自动确定房间控制模式或根据用户指令执行不同的空间场景模式控制方案。

3. 建筑配备多种能源供给和存储措施（可再生能源发电系统、储冷储热系统、电池储能系统、车电互联V2G充电桩系统），智能化控制系统应根据气象预报信息、即时的气象信息、房间使用需求、各系统运行情况等对建筑各能源供给端、能源消耗端、能源存储端设备进行优化控制，使建筑达到整体能耗最低。

朝天门广场片区更新项目
项目背景

项目地点：重庆市

项目规模：总用地面积55997m^2，总建筑面积61967.97m^2。

项目类型：改建

工程位于重庆市渝中区治中半岛的嘉陵江与长江交汇始R8/08地块范围内。本项目是对原有建筑进行改造，改造主体为原重庆市规划展览馆。改造后建筑功能以配套共享空间为主，面向市民及游客开放。建筑内部空间与朝天门广场空间将为市民及游客提供休闲、娱乐、体验、观江、码头客运等服务功能。

问题研判

1. 原重庆市规划展览馆设备设施老化，管网管线存在堵塞和腐蚀现象，跑冒滴漏现象严重，人性化设施严重不足，节水设施缺乏，造成水资源浪费和能耗损失，影响市民活动，参观体验不佳。

2. 洪水水位线下空间存在较大被水淹没的风险，有设备、系统失效的风险。相当多的设备设施设置标高受限。

朝天门项目鸟瞰效果图

3. 建筑功能更新调整导致，部分室内空间按需调整为半室外空间，前后能源需求差异较大。

4. 空调设备设施能效低下，管道部件腐蚀严重。

5. 片区建筑风貌不协调。

6. 由于洪水水位高，造成电气设备频繁受淹，电气设备及机房防洪防涝难度大。

7. 电气设备能效低下，控制方式落后。

8. 电缆线缆敷设较混乱，桥架腐蚀严重，供电安全风险大。

9. 消防设施老旧且系统不完善，消防安全风险大。

给水排水专业设计策略及技术措施应用解析

设计策略	策略编号	技术措施	技术措施编号	应用解析
分类施策	R1-1	设备设施更新	R1-1-1	√
		设备系统完善	R1-1-2	
		系统协调整合	R1-1-3	√
技术适配	R1-2	保证系统安全	R1-2-1	√
		优化系统配置	R1-2-2	√
		设施协调风貌	R1-2-3	
绿色低碳	R1-3	节水优先	R1-3-1	√
		低影响开发	R1-3-2	
		节能减排措施	R1-3-3	
创新发展	R1-4	建筑水系统微循环技术	R1-4-1	
		水质保障新技术	R1-4-2	
		智慧监控系统	R1-4-3	√

R1-1-1　设备设施更新

本工程的广场空间进行整体设备设施更新，包括生活给水系统，生活热水系统，污水废水系统，雨水系统，消防系统等，根据改造后的使用需求全部更新替换。

R1-1-3　系统协调整合

对于众多功能的消防给水系统，包括室内外消火栓系统、自动喷水灭火系统、自动射流灭火系统等，均进行了整体协调。一期消防用水由位于二期三层的消防水泵和消防水池提供消防水量和水压，对消防水池和供水设备进行了整合。

R1-2-1　保证系统安全

依据现行国家标准、规范和当地相关消防部门规定，消防系统重新进行了设计。结合原建筑的空间现状和结构荷载状况，分设两座消防水池，合理布置消防泵，有效利用建筑空间。更换消防设备和改造区的消防管网，提升消防系统韧性。设置室内外消火栓系统、自动喷水灭火系统、喷洒型自动射流灭火系统、气体灭火系统、厨房设备灭火装置等多种水消防灭火系统，对建筑物内的不同功能区进行灭火保护。

R1-2-2　优化系统配置

公共厨房餐饮废水经一体化成品隔油设备处理后排放，代替隔油池，节省土建空间，杜绝污染室内环境。

R1-3-1　节水优先

全部节水器具用水效率等级均达到2级，绿

化采用微喷或滴灌等节水灌溉方式并设置土壤湿度感应器、雨天自动关闭装置；车库和道路冲洗采用节水高压水枪；需独立水费结算的用水部位均加装水表，通过经济杠杆达到节水目的。

R1-4-3 智慧监控系统

消防水泵房采用物联型消防供水泵房。物业管理人员可远程实时监控消防水泵机组的流量、压力、功率等运行参数，可对消防供水设备进行远程监测、控制。

暖通专业设计策略及技术措施应用解析

设计策略	策略编号	技术措施	技术措施编号	应用解析
分类施策	R2-1	问题对症调改	R2-1-1	√
		设施利旧与更新	R2-1-2	
		功能完善与品质提升	R2-1-3	√
技术适配	R2-2	气候的适应性	R2-2-1	√
		专业配合边界	R2-2-2	
		设计思路更新	R2-2-3	
		资源整合活化应用	R2-2-4	√
能碳双控	R2-3	用能控制	R2-3-1	√
		碳排放控制	R2-3-2	
		可再生能源应用	R2-3-3	√
		设备设施电气化	R2-3-4	√
创新发展	R2-4	全域协作	R2-4-1	
		数字智能	R2-4-2	
		绿色低碳建造	R2-4-3	

R2-1-1 问题对症调改

根据项目百年洪水防涝要求，将用电设施设置于洪水位标高之上。通风管道、水管道优先设置在洪水水位标高线以上，提高系统、设备设施的安全韧性。

因室内使用功能调改为商业、展览，相应地调整、完善、提高原消防系统的加压、排烟（自然、机械）系统设置的标准，满足专项消防评估要求。

R2-1-3 功能完善与品质提升

原重庆市规划展览馆功能调整为商街以及小型展览功能，根据使用功能的改变，部分室内房间按需调整为半室外空间，需调整空调设计参数，新风量标准，室内气流组织优化。

R2-2-1 气候适应性

建设地点地处夏热冬冷气候分区，夏季高温高湿，冬季低温时段短，空气相对湿度高。风冷设备融霜工况需要按设计工况、运行工况校核。采用一机多用的空调系统。

R2-2-4 资源整合活化应用

结合建筑空间与临近来福士综合体、市政交通道路、码头及配套建筑非使用空间，设置空调系统室外设备、利用主要通道出入口部进行空调系统部分取风、排风口部设置，并设置景观消隐措施。

R2-3-1 用能控制

结合建筑方案，强化被动节能技术，优化围

护结构节能措施，减少外立面窗墙比，增加商街内部的空间窗墙比，合理降低太阳辐射得热形成的夏季空调冷负荷。降低交通空间的室内温度设计标准，半室外空间临近区域强化自然通风措施。空调系统可变新风比运行，通过焓值控制技术降低人工能源投用时间。

R2-3-3　可再生能源应用

根据空调负荷需求采用空气源热泵冷温水机组供冷供热。

R2-3-4　设备设施电气化

根据气候条件不适用燃气供热，空调系统冬季供热采用电力热泵系统，直接碳排放量为0。

电气专业设计策略及技术措施应用解析

设计策略	策略编号	技术措施	技术措施编号	应用解析
提高安全韧性	R3-1	提升用电安全韧性	R3-1-1	√
		增强消防安全韧性	R3-1-2	√
分类施策	R3-2	设施利旧与更新	R3-2-1	√
		功能完善与品质提升	R3-2-2	√
综合能源系统	R3-3	可再生能源利用	R3-3-1	
		基于光伏发电系统的多能互补技术	R3-3-2	
新型供配电系统	R3-4	光储直柔新型供配电系统	R3-4-1	
		光储充一体化充电设施	R3-4-2	
		源网荷互动控制系统	R3-4-3	
		V2G车网互动技术	R3-4-4	
		柔性配电技术	R3-4-5	
		能源互济	R3-4-6	
		智慧配电系统	R3-4-7	
		用电设备电气化提升	R3-4-8	

R3-1-1　提高用电安全韧性

1. 根据项目百年洪水防涝要求，将变配电室移至洪水位标高之上。

2. 供配电系统采用二级配电方式，供电分层设计，使洪涝层可快速停止供电而其他层可持续供电。

R3-1-2　提高消防安全韧性

1. 根据规范要求，总建筑面积大于5000m²的地上商店增设地面疏散指示标志。

2. 本项目在传统消防系统基础上，增设智慧消防系统，在消防系统各环节上进行全面监测，提升消防感知预警能力，确保火灾时消防系统正常运行。

3. 根据重庆地方标准《民用建筑电线电缆防火设计规范》DBJ50/T-164-2021要求，本项目电线电缆使用场所等级为一级，项目电线电缆燃烧性能应选用燃烧性能B$_1$级、产烟毒性为t$_1$级、燃烧滴落物/微粒等级为d$_1$级。

R3-2-1　设施利旧与更新

现状建筑内功能正常且能效等级符合规范要求的电气设备优先利旧，其他电气设备全部更新。

R3-2-2　功能完善与品质提升

1. 完善照明功能，改善室内外光环境。

2. 公区照明采用智能照明控制系统。

3. 采用高能效机电设备，全部灯具采用节能型LED灯具。

智能化专业设计策略及技术措施应用解析

设计策略	策略编号	技术措施	技术措施编号	应用解析
分类施策	R4-1	完善智能化系统配置	R4-1-1	✓
		大数据分析	R4-1-2	
		机房和配电间规划与空间利用	R4-1-3	
		合理利旧	R4-1-4	
提高安全韧性	R4-2	满足安可信创要求	R4-2-1	
		完善安防分级建设	R4-2-2	
		构建安防评分体系	R4-2-3	
提升物业运维管理效率	R4-3	能源高效管理	R4-3-1	✓
		机电设备管理	R4-3-2	✓
		智能照明管理	R4-3-3	
		系统融合实现应用场景	R4-3-4	
		构建智慧建筑运维管理平台	R4-3-5	✓
人性化服务	R4-4	无感通行	R4-4-1	✓
		智慧餐厅	R4-4-2	
		室内定位及导航	R4-4-3	
		智慧卫生间	R4-4-4	
		机器人服务	R4-4-5	
		智能物联网（AIoT）技术应用	R4-4-6	✓

R4-1-1 完善智能化系统配置

本项目视频监控系统设置视频分析服务器，可对需要进行视频分析的画面进行智能分析，包括人脸识别、越线检测报警、区域物体移除/遗留报警、徘徊检测报警、人群聚集、智能追踪、人员斗殴报警等分析功能。

R4-3-1 能源高效管理

本项目的能源高效管理是一套以计量为基础，管理、收费为核心的系统。对后勤办公、出租区域进行分区分项计量，计量内容包括：电、水、热水、空调冷量等内容，在安防控制室设置管理主机，数据通过网络进行实时上传汇总。

R4-3-2 机电设备管理

本项目主要对新风空调系统、送排风机、给水排水、电梯、智能照明等主要建筑设备系统进行监控，通过自动监测、控制、记录，实现节能优化运行、合理计划维护、设备管理工作的自动化，提高系统可靠性、设备的整体安全水平及故障事故的防御能力，从而提供舒适的工作环境，减少管理人员，提高管理水平和系统运行的经济性。同时对室内空气质量等数据进行监测，实现对通风系统的联动控制。

智能照明控制系统、电梯控制系统、变配电系统自成系统，BA系统需预留其信号上传接口。

R4-3-5 构建智慧建筑运维管理平台

构建基于TCP/IP网络通信协议的智能建筑集成系统管理平台。系统数据上传至渝中区政务信息管理平台，数据内容包括：建筑设备信息、能耗计量信息、火灾自动报警信息、智能照明系统信息。

R4-4-1 无感通行

实现了城墙博物馆区域访客的零接触登记、零接触认证。

R4-4-6　智能物联网（AIoT）技术应用

在朝天门广场和沿180/196步道设置智慧路灯系统，除具有照明功能外，还有微功耗蓝牙、投影灯、小型灯箱、Wi-Fi，为游戏化互动提供全方位支持。

智能井盖遥测终端基于物联网技术，克服了井盖屏蔽信号的难题，可配置高性能超声波探头、雷达测速仪、可燃气体报警传感器等多种物联网感知设备，集数据采集、存储、无线传输为一体。

朝阳区朝外大街升级改造一期工程及 THE BOX 朝外／年轻力中心项目

项目背景

项目地点：北京市

项目规模：总用地面积11089m²，总建筑面积4.16万m²，地上5层，建筑控高22.6m。

项目类型：商业建筑改造，主要功能为商业、娱乐及配套用房。

工程位于北京市朝阳区。北侧为朝阳门外大街，南侧为朝外大街，东邻芳草地西街，西邻神路街。

问题研判

1. 供水设施老旧，导致加压区供水压力不稳；消毒装置稳定性差，消毒效果欠佳；生活给水泵房无入侵报警系统等技防、物防安全防范和监控措施。

2. 原项目实施时，绿色建筑理念不成熟，项目欠缺节能节水的绿色相关技术措施。

3. 下沉庭院部分排水能力不足，雨水提升设备老旧，采取的设计标准偏低，未考虑设置海绵措施，有被淹没的风险。

4. 空调制冷系统设备老旧、能效低下，空调末端设备运行稳定性差。

5. 管路、阀门部件失灵失效的情况普遍，水系统管路锈蚀严重。

6. 消防排烟系统在使用功能调整、平面分隔调整下存在一定风险。

7. 电气设备老旧，能效低下，控制方式落后。

8. 电缆线缆敷设较混乱，供电可靠性差，供电安全风险大。

9. 消防设施老旧且系统不完善，消防安全风险大。

昆泰活力中心项目鸟瞰效果图

昆泰活力中心项目立面效果图

给水排水设计策略及技术措施应用解析

设计策略	策略编号	技术措施	技术措施编号	应用解析
分类施策	R1-1	设备设施更新	R1-1-1	√
		设备系统完善	R1-1-2	
		系统协调整合	R1-1-3	
技术适配	R1-2	保证系统安全	R1-2-1	√
		优化系统配置	R1-2-2	√
		设施协调风貌	R1-2-3	√
绿色低碳	R1-3	节水优先	R1-3-1	√
		低影响开发	R1-3-2	√
		节能减排措施	R1-3-3	
创新发展	R1-4	建筑水系统微循环技术	R1-4-1	
		水质保障新技术	R1-4-2	
		智慧监控系统	R1-4-3	√

R1-1-1　设备设施更新

给水系统分区形式不变，供水设备采用更新替换的方式，并设置紫外线消毒，保证供水水质；生活给水泵房加设入侵报警系统等技防、物防安全防范和监控措施。相应的循环冷却水补水系统及消防系统均进行了设施设备更新。

R1-2-1　保证系统安全

空调机房补水、冷塔塔补水管上均设置了防水质污染措施。适当增大排水管管径，设置合理的通气管道保证排水系统排水能力；卫生器具自带存水弯，地漏水封高度不小于50mm，优化设置地漏位置，防止水封破坏浊气进入室内。

在地下庭院区域提升设计标准，更换老旧雨水提升设备，核算雨水泵坑大小；在风险较高区域，跟土建专业协调，将入口处设置在较高标高处，或者设置雨水沟防止周边雨水进入下沉庭院、地下室等风险较高区域；同时在可能的区域尽可能设置海绵措施，提高防涝防淹安全韧性。

R1-2-2 优化系统配置

二次供水系统采用水效+变频泵组的供水方式。厨房废水进入隔油器间，由设置的一体化隔油设备处理后排至室外排水管网。

R1-2-3 设施协调风貌

室内管道应优先暗装在吊顶、管井、垫层内，明装管道尽量敷设在机房或车库内。商业公区喷头采用隐蔽式自喷喷头，消火栓门面色调与墙面保持一致，并设置明显的"消火栓"标识。

R1-3-1 节水优先

绿化用水采用微喷或滴喷的节水灌溉方式；项目所选用的所有卫生洁具及给水、排水配件均应符合相关现行国家和行业节水标准，用水效率限定值及用水效率等级达到相关国家标准的2级要求；选用密闭性能好的阀门、设备，耐腐蚀、耐久性能好

的管材、管件，给水管和中水管采用内壁光滑的不锈钢管和衬塑钢管；按照使用用途、付费或管理单元，分项、分级安装满足使用需求和经计量检定合格的计量装置，需独立水费结算的用水部位分装水表，通过经济杠杆达到节水目的。

R1-3-2 低影响开发

结合景观设置需求，在合适的位置设置了下凹式绿地和透水铺装。

R1-4-3 智慧监控系统

项目采用的水表均采用远传水表，方便数据收集和计费；生活给水泵房设置入侵报警系统等技防、物防安全防范和监控措施。

R2-1-1 问题对症调改

结合建筑功能调整和建筑空间关系调整，严格落实专项消防评估意见的相关结论，提高消防安全韧性；结合设备设施管道的安全隐患，进行更换调整。核心制冷设备老旧、能效低下，进行设施更新调整。

R2-1-2 设施利旧与更新

核心制冷设备老旧、能效低下，输送水泵未达到节能评价等级，进行设施更新调整。部分更

暖通专业设计策略及技术措施应用解析

设计策略	策略编号	技术措施	技术措施编号	应用解析
分类施策	R2-1	问题对症调改	R2-1-1	√
		设施利旧与更新	R2-1-2	√
		功能完善与品质提升	R2-1-3	√
技术适配	R2-2	气候适应性	R2-2-1	
		专业配合边界	R2-2-2	√
		设计思路更新	R2-2-3	√
		资源整合活化应用	R2-2-4	
能碳双控	R2-3	用能控制	R2-3-1	√
		碳排放控制	R2-3-2	
		可再生能源应用	R2-3-3	√
		设备设施电气化	R2-3-4	
创新发展	R2-4	全域协作	R2-4-1	
		数字智能	R2-4-2	
		低碳绿色建造	R2-4-3	

换过的变冷媒流量多联机、分体空调调整到设备机房区使用，进行资源调配，再利用。

R2-1-3 功能完善与品质提升

原商业功能调整为专区娱乐、餐饮功能、动态布局的活动场地，根据更新的使用功能改变调整空调设计参数，新风量标准，室内气流组织优化设计。

空调系统、新风系统设置空气净化装置，满足PM2.5年度平均指标设定要求。主要商业、餐饮、娱乐空间人员密集区室内设置CO_2浓度传感器，根据CO_2浓度调节机组新风量。

R2-2-2 专业配合边界

商业面客区空调末端设备、通风空调风口在设计阶段、实施阶段与室内设计团队密切合作，分阶段合理划分专业工作责任边界，协同工作，共同打造领业主满意的室内效果。

R2-2-3 设计思路更新

根据用户需求、项目建设约束条件、用能约束条件进行分阶段性能化设计、精细化落实到技术文件中，在满足使用需求的前提下，尝试用空气源热泵系统替代市政热力冬季供热使用。

R2-3-1 用能控制

结合建筑立面方案调整，强化被动节能技术，加强围护结构保温性能，提高围护结构气密性等级，优化外立面窗墙比，合理降低空调冷、热负荷。降低交通空间的室内温度设计标准及热舒适等级。半室外空间临近区域强化自然通风作用。空调系统可变新风比运行，通过焓值控制技术降低人工能源投用时间。对于独立运营的娱乐功能单独设置能源系统，灵活使用，降低为满足夜间超低负荷高效运行，对集中冷源设备匹配度的制约。

R2-3-3 可再生能源应用

尝试用空气源热泵系统替代市政热力冬季供热使用。对于内扰负荷较大的娱乐功能，优先按照供冷负荷选择设备。

电气专业设计策略及技术措施应用解析

设计策略	策略编号	技术措施	技术措施编号	应用解析
提高安全韧性	R3-1	提升用电安全韧性	R3-1-1	√
		增强消防安全韧性	R3-1-2	√
分类施策	R3-2	设施利旧与更新	R3-2-1	√
		功能完善与品质提升	R3-2-2	√
综合能源系统	R3-3	可再生能源利用	R3-3-1	√
		基于光伏发电系统的多能互补技术	R3-3-2	
新型供配电系统	R3-4	光储直柔新型供配电系统	R3-4-1	
		光储充一体化充电设施	R3-4-2	
		源网荷互动控制系统	R3-4-3	
		V2G车网互动技术	R3-4-4	
		柔性配电技术	R3-4-5	
		能源互济	R3-4-6	
		智慧配电系统	R3-4-7	
		用电设备电气化提升	R3-4-8	

R3-1-1　提升用电安全韧性

1. 改造后供电电源满足双重电源要求，提高供电安全性。

2. 改造后变压器容量适当冗余，为未来业态变化和餐饮业态的增加预留适当裕量。

R3-1-2　增强消防安全韧性

1. 根据改造要求和消防规范规定，增加了电气火灾监控系统、消防电源监控系统、防火门监控系统、可燃气体探测系统，完善了疏散照明系统，增设了地面疏散指示照明。

2. 对全部电缆进行了重新梳理和更换，消除安全隐患。

R3-2-1　设施利旧与更新

1. 本项目电气设备全部更新，无利旧设备。

2. 电气主机房优先利旧，在原有机房基础上适当扩展，满足改造后的使用要求。

R3-2-2　功能完善与品质提升

1. 提升照明质量，改善室内外光环境。

2. 公区照明采用智能照明控制系统统一控制。

3. 采用高能效机电设备，全部灯具采用节能型LED灯具。

R3-3-3　可再生能源利用

本项目屋面局部设置光伏发电系统。

博鳌零碳示范区建筑绿色化改造项目

项目背景

项目地点：海南省琼海市

项目规模：总用地面积133000m²，总建筑面积91677m²，地上6层，会议中心建筑高度23.5m，酒店建筑高度27.2m。

工程性质：城市更新。多层建筑+高层建筑，主要功能为会议+酒店。

博鳌亚洲论坛会议中心及酒店位于海南省琼海市博鳌东屿岛远洋大道两侧，是博鳌亚洲论坛永久会址。自2003年建成投入使用至今，历时21年。该项目周边环境及市政配套设施齐全，周围环境良好，交通便利。

问题研判

1. 原项目生活热水热源能耗问题。项目热源原来由锅炉房内的燃气锅炉提供，生活热水热源不满足绿色低碳等节能要求，供热设备换热臃肿，不灵活，机房占地面积大。

2. 水表未分级计量问题。原设计洗衣房、机房补水、厨房、公共卫生间、绿化、空调系统、游泳池、景观、酒店客房等用水均无水表计量，不满足节水需求。

3. 卫生器具不符合节水要求问题。改造前坐便器、蹲便器、小便器、水龙头、淋浴器等卫生器具不能达到用水效率等级2级的标准，不满足节水需求。

4. 供水设施不完善问题。二层主会议厅、接待大厅和酒店大堂吧等区域缺少终端净水器供应饮用水，不能满足用户的用水需求。

5. 核心制冷设备老旧，能效低下。

6. 末端管网、设备水阻力超出合理范围，部分管线锈蚀严重，阀门部件、电动执行机构部分失灵。

7. 缺少分项计量措施，不利于运行能耗分项解析。

8. 自控系统未有效应用，只能达到监视功能，无法实现控制功能。

9. 客房区室内相对湿度控制困难，运行能耗高。

10. 电气设备能效低下，控制方式落后，缺乏自动控制功能。

11. 未设置完备的能耗监控系统，仅变配电室内设置电表，且变配电监控系统未有效应用。

博鳌零碳示范区建筑绿色化改造项目——博鳌亚洲论坛会议中心及酒店改造工程鸟瞰图

给水排水设计策略及技术措施编号总表

设计策略	策略编号	技术措施	技术措施编号	应用解析
分类施策	R1-1	设备设施更新	R1-1-1	√
		设备系统完善	R1-1-2	√
		系统协调整合	R1-1-3	
技术适配	R1-2	保证系统安全	R1-2-1	√
		优化系统配置	R1-2-2	
		设施协调风貌	R1-2-3	
绿色低碳	R1-3	节水优先	R1-3-1	√
		低影响开发	R1-3-2	
		节能减排措施	R1-3-3	√
创新发展	R1-4	建筑水系统微循环技术	R1-4-1	
		水质保障新技术	R1-4-2	√
		智慧监控系统	R1-4-3	√

R1-1-1　设备设施更新

经评估后，相应的给水系统更换了二次供水设备、水箱及消毒设备；热水系统热源更换成空气源热泵，换热设备及相应的循环水泵进行了替换。

R1-1-2　设备系统完善

消防系统整体维持不变，仅进行局部的完善。会议中心三层新增CIM展厅，采用预作用自动喷淋灭火系统，调整喷淋系统喷头布置，调整和增设消火栓，新增消火栓与原消火栓干管相连设置。

R1-2-1　保证系统安全

热水机房补水、空调机房补水等加设防污染措施，保证供水水质。优化地漏设置位置，采用自带存水弯的卫生器具，水封深度保证不小于50mm，避免浊气进入室内空气污染。

R1-3-1　节水优先

通过更换给水二次加压供水水泵、采用节水型卫生器具，增加阀门控制，实现供水系统的节水节能。更换用水效率等级低于2级的卫生器具，实现供水系统末端节水。二次供水储水箱、消防水池等补水管增设电动控制阀；水箱、水池内部增设电子液位计，实现供水系统源头节水。

给水水泵

R1-3-3　节能减排措施

项目热源由锅炉房内的燃气锅炉更换为空气源热泵；制冷机房内设置制冷机冷凝热回收装置，将冷水预热后作为热水系统补水水源接至空气源热泵；调整热水机房设备布置，更换热水贮水罐，增设热泵热水循环泵；增设热水消毒设施。改造在尽可能利用原有热水设施的前提下，实现热水系统优化，降低运行能耗及成本。

R1-4-2　水质保障新技术

采用银离子对热水进行消毒，设置了4台自循环泵用于银离子消毒器对储水罐内的热水进行自循环消毒。银离子消毒器与自循环联动运行，保证热水消毒效果。

R1-4-3　智慧监控系统

按使用用途、付费或管理单元，分别在主干管和用水支管上设置远传智能水表，实现供水智慧运营。

远传水表

R2-1-1　问题对症调改

项目全年制冷时间长，酒店冷负荷变化显著，制冷核心设备的产品老旧能效低，尤其是部分负荷制冷能效低下，能源系统优化空间较大，空调机房末端设备的管道比摩阻超出合理范围值，重点更新制冷系统设置及机房设备更新，匹配负荷运行需求。重新构建设备自动化控制系统，实现自动控制基本功能。

R2-1-2　设施利旧与更新

项目客房区近期完成精装修工程，部分末端空调设备及主要核心区空调机组已经更新；冷却塔设备5年内已经更新；客房区在精装后增设独立除湿单元模块机组，以上设施及功能区采用设施、管网利旧方案。电动调节风阀、水阀、管沟内锈蚀管道更换。

R2-1-3　功能完善与品质提升

项目典型功能区设置室内温湿度、空气品质AI发布系统。结合客房区独立除湿单元性能，养房期间优先湿度控制逻辑，降低冷冻除湿运行能耗。根据室内功能、人员停留时长差异化设置空调温湿度、新风量标准。

暖通专业设计策略及技术措施编号总表

设计策略	策略编号	技术措施	技术措施编号	应用解析
分类施策	R2-1	问题对症调改	R2-1-1	√
		设施利旧与更新	R2-1-2	√
		功能完善与品质提升	R2-1-3	√
技术适配	R2-2	气候适应性	R2-2-1	√
		专业配合边界	R2-2-2	√
		设计思路更新	R2-2-3	√
		资源整合活化应用	R2-2-4	√
能碳双控	R2-3	用能控制	R2-3-1	√
		碳排放控制	R2-3-2	√
		可再生能源应用	R2-3-3	
		设备设施电气化	R2-3-4	√
创新发展	R2-4	全域协作	R2-4-1	√
		数字智能	R2-4-2	√
		低碳绿色建造	R2-4-3	√

R2-2-1　气候适应性

项目地点的海岛气候决定了建筑空调制冷运行时间长，冬季室外气候呈现低温高湿模式，养房期间湿度控制仰仗制冷系统运行，能耗高的同时需求不对应。结合项目基础条件，采用温湿度分控的解耦模式，养房期间采用独立除湿机组运行模式，湿度控制优先。室内温度维持26~27℃，降低无客人时段制冷能耗。

R2-2-2　专业配合边界

增设的蓄冷系统管线需要与既有小市政管线综合排布，结合现场摸排，设计文件比对，确定合理的管线设置路由，合理的竖向标高设置范围。设备专业提出需求，总图专业配合落实。

R2-2-3　设计思路更新

结合目标值、节能优化要求，综合造价控制采用性能化设计、精细化设计，基于全年计算负荷、运行数据分析、能耗分项统计，通过模拟计算，确定初步优化方案。通过全年制冷机房能效模拟仿真计算，优化制冷机房设计，采用加大温差，调整管线设置，使用低阻设备部件，水系统合理降阻设计。基于利旧设施的高品质应用，调整常规设计思路，设计阶段动态优化。

R2-2-4　资源整合活化应用

根据全年制冷时间长，项目冷却塔设置远离制冷机房，冷却水输送能耗高的现状，结合生活热水全年稳定负荷需求，设置冷凝热回收系统，以及平衡热水储罐，提高系统运行的稳定性和能源综合利用率。

R2-3-1　用能控制

结合气候特征、既有项目设施配置情况，实施分散的温湿度分控系统，降低无人入住客房冷冻除湿运行空调能耗。有条件地强化被动节能措施，结合垂直绿化重新构建有效遮阳体系。大堂高大空间调整高位开启外窗，强化自然通风设施，增设完善通风屋面设置。降低交通空间的室内温度设计标准及热舒适等级。

R2-3-2　碳排放控制

洗衣房蒸汽系统采用多台电蒸汽发生器替代燃气蒸汽锅炉，采用空气源热泵机组替代燃气热水锅炉服务于酒店生活热水。厨房采用电厨具、灶具。全区化石能源直接碳排放量为0。本项目满足绿建二星标准，有效地降低运行的碳排放。

R2-4-1　全域协作

设置建筑光伏一体化设施，采用多种光伏电池组件类型：碲化镉光伏玻璃、光伏地砖、屋面光伏板等，总装机容量达到3MW。利用制冷设备冗余设置水蓄冷系统，在节费运行的前提下，采用两次蓄放的系统设置，合理消纳光伏发电量，实现柔性调节。

R2-4-2　数字智能

更新优化设备自动化控制系统框架，结合CIM平台、能碳平台、智慧能源管控系统、能耗分项计量设施，借助数字孪生可视量化技术实现负荷预测、系统寻优、远程监控高效运行。

R2-4-3　低碳绿色建造

借助BIM技术，优化施工安装流程，提高设备管道安装精准度，预制装配式安装。

电气专业设计策略及技术措施应用解析

设计策略	策略编号	技术措施	技术措施编号	应用解析
提高安全韧性	R3-1	提升用电安全韧性	R3-1-1	√
		增强消防安全韧性	R3-1-2	√
分类施策	R3-2	设施利旧与更新	R3-2-1	√
		功能完善与品质提升	R3-2-2	√
综合能源系统	R3-3	可再生能源利用	R3-3-1	√
		基于光伏发电系统的多能互补技术	R3-3-2	√
新型供配电系统	R3-4	光储直柔新型供配电系统	R3-4-1	
		光储充一体化充电设施	R3-4-2	
		源网荷互动控制系统	R3-4-3	
		V2G车网互动技术	R3-4-4	
		柔性配电技术	R3-4-5	
		能源互济	R3-4-6	
		智慧配电系统	R3-4-7	
		用电设备电气化提升	R3-4-8	√

R3-1-1　提升用电安全韧性

改造部分供配电系统变压器成组设置，重要负荷双电源末端互投，并接入柴发备用电源，提高供电可靠性。

R3-1-2　增强消防安全韧性

改造部分供配电系统增加电气火灾监控系统。

R3-2-1　设施利旧与更新

现状设备正常使用的前提下优先利旧，仅对改造区域供配电系统和照明系统进行改造提升。

R3-2-2　功能完善与品质提升

1. 更换节能型灯具（LED灯具）、节能型冷机、水泵，部分空调增加变频控制功能。

2. 楼梯间照明控制方式调整为声光控延时开关；公共区域正常照明、泛光照明、主要空间（酒店大堂、大会议厅等）场所照明控制方式调整为智能照明控制。

R3-3-1　可再生能源利用

设置光伏发电系统，采用多种类型的光伏电池组件，装机容量约3MWp。

R3-3-2　基于光伏发电系统的多能互补技术

设置了空气源热泵等新能源设施共同为本项目供能。

R3-4-8　用电设备电气化提升

原燃油/燃气锅炉修改为电锅炉；原厨房内燃气灶具全部修改为电灶具。

智能化专业设计策略及技术措施应用解析

设计策略	策略编号	技术措施	技术措施编号	应用解析
分类施策	R4-1	完善智能化系统配置	R4-1-1	
		大数据分析	R4-1-2	
		机房和配电间规划与空间利用	R4-1-3	
		合理利旧	R4-1-4	
提高安全韧性	R4-2	满足安可信创要求	R4-2-1	
		完善安防分级建设	R4-2-2	
		构建安防评分体系	R4-2-3	
提升物业运维管理效率	R4-3	能源高效管理	R4-3-1	√
		机电设备管理	R4-3-2	√
		智能照明管理	R4-3-3	√
		系统融合实现应用场景	R4-3-4	
		构建智慧建筑运维管理平台	R4-3-5	√
人性化服务	R4-4	无感通行	R4-4-1	
		智慧餐厅	R4-4-2	
		室内定位及导航	R4-4-3	
		智慧卫生间	R4-4-4	
		机器人服务	R4-4-5	
		智能物联网（AIoT）技术应用	R4-4-6	

R4-3-1　能源高效管理

建立一套覆盖会议中心、酒店的智慧能源管理平台，实现对建筑物各项能耗数据的采集、分析、处理和显示。加强建筑节能运行管理，达到节约能源、降低管理成本的目的。可分别对建筑内的水、电、气、暖等能源进行采集并上传。在主要功能房间、典型功能区设置空气质量探测器，对典型场所的空气质量进行实时监测、显示和储存。

R4-3-2　机电设备管理

对现状建筑已失效的建筑设备监控系统进行整体更新升级，形成一套覆盖会议中心、酒店的完善的建筑设备监控系统，对建筑物内的水、电、暖通空调设备及电动遮阳等设备进行自动监测与控制，提高楼内机电设备的管理水平。

R4-3-3　智能照明管理

所有公共区域、走道、重点空间等区域的正常照明均设置智能照明控制系统。在有自然采光的场所设置照度传感器，可根据自然采光实现灯具的自动控制，降低照明能耗。将客房内空调温控器更换为带温湿度传感器的智能温控器，温湿度传感器通过客房RCU自动控制空调运行，实现准温湿度分控，用来日常保房。避免客房空调长期处于运行状态。

R4-3-5　构建智慧建筑运维管理平台

建立一套智慧运维管理平台，将本项目碳监测系统、能源管理系统、建筑设备监控系统等智能化系统均集成在该平台下，实现集中监控、集中管理、集中显示功能。

博鳌零碳示范区建筑绿色化改造项目——博鳌亚洲论坛会议中心及酒店配套建筑改造工程

项目背景

项目地点：琼海市

项目规模：3664m²

项目类型：改造

博鳌亚洲论坛会议中心及酒店配套建筑位于海南省琼海市博鳌东屿岛远洋大道两侧，是博鳌亚洲论坛永久会址。该配套建筑为两层框架结构，建筑高度为8.4m，2003建成投入使用。

问题研判

1. 核心制冷设备老旧，能效低下，增设的分散空调设备设施凌乱无序。

2. 高大空间通风效果有待优化。

3. 部分设施管线锈蚀严重。

4. 电气设备陈旧、能效低下，控制方式落后，缺乏自动控制功能。

5. 未设置能耗监控系统，仍需手动抄表。

光伏瓦

光伏栏板

博鳌亚洲论坛会议中心及酒店配套建筑鸟瞰图

暖通专业设计策略及技术措施编号总表

设计策略	策略编号	技术措施	技术措施编号	应用解析
分类施策	R2-1	问题对症调改	R2-1-1	√
		设施利旧与更新	R2-1-2	√
		功能完善与品质提升	R2-1-3	√
技术适配	R2-2	气候适应性	R2-2-1	
		专业配合边界	R2-2-2	
		设计思路更新	R2-2-3	
		资源整合活化应用	R2-2-4	
能碳双控	R2-3	用能控制	R2-3-1	√
		碳排放控制	R2-3-2	√
		可再生能源应用	R2-3-3	
		设备设施电气化	R2-3-4	√
创新发展	R2-4	全域协作	R2-4-1	√
		数字智能	R2-4-2	
		低碳绿色建造	R2-4-3	

R2-1-1　问题对症调改

结合项目全年制冷时间长，配套功能随使用时段冷负荷变化显著，制冷核心设备的产品老旧能效低。管线设备多种形式混用的现状，急需整合处理。

R2-1-2　设施利旧与更新

项目部分变冷媒流量多联机、分体空调更换时间短，可移机另行使用。

R2-1-3　功能完善与品质提升

根据室内功能、人员停留时长差异化设置空调温湿度、新风量标准，强化高大空间自然通风条件。

R2-3-1　用能控制

结合气候特征、既有项目设施配置情况强化被动节能措施，重新构建有效遮阳体系，高大空间调整高位开启外窗，强化自然通风设施，增设完善高位外窗开启设置条件。降低交通空间的室内温度设计标准及热舒适等级。

R2-3-2　碳排放控制

采用光伏直流（储）全网通变冷媒流量多联机系统，室内机DC48V，室外机DC750V。采用光伏直流直膨新风机组，服务于首层办公、休闲区。采用光伏直流分体空调服务于配电室及相应控制室。厨房采用电厨具、灶具。全区化石能源直接碳排放量为0。本项目满足绿建二星标准。光伏发电新型电力系统与光伏直流空调系统联合使用，有效降低运行碳排放量。

R2-4-1　全域协作

设置建筑光伏一体化（BIPV）设施，采用多种光伏电池组件类型：碲化镉光伏玻璃、光伏栏板、屋面光伏板等。利用光伏直流全网通空调、通风设备实现光伏发电自发自用。空调设备采用机电一体化设施，轻量化机房建造。

电气专业设计策略及技术措施应用解析

设计策略	策略编号	技术措施	技术措施编号	应用解析
提高安全韧性	R3-1	提升用电安全韧性	R3-1-1	√
		增强消防安全韧性	R3-1-2	√

续表

设计策略	策略编号	技术措施	技术措施编号	应用解析
分类施策	R3-2	设施利旧与更新	R3-2-1	√
		功能完善与品质提升	R3-2-2	√
综合能源系统	R3-3	可再生能源利用	R3-3-1	√
		基于光伏发电系统的多能互补技术	R3-3-2	√
新型供配电系统	R3-4	光储直柔新型供配电系统	R3-4-1	√
		光储充一体化充电设施	R3-4-2	
		源网荷互动控制系统	R3-4-3	
		V2G车网互动技术	R3-4-4	√
		柔性配电技术	R3-4-5	
		能源互济	R3-4-6	
		智慧配电系统	R3-4-7	
		用电设备电气化提升	R3-4-8	√

R3-1-1　提升用电安全韧性

1. 改造部分供配电系统接入柴发备用电源，提高供电可靠性；

2. 改造部分开关、电缆规格匹配，完善电击防护措施。

R3-1-2　增强消防安全韧性

改造部分供配电系统增加电气火灾监控系统。

R3-2-1　设施利旧与更新

现状设备正常使用的前提下优先利旧，仅对改造区域供配电系统和照明系统进行改造提升。

R3-2-2　功能完善与品质提升

1. 更换节能型灯具（LED灯具）、节能型空调机组、新风机组、变压器。

2. 楼梯间照明控制方式调整为声光控延时开关；公共区域正常照明、泛光照明、主要空间照明控制方式调整为智能照明控制。

R3-3-1　可再生能源利用

在有建筑物的可利用屋顶（面积约1469m²）、栏杆（面积约45m²）和停车区上方屋顶规划分布式光伏发电系统。

R3-3-2　基于光伏发电系统的多能互补技术

设置了空气源热泵等新能源设施共同为本项目供能。

R3-4-1　光储直柔新型供配电系统

在本项目内设置一套光储直柔系统：

1. 光伏组件采用BIPV模式，装机功率约为194kWp。

2. 储能为一套全钒液流电池，容量为125kW/375kWh，设置在室外。

3. 将照明负荷、VRV室内机、VRV主机、新风机组、双向直流充电桩负荷纳入直流配电范围。其他负荷，如插座负荷、厨房电力负荷仍采用交流配电。

4. 本项目设置一套能源管理系统，协调市电功能分布式光伏、储能及建筑用能的关系，做到以示范性为主的一套"光储直柔"建筑系统柔性控制平台。

R3-4-4　V2G 车网互动技术

在本项目就近光伏车棚内安装3台V2G双向直流充电桩。

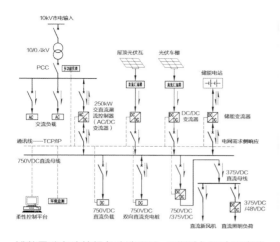

博鳌零碳岛建筑绿色改造项目-亚洲论坛酒店配套建筑"光储直柔"系统图

R3-4-8 用电设备电气化提升

原厨房内燃气灶具全部修改为电灶具。

R4-3-1 能源高效管理

将现状水、电、暖专业表计更换为智能远传表，并根据各专业分级计量的实际需求，在适当位置增加智能远传表。建筑能耗管理平台主机及服务器设置在酒店首层数据机房，各专业表计通过采集器接入智能化设备网。

R4-3-2 机电设备管理

对建筑设备监控系统进行整体更新升级，形成一套完善的建筑设备监控系统（楼控系统），对建筑物内的水、电、暖通空调设备进行自动检测与控制，提高对楼内机电设备的管理水平，达到节能降耗的目的。在重点场所内设置空气质量监测装置，并将空气质量监测数据进行存储和实时显示。

R4-3-3 智能照明管理

将公区、走道、餐厅、主要功能空间的照明控制方式改为智能照明控制系统。在重点场所设置照度传感器，可根据自然采光实现灯具亮度的自动调节，降低照明能耗。

智能化专业设计策略及技术措施应用解析

设计策略	策略编号	技术措施	技术措施编号	应用解析
分类施策	R4-1	完善智能化系统配置	R4-1-1	
		大数据分析	R4-1-2	
		机房和配电间规划与空间利用	R4-1-3	
		合理利日	R4-1-4	
提高安全韧性	R4-2	满足安可信创要求	R4-2-1	
		完善安防分级建设	R4-2-2	
		构建安防评分体系	R4-2-3	
提升物业运维管理效率	R4-3	能源高效管理	R4-3-1	√
		机电设备管理	R4-3-2	√
		智能照明管理	R4-3-3	√
		系统融合实现应用场景	R4-3-4	
		构建智慧建筑运维管理平台	R4-3-5	
人性化服务	R4-4	无感通行	R4-4-1	
		智慧餐厅	R4-4-2	
		室内定位及导航	R4-4-3	
		智慧卫生间	R4-4-4	
		机器人服务	R4-4-5	
		智能物联网（AIoT）技术应用	R4-4-6	

8

8.1—8.5

室内

INTERIOR DESIGN

问题研判	设计原则	设计策略＆技术措施		典型案例	未来展望
标准章程不清	装修	建立室内绿色健康环境评估要点	通用绿色室内健康环境评估要点	远洋国际中心A座31-33层WELL铂金级认证项目	室内绿色设计的方法与实践（与环境，见天地）
			待更新项目调研及改造策略制定	国内某银行联合办工室内装修项目	
空间品质低下		修缮式的室内设计	物理空间品质改造提升	北京某行重工酒店改造	
			室内空间视觉美感提升	金航数码科技办公楼	
			加固耐久设计	全国欧协常委会议厅室内改造项目	跨学科合作与交流（与其他专业及行业，见众生）
大拆大建问题	改造	新旧并置共存的空间设计	平衡拆、改、留的室内设计	天津全运会赛事中心(酒店改造办公楼)项目	
			构配件的再利用设计	山西焦煤办公楼改造(EPC)	
功能需求矛盾		功能兼容与弹性适变空间设计	室内空间的功能兼容性设计	江苏南京园博园简色先锋书店改造	
			室内空间的弹性适变性设计	北京鼓楼西大街33号院改造	
历史文化空间保护	人文	历史文化信息空间保护利用设计	历史建筑室内空间修缮保护设计	贵阳贵安美育教育高质量发展研修基地	室内环境与人体健康关联研究（与人，见自己）
			历史文化元素符号凝练	邯郸市复兴区群众文化艺术中心项目	
			历史文化意蕴的室内空间设计表达	德化国际陶瓷艺术城	
污染与设计不当	利旧	建立室内空间改造的绿色美学	室内空间改造设计的绿色建材应用	北京建筑大学教学楼改造	
			轻介入、少用量设计	首都电影院西单店装修改造项目	
			绿色家具及陈设艺术设计	北京首钢工舍智选假日酒店设计项目	创新与创意的培养（与科技，见未来）
			室内绿化设计		
维护运营成本高		室内空间改造的经济适用性设计	空间布局与节能设计	江苏园艺博览会未来花园	
			室内空间易维护设计	太原市滨河体育中心改造扩建项目	
交付收口无闭环	耐久	全流程数字化及数字化档案	大数据决策及优化设计系统	朝天门广场片区更新项目	
			数字化建造、存档与运营管理		

本章逻辑框图

8.1 问题研判

室内空间改造设计属于城市微更新。问题研判是指对已建成或未建成但原设计不符合现在及将来使用需求的室内空间进行全面的分析和评估，以确定其存在的问题和不足，并据此提出相应的解决方案和措施。

8.1.1 标准程序不清

室内空间改造需确定相应的改造提升标准和设计程序，对改造项目进行调研、评估，制定具体的绿色室内健康环境评估要点，从而采取相应的改造策略。

8.1.2 空间品质低下

由于诸如年代久远、设计理念落后、维护不当等原因，导致室内物理空间品质不足和视觉美感欠缺等诸多问题，譬如采光、通风、隔声效果差，装饰陈旧，风格混乱等问题使得空间品质低下。

8.1.3 大拆大建问题

室内空间新旧功能调整需要在拆、留、改与加固再利用之间找到平衡点。

8.1.4 功能需求矛盾

室内空间改造需建立韧性空间系统，以弹性适变的室内空间满足当下及未来的空间使用功能需求。

8.1.5 历史文化空间保护

历史建筑室内空间面临缺乏修缮保护，文化元素符号堆砌和室内空间文化意境表达不足等问题。

8.1.6 污染与陈设不当

室内空间改造中因建材、家具、陈设不当造成污染问题，以及改造材料用量过大造成浪费问题。

8.1.7 维护运营成本高

空间布局不合理将导致能耗高、后期运营成本高，过多的装饰也会导致清洁维护不便的问题。

8.1.8 交付收口无闭环

室内设计是建筑设计的必要延伸，是对最终使用状态的设定，需考虑交付与各专业收口问题。

8.2   设计原则

在推进城市更新的过程中，需要遵循三大通用目标，即因地制宜、绿色低碳和创新发展。这三大目标不仅是城市更新工作的根本指导原则，更是进行更新改造设计的基石，提供了在更新改造过程中应当遵循的准则。在遵循这三大通用目标的基础上，确定城市更新中室内空间改造设计的五大改造原则：首先是装修原则，即对既有建筑进行必要的装修和装饰，提升其美观度和舒适度；其次是改造原则，即根据使用需求和功能定位，对既有建筑进行必要的改造和升级；再次是人文原则，即在改造过程中注重保留和传承城市的历史文化和人文特色，使改造后的空间具有独特的人文魅力；此外，利旧原则也是改造过程中需要遵循的重要原则，即尽可能地利用和保留既有建筑中的有价值的元素和材料，减少浪费和污染；最后是耐久原则，即注重改造后建筑的耐用性和可维护性，确保改造后的空间能够长期保持稳定和良好的使用状态。

01 装修	02 改造	03 人文	04 利旧	05 耐久
让有用的东西变得好看，而不是让好看的东西变得有用。	利用好既有空间的形态和尺度，创新地满足新的功能，老瓶装新酒，让酒更有味道。	不是符号和文化元素的堆砌拼贴，而是从人的行为和需求找到设计点。	旧空间、旧材料的利用要显露出历史和文化的信息，也减少建筑垃圾排放。	建筑装修的工艺、材料和构造都是设计点，提高这些细节的隐蔽的品质，才能延长空间的使用寿命。

设计原则综述

8.2.1   装修

装修应让有用的东西变得好看，而不是让好看的东西变得有用。在装修过程中，应注重美观与实用，在保持室内空间实用性的同时，赋予其更加美观的外观，让使用者既有舒适的空间体验，又能欣赏到空间的艺术美感，避免陷入华而不实的误区。例如，在装修改造中，可通过巧妙运用色彩、材质和光线等元素，使空间焕发新的生机与活力，同时保留原有空间的特色与韵味。

8.2.2   改造

改造应在利用好既有空间形态和尺度的基础上，创新地满足新的功能需求。这就像是老瓶装新酒，既要保持原有的韵味，又要让酒更加美味。在实际操作中，可通过优化空间布局、调整功能分区等方式，实现空间的高效利用与功能升级。同时，还可以借助现代科技手段，如智能家居系统等，提升空间的智能化水平，提供更加便捷、舒适的空间体验。

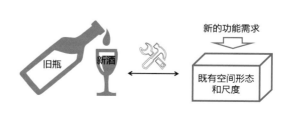

装修原则示意图   改造原则示意图

8.2.3　人文

人文原则强调以人为本，核心在于将人的行为模式和需求作为设计的出发点和落脚点，应避免将人文简单地理解为符号和文化元素的堆砌拼贴，而应从人的行为和需求角度出发，寻找设计的切入点。例如，在公共空间设计中，我们可以充分考虑人的交往需求、活动习惯等因素，打造出具有人文关怀的空间氛围。此外，我们还可以结合地域文化特色，将传统文化元素融入设计中，使空间更具文化底蕴和地域特色。

符号和文化元素的堆砌拼贴　×　以人的行为和需求找到设计点　√

人文原则示意图

8.2.4　利旧

旧空间、旧材料的利用要显露出历史和文化的信息，也减少建筑垃圾排放。在改造过程中，我们应尽可能保留原有建筑的结构和特色，充分利用旧空间、旧材料，引入现代设计理念和科技手段，通过修缮、加固等方式使其焕发新的生命力。同时，我们还可以将废弃的建筑材料进行回收再利用，实现资源的循环利用，降低环境污染。

旧空间、旧材料　翻新组合　显露历史和文化信息

利旧原则示意图

8.2.5　耐久

耐久原则强调建筑装修的工艺、材料和构造是设计中的重要因素，设计中注重提高这些细节的隐蔽品质，以确保空间的长期使用寿命。在实际操作中，我们应选择优质的建筑材料和先进的施工工艺，确保空间的稳定性和耐久性。此外，我们还应在设计中充分考虑未来的维修和保养需求，为空间的长期使用奠定坚实基础。

提高细节的隐蔽品质　长寿命

耐久原则示意图

综上所述，既有建筑改造室内设计应遵循这五大原则——装修、改造、人文、利旧、耐久。在实际操作中，应结合具体项目的实际情况，灵活运用这些原则，采用相应的改造设计策略，并协调建筑、结构、给水排水、暖通、电气等相关专业一体化协同设计，制定出符合实际需求的改造方案，旨在通过科学、系统的方法，确保改造设计的有效落地。同时，加强与政府、企业、社区等各方的沟通与合作，共同推动城市更新的顺利进行，实现城市的建筑空间品质和生活环境全面优化与提升，促进城市的可持续发展和文化传承，实现城市的可持续发展和既有建筑空间品质的提升。

8.3　设计策略

城市更新中的室内空间改造设计，在重塑空间形态前需对既有建筑进行梳理，结合使用功能，综合既有建筑的布局、结构、采光、通风等因素，制定相应的策略，实现改造后使用功能与空间形态的统一。

S-1　建立室内绿色健康环境评估要点

通用室内绿色健康环境评估要点包括空气质量、光照与采光、温度与湿度控制、隔声、绿色植物配置以及人性化设计等方面，遵循这些要点，打造更加绿色健康和安全舒适的室内空间环境。

S-1-1　通用室内绿色健康环境评估要点

通用室内绿色健康环境评估要点需从建筑室内物理空间配置以及人性化设计等方面进行落实，遵循这些要点，打造更加健康、舒适、环保的室内空间环境。

1.　国内室内绿色健康环境相关标准

住房和城乡建设部陆续发布了《绿色建筑评价标准》GB/T 50378、《绿色办公建筑评价标准》GB/T 50908、《绿色工业建筑评价标准》GB/T 50878、《绿色商店建筑评价标准》GB/T 51100、《绿色医院建筑评价标准》GB/T 51153、《民用建筑绿色设计规范》JGJ/T 229、《建筑与市政工程绿色施工评价标准》GB/T 50640 等绿色建筑标准规范。此外，各省市地方住房和城乡建设主管部门依据国家《绿色建筑评价标准》GB/T 50378，并结合本地资源、气候、经济、文化等实际情况，组织编写了更加适宜地方建筑特点的绿色建筑评价地方标准，形成逐渐完善的绿色建筑标准体系，见下表。

完善中的中国绿色建筑标准体系		
国家标准	行业标准	地方标准
绿色建筑评价标准	民用建筑绿色设计规范	快递绿色包装使用评价规范（贵州）
绿色照明检测及评价标准	再生资源绿色分拣中心建设管理规范	建设工程绿色施工与评价标准（重庆）
绿色生态城区评价标准	预拌混凝土绿色生产及管理技术规程	绿色建筑设计标准（北京）
绿色博览建筑评价标准	民用建筑绿色性能计算标准	绿色建筑设计标准（河北）
绿色校园评价标准	绿色建筑运行维护技术规范	绿色建筑设计标准（宁夏）
绿色办公建筑评价标准	绿色档案馆建筑评价标准	绿色建筑星级设计标准（河北）
绿色饭店建筑评价标准	既有社区绿色化改造技术标准	建筑工程绿色施工管理标准（河北）
绿色医院建筑评价标准	绿色仓库要求与评价	既有公共建筑节能绿色化改造技术规程（北京）
既有建筑绿色改造评价标准	……	天津市绿色建筑检测技术标准
绿色商店建筑评价标准		福建省绿色建筑设计标准
建筑工程绿色施工规范		河南省绿色建筑设计标准
绿色工业建筑评价标准		……
建筑与市政工程绿色施工评价标准		
……		

完善中的中国绿色建筑标准体系涉及室内绿色健康环境评估的多个方面，需对上述绿色建筑标准进行汇总，综合考虑空气质量、光照条件、室内温度与湿度、噪声控制、绿色装饰材料、空间布局与通风、行为与健康、历史与文化、风俗与习惯等诸多因素，并结合项目实际情况和改造需求，进行专项设计，一事一议，梳理形成相应的室内绿色健康环境标准。

2. 国际室内绿色健康环境评估要点

国际室内绿色健康环境评估标准多基于绿色建筑理念制定，主要着眼于构建一个与自然和谐共生的环境，强调对生态环境的保护，注重场地选择与建筑设计的合理性，涵盖了能源效率、水资源管理、材料与资源选择、生物多样保护等多个方面。

国际主要评价指标的对比，见下表。

在现有的绿色标准体系中，大部分绿色建筑标准侧重点是建筑，仅WELL健康建筑标准侧重点是人，在国内外诸多室内建筑改造中被应用实施得较为广泛。

WELL建筑标准的七大健康类别"概念"包括105项条款，每个条款旨在解决住户健康、舒适等特定方面的问题。每个条款分为若干部分，这些部分通常根据特定建筑类型而定制。这意味着根据建筑类型指定条款中可能只有某些部分适用。每个部分中有一个或多个要求，指明需要达到的特定参数或度量标准。建筑工程项目若要获得特定条款的得分，必须满足其适用的所有组成部分规范。

国际室内绿色健康环境评估要点对比

国家		加拿大	英国	澳大利亚	美国		日本	德国	中国	
		SBTool	BREEAM	Green Star	LEED	WELL	CASBEE	DGNB	绿色建筑评价标准GB/T 50378–2019	健康建筑评价标准T/ASC 02–2021
评价指标	1	场地选址	土地利用和生态环境	生态	可持续场地	空气	室外环境、场外环境	场地质量	安全耐久	空气
	2	室内质量环境	健康和舒适	室内环境质量	室内环境质量	水	室内环境	环境质量	环境宜居	水
	3	服务质量	能源	能源	创新与设计	营养	服务质量	技术质量	生活便利	舒适
	4	能源与资源消耗	建材	材料	能源与大气	光	能源	过程质量	健康舒适	健身
	5	环境负荷	水	水	材料与资源	健身	资源负荷与材料	经济质量	提高与创新	人文
	6	成本与经济性	污染	土地使用	用水效率	舒适		社会文化及功能质量		服务
	7	社会、文化与感性因素	交通	气体排放	选址与交通	精神				
	8		管理	交通	区域优化					
	9		废弃物	管理						

获得WELL认证须满足的条件

标准版本	达成级别	必须实现的先决条件	必须实现的优化条件
WELL 建筑标准 ®	银级认证	全部适用	无
	金级认证	全部适用	40% 适用
	铂金级认证	全部适用	80% 适用

《健康建筑评价标准》T/ASC为中国建筑学会推荐性标准，属于团标范畴。通常情况下选用标准时的顺序为：国标→行标→团标。有国标和行标时优先选用国标和行标，没有国标和行标时社会团体可以自主制定团体标准。但在有国标和行标时，制定的团体标准必须高于国标和行标，指标低于国标和行标的团标为无效标准。因此在健康建筑方面尚需更高优先级的国标和行标。在标准体系不完善的情况下，需对项目制定相关的针对性的绿色室内健康环境设计要点。

3. 借鉴室内绿色健康环境评估国内外标准

在国际上，室内绿色健康环境评估标准的实施和监管相对严格，如LEED、WELL标准和BREEAM标准。这些标准在项目申报、评估过程和验收环节都有明确的流程和规范。我国应进一步完善相关法规和政策，加大标准实施和监管力度。

室内空间改造设计应积极参与国际绿色室内健康环境评估标准的交流与合作，借鉴和引入国际先进理念和技术，不断完善我国绿色室内健康环境评估标准体系。

在现有国内绿色室内健康环境评估标准基础上，补充和完善能源利用、水资源管理、室内空气质量动态监测等方面的内容，使我国标准更加全面、科学、合理。加强对绿色室内健康环境评估标准的宣传和推广，提高社会各界对绿色室内环境的认识和重视，引导消费者和企业选择环保、低碳、健康的室内环境产品和服务。

示范案例：远洋国际中心 A 座 31-33 层 WELL 铂金级认证项目

本改造项目除了满足国内相关标准外，还达到了国际WELL铂金级认证。

WELL标准分成七大健康类别"概念"，分别为空气、水、营养、光、健身、舒适和精神，共有105 项性能度量标准、设计策略和政策，由业主、设计师、工程师、承包商、用户和运营人员共同实施。设计体现远洋集团"智慧健康"的核心理念，做到健康、开放、共享、智慧，打造出一个能改善使用者营养、健康、情绪、睡眠、舒适和绩效的建筑环境。

对项目进行功能分析，增加人性化功能

必要功能	人性化功能+
总裁办公区	贵宾、会议、媒介厅
高管办公间	会客会议间（共享）
常态工位	睡眠间
灵活办公	冥想区、远望角
自由协作区	共享水吧
中大会议室（20人＋）	头脑风暴区
培训教室	宴会、新闻发布区
中小会议室（10人＋）	自助超市
多功能间（2~4人）	健康活动区
电话间（1~3人）	健康监控
打印间	图书角
集中文件收纳及库房	母婴室
	饮水处
	淋浴更衣间

S-1-2　待更新项目调研及改造策略制定

室内改造设计前的调研是确保项目成功的关键环节。通过全面、深入的调研，可以为改造设计提供有力支持。在实际操作中，要注重调研方法的科学性、多样性，确保调研成果的实用性与针对性。同时，要加强调研成果的应用与反馈，不断优化设计方案，为室内改造项目创造更大价值。

1. 待更新项目调研

在设计前，需收集关于项目的基体信息，涉及原始建筑设计文件、场地现状、结构现状评估文件、机电系统信息、消防设施配置、包括施工质量和验收记录的竣工情况、相关许可证等，以确保设计的可实施性和合规性，以便作出更为明智和有效的设计决策。

既有建筑室内空间改造设计需求调研表

	资料内容	资料情况		备注
一		一般资料		
1	项目名称			建设/出售/出租单位须指定唯一资料对接人，配合收集提供改造设计、报审报建、改造施工、验收等环节所需包括此表且不限于此表的项目相关资料
2	资料提供单位	单位名称：	联系人：	
		电话：	E-MAIL：	
3	所提资料日期（年月日）			
4	建筑地址			
5	城市	城市名称：	所在区县：	
6	城市中心/郊区	城市中心□	郊区□	
7	项目建设单位	单位：	联系人：	若项目原建设单位与现业主单位不一致的，建设/出售/出租单位需说明项目建设及产权历史变更情况
		电话：	E-MAIL：	
8	项目业主	单位：	联系人：	
		电话：	E-MAIL：	
9	工程总承包商	单位名称：	联系人：	
		电话：	E-MAIL：	
10	项目原设计院	单位：	联系人：	建设/购置/承租方需研判是否后续有结构改造及使用功能变更需求，需由建设方/业主方协调原建设单位沟通原设计单位同意另行委托其他设计单位进行改造设计
		电话：	E-MAIL：	
11	项目施工图审查单位	单位：	联系人：	1）建设/购置/承租方需研判是否为原施工图审查单位承接审查工作。2）建设/购置/承租方需收集当地施工图审查机构对改造设计的施工图审查要求和所需资料，按何标准审查（新规还是旧规），提供相关审查要求文件，并由建设方/业主方配合提供除改造施工图设计之外的所需资料
		电话：	E-MAIL：	
12	项目经济技术指标	地块面积（m²）：	总建筑面积（m²）：	建筑面积以房本为准，若建设/购置/租赁范围为项目局部范围，建设方/业主方需提供相关的满足现行国家及地方面积计算规则的相应范围的面积测量文件
		人防面积（m²）：	建筑有效年限：	
		容积率：	建筑覆盖率（%）：	
		绿化覆盖率（%）：	土地使用年限：	
13	购置/租赁经济指标	建筑面积（m²）：		

续表

	资料内容	资料情况		备注
二		设计资料		
1	竣工图盖章版	有□	无□	1）建筑含幕墙系统、厨房工艺、景观、建筑亮化、机械车库、电梯等专项时，需提供相应专项深化设计施工图纸。 2）原工程相关竣工图、建筑历次改造修缮及设备改造记录若无法提供或图纸不全的，需委托具有相应资质的检测鉴定单位进行现场踏勘，绘制建筑物现状图纸；同时提供具有相应资质的鉴定机构所出具的现有房屋安全鉴定报告。 3）地勘报告缺失需委托岩土勘察单位进行地质勘察作业，出具地质勘察报告；若当地图审部门或相关管理部门确认无需原地勘报告的，可免提供。 4）对于内部多次调整且无图纸依据，或现场安装与提供终版图纸不符的，应提供解决方案或请有经验及有资质单位评估改造难度
2	竣工图电子版	有□	无□	
3	图纸要求	总平面图□	红线图□	
		规划条件□	建筑竣工图□	
		结构竣工图□	给水排水竣工图□	
		暖通竣工图□	电气竣工图□	
		室内装修施工图□		
4	相关文件资料	详细地勘报告□	*全套验收报告□	
		关于装修改造相关的规定文件□	*竣工相关变更\洽商文件□	
5	其他	其他1：全套验收取得时间：	其他2：	
		其他3：	其他4：	
		其他5：	其他6：	
三		场地现状		
1	进入该场地的市政道路出入口的数量、位置、宽度			
2	是否设有室外停车场以及落实停车场面积、停车位数量及相应的地方要求			
3	是否设有室外自行车位、摩托车位，需落实场地面积、停放数量及相应的地方要求			
4	是否有4m以上环状消防通道及消防扑救场地			
5	是否有应保留的现有树木			
6	其他应保留的部分			
7	场地周围及上空是否有高压线经过			
8	广场能否提供单立柱的标牌			
9	场地竖向标高，蓄水池、污水处理设施的位置情况与规格			
10	环境（广场）照明照度，灯具情况			
11	场地中相关室外构建物（比如：排风、进风竖井，变配电站等）			
12	场地附近是否有公交车站			
13	*用地性质			
14	*建筑周边场地是否有场地就近停放移动柴油发电车			

续表

资料内容		资料情况		备注
四			建筑现状	
建筑		楼层		建设/购置/租赁方须核对房屋所有权证及建设工程规划许可证中项目许可性质，建设/购置/租赁后的使用性质须与原使用性质一致，若不一致需建设方/业主方配合进行相关变更使用性质的报规报审流程
		*原使用性质		
		建筑面积		
		人防面积		
		层高		
		结构梁底净高		
		电梯自动扶梯、坡道布置情况及参数		
		门窗（水密、气密、隔声、导热系数等）		
		原地面做法厚度		
装修		地面		
		顶面		
		内墙		
		柱		
五			结构	
1	结构体系	钢筋混凝土□	砖混结构□	依据国家规范，加固改造前必须进行检测鉴定，由具备相应资质的检测单位依据规范执行并出具检测鉴定报告，给出检测结果和鉴定结论，提出处理意见。 若当地有政策或文件明确竣工若干年内（如北京是10年）不强制要求检测鉴定的，可由设计或图审确定检测鉴定要求
		钢结构□		
2	楼板预留荷载			
3	楼板形式	现浇钢筋混凝土楼板□	空心楼板□	
		钢筋桁架楼承板□	压型钢板组合楼板□	
4	构件布置是否与竣工图纸相符	是□	否□	
5	使用期限是否经历过改造加固	是□	否□	
6	改造加固图纸是否齐全	是□	否□	
7	建筑现状检测鉴定报告	有□	无□	
六			给水排水	
1	是否有两路市政管网供水			
2	生活水池及水箱容量			
3	项目用地周边的市政给水管管径、接口位置和水压，污水与雨水管道位置、管径、标高			
4	室外是否有污水处理设施			
5	污水提升泵房位置及布置情况			
6	有无中水泵房			
7	卫生间、开水间位置，以及给水管与排水管的管径、位置			

续表

	资料内容	资料情况	备注
8	是否有隔油池或者隔油设备，是否有预留接口		
9	隔油池或隔油设备处理量是否可满足本项目要求		
10	是否有条件为本项目单独设置隔油池或隔油机房		
11	涉及非承租位置的必要配套房间改造的（比如承租地上部分，需要在地下设置隔油机房或室外设置隔油池）这类情况的解决办法（由谁来做，如何审图，变更形式还是送审查单位）		
七	暖通		
1	是否有中央空调		
2	空调机房布置位置及主要设备的型号、规格等参数说明		
3	送风机房及排风机房布置情况及主要设备的型号、规格等参数说明		
4	新机房布置位置及主要设备的型号、规格等参数说明		
5	冷却塔的位置及设备参数说明		
6	采暖形式及热源说明		
7	空调通风、水管管道现场安装情况与竣工图是否一致		如不一致，应有后续正规手续的设计变更；如果不一致的地方较多，则可能需要进行全面的现场勘查，会产生费用
8	有无厨房油烟竖井及事故排烟竖井预留		
9	机械排烟机房、排烟竖井布置情况及主要设备的型号、规格等参数说明		
10	精装范围内消防排烟、正压送风设备及管道是否与竣工图一致		
11	是否有增加设置空调室外机的位置		避开大跨度、大空间屋顶
12	立面上是否允许开百叶		
八	电气		
1	变配电室是否单独设置以及变压器主要参数		参数：
2	*原建筑用电负荷等级及市政10kV电源是否双回路供电		
3	*如目前无双回路10kV电源，是否能增加电源引入		
4	高压配电柜情况以及型号、数量		
5	低压配电柜情况，开关的品牌		
6	低压配电室位置及配电小间的位置、容量情况		
7	*建筑物的防雷等级		
8	*电子系统的防雷等级		
9	*现有综合接地系统的电阻值是否不大于1Ω		
10	强弱电井位置、尺寸及使用情况说明		
11	*是否有柴油发电机房		
12	*说明柴油发电机主要参数，容量是否满足用电需求		参数：
13	如新增柴发机房，现有条件能否满足柴油发电机运输和增加排烟、送风井道		

续表

		资料内容	资料情况		备注
九			消防		
	1	楼层			
	2	防火等级			
	3	消防控制中心位置			
	4	建筑内部防火分区数量，各防火分区的面积			
	5	各防火分区的消防疏散宽度及距离			
	6	物业内楼梯的数量及总宽度（与核心筒分开计算）			
	7	有无喷淋系统、气灭系统及施工情况			
	8	消防排烟方式			
	9	*屋顶水箱间、消防水池位置及有效蓄水容量			
	10	消防水泵台数及工作参数			
	11	*消防电梯数量、位置及参数			
十			燃气		
	1	*城市燃气的使用性质	人工煤气□	天然气□	
			液化石油气□	其他□	
	2	*城市燃气的热值标准情况	气压	气种	
			热值		
	3	燃气调压箱或燃气计量间位置			燃气需与当地燃气公司报备并会产生费用
十一			是否有相关许可证材料		
	1	建设用地规划许可证	是□	否□	
	2	建设工程规划许可证	是□	否□	
	3	建筑工程施工许可证	是□	否□	
	4	国有土地使用证	是□	否□	
	5	*竣工验收报告	是□	否□	
	6	*消防验收许可证	是□	否□	需了解改造完成后是否需消防部门验收（按新规还是旧规验收），并提供相关文件
	7	*房屋所有权证	是□	否□	
十二		目前施工情况	已于20xx年x月交付使用，现楼		

注：标*项为特别重要项。

2. 待更新项目改造策略制定

室内空间改造设计应注重空间布局、功能优化，材料选择和品质提升，从而实现既有建筑的焕新与升级，保留既有建筑的历史文化价值的同时，满足新功能的需求。

示范案例：国内某银行联合办公空间装修项目

此项目进入施工图报审阶段时，由于前期调研没有核实调研表内容与现场是否一致，导致报审阶段推进困难。设计团队对照搜集的竣工图核

外置燃气间
燃气由厨房公司负责接至八层

油烟井
现状整楼油烟井已在原图纸**后续变更文件中**确认,供八层餐厅后厨进行使用

项目调研分析图

实B区裙楼的总建筑面积、建筑高度、层高、结构梁底净高、电梯数量、竣工验收及消防验收等,发现诸多情况与甲方提供的资料不一致。在重新检查竣工图的完整性,机电实地勘察预留条件情况,检查合规性文件是否齐全,并收集地方报审要求后,协调甲方进行结构检测并取得相关检测报告后,项目施工图报审工作方才得以顺利推进。

S-2 修缮式的室内设计

老旧的既有建筑由于年久失修和使用功能的转变,室内空间逐渐显露出结构老化、材料损耗、陈旧、功能不足等问题,已无法满足当下的使用需求。修缮式的室内空间设计是一种针对既有建筑改造最经济有效的解决方案,通过物理空间品质的改造提升、视觉美感的增强以及加固耐久设计,可使老旧建筑焕发新活力,满足现代人的需求和审美。

S-2-1 物理空间品质改造提升

在建筑改造过程中,室内物理空间品质的提升是关键环节,综合考虑声、光、热三个方面的因素,创造出舒适、美观、环保的室内空间环境。

1. 室内声环境提升

室内空间的不同功能区域对声学环境有着不同的需求,需要有针对性地进行声学环境的改造提升,充分考虑改造空间的特点和需求,选用合适的声学材料和设备,确保声学设计效果的实现。譬如居住建筑声学设计的主要目标是创造一个安静、舒适的居住环境,因此合理规划空间布局,避免卧室、客厅等休息区域与厨房、卫生间等噪声源过于接近。在墙体和地板施工时,选用隔声材料,如隔声玻璃、隔声墙板等,以减少噪声的传播。办公空间声学设计的核心是提高工作效率,降低噪声干扰。在办公区域,要保证良好的隔声效果,避免外界噪声对工作人员产生影响。商业空间声学设计的目标是营造出吸引顾客、促进购物的氛围。在商业场所,可以通过合理选用音响设备、调整音量大小、播放合适的背景音乐等方式,创造出愉悦的购物环境,同时要重视商业空间的隔声和吸声设计,避免噪声对顾客产生不良影响。

2. 室内光环境提升

在建筑空间改造过程中,充分考虑建筑物的朝向、窗墙比等因素,兼顾自然采光与防晒,调节室内微气候,提高空间使用舒适度。照明设计要合理布置室内灯光,兼顾实用性与美观性,满足不同功能空间的需求。例如,卧室可采用柔和的光线,客厅可选用明亮的灯光。选用反射率高、透光性好的材料,如镜面、玻璃等,增加室内空间的亮度。

3．室内热环境提升

室内空间改造需合理规划室内通风系统，确保室内空气质量。可设置新风系统、排风系统等，实现室内外空气交换，降低二氧化碳浓度，保障居住者健康。在建筑室内空间改造中，采用节能材料和技术，降低能源消耗。例如，选用高性能的门窗、太阳能热水系统等，提高能源利用效率。

示范案例：北京船舶重工酒店改办公

项目改造设计中整合沿街立面，综合考虑日照西晒、人体工学、造型三个方面因素，形成幕墙外罩流线型横格栅，通过流体化表皮肌理对立面进行整合重塑。

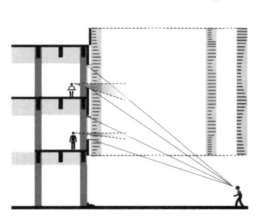

幕墙格栅形式可变示意图

幕墙的格栅形式根据太阳高度角的不同，通过电子传感器进行感应，并传导信号给幕墙格栅控制器进行格栅形式的调整，从而兼顾通风、采光与防晒。

S-2-2　室内空间视觉美感提升

提升室内空间视觉美感需要从空间布局、色彩搭配、光线运用、家具摆放、装饰品点缀等多方面综合考虑，以人的需求和舒适度为核心，展现空间使用者的精神面貌和审美。

1．空间布局的合理性

空间布局过程中，充分考虑人的行为习惯和生理需求。例如，合理进行功能区域划分、空间组织、交通流线、设施配置等，确保人们在室内活动的便利性和舒适度。同时，还要注意空间的开阔性和通透性，以满足人们对于光照、通风等方面的需求。

2．家具选型的人性化

家具选型过程中，应关注家具的功能性、舒适性、美观性以及与室内整体风格的协调性。此外，还要充分考虑人们的身体尺寸和生理特点，确保家具使用的安全性和便利性。例如，选择合适的家具尺寸，避免人们在使用过程中产生疲劳感；选用环保材料，保障人们的身体健康。

3．色彩搭配的心理效应

色彩对于人的心理和情绪有着重要的影响，合理的色彩搭配可以营造出舒适、和谐的氛围，有助于人们身心健康。应根据人的年龄、性别、职业等因素，选用不同的色彩搭配，以满足人们的心理需求。例如，采用温暖色调用于家庭住宅营造舒适、温馨的氛围；选择冷静、沉稳的色调用于办公空间等。

4．装饰元素的个性化

室内空间改造设计中的装饰元素应在满足人们基本需求的基础上，通过搭配展现出独特的审美，同时，还要关注人们的兴趣爱好，将个人的喜好融入室内空间改造设计中，使空间更具个性化。例如，选用具有艺术特色的装饰品，展示个性化的收藏品等。

示范案例：南京园博园筒仓先锋书店改造

项目位于园博园主展馆西南角，原为水泥厂废弃筒仓，现改造为书店。室内改造时沿着筒仓圆柱内壁布置书架营造神圣抽象的精神世界，照明方式非常重要，于是在每个筒仓内设置了悬浮于书架外的由钢索串起的直径20mm点光源，仿佛一盏一盏蜡烛，创造出韵律和升腾的视觉美感。

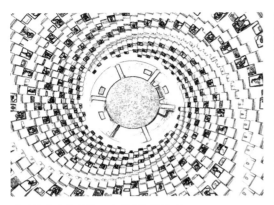

诗歌塔营造的韵律和升腾的视觉美感

S-2-3　加固耐久设计

进行修缮设计时，对存在结构安全隐患的项目应进行必要的加固耐久设计，以提高其安全性和耐久性。对于建筑师和室内设计师来说，需与结构工程师配合协同工作，对必须进行结构鉴定的情形研判，进行相关检测鉴定并确定加固要点。

1. 必须进行结构检测鉴定的情形

当原有结构体系、使用功能、环境改变、结构安全发生问题，遭受灾害或事故等情况下，须进行结构检测鉴定。对于改造前必须进行检测鉴定的项目，需由具备相应资质的检测单位依据规范执行并出具检测鉴定报告，给出检测结果和鉴定结论，提出处理意见。

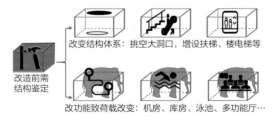

需结构鉴定情形分析图

2. 检测鉴定与加固要点

检测与加固相关要点详见《既有建筑鉴定与加固通用规范》GB55021—2021，若当地有政策或文件明确竣工若干年内（如北京是竣工10年内）不强制要求检测鉴定的，可由设计或图审确定检测鉴定要求。

示范案例：国内某银行联合办公室内装修项目

项目原建筑功能为办公，由于新增新风机房（原功能为办公），使用荷载由200kg/m^{2}增加为500kg/m^2；卫生间新增淋浴功能，板上面层垫高150mm，恒荷载增大；新增网络交换机房、ECC操作间等，使用荷载由200kg/m^{2}增加为800kg/m^2；新增大型会议室使用荷载由200kg/m^{2}增加为300kg/m^2，需进行结构加固。

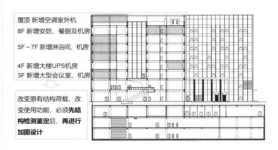

项目结构加固分析图

S-3　新旧并置共存的空间设计

新旧并置共存的室内空间设计旨在在保留旧有元素的同时，融入当代的创新元素，以适应新的使用功能和审美需求。在处理旧与新的关系时，需要在"拆""留""改"之间进行平衡设计，同时充分利用原有的构配件，以实现室内空间设计的可持续性和艺术性。

S-3-1　平衡拆、改、留的室内设计

新旧并置的室内空间改造设计中对原有旧空间处理的方式可以概括为拆、改、留。其介入的依据在于原有空间及分隔空间的载体是否符合当前的使用需求。拆是最暴力、激进、直接的做法，改则是相对温柔与中性的做法，留是最为保守、自然的做法。坚持"留、改、拆"并举，以保留利用提升为主，实行小规模、渐进式的有机更新和微改造，防止大拆大建。拆、改、留是三个关键环节，需要处理三者之间微妙的平衡关系，在保证整体空间舒适度和功能性的前提下，充分考虑功能与美学的协同，确保室内空间在满足实用

性的同时，兼具美观性，从而实现旧空间的最大化利用和价值提升。

1. 少拆除

拆除现状建筑结构、装饰构件和设备设施环节中，要充分考虑房屋的结构安全，遵循相关规定，避免盲目拆改。对于一些具有历史价值和艺术价值的建筑元素，如精美的雕花、复古的壁炉等，可以采用保护性拆除，将它们妥善保存，为后续的室内空间改造设计增添一份文化底蕴。

2. 适度增改

在保留原有优质元素的基础上，对室内空间进行创新性的适度改造。改造要符合现代人的生活需求和审美标准，注重空间的开阔感和舒适度。在此过程中，可以运用全新的设计理念，如绿色环保、智能家居等，提高室内的生活品质。同时，充分利用先进的技术和材料，如高性能隔热玻璃、纳米涂料等，提升房屋的节能和环保性能。

3. 多保留

改造设计中保留具有特色的结构与构件、有价值的装饰元素，同时，考虑将原有构件修复清洁后复原，将原有材料重组后再利用，充分利用原有的空间结构和功能分区，尽量减少不必要的拆除与改动。

示范案例：贵阳贵安美育教育高质量发展研修基地

原有大空间平面对教室功能的匹配度较低，同时新的使用功能对建筑内部空间品质的要求更高，并需要其更加有趣味性。内部空间组织上，在原有建筑内增加中庭，同时将四层露台打开让自然光进入中庭，这样既能解决大空间平面与教室功能的匹配度，并能显著提升室内空间品质及趣味性。但是中庭的加入必然带来局部结构承重体系的变化，为了尽量控制这个变量，并减少这个变量的影响，方案中采用仅拆除部分楼板的方式，既满足了中庭的空间需求，又使现有结构体系受到最小的影响。

增加的中庭作为视觉核心，串接教学与展示空间。项目的核心空间——光之中庭，将代表秩

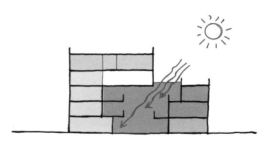

拆除部分楼板为中庭引入自然光示意图

序与规则的传统对称性结构转化为代表平等与和谐共生的环绕中庭结构，阐述了中国美育教育思想"外师造化、中得心源"。结合中庭空间创造出一条内部的美学探索之路——首层到二层的大台阶，二层到四层盘旋而上的室内楼梯。室内楼梯与中庭相互呼应，使空间充满活力、富有灵性。

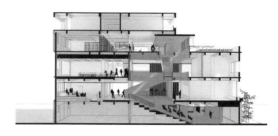

增加中庭设计示意图

S-3-2　构配件的再利用设计

既有建筑改造中对于尚能继续发挥作用的构配件进行改造或重组，使其在新的空间中发挥新的作用。这种方法不仅可以减少资源的浪费，还可以增加空间的趣味性和独特性。

1. 构配件再利用评估

构配件再利用设计时，首先需要对构配件进行评估。评估的内容包括构配件的材质、结构、外观及使用寿命等。对于具有较好材质和结构的构配件，可以进行修复和改造，使其重新焕发生机；对于外观较为陈旧的构配件，则可以通过重新涂漆、更换装饰等方式进行改造，使其焕然一新。

2. 构配件再利用设计

除了对构配件进行评估外，还需要根据室内

空间改造的需求进行合理的设计。可以利用构配件的特点和风格,进行巧妙的组合和搭配,创造出独特的空间效果。例如,可以将原有的老木门拆卸下来,重新组合成一个新的装饰墙;可以将原有的老砖块进行重新排列,构成一个独特的地面拼花;可以将老旧的门窗改造成装饰品,或者将废弃的木材重新组合成实用的家具。

3. 构配件与整体的协调

在进行构配件再利用设计时,还需要注意与整体室内风格的协调。不同的构配件具有不同的风格特点,需要在设计时进行充分的考虑,确保再利用的构配件与整体室内风格相协调,营造出和谐、统一的室内空间。

总之,构配件的再利用设计是室内空间改造中一种环保、经济、实用的设计方式。通过评估、设计、改造和搭配,可以使这些废弃的构配件焕发出新的生命力。

示范案例:北京首钢工舍智选假日酒店设计项目

改造设计中利用原厂区内的废弃金属栏杆重新加工制作成明黄色(工业警示色[①])金属栏杆串联整体空间,从建筑外立面延伸到室内公共服务的每一个空间。栏杆本身跳跃性的色彩打破了硬朗、沉稳的空间特征,构成了良好的装饰元素与视觉焦点。其本身形式取自原始厂区内的黄色警示栏杆,"旧物新作"的处理手法不失为既有建筑改造中的一种好方法。

厂区原废弃栏杆再利用

S-4　功能兼容与弹性适变空间设计

功能兼容与弹性适变空间设计包括空间弹性适变设计和空间的兼容性设计。弹性适变是指空间的转变上便于转换,空间的兼容性是指功能上的多功能复合性。

S-4-1　室内空间的功能兼容性设计

室内空间的功能兼容性设计包括空间的功能叠加和分时利用,可以提高空间的利用效率,充分利用空间的多样性和灵活性,使得室内空间能够适应不同的使用需求。

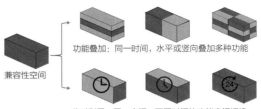

兼容性空间

功能叠加:同一时间,水平或竖向叠加多种功能

分时利用:同一空间,不同时间的功能空间切换

兼容性空间分析图

1. 室内空间的功能叠加设计

室内空间的功能叠加设计是在同一物理空间内,通过合理的布局和设计,实现多种功能的融合。如图书馆除了阅读和学习区,可以叠加小型会议室、创新工作坊,甚至咖啡吧,以满足不同用户的需求;体育馆则可在主比赛场地外,设立训练区、健身区,甚至设计可转换的舞台,用于音乐会或戏剧表演。在进行功能叠加设计时,需要充分考虑空间的流线、采光、通风、噪声控制等因素,确保各种功能的和谐共存。同时,也要注重空间的视觉统一性和使用便利性,避免因功能过多而显得杂乱无章。

2. 室内空间的分时利用设计

室内空间的分时利用设计则是另一种重要的功能兼容性设计策略。通过灵活的家具布局、照明设计以及智能化的设备控制,我们可以实现同

---

① 李兴钢;郑旭航."仓阁":废弃工业建筑的新生——北京首钢工舍智选假日酒店设计[J].建筑学报,2019,(10):81-85.

一空间在不同时间的功能切换。例如，一个空间在白天可以作为办公区使用，在晚上则可以转变为休息区。这种设计方式不仅可以满足我们多样化的需求，也能更好地管理和规划时间和空间。

示范案例：贵阳贵安美育教育高质量发展研修基地

平面设计中兼容多种功能使用，多功能厅可以从授课模式快速切换成会议交流模式，以减少会议室的数量。

多功能厅授课模式

多功能厅会议交流模式

S-4-2　室内空间的弹性适变性设计

弹性适变空间设计有利于使用空间功能转换和改造再利用，避免建筑"短命"。

室内除走廊、楼梯、电梯井、卫生间、厨房、设备机房、公共管井以外的地上室内空间均应视为"可适变空间"，有特殊隔声、防护及特殊工艺需求的空间不计入"可适变空间"。此外，作为商业、办公用途的地下空间也应视为"可适变空间"，其他用途的地下空间可不计入。空间的适变性包括空间的适应性和可变性。

1. 室内空间适应性设计

适应性是指使用功能和空间的变化潜力。适应性强的室内空间能适应使用者需求的变化，在适应当前需求的同时，使空间具有更大的弹性以应对变化，以此获得更长的使用寿命。如采用大开间和大进深的结构方案、灵活布置内隔墙等措施提升建筑适变性，减少室内空间重新布置时对建筑构件的破坏，延长建筑使用寿命。

弹性适变空间分析图

2. 室内空间可变性设计

空间可变性是指结构和空间上的形态变化，根据使用需求的空间差、时间差，采取通用开放、灵活可变的空间设计，增强建筑使用功能的可变性。考虑建筑全生命周期内使用功能可变性的需求，宜考虑满足多种场景下的使用需求，高效利用空间，避免无功能空间和较大过渡性辅助空间以及死角、锐角等难以使用或使用效率低的空间。

弹性空间可变性分析图

集中布局刚性区域，功能空间完整，使弹性区域最大化，最终实现弹性设计，创造适变空间。

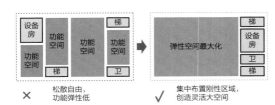

集中布局刚性区域分析图

示范案例：金航数码科技办公楼

项目平面设计上采用易于拆装、组合使用的隔墙材料，利用家具布置组织功能与流线，如二层通过家具摆放调整功能模式，在西北角取餐台对面设置临时家具库隔断仓，墙体采用活动隔断分隔，舞台及投影屏幕均为临时搭建，以实现后续使用中的功能转换。

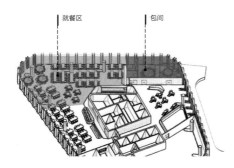

就餐功能示意图

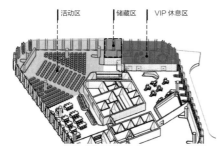

活动功能示意图

S-5　历史文化信息空间保护利用设计

历史文化信息空间保护利用设计在室内空间改造设计中具有举足轻重的地位。修缮保护设计是对历史文化的传承和对旧建筑的再利用。历史文化符号元素的凝练是地域文化的具体表现，历史文化意境则是对地域性文化深层抽象意义的挖掘和展现。通过修缮保护设计、历史文化元素符号的凝练、历史文化意境的室内空间设计表达等手法，让历史建筑室内空间焕发出新的生命力，使人在其中感受到深厚的历史文化底蕴和独特的文化魅力，同时也有助于推动传统文化的传承和发展，促进现代设计与传统文化的有机结合。

S-5-1　历史建筑室内空间修缮保护设计

对于历史文化建筑室内空间的修缮保护设计，需要遵循原真性、可逆性、适应性的设计原则，采用原状修复、预防性保护和适应性再利用等常用手法，保护好这些珍贵的文化遗产。

1. 室内空间修缮保护设计原则

（1）原真性原则：尊重历史建筑的原貌和特色，尽可能保留其原始的结构和装饰。

（2）可逆性原则：修缮过程中应避免对原有结构的破坏，确保未来有可能进行进一步的修复。

（3）适应性原则：根据历史建筑的实际状况和使用需求，进行合理的改造和升级。

2. 室内空间修缮保护设计手法

（1）原状修复：对于室内空间中的损坏部分，如墙面、地面、顶面等，通常采用原状修复的手法。这包括使用与原材料相同或相似的材料和工艺，按照原有的结构和风格进行修复，以恢复其历史原貌。

（2）预防性保护：预防性保护是历史建筑室内空间修缮保护的重要手段。通过定期检查、维护和保养，及时发现并解决潜在的安全隐患，避免室内空间的进一步损坏。同时，我们还要加强对历史建筑的日常管理和维护，确保其长期处于良好的保护状态。

（3）适应性再利用：历史建筑室内空间的修缮保护设计，需要关注其适应性再利用。这意味着我们要在保留历史特色的基础上，根据当下使用需求进行改造和优化。例如，可以在保留原有结构的基础上，引入现代设计元素和智能技术，提升历史建筑的使用功能和舒适度。

示范案例：北京鼓楼西大街 33 号院改造

北京鼓楼西大街33号院是由周围若干院子的边界围合而成，应甲方要求采用"修缮+局部重建"的更新模式，解决破败的内部与其所处的地理位置及周围外立面面貌巨大反差的问题，因此在室内空间修缮保护设计中采用适应性再利用设计手法，在充分保留历史特色的基础上，根据当下的使用需求进行改造和优化。

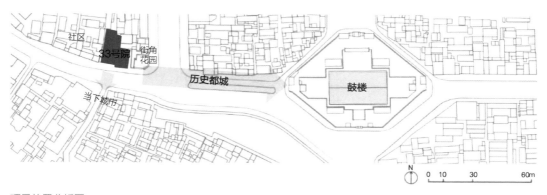

项目位置分析图

改造设计需重新审视院落内外与城市的关系，通过院落空间转变来描绘城市演化，构建老城区最微小单元与区域整体结构的关系[①]。

1 会议室
2 办公室
3 库房
4 院子
5 卫生间
6 厨房
7 锅炉房
8 门厅

平面分析图

S-5-2　历史文化元素符号凝练

在历史文化建筑室内空间改造设计中，历史文化元素符号的凝练与应用，能使空间更具特色和文化底蕴。历史文化元素符号主要分为五大类：图案符号、色彩符号、材料符号、空间符号和工艺符号。

1. 图案符号

图案符号是历史文化的重要载体，每个地区都有其独特的历史、传说和民俗，这些元素通过图案符号的形式展现出来。例如，中国的传统图案如"福"字、"寿"字、莲花、狮子等，都是民间喜闻乐见的吉祥图案。在室内空间设计中，将这些图案运用到墙面、家具、布艺等处，既能突显地域特色，又能渲染氛围。

2. 色彩符号

色彩符号是文化的一种视觉表达。不同地区有着各自的色彩审美，如江南地区的粉墙黛瓦、黄土高原色彩鲜艳的民间艺术等。在室内空间设计中，选择恰当的色彩搭配，可以使空间更加和谐，营造出独特的地域氛围。

3. 材料符号

材料符号是文化的实物载体。各地有着丰富

① 韩文文. 既有建筑改造空间的典型性与多义性——以鼓楼西大街33号院改造项目为例 [J]. 城市建筑间，2023（08）：26-31.

的自然资源和传统工艺，如木材、石材、特产等。设计将这些材料运用到室内空间中，既能展示地域特色，又能体现环保理念。例如，中国的传统木雕、石雕技艺，将此类地域文化的代表融入家具、墙面等装饰，使空间充满艺术韵味。

4. 空间符号

空间符号是文化的表现形式之一。通过合理规划室内空间布局，可以呈现出地域文化的特点。如江南水乡的合院式布局，强调中轴对称、天人合一的理念；黄土高原的窑洞布局，充分利用地形，体现节约环保的原则。

5. 工艺符号

工艺符号是文化的精髓。将各地的民间工艺融入室内空间设计，如剪纸、蓝印花布、刺绣等，能使空间充满艺术气息。同时，民间工艺品还可以起到装饰、陈设等多重作用，可实现地域文化与现代生活的完美结合。

示范案例：全国政协常委会会议厅室内改造项目

2019年竣工的全国政协常委会会议厅改造项目是在1995年改造使用二十多年后，进行的历史文化信息空间保护利用设计。

会议厅原建筑与室内运用了很多中国传统文化符号，其核心设计理念是充分体现团结、统一、民主的主题，表达出具有中国特色的会议空间的庄严氛围。项目使用中各方对原文化理念非常认同，希望在翻新改造过程中予以保留。

予以保留的原吊顶

改造后的会议厅方案

原吊顶部件修复后效果

吊顶保留原有历史形态，调整后的周圈三级吊顶光带造型环环相连，产生聚拢与提升的效果；墙面造型由原来横向性改为现在柱式感的纵向性，使整个空间挺拔向上、庄严肃穆，烘托了顶部中心造型，强调政协会议的隆重和仪式感。

改造的吊顶保留了银杏叶造型花灯，对原花灯构件进行拆解，对尚能再利用的部件进行修复，对破损不能再用的部件进行原样复制。

三圈共计69片金箔芙蓉花瓣肩并肩，象征56个民族、5大宗教团体、8个人民团体，共同为中华民族的伟大复兴而奋斗。利用GRG材料的可塑性，三圈花瓣呈弧形曲面，更加生动、自然，整体吊顶造型是四个圆环层层叠落，在墙和吊顶交接的位置以一圈反弧形舒展的花瓣与中间的造型相互呼应，被暗藏的灯槽照亮、晕染，朴素淡雅，围绕向心，象征各界人士代表，具有组织上的广泛代表性和政治上的巨大包容性，真正体现了整个中华民族的大团结、大联合。

S-5-3 历史文化意境的室内空间设计表达

历史文化意境的室内空间设计表达手法涵盖

了特色元素的融合、传统与现代的对话、地域色彩的运用、地域材料的选择以及地域艺术形式的呈现等多个方面。

1. 特色元素的融合

特色元素的融合是历史文化意境室内空间设计的重要手法之一。这些特色元素可能来自于某一历史时期、某一地区或者某一文化传统的标志性符号。例如，在设计中融入古代建筑元素，如斗拱、檐口、窗花等，可以营造出一种古典而庄重的氛围。同时，这些元素也可以被抽象化、再创造，与现代设计理念相结合，形成独特的设计风格。

2. 传统与现代的对话

传统与现代的对话则是通过对比和呼应的方式，在设计中展现历史与现代的交织与碰撞。比如，在室内空间中运用传统的色彩搭配和图案设计，同时配以现代简约的家具和装饰，形成一种古今交融的美感。这种手法既能够保留传统文化的魅力，又能够符合现代人的审美需求。

3. 地域色彩的运用

地域色彩的运用则是将某一地区特有的色彩元素运用到室内设计中，营造出一种地域性的氛围。例如，在江南水乡的设计中，可以运用淡雅的水墨色调，营造出一种宁静而雅致的氛围。而在西北地区的设计中，则可以运用鲜艳的红色、黄色等，展现出一种热烈而奔放的地域特色。

4. 地域材料的选择

地域材料的选择也是历史文化意境室内空间设计的重要手段。地域性材料往往承载着当地的历史和文化记忆，使用这些材料可以让室内空间更加贴近自然、贴近生活。例如，在乡村风格的设计中，可以使用木材、石材等自然材料，营造出一种朴素而温馨的氛围。而在城市风格的设计中，则可以运用玻璃、金属等现代材料，展现出一种时尚而前卫的美感。

5. 地域艺术形式的呈现

地域艺术形式的呈现则是将某一地区的传统艺术形式引入室内设计中，如绘画、雕塑、陶瓷等。这些艺术形式不仅可以丰富室内空间的视觉效果，还可以让人们在欣赏艺术的同时，感受到当地的文化底蕴和历史脉络。

地域建筑空间文化符号特征与意境特色

地区	类型	建筑空间文化符号特征	意境特色	主要民族
陕西	窑洞	洞穴式建筑，以土为墙	古朴而深沉	汉族
北京	四合院	四合结构、沉稳的灰砖色调和精致的雕花装饰	规整而典雅	汉族
新疆	阿依旺	高大的拱形门窗、丰富的色彩和繁复的装饰图案	西域的风情与活力	维吾尔族
西藏	碉楼	坚固的石砌结构和独特的梯形外观	高原的坚韧与壮美	藏族
内蒙古	蒙古包	圆润的外形、白色的羊毛覆盖和可移动的便利性	游牧民族的自由与豪放	蒙古族
云南	竹楼	轻盈的竹木结构、通透的开放空间、与自然的和谐共生	清新与灵动	傣族
湖南	吊脚楼	悬空结构、优雅的挑檐和木制的精致装饰	湘南风情与古朴韵味	苗族/土家族
福建	土楼	厚重的土墙、紧凑的布局和防御性的设计	福建山区的稳重与防御力量	客家/汉族
浙江	散屋	简洁的线条、轻盈的屋顶、与自然的和谐融合	江南水乡的清新与宁静	汉族
苏州	园林	精致的园林设计、曲折的回廊和秀美的水景	江南园林的韵味与雅致	汉族
安徽	厅井	宽敞的天井、精美的木雕和独特的马头墙	徽派建筑的特色与韵味	汉族

通过地域特色元素融合、传统与现代对话、地域色彩运用、地域材料选择和地域艺术形式呈现等多方面的探索，这种抽象的表达形式往往通过具体的空间、图形和符号等元素来实现，诸如"天圆地方""天人合一""大道为中""四水归堂""水聚天一""福禄寿""五行八卦""十二生肖"等，这些寓意通常通过建筑的装饰、构件、布局等方面体现出来，表达设计师和使用者的宇宙观、各地域独特风俗和审美观念。

示范案例：邯郸市复兴区群众文化艺术中心项目

项目中遵循的设计理念可以概括为"整合"与"共享"，即在设计中通过整合城市资源、城市文脉表达、场地总体布局、室内共享空间等手段，达到共享社会资源、公共空间、各类配套设施的目的，使得建设项目更符合公共文化场馆的特性，更符合市民的使用需求。综合文化活动中心从建安文学中提炼出雄健深沉、慷慨悲凉的艺术风格，表达"建安风骨""汉魏风骨"的文化意境。

"竹简"符号化提炼用于隔断

S-6　建立室内空间改造绿色美学

针对室内空间的污染问题，建立室内空间绿色新美学，采用绿色建材，在室内空间改造中进行轻介入、少用量的设计。

S-6-1　室内空间改造设计的绿色建材应用

室内空间改造设计需要应用绿色建材，选取低能耗、可持续和可循环的低碳及负碳材料。使用低能耗内装材料，可减少对原材料及能源的需求量，同时避免材料的浪费，从而提高建材使用率达到绿色减碳的效果。

1. 采用可持续生长的自然建材

使用可持续生长的自然建材，如藤、竹、草等生生不绝之自然材料，或是可持续林业经营之木材，这类材料在生长过程中吸收了大量二氧化碳，对绿色减碳和控制有着积极贡献。

2. 采用本地材料

在材料的选择上，尽量选取本地材料，多应用区域内常规材料，少选用外地、外国材料，减少运输成本及运输碳排放。

多用区域内常规材料　　少用外地、外国材料

采用本地材料示意图

因地制宜考虑当地的经济、技术和资源等因素，选择本地生产的建筑材料。运输方式兼顾建筑材料的种类、重量、容积、运距不同，少用或不用远距离航空运输材料。

优选 √　　　次选 √　　　不选 ×

材料运输方式示意图

3. 采用利旧材料

利旧材料是指经过一定处理或修复后，能够再次投入使用的废旧物品或材料。譬如在建筑工地上回收各种废旧材料，例如废旧的砖瓦、木材、钢材等经过清洗、切割、加固等处理，重新用于工程中。

4. 采用利废建材

利废建材即"以废弃物为原料生产的建筑材料"，是指在满足安全和使用性能的前提下，使用废弃物等作为原材料生产出的建筑材料，其中废弃物主要包括建筑废弃物、工业废料和生活废弃物。

5. 循环使用

循环使用包括内装建材和机电设备的循环利用，低能耗循环利用，空间分时规划利用，从而达到材料节约，降低能耗，提高空间利用率。

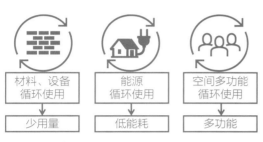

循环利用示意图

采用可循环利用的内装修材料，包括再生木材、竹材、可回收金属、可拆卸的环保型墙、顶、地面板等。再生木材和竹材在生长过程吸收大量 CO_2。可回收金属如铝、钢，回收率高，能源消耗低，适合循环利用。环保型墙、顶、地面板在生产中控制化学物质使用，减少了挥发性有机物的排放，可提供更健康的室内环境，其可拆卸性便于回收再利用。

示范案例：江苏园艺博览会未来花园

未来花园项目墙面材料的应用中，将项目现场采集的矿坑石，按照颜色与石块大小进行分层，结合灯光设计，模拟原矿山肌理制作成石笼墙，呼应了原来矿坑的肌理。

采用利废材料示意图

项目现场利废材料的应用极大减少了材料生产与运输的碳排放。

S-6-2 轻介入、少用量设计

室内空间改造中的轻介入、少用量设计，通过结构构件的装饰化、装饰和功能一体化构件的运用以及机电设备管线的艺术化处理等设计策略，减少对原有空间的破坏和浪费，实现空间的高效利用和美化。

1. 结构构件装饰化

既有建筑室内空间中的各种承重结构构件，如梁、板、柱、拉索、桅杆、楼梯等，尽量少用材料包覆与遮挡结构构件，多展现结构造型美，譬如各类木结构穹顶屋盖、钢结构网架的开放暴露，以及斗拱、各种柱式等，都能凸显建筑结构本体的美感和空间特性，同时，也减少了多余的建筑装饰，减少了建筑装饰材料的消耗。

2. 装饰和功能一体化构件

既有建筑空间改造设计时避免采用纯装饰构件。室内空间设计造型要素应简约，且无大量装饰性构件，多使用装饰和功能一体化构件，利用功能构件作为室内设计的造型语言，在满足建筑功能的前提下，营造丰富的视觉美学效果，节约资源，绿色减碳。

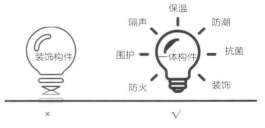

一体化构件示意图

对于不具备遮阳、导光、导风、载物、辅助绿化等作用的纯装饰性构件，应对其进行控制和用量限制。

3. 机电设备管线艺术化

对建筑物内的机电管线改造时应进行最佳排位，最大限度减少管道所占空间，提高吊顶高度。从整体出发，设备布置及管线布线遵循平衡、分散原则。避免管线过分集中，或者机电管线空间浪费，综合布线中考虑工艺的安装美观性，减少遮挡管线和因设备设隔墙或吊顶造成材料浪费，可结合空间对管线进行裸露艺术化处理。

示范案例：江办南京园博园筒仓先锋书店改造

项目改造设计中将使用功能与室内造型相融合，结合建筑原空间形态，采用3mm厚的钢板作隔板，利用书架搭设龙骨空腔形成小悬挑系统，层层隔板沿着筒仓内壁叠落，营造快速螺旋向上、无限延展的空间氛围。

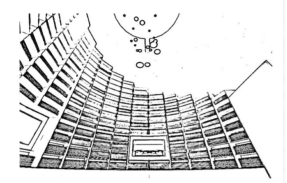

沿着筒仓内壁层层叠落隔板效果图

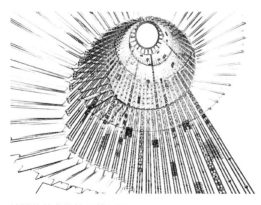

楼梯的艺术化处理效果图

楼梯被合理利用，既是交通功能构件，也是视觉艺术构件。

S-6-3 绿色家具及陈设艺术设计

室内家具和陈设艺术是室内空间使用体验最为直接的载体。绿色家具及陈设艺术设计是室内设计的重要组成部分，是完善空间功能和提升空间品质最为经济、高效的方式和关键因素。

1. 绿色家具设计

绿色家具设计应始终贯彻环保、低碳、节能的理念，通过选用环保材料、装配化设计、注重实用性和装饰性并强调舒适性和美观性。

（1）环保、低碳、节能

在材料的选择上，绿色家具设计应坚持使用可再生、可降解或低污染的环保材料。例如，竹材、木塑复合材料，以及经过环保处理的金属、玻璃等人工材料。这些材料不仅具有良好的环保性能，而且能够满足家具的基本功能和审美需求。

（2）装配化

在装配方式上，绿色家具设计应倡导装配化、模块化的设计理念。通过标准化的设计和生产，实现家具的快速组装和拆卸，方便运输和储存。同时，这种设计方式还可以降低生产过程中的能源消耗和废弃物排放，实现低碳节能的目标。

（3）实用性与装饰性

在实用性和装饰性方面，绿色家具设计应注重实用功能的实现和装饰效果的提升。设计师应根据不同空间的使用需求和消费者的审美偏好，设计出既实用又美观的家具作品。例如，在客厅中，具有储物功能的沙发，既方便收纳杂物，又能够提升空间的整体美观度。

（4）人体工程学

设计师应充分考虑人体尺寸、姿势和动作等因素，设计出符合人体工程学的家具产品，确保用户在使用过程中的舒适度和安全性。同时，通过巧妙的色彩搭配和造型设计，使家具作品在美观性方面达到更高的水平。

2. 陈设艺术设计

陈设艺术设计在室内空间体验中不仅是空间美化的手段，更是提升室内空间精神内涵和艺术品质的关键所在。

（1）设备

在设备方面，陈设艺术设计需要考虑其功能性、实用性和美观性的完美结合。比如，在选用相关使用设备时，除了满足基本的使用需求，还需考虑其造型、色彩和材质是否与室内整体风格相协调，以达到视觉上的和谐统一。

（2）装饰织物

装饰织物作为陈设艺术设计的重要组成部分，其质地、图案和色彩同样对室内空间的整体氛围产生深远影响。精致的窗帘、柔软的抱枕、舒适的地毯等，都能为室内空间增添温馨、舒适的氛围，提升使用者的生活品质。

（3）陈设艺术品

陈设艺术品在室内空间中发挥着画龙点睛的作用。一幅精美的画作、一件独特的雕塑或是一件具有文化内涵的陶瓷，都能为室内空间增添独特的艺术气息，彰显主人的审美品位和文化素养。

（4）照明灯具

照明灯具作为陈设艺术设计的重要元素，其设计处理同样不可忽视。合理的照明设计不仅能营造出舒适的光环境，还能强调空间的结构和层次感，为室内空间增添神秘、浪漫或宁静的氛围。

示范案例：远洋国际中心 A 座 31-33 层 WELL 铂金级认证项目

项目改造设计中选取环保办公装配式家具，注重实用性和装饰性，强调人体工程学的舒适性和美观性，针对不同空间分别设置异形工位和矩形工位。

异形工位示意图

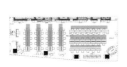

矩形工位示意图

S-6-4　室内绿化设计

既有建筑室内空间改造中，室内绿化设计有助于提高室内空间环境的品质，利用绿植、水景等元素，不仅可以净化空气，还能缓解视觉疲劳与心理压力，为室内环境增添生机与活力。

在建筑室内进行生态增绿，增加绿色植物，进而增加建设项目的绿色碳汇是一个有益的环保举措。

室内植物除了美化室内环境和吸收二氧化碳外，还有改善室内物理环境、调节室内湿度、减少室内粉尘等有害颗粒、吸声隔热、抑制或杀灭空气中微生物的生态效益。

1. 室内绿化布局方式

室内绿化布局有陈列式和绿植墙两种方式

室内绿化形式			空间作用	碳汇能力
陈列式	点	点状摆放、壁挂、悬挂植物	点缀	低
	线	线状摆放、壁挂、悬挂、种植植物	装饰界定	中
	面	面状摆放、壁挂、悬挂、种植植物	装饰界定分隔	
	综合陈列	采用了点、线、面三种布局方式加以综合运用		
绿植墙	攀援式	攀缘植物于隔墙、隔断、柱体等表面进行垂直、立体绿化	装饰界定	高
	模块型	单元模块板结合种植框架盛放土壤、培养基等种植植物	装饰界定分隔	
	种植槽型	种植槽结合种植框架，融合营养液的滴灌系统种植植物		

2. 室内绿化设计要点

室内绿化设计应采用艺术设计手段和技艺，根据不同建筑类型、不同功能空间明确设计思路和设计主题，使植物作为功能构件与室内风格氛围融合于一体，需要将植物结合空间设计考虑其布局方式、构图、形态、色彩搭配，并结合植物的生长需求，完善相关安装技术，考虑室内物理环境对植物的要求，选择适宜的阳光、土壤、水分和温度等。

3. 常见室内植物碳汇能力

在室内植物的搭配和布置上，应选取固碳放氧能力强的植物，并根据其特性设置相应的光照环境。

根据植物对光照的需求及植物的原生境将所测植物分为两种类型，即中性植物（6种）和耐荫植物（10种），其固碳放氧能力见下表。

单位叶面积植物的年固碳放氧能力（$kgCO_2/a\cdot m^2$）[1]

分级	低	中	高
固碳	<0.365	0.365~1.905	>1.905
放氧	<0.266	0.266~0.803	>0.803
植物名称	喜林芋、克拉利安祖花	银后亮丝草、轴榈、橡皮树、广东万年青、绿萝、蜘蛛抱蛋、冷水花、艳山姜、三色龙血树、白蝶合果芋、三色栀花竹芋、银边龙血树	富贵椰子、鹅掌柴

将环境分为光照充足区、半阴区、荫蔽区三大区域，其中光照充足区植物可收到阳光直射时间为4~5h，半阴区可收到阳光直射时间为1~2h，荫蔽区无阳光直射，对搜集的8种植物在三种环境中的碳汇能力进行整理分析，其碳汇能力见下表。

8种常见植物在三种环境的年固碳能力（$kgCO_2/a\cdot m^2$）[2]

植物——环境	光照充足区	半阴区	荫蔽区
短叶虎尾兰	0.17	0.03	0.01
仙羽蔓绿绒	0.41	0.27	0.09
燕子掌	0.92	0.47	0.16
绿萝	1.58	2.28	0.19
合果芋	1.64	1.2	0.2
瑞典常春藤	1.91	0.66	0.14
发财树	2.13	1.24	0.11
橡皮树	2.64	0.45	0.2

注：据多项统计，建筑全生命周期可能进行1~5次室内装修，装修折合碳排放约为0.6~$3kgCO_2/a\cdot m^2$。

示范案例：远洋国际中心 A 座 31–33 层 WELL 铂金级认证项目

该项目改造按照国际WELL铂金级认证进行室内绿化设计。

绿化展示架陈列和绿植墙效果图一

绿化展示架陈列和绿植墙效果图二

绿植展架上布置一些观赏性盆栽，绿植墙采用攀缘植物于隔墙、隔断、柱体等表面结合营养液滴灌系统进行垂直绿化。

① 王丽勉，秦俊，高凯，等. 蜜内植物的固碳放氧研究［C］//中国园艺学会观赏园艺专业委员会年会论文集. 北京：中国园艺学会，2007：579-581.

② 孙文俊，郭丽萍. 碳中和视角下八种住宅室内绿化植物的应用分析［J］. 中国住宅设施，2022，No.230（07）：91-93.

员工农场效果图

木架和白色箱体组成模块绿化墙，并对应WELL评分标准"51-食品生产（园艺空间、种植支持）"设置员工农场（面积：123人×0.1m²/人=12.3m²）。同时为员工提供园艺工具进行无土栽培，清洁易维护。

S-7 室内空间改造的经济适用性设计

室内空间改造的经济适用性设计需要节能设计、易维护设计等方面的考虑，通过合理的设计和改造，降低室内空间的能源消耗和维护成本。

S-7-1 空间布局与节能设计

室内空间改造的节能设计需要综合考虑自然光与照明、节能材料与设备以及软性设计等因素。

1. 自然光与照明

合理利用自然光是一个重要的策略。我们可以通过优化窗户的位置和大小，以及使用透光性好的材料，来充分利用自然光，减少人工照明的使用。同时，我们还可以通过合理的遮阳设计，避免夏季强烈的阳光直射，保持室内温度的舒适。

2. 节能材料与设备

选用高效节能的建筑材料和设备也是节能设计的关键。例如，我们可以选择保温性能好的墙体材料，减少热量的传递；使用节能灯具和电器降低能耗；安装智能温控系统，根据室内温度自动调节供暖或制冷设备的工作状态。

3. 软性设计

除了硬件设施的节能设计，我们还可以通过软性设计手段来降低能耗。例如，合理规划空间布局，避免空间浪费；优化通风系统，保证室内空气流通；选择环保的装修材料和家具，减少有害物质的排放。

示范案例：全国政协常委会会议厅室内改造项目

会议厅原照度250~280lx，通过光环境照度模拟分析，合理考虑灯具布置，改造后池座和楼座区域的桌面照度为600lx，主席台区域的照度提高到1000lx，满足了电视转播的要求。

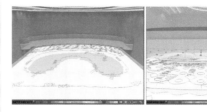

光环境照度模拟示意图

S-7-2 室内空间易维护设计

室内空间改造的易维护设计需要通过合理的材料选择、空间布局、照明设计和环保节能措施，实现空间的持久美观和便捷管理。

1. 易维护材料选择

在选择材料时，应注重其耐用性和易清洁性。例如，地面材料可以选择耐磨、防滑的瓷砖或木地板，墙面则可以采用防水、防污的涂料或壁纸。这些材料不仅具有良好的物理性能，还能在长期使用中保持美观和卫生。尽量少用或不用不易清洁的格栅作为装饰材料。

2. 储物空间

在空间布局上，要合理规划储物空间。通过巧妙的设计，将储物空间融入室内装饰中，既提高了空间的利用率，又方便了日常物品的收纳和整理。同时，储物空间的设计也应注重实用性，确保各种物品能够分类放置，方便查找和使用。

示范案例：天津全运会赛事中心（酒店改办公）项目

项目设计中，选择了多种环保易清洁的材料，旨在降低能源消耗，减少建筑垃圾，同时保障空

墙顶地均采用环保、易清洁的材料

间的美观与实用性。

首先，木饰面挂板的使用，不仅赋予了空间自然温馨的氛围，而且这种材料耐用、可再生，与传统的装饰材料相比，在生产过程中产生的碳排放量更低，可以进行回收再利用，对环境的影响小。

其次，设计中采用了平顶吊顶，摒弃了复杂的造型设计，这不仅简化了施工过程，减少了材料浪费，而且有利于提高空间的使用效率。平顶吊顶内部还隐藏了高效的通风和空调系统，能够在提供舒适环境的同时，有效降低能耗。

地面选用了仿大理石地砖，这种材料不仅防滑，并具有与大理石相似的效果，而且在生产过程中需要的能源更少，且更易于维护。

此外，项目中还采用了能源节约的照明系统，如 LED 灯具和智能控制系统，能够根据环境光线和空间使用情况自动调节亮度，进一步节省电力消耗。

S-8　全流程数字化及数字化档案

既有建筑改造是城市更新中的一个重要环节，室内空间改造是微更新的体现。通过建立相关数字化档案，可以实现大数据决策及优化设计系统，为数字化建造、存档与运营管理提供有力支持。同时，形成再次拆、改、留的数字化决策闭环，有助于提高城市更新效率，提升城市品质。

S-8-1　大数据决策及优化设计系统

基于大数据决策及优化设计系统，将从源头到末端，全方位地对不同地域、不同功能建筑进行深入研究，为设计方案的决策提供有力的数据支持。该系统分为四个模块：数据采集模块、数据处理模块、设计优化模块和决策支持模块。

1.　数据采集模块

在项目启动阶段，系统将采集建筑物的原始数据，包括政策法规、行业标准、地域特征、历史项目案例、建筑设计参数、材料信息、施工工艺结构、功能、能耗等方面的信息。同时，系统还将收集市场、用户需求等相关数据，为后续决策提供有力支持。

2.　数据处理模块

对采集到的数据进行统计、整合和分析，形成统一的数据存储库。利用人工智能算法，对多个设计方案进行竞争性筛选，找出最优方案。这些算法会根据建筑数据和设计师的需求，自动调整设计方案的各项参数，以满足性能、美观、成本等多方面要求。此外，设计师还可以借助人机交互界面，实时查看和调整设计方案，实现设计与人工智能的协同作业。通过对大数据的分析，系统能够为设计师提供有关用户需求的详细信息，包括用户的喜好、生活习惯、消费习惯等方面，以便设计师能够更好地满足用户的需求，打造出更符合用户个性化的空间。

3.　设计优化模块

基于数据驱动，运用人工智能、建筑信息模型（BIM）等技术，对设计方案进行优化。系统还对空间风格、色彩与心理、功能与流线、材料性能等多方面进行深入研究。这些因素对于建筑室内空间改造项目的成功与否起着关键作用。例如，合适的色彩搭配可以营造出舒适、和谐的氛围，满足用户的心理需求；合理的功能布局和流线设计可以提高空间的利用率，方便用户的日常生活。在材料性能方面，大数据分析可以帮助设计师对比各种材料的优缺点，从而为项目选择性价比高、环保、耐用的材料。

系统采用优化算法，对设计方案进行多轮迭代优化。在这个过程中，系统会充分考虑建筑物的结构、功能、美观等多方面因素，确保设计方案的合理性和可行性。同时，系统还能实时调整设计方案，以应对施工过程中可能出现的问题，从而提高施工效率。

4. 决策支持模块

决策支持模块为设计师、业主和施工方提供数据支撑，结合建筑室内空间改造的实际情况，构建一系列决策模型，如成本预测模型、工期预测模型、质量评估模型等。模块将分析结果和决策模型以可视化的形式展示给用户，便于用户直观地了解项目情况，使他们在方案决策时能够全面考虑各种因素，辅助决策。

示范案例：太原市滨河体育中心改造扩建项目

项目利用网络爬虫技术进行检索、数据采集，分析整理出相关设计任务。

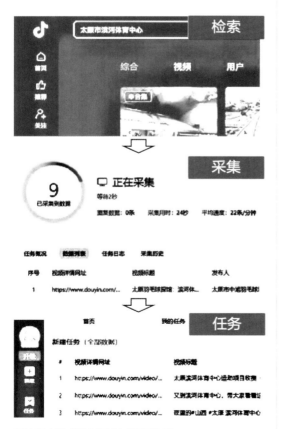

网络爬虫技术数据采集过程示意图

在建筑外部形态与内部空间整合方面，通过大数据使用场景设定、行为模式模拟、视线角度分析等手段，达到建筑内外空间的统一性和高完成度[①]。

S-8-2　数字化建造、存档与运营管理

室内空间改造设计中，数字化建造技术的应用，使得工程进度、质量、安全等方面得到了全方位的监控与保障；数字存档让建筑档案的管理更加便捷、高效、精确；智能化运营管理则大大降低了建筑物的能耗，提高了设施设备的运行效率。

1. 室内空间改造的数字化建造

室内空间改造的数字化建造体现在对于拆、改、留的落实，设计方案的落地，空间效果与结构、机电设备的协调，施工进度与建造成本控制，减少现场错、漏、碰、缺等方面，都具有重要价值。

（1）数字化建造在拆、改、留环节的应用

数字化建造技术可以通过三维建模、虚拟现实等手段，对建筑物进行精确的建模，以便于设计师、施工方和业主更直观地了解建筑物的结构、空间和功能需求。此外，数字化建造技术还可以对拆、改、留环节中的各种工程量进行精确计算，为后续的采购、施工和成本控制提供有力支持。

（2）数字化建造在设计方案落地中的应用

数字化建造技术可以将各专业的设计数据进行整合，形成一个完整的设计方案。通过数字化建造技术，设计师可以快速地调整设计方案，实时查看各种设计参数，以确保设计方案的可行性和合理性。同时，数字化建造还可以帮助设计师预测建筑物的能耗、环保等性能，为绿色建筑和节能减排提供指导。

（3）空间效果与结构、机电设备协调中的应用

建筑室内空间改造施工中，空间效果、结构与机电设备的协调至关重要。数字化建造技术可以通过虚拟现实（VR）和增强现实（AR）等技

① 张翼南. 基于社交平台数据分析的体育场馆非赛改造策略思考［J］. 当代建筑，2023（05）:138-141.

术，为设计师和施工人员提供身临其境的沉浸式体验。通过对空间效果的直观展示和调整，帮助施工安装对结构、机电设备进行精确的模拟和分析，提前发现并解决潜在的问题，确保设计从方案到施工的顺利推进。

（4）施工进度与建造成本控制

数字化建造技术可以通过施工计划编制、资源调度、现场监控等手段，实现施工进度的高效管理和成本控制。具体而言，数字化建造技术可以实时采集施工现场的数据，为施工方提供有关工程进度、质量、安全等方面的信息。同时，数字化建造技术还可以通过对工程成本的动态监控，帮助施工方及时发现成本风险，进而采取相应的措施进行控制。

2. 室内空间改造的数字化档案

室内空间改造完成后，对改造中的全专业及所处场地环境信息进行电子化存档，为后续的智能化运行、维护和管理奠定了基础。这些电子档案包含了建筑的各种详细信息，如结构、设备、材料等，为后期的运维提供了强大的数据支持。

与此同时，将这些电子档案与智慧城市系统相结合，有助于实现城市资源的合理配置和高效利用。通过实时收集和分析建筑的运行数据，可以对建筑的能耗、安全、环境等方面进行智能化管理，提高建筑的性能和舒适度。此外，这些数据还可以为政府决策提供参考，有助于城市更新的推进和城市再发展。

3. 室内空间改造后的智能化运营管理

室内空间改造后，投入使用时，智能控制系统可根据实际需求调整建筑设备的运行策略，降低能源消耗。利用物联网技术，实现对建筑物内人员和物品的安全监控，提高建筑物的安全性能，保障人员和财产的安全。并整合各类建筑运营数据，实现对建筑设施的远程监控、故障预警和预测性维护。这将降低运维成本，提高建筑物的使用寿命。

示范案例：德化国际陶瓷艺术城

2号展厅的日光调控系统，选择不透光的电动遮阳百叶，这就需要将遮阳系统也纳入智能控制系统，与人工照明结合控制。当天然光照度高于350lx时，遮阳百叶启动，遮挡过量的天然光，同时开启部分人工光源对暗区照明进行补充。当天然光照度低于350lx时，遮阳百叶不启动，根据日光感应系统的测量结果调整各区域人工光源输出比例，平衡各分区亮度。当天然光照度为0时，室内照明完全由人工光源提供。

经测算，排除运营时段影响、特殊展览需求等情况，引入天然光相较完全使用人工照明可在白天节能70%。[①]

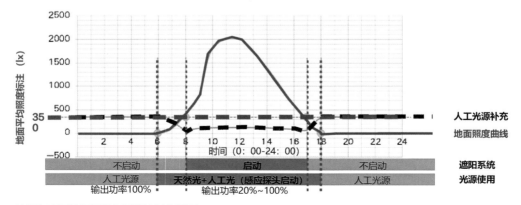

遮阳与光源使用智能化运营控制分析图

---

① 谢菁，钱祺，李楠. 天然光影响下的展陈空间照明设计方法研究——以德化国际陶瓷艺术城展厅照明设计为例[J]. 城市住宅，2021.（04）：29-32.

设计策略及技术措施

设计策略	策略编号	技术措施	措施编号
建立室内绿色健康环境评估要点	S-1	通用绿色室内健康环境评估要点	S-1-1
		待更新项目调研及改造策略制定	S-1-2
修缮式的室内设计	S-2	物理空间品质改造提升	S-2-1
		室内空间视觉美感提升	S-2-2
		加固耐久设计	S-2-3
新旧并置共存的空间设计	S-3	平衡拆、改、留的室内设计	S-3-1
		构配件的再利用设计	S-3-2
功能兼容与弹性适变空间设计	S-4	室内空间的功能兼容性设计	S-4-1
		室内空间的弹性适变性设计	S-4-2
历史文化信息空间保护利用设计	S-5	历史建筑室内空间修缮保护设计	S-5-1
		历史文化元素符号凝练	S-5-2
		历史文化意境的室内空间设计表达	S-5-3
建立室内空间改造绿色美学	S-6	室内空间改造设计的绿色建材应用	S-6-1
		轻介入、少用量设计	S-6-2
		绿色家具及陈设艺术设计	S-6-3
		室内绿化设计	S-6-4
室内空间改造的经济适用性设计	S-7	空间布局与节能设计	S-7-1
		室内空间易维护设计	S-7-2
全流程数字化及数字化档案	S-8	大数据决策及优化设计系统	S-8-1
		数字化建造、存档与运营管理	S-8-2

8.4   典型案例

北京首钢工舍智选假日酒店设计项目

项目地点：北京市石景山区

项目规模：改造前约2000m²，改造后9890m²

项目背景

建筑旧址原为首钢厂区内遗存的空压机站、返矿仓与电磁站三个相邻的工业建筑。项目先期为2022年北京冬奥会组委会官员及访客配套使用的倒班公寓，赛后为对外开放的精品酒店，酒店管理方为洲际智选品牌。

问题研判

（1）原有功能不适应新需求

原为厂区内遗存的工业建筑，更新改造转型后的功能需要适应时代新需求，不再是以工业生产产能为目标，而是立足于"以人为本"建立高端产业综合服务区。

（2）项目需满足近期及远期运营功能需求

改造更新后的项目先期为2022年北京冬奥会组委会官员及访客配套使用的倒班公寓，赛时及后期为对外开放的精品酒店。

（3）再利用与拆、改、留

原建筑由于建成年代久远，结构上存在一定安全隐患，设备设施陈旧，新功能对物理空间有更多人性化需求。

（4）整体外在形象与内在品质有待改善

建筑外在形象破败，内在空间不适合公寓和酒店使用，整体外在形象与内在品质有待改善。

设计策略及技术措施应用解析

设计策略	策略编号	技术措施	措施编号	应用
建立室内绿色健康环境评估要点	S-1	通用绿色室内健康环境评估要点	S-1-1	
		待更新项目调研及改造策略制定	S-1-2	
修缮式的室内设计	S-2	物理空间品质改造提升	S-2-1	√
		室内空间视觉美感提升	S-2-2	√
		加固耐久设计	S-2-3	
新旧并置共存的空间设计	S-3	平衡拆、改、留的室内设计	S-3-1	√
		构配件的再利用设计	S-3-2	√
功能兼容与弹性适变空间设计	S-4	室内空间的功能兼容性设计	S-4-1	
		室内空间的弹性适变性设计	S-4-2	
历史文化信息空间保护利用设计	S-5	历史建筑室内空间修缮保护设计	S-5-1	
		历史文化元素符号凝练	S-5-2	
		历史文化意境的室内空间设计表达	S-5-3	
建立室内空间改造绿色美学	S-6	室内空间改造设计的绿色建材应用	S-6-1	
		轻介入、少用量设计	S-6-2	
		绿色家具及陈设艺术设计	S-6-3	
		室内绿化设计	S-6-4	

设计策略	策略编号	技术措施	措施编号	应用
室内空间改造的经济适用性设计	S-7	空间布局与节能设计	S-7-1	
		室内空间易维护设计	S-7-2	
全流程数字化及数字化档案	S-8	大数据决策及优化设计系统	S-8-1	
		数字化建造、存档与运营管理	S-8-2	

S-2-1　物理空间品质改造提升 [①]

通高中庭是新置入的结构形式形成的错落式空间，屋顶采光天窗通过透光膜材料可以均匀地漫射到整个客房区域的环形走廊，走道自然采光的设计强化了空间的美感和功能，创造了视觉上令人愉悦的环境，提高了舒适度。

轻盈通透的艺术品灯具效果

S-3-1　平衡拆、改、留的室内设计

设计过程中，与结构工程师密切配合，对原建筑进行全面的结构检测，确定了"拆除、加固、保留"相结合的结构处理方案；使用粒子喷射技术对需保留的涂料外墙进行清洗，在清除污垢的同时保留了数十年形成的岁月痕迹和历史信息。

设计最大限度地保留原来废弃和预备拆除的工业建筑及其空间、结构和外部形态特征，将新结构见缝插针地植入其中并叠加数层以容纳未来的使用功能：下部的大跨度厂房——"仓"作为公共活动空间，上部的客房层——"阁"漂浮在厂房之上。被保留的"仓"与叠加其上的"阁"并置，形成强烈的新旧对比。

中庭屋顶天窗自然光照射环形走道效果图

S-2-2　室内空间视觉美感提升

定制的艺术品灯具从天窗垂落，宛如一片轻盈通透的金属幔帐，柔化了硬朗的空间形式，与原始工业遗存的粗犷形成了鲜明的对比，增加了酒店的时代时尚气息。

S-3-2　构配件的再利用设计

利用原厂区内的废弃金属栏杆重新加工制作再利用，详见8.3设计策略S-3-2案例应用分析。

① 曹阳. 工业遗址利用实践——以"仓阁"首钢工舍精品酒店改造为例 [J]. 城市住宅，2019，(06)：6-10.

拆除无法利用部分

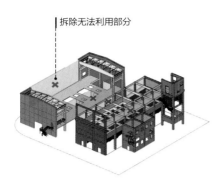

项目保留和拆除示意图

植入新的承重体系，搭建梁和楼板，增加墙体

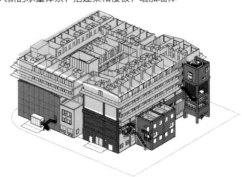

项目增加墙体示意图

太原市滨河体育中心改造扩建项目

项目地点：山西省太原市

项目规模：改造前21300m²，改扩建后49033m²

项目背景

太原市滨河体育中心老馆建成于1998年，是山西省早期修建的大型综合性体育场馆和公共活动场所之一。老馆面临容量不足，难以继续承担市民集会观演及日常体育休闲的功能，因2019年第二届全国青年运动会迎来了改造与扩建。

问题研判

（1）原有功能及装修不适应新需求

场馆在2019年第二届全国青年运动会作为乒乓球、举重项目的比赛场馆，有常规体育赛事的功能提升需求，还需兼顾赛后场馆全周期运营使用。

（2）物理空间品质低下

建筑内部设施陈旧，使用体验感差，物理空间品质待改善。设备管线复杂，局部层高过低。

（3）老馆观众席位不足

为了提高后期运营收入，需要增加观众席位数量，从而增加售票收入。

（4）局部需加固

将建筑形象较混乱的体育馆平台部分和场地较小的训练馆进行整体拆除。经结构检测结果显示，对保留结构框架及部分构件需进行加固。

（5）公众时代记忆

滨河体育中心虽不是学术意义的建筑遗产，但仍是人文、经济、社会意义上的城市历史遗存，作为特定历史时期建造的城市公共文化设施，是城市的特色标识和公众的时代记忆。

设计策略及技术措施应用解析

设计策略	策略编号	技术措施	措施编号	应用
建立室内绿色健康环境评估要点	S-1	通用绿色室内健康环境评估要点	S-1-1	
		待更新项目调研及改造策略制定	S-1-2	
修缮式的室内设计	S-2	物理空间品质改造提升	S-2-1	√
		室内空间视觉美感提升	S-2-2	√
		加固耐久设计	S-2-3	√
新旧并置共存的空间设计	S-3	平衡拆、改、留的室内设计	S-3-1	√
		构配件的再利用设计	S-3-2	

设计策略	策略编号	技术措施	措施编号	应用
功能兼容与弹性适变空间设计	S-4	室内空间的功能兼容性设计	S-4-1	√
		室内空间的弹性适变性设计	S-4-2	√
历史文化信息空间保护利用设计	S-5	历史建筑室内空间修缮保护设计	S-5-1	√
		历史文化元素符号凝练	S-5-2	
		历史文化意境的室内空间设计表达	S-5-3	
建立室内空间改造绿色美学	S-6	室内空间改造设计的绿色建材应用	S-6-1	
		轻介入、少用量设计	S-6-2	
		绿色家具及陈设艺术设计	S-6-3	
		室内绿化设计	S-6-4	√
室内空间改造的经济适用性设计	S-7	空间布局与节能设计	S-7-1	
		室内空间易维护设计	S-7-2	√
全流程数字化及数字化档案	S-8	大数据决策及优化设计系统	S-8-1	√
		数字化建造、存档与运营管理	S-8-2	√

S-2-1　物理空间品质改造提升

乒乓球馆在改造前为羽毛球馆，由于空间较高，容积大，容易产生混响时间长、语言清晰度低、回声等声学问题。

比赛大厅内汲取树木生长概念，呼应建筑速度与力量的主题：顶面根据建筑桁架的分隔及菱形天窗的分布，采用三角形吸声体和金属网材料模仿树叶郁郁葱葱的状态；墙面穿孔铝板分隔亦是模仿树木枝丫生长状态排版；从顶面、墙面到

地面高度模拟众人围坐、树荫下纳凉的整体氛围，给予市民一种"城市客厅"的归属感。

高区穿孔铝板后衬吸声材料，与顶面吸声体起到装饰作用的同时兼具声学作用，为赛事及大型文娱活动提供良好环境。低区穿孔率高的铝板为场馆冬季暖气散热提供保障。

当设计采用板状空间吸声体时，若吸声体的总面积相当于建筑物顶面积的30%～40%，可使板状空间吸声体吸声的效率达到最佳值。而实

改造前顶面无吸声措施

更新前乒乓球馆顶面分析图

顶面吸声体及金属网

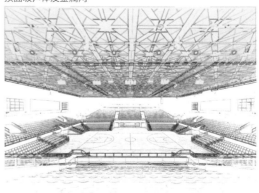

更新后乒乓球馆顶面示意图

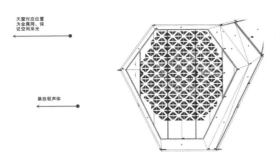

乒乓球馆顶面金属网及吸声体分析图

际工程中为了满足降低噪声或控制混响时间的要求，空间吸声体的总面积宜取建筑物顶面积的40%～50%；若增加空间吸声体的数量，反而会影响空间吸声体的整体吸声性能，造成浪费。

S-2-2　室内空间视觉美感提升

老馆层高有限、空间压抑，拆除部分楼板打造挑空空间；改造楼梯，扩大前厅作为观众集散大厅，保留的梁柱作为主要视觉元素，提升空间效果。

集散大厅更新前层高分析图

集散大厅更新后效果图

S-2-3　加固耐久设计

旧馆集散大厅保留了大部分原有结构并进行加固，结构加固及管线改造消耗了部分空间高度，室内设计顺应空间形态将建筑结构形态进行简要包封外露处理，体现空间力量感的同时抬升了标高。

对原始结构梁柱加固示意图

S-3-1　平衡拆、改、留的室内设计

为避免大拆大建，室内空间改造设计在保留旧馆主比赛场地及其看台的情况下进行改造。为体现新老建筑的传承关系，对内部结构进行精心梳理，老馆具有标志性的Y形造型在外立面和室

更新前的旧馆Y形构造示意图

更新后保留Y形构造室内效果图

内空间改造设计中得到保留，室内通过纤维水泥板的包封将其展示出来，保留了当地老百姓对旧馆的时代记忆，也顺应了建筑外幕墙的造型趋势，保持了建筑内外的整体性。

S-4-1　室内空间的功能兼容性设计

旧馆一层和新馆采用移动座椅技术。旧馆平台下部的空间赛时通过临时隔断划分可供网球中心使用，赛后可复合多种运动功能使用。

可移动座椅示意图

S-4-2　室内空间的弹性适变性设计

考虑到滨河体育中心赛时及赛后的功能转换，以及场馆的可持续利用，新闻发布厅采用活动拼装舞台，充分利用有限空间，以便赛后其他文娱活动灵活使用。除新闻发布厅外，观众集散平台下补充赛事管理区、媒体服务区等功能，对外有单独出入口，赛后作为体育培训、体育商业等租赁，为场馆生命周期的良性运营提供基础。

活动拼装舞台示意图

S-5-1　历史建筑室内空间修缮保护设计

旧馆原集散大厅有一幅墨绿色瓷砖底版的铸铜壁画。

原有铸铜壁画实物图

考虑到城市记忆、历史记忆的延续，改造后的旧馆在北侧集散大厅预留了一面墨绿色石材墙面，以便甲方后期可以将壁画复原。

墨绿色石材墙面示意图

S-6-4　室内绿化设计

绿植从地下一层服务台"木盒子"顶部生长到一层栏板，体现绿色生态的设计理念。

室内绿植示意图

S-7-2 室内空间易维护设计

场地周围墙面及看台栏板位置，采用30mm厚穿孔水泥挂板，防撞击耐擦洗的同时可起吸声作用。

场地周围墙面及看台栏板位置示意图

防撞击耐擦洗穿孔水泥挂板效果图

S-8-1 大数据决策及优化设计系统

项目利用网络爬虫技术进行检索、数据采集，分析整理出相关设计任务和设计策略，详见8.3设计策略S-8-1案例应用分析。

S-8-2 数字化建造、存档与运营管理

老馆原有建筑结构设计，受限于20多年前的技术、规范以及造价控制要求，层高仅为4.2m，这在当时或许尚可满足需求，但在现代体育赛事的标准下，显得捉襟见肘。随着科技的发展，新的规范要求赛事区顶部空间容纳更多的机电管线，以满足更为复杂和严格的设备运行需求。这些管线的数量和尺寸都大幅度增加，对老馆的改造更新带来了巨大的压力，犹如在有限的空间中进行一场精密的手术。

为了应对这一挑战，我们采取了先进的全专业BIM技术。BIM技术能够将建筑的各个专业，包括结构、机电、室内设计等，全部整合在一个三维模型中，使得设计、施工和管理的全过程更为精确和高效。通过BIM技术，我们可以预见到每一根管线在空间中的位置，避免了施工过程中的冲突和返工，极大地节省了时间和成本。

同时，BIM技术也在保证施工精确度和进度的前提下，对空间进行了优化设计，提升了空间的品质和使用体验。通过精细调整管线的布局，尽可能地减少其对视觉和空间感的影响，同时确保其功能的正常运行。

BIM管综分析示意图

朝天门广场片区更新项目

项目地点：重庆市

项目规模：建筑层数为地上4层，建筑面积61438.88m²，局部地下1层，建筑面积107m²，建筑高度为23.0m。

项目背景

朝天门一解放碑片区是重庆母城之所在，朝天门是重庆"九开八闭"十七座古城门之首，先后历经战国、三国、南宋和明初四次大规模筑城。1927年，为便利城内城外交通，朝天门城门、城墙遭拆除；1997年重庆设立为直辖市，兴建了朝天门广场和水路客运交通枢纽，朝天门空间格局发生较大变化，历史记忆逐渐消失。近年来，随着城市建设开发，区域步行交通不畅，市民到达朝天门广场不便，广场空间受到周边建筑压迫，尺度比例失衡的问题突出。

问题研判

（1）原有功能及装修不适应新需求

项目投入使用二十余年，原有功能与设计不适应当下使用的需求，公共开放展示功能及游客集散服务功能有待完善。

（2）物理空间品质低下

朝天门整体建筑为"瓮城"形态，顶层为广场层，其余四层均为半地下状态，仅三四层有部分灰空间作为可见光的室内外延申，且层高较为压抑，内部空间采光与通风不佳。

（3）乡愁记忆待保留

朝天门片区地理位置特殊，居于渝中半岛门户位置，地扼黄金水道要冲，为重庆重要交通枢纽，是山脉、水脉、人脉交汇之精华区，是开启重庆悠久历史，承载商埠记忆的人文之门。项目要留住重庆市民对古城、古埠的乡愁记忆，彰显重庆城市人文地标的底蕴和风采。

S-2-1　物理空间品质改造提升

半室外建筑出于节能考虑无法提供空调送风，为了解决通风问题，我们在相应的顶面及中庭设置了工业风扇，以此保证整体空气的循环流动。

增加工业风扇解决通风问题示意图

S-2-2　室内空间视觉美感提升

采用带镜面反射的吊顶材料，消解层高受限的压抑感，并形成空间折叠的独特视觉体验。

S-3-2　构配件的再利用设计

收集项目码头原有活动家具做二次利用，作为综合服务大厅的室内休息桌椅及座凳。

S-4-2　室内空间的弹性适变性设计

河街商业的商亭采用装配式模块化商亭形式，

设计策略及技术措施应用解析

设计策略	策略编号	技术措施	措施编号	应用
建立室内绿色健康环境评估要点	S-1	通用绿色室内健康环境评估要点	S-1-1	
		待更新项目调研及改造策略制定	S-1-2	
修缮式的室内设计	S-2	物理空间品质改造提升	S-2-1	√
		室内空间视觉美感提升	S-2-2	√
		加固耐久设计	S-2-3	
新旧并置共存的空间设计	S-3	平衡拆、改、留的室内设计	S-3-1	
		构配件的再利用设计	S-3-2	√
功能兼容与弹性适变空间设计	S-4	室内空间的功能兼容性设计	S-4-1	
		室内空间的弹性适变性设计	S-4-2	√
历史文化信息空间保护利用设计	S-5	历史建筑室内空间修缮保护设计	S-5-1	
		历史文化元素符号凝练	S-5-2	
		历史文化意境的室内空间设计表达	S-5-3	√
建立室内空间改造绿色美学	S-6	室内空间改造设计的绿色建材应用	S-6-1	
		轻介入、少用量设计	S-6-2	√
		绿色家具及陈设艺术设计	S-6-3	√
		室内绿化设计	S-6-4	
室内空间改造的经济适用性设计	S-7	空间布局与节能设计	S-7-1	
		室内空间易维护设计	S-7-2	
全流程数字化及数字化档案	S-8	大数据决策及优化设计系统	S-8-1	
		数字化建造、存档与运营管理	S-8-2	

镜面吊顶材料创造的空间折叠效果图

原活动家具二次利用示意图

模块化商亭示意图

可根据商户及经营的变化进行灵活的转换以适应
需求的变化。顶面使用通透式金属网吊顶并预留
设备带,满足后期商业介入带来的二次装修所需
机电条件。

S-5-3　历史文化意境的室内空间设计表达

在室内空间意境设计上,充分尊重重庆当地
特色的戏楼喝茶文化,河街商业立面延续当地建
筑特色的吊脚楼元素并参考当地戏台样式。

地方茶文化氛围营造效果图

S-6-2　轻介入、少用量设计

利用结构构件作为室内空间造型元素,不对
构件进行过多装饰,使用框架梁造型消化原有厚
重结构梁体系,形成错落的空间效果。

框架梁柱营造错落空间效果图

协调机电各专业进行管线综合梳理后排布,
合理处理顶面梁及管线交叉处标高,对管线进行
艺术化设计,采用裸顶处理,减少吊顶用材量。

综合服务大厅顶面管线艺术化处理示意图

S-6-3　绿色家具及陈设艺术设计

主入口处结合水幕投影做装置艺术设计,再
结合吊顶的光影设计,营造一种长江之水天上来
的视觉冲击感。

主入口字水霄灯效果图

远洋国际中心 A 座 31-33 层 WELL 铂金级认证项目

项目地点：北京市

建筑面积：61545.88m²

项目背景

WELL是一种建筑标准，是一个基于性能的系统通过测量、认证和监测空气、水、营养、光线、健康、舒适和理念等建筑环境特征，该系统考量人类健康问题与建筑环境之间的关系时能够做到更具有针对性，是一套注重建筑环境中人的健康和福祉的系统。WELL认证立足于医学研究机构，探索建筑与其使用者的健康和福祉之间的关系。

问题研判

（1）更高室内健康环境要求

甲方对建筑室内健康环境有高于国内绿色建筑标准的需求，希望能达到WELL铂金级认证。

（2）业主集团核心理念在空间中的表达

室内空间需要体现远洋集团"智慧健康"的核心理念，做到健康、开放、共享、智慧。

（3）室内空间环境品质整体提升需求

远洋国际中心超前的整体规划设计，与世界全面接轨，体现国际化商务风范。远洋国际中心写字楼所有楼体与水平成45°角设计，保证每个独立空间均有二至三个采光面，大面宽、短进深，完全做到阳光办公。

S-1-1 通用绿色室内健康环境评估要点

项目按照美国WELL建筑标准中铂金级认证要求进行室内空间改造设计。此项目是北京第一个铂金认证项目，也是亚洲面积最大的铂金认证项目。详见8.3设计策略S-1-1案例应用分析。

设计策略及技术措施应用解析

设计策略	策略编号	技术措施	措施编号	室内设计类别	应用
建立室内绿色健康环境评估要点	S-1	通用绿色室内健康环境评估要点	S-1-1	A-标准与程序	√
		待更新项目调研及改造策略制定	S-1-2	A-标准与程序	√
修缮式的室内设计	S-2	物理空间品质改造提升	S-2-1	D-室内物理环境	√
		室内空间视觉美感提升	S-2-2	B-空间及造型	√
		加固耐久设计	S-2-3	F-室内专项设计	
新旧并置共存的空间设计	S-3	平衡拆、改、留的室内设计	S-3-1	F-室内专项设计	
		构配件的再利用设计	S-3-2	F-室内专项设计	
功能兼容与弹性适变空间设计	S-4	室内空间的功能兼容性设计	S-4-1	B-空间及造型	
		室内空间的弹性适变性设计	S-4-2	B-空间及造型	√
历史文化信息空间保护利用设计	S-5	历史建筑室内空间修缮保护设计	S-5-1	F-室内专项设计	
		历史文化元素符号凝练	S-5-2	F-室内专项设计	
		历史文化意境的室内空间设计表达	S-5-3	F-室内专项设计	
建立室内空间改造绿色美学	S-6	室内空间改造设计的绿色建材应用	S-6-1	C-室内装修设计	
		轻介入、少用量设计	S-6-2	C-室内装修设计	
		绿色家具及陈设艺术设计	S-6-3	E-陈设艺术设计	√
		室内绿化设计	S-6-4	E-陈设艺术设计	
室内空间改造的经济适用性设计	S-7	空间布局与节能设计	S-7-1	D-室内物理环境	√
		室内空间易维护设计	S-7-2	F-室内专项设计	
全流程数字化及数字化档案	S-8	大数据决策及优化设计系统	S-8-1	G-技术与创新	
		数字化建造、存档与运营管理	S-8-2	G-技术与创新	

S-1-2　待更新项目调研及改造策略制定

与甲方共同制定项目《远洋集团总部装修WELL铂金认证设计建议书》，详见8.3设计策略S-1-2案例应用分析。

S-2-1　物理空间品质改造提升

设计过程进行数据采集与模拟分析，根据不同季节太阳高度角，模拟计算办公环境照明的差值，提升室内光环境品质。

自然采光模拟计算——目的是要做到：①至少55%的空间每年至少50%的运营时间能获得300lx的阳光照射。②每年有250小时可获得1000lx以上，阳光照射的区域不超过10%。

设计前期针对公共区、办公区进行了空气、温湿度、甲醛、噪声等数据采集分析。

为满足项目较高吸声、隔声要求，每种材料在空间中均进行声学混响计算。

办公区所有功能照明灯具均选择高显色指数、低频闪的 LED 灯具，显色指数均达到了 Ra>80，R9>50。LED 灯具色温定制为 3500K，打破传统照明光色的应用，视觉舒适且减少蓝光的产生，同时保证所有工位的褪黑素照度在 300EML 以上。

S-2-2　室内空间视觉美感提升

环形走廊是衔接各个部门的公共区域，考虑到与办公区域照度的合理过渡，减少明暗适应，兼顾空间美感，经过计算选用了43mm宽的成品嵌入式线型灯具来贯穿环廊，同时定制圆弧造型

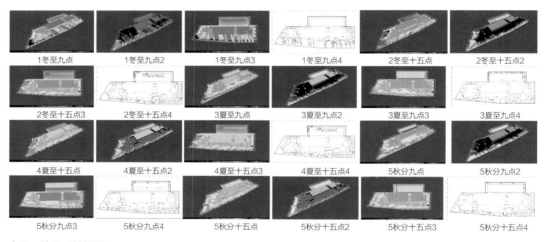

1冬至九点	1冬至九点2	1冬至九点3	1冬至九点4	2冬至十五点	2冬至十五点2
2冬至十五点3	2冬至十五点4	3夏至九点	3夏至九点2	3夏至九点3	3夏至九点4
4夏至十五点	4夏至十五点2	4夏至十五点3	4夏至十五点4	5秋分九点	5秋分九点2
5秋分九点3	5秋分九点4	5秋分十五点	5秋分十五点2	5秋分十五点3	5秋分十五点4

办公环境照明模拟图

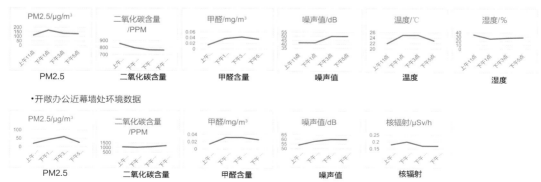

• 远景阁环境数据

• 开敞办公近幕墙处环境数据

环境数据采集分析图

环形走廊效果图

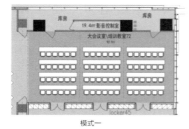 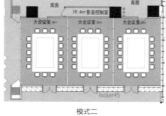 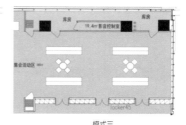

模式一　　　　　　　　　　模式二　　　　　　　　　　模式三

共享交流区多模式示意图

灯具，以及圆弧与直线灯具的紧密连接工艺，还有不规则转角的加工制作，最终实现了照明的预期效果，使其成为空间的一道亮丽风景廊。

S-4-2　室内空间的弹性适变性设计

共享交流区采用"适应性"设计，提供简单便捷的空间多种使用模式，空间可快速进行功能转换，减少后期因需求变化而导致局部拆改施工。

S-6-3　绿色家具及陈设艺术设计

设计中对不同空间分别设置异形工位和矩形工位，详见8.3设计策略S-6-3案例应用分析。

全员工设置升降工位，提供可调节高度的办公桌，手动调节且支持4项记忆模式，调节高度实时显示。有效减少员工职业病的发生率。

移动智能工位系统由服务器、交换机、物联网关组成，通过手机预约实现基于物联网的智能管控。每个工位均设置笔记本电脑移动支臂，自由调节减少颈椎病发生。空间中设有健身工位，提倡移动办公的同时适当活动筋骨。

智能工位及健身工位效果图

S-6-4　室内绿化设计

公共区域、走廊、接待室均设置垂直绿化，创新性地在楼板上设计地面绿化，根据绿植品种计算合理覆土厚度，采用智能滴灌系统，减少人工维护成本，节水且高效，并设置了员工农场，采用无土栽培及光模拟技术，详见8.3设计策略S-6-4案例应用分析。

S-7-1　空间布局与节能设计

将绿色城市理念带入办公空间的规划中，以

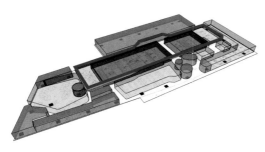

健康步道示意图

健康步道为纽带，衔接各功能区块。主要交通流线打破传统，均以橡胶运动跑道贯穿整个空间，鼓励员工午休时在健康步道散步运动、同时减少电梯使用量。

北京建筑大学教学楼改造

项目地点：北京市西城区

项目规模：7516m²（室内精装面积）

项目背景

本项目的两栋教学楼和阶梯教室是20世纪80年代校园扩建更新的产物，但依然存在抗震结构需要加固、机电设施陈旧、教学使用方式与当下脱节等问题。

问题研判

西城校区校园环境现存问题如下：

校园建筑整体风貌混乱，校内不同建设年代及风格的建筑共存，在设计风格、材料使用及颜色搭配上较为混乱，缺少整体形象规划，紧邻的1号教学楼坡顶、灰砖墙与2号教学楼的平顶、彩色水刷石墙面反差极大。

校园空间功能布局不集中，随着学生规模扩大及院系专业扩张，校内持续建设教学楼、图书馆、专业教室，但缺少统一规划、布局分散，给师生使用带来不便。

校园人文环境特色与公共服务属性缺失，单体建筑之间缺少体现人文内涵的景观空间。

设计策略及技术措施应用解析

设计策略	策略编号	技术措施	措施编号	应用
建立室内绿色健康环境评估要点	S-1	通用绿色室内健康环境评估要点	S-1-1	
		待更新项目调研及改造策略制定	S-1-2	
修缮式的室内设计	S-2	物理空间品质改造提升	S-2-1	√
		室内空间视觉美感提升	S-2-2	
		加固耐久设计	S-2-3	
新旧并置共存的空间设计	S-3	平衡拆、改、留的室内设计	S-3-1	√
		构配件的再利用设计	S-3-2	√
功能兼容与弹性适变空间设计	S-4	室内空间的功能兼容性设计	S-4-1	
		室内空间的弹性适变性设计	S-4-2	
历史文化信息空间保护利用设计	S-5	历史建筑室内空间修缮保护设计	S-5-1	√
		历史文化元素符号凝练	S-5-2	
		历史文化意境的室内空间设计表达	S-5-3	
建立室内空间改造绿色美学	S-6	室内空间改造设计的绿色建材应用	S-6-1	
		轻介入、少用量设计	S-6-2	
		绿色家具及陈设艺术设计	S-6-3	
		室内绿化设计	S-6-4	

续表

设计策略	策略编号	技术措施	措施编号	应用
室内空间改造的经济适用性设计	S-7	空间布局与节能设计	S-7-1	
		室内空间易维护设计	S-7-2	
全流程数字化及数字化档案	S-8	大数据决策及优化设计系统	S-8-1	
		数字化建造、存档与运营管理	S-8-2	

S-2-1 物理空间品质改造提升

阶梯教室楼由上下两层阶梯教室组成，有一项关乎舒适度的最重要改造的就是增设空调。在建筑落成的年代空调还不是学校教室的常见配置，夏季的室内气温舒适度全靠空气对流。

阶梯教室机电系统改造和声学吊顶改造

竣工后的阶梯教室空间净空更高，冬暖夏凉，而本来需要通过大面积声学吊顶解决的空间混响时间控制问题也由悬挂少量的阻燃织物进行了"平替"。

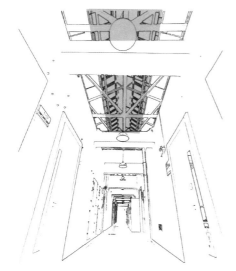

顶层设置排烟天窗示意图

针对既有建筑室内空间进深大且存在黑房间的问题，采用主动式采光设计引入自然光线，顶层设置排烟天窗，既满足排烟要求，又保障了充足的采光。

采取有效的构造措施加强室内空间的自然通风，顶层房间之间墙体不封至顶，以自然循环形式提升空间的舒适度。

S-3-1 平衡拆、改、留的室内设计

教学楼原始条件：建筑格局房间较小，经结构专业验算，墙体可局部开洞口。

教学楼解决策略：利用通高书架，弱化墙体分隔，打破原有形式，改变动线，形成在书墙中穿行、阅读的体验。

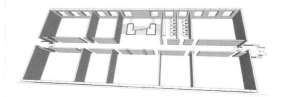

原结构墙体平面示意图

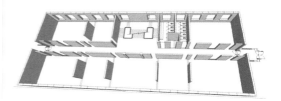

墙体开洞平面示意图

S-3-2 构配件的再利用设计

楼梯踏步原为水磨石地砖但现已陈旧老化，若进行大量替换和修复处理则材料成本和人工成

本过高，故采用与走廊地面协调的材料重新铺装。楼梯钢木栏杆扶手保存相对完好，进行简单的防腐修复处理后仍可继续使用。改色后的扶手既与建筑整体简洁的装饰风格统一，又留存了"老楼记忆"。

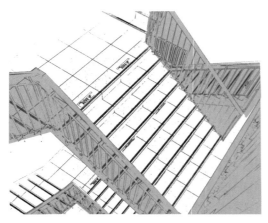

保留楼梯水磨石地面和原钢木栏杆示意图

S-5-1　历史建筑室内空间修缮保护设计

改造设计以统一校园整体风貌为目的，整合空间关系，中心建筑区风貌以面对东侧正门的1号教学楼的"中西折中风格"为标准，针对不同年代的建筑在形式上进行适当统一，改造后的教学区（包括1号教学楼、2号教学楼、3号教学楼、阶梯教室、4号教学楼、5号教学楼、5号实验楼）沿袭20世纪50～60年代的建筑风格，但功能布局更加合理，空间利用更加便捷。

改造区域示意图

北京鼓楼西大街 33 号院改造

项目地点：北京市

项目规模：基地面积418m^2，建筑面积312m^2

项目背景

鼓楼在北京老城中的重要性不言而喻。鼓楼西大街33号院位于鼓楼西大街与旧鼓楼大街的交叉口，距离鼓楼直线距离不足200m，并非典型的传统四合院，是由其他院落背墙围合出来的一片小空地以及围绕着院落边界不同时期建造的平房组成。

在鼓楼西大街3年复兴计划中，33号院位于鼓楼西大街的起始端头，是衔接鼓楼文化与市民文化的关键节点。

问题研判

（1）物理空间品质有待改造提升

院落采光及通风不佳，墙壁发霉无法正常使用。

（2）室内空间视觉美感需提升

沿街立面虽已完成整修，房屋结构保存良好，但小院室内空间极为简陋，整体视觉形象欠佳。

（3）不能拆除重建的情况下的改造

院内的空间要基本保留、不能拆除重建，面积和高度也都在严格的限制条件下，需尽可能去改善和提升院内空间的质量。

（4）历史建筑室内空间修缮保护

小院周边历史氛围非常浓厚，城市的纪念性和街区的日常性之间形成强烈的张力。因此，小院的更新从现实和历史不同角度引发了对老城保护更新工作的思考。

墙壁发霉区域示意图

设计策略及技术措施应用解析

设计策略	策略编号	技术措施	措施编号	应用
建立室内绿色健康环境评估要点	S-1	通用绿色室内健康环境评估要点	S-1-1	
		待更新项目调研及改造策略制定	S-1-2	
修缮式的室内设计	S-2	物理空间品质改造提升	S-2-1	✓
		室内空间视觉美感提升	S-2-2	✓
		加固耐久设计	S-2-3	
新旧并置共存的空间设计	S-3	平衡拆、改、留的室内设计	S-3-1	
		构配件的再利用设计	S-3-2	
功能兼容与弹性适变空间设计	S-4	室内空间的功能兼容性设计	S-4-1	
		室内空间的弹性适变性设计	S-4-2	✓
历史文化信息空间保护利用设计	S-5	历史建筑室内空间修缮保护设计	S-5-1	✓
		历史文化元素符号凝练	S-5-2	
		历史文化意境的室内空间设计表达	S-5-3	
建立室内空间改造绿色美学	S-6	室内空间改造设计的绿色建材应用	S-6-1	
		轻介入、少用量设计	S-6-2	
		绿色家具及陈设艺术设计	S-6-3	
		室内绿化设计	S-6-4	
室内空间改造的经济适用性设计	S-7	空间布局与节能设计	S-7-1	
		室内空间易维护设计	S-7-2	
全流程数字化及数字化档案	S-8	大数据决策及优化设计系统	S-8-1	
		数字化建造、存档与运营管理	S-8-2	

S-2-1 物理空间品质改造提升

原小院北侧是被周边邻里紧密贴临的边界限定，没有通风采光的条件，墙壁发霉无法正常使用。设计上让室内面积向后退让，抽空尽端的一段屋顶板，倚靠着邻里的院墙形成了一个哑院，房间被映照在一片灰砖墙上的阳光点亮。

S-2-2 室内空间视觉美感提升

小院北侧曾是黑房间，所以改造后依然选择黑色作为空间的基调，希望提示某种曾经的空间状态，暗黑的空间底色也让哑院的光显得尤为可贵。波纹镜面不锈钢吊顶把光线和一片绿意都反射进来，幽暗的空间似乎有了几分禅意。

S-4-2 室内空间的弹性适变性设计

通过现状分析将场地切分为三个层次：第一层紧邻鼓楼西大街，应处理好与街道的关系；第二层要回应老城的历史氛围，考虑与鼓楼的对话关系；第三层应回应周边邻里关系。对应上述关

哑院增加屋顶采光示意图

哑院更新后效果图

系，改造设计将原本单一的杂院通过嵌入、移植和抽空3种不同的动作拆解为边院、合院和哑院，在形式语言和建筑材料上选择不同的做法以应对具体问题。原本的杂院破败简陋，缺少与老城相关联的特征，结合"平改坡"政策，设计移植传统四合院的片段，将东侧平房改为卷棚坡屋顶。

在临街院墙后方嵌入一个白盒子，将院门对应的区域抽空后形成前院，组织咖啡厅和书屋的入口空间嵌入室内部分，让原本单薄的围墙不再是表皮，成为狭窄但有深度的腔体，窗口更加生动和立体，院内空间与街面有了交流的可能，咖啡厅的空间特征凸显。

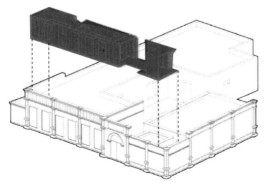

边院空间位置示意图

嵌入室内的部分让原本单薄的围墙不再是表皮，而成为狭窄但有深度的腔体，使窗口更加生动，院内与街面有了交流的可能，也成为咖啡厅的空间特征。在立面维持原貌的前提下，植入的白色体量改变了对立面深度的感知，并被侵蚀消减形成空间，而其表面就成为原有立面的内衬。曾经沿街砖墙上的6扇落地大窗一直被厚厚的窗帘遮挡，而今这些窗口改变了立面的表情，重新界定了小院与街道的关系。三重院落通过厚墙分割，其中设置了咖啡制作区、备餐区，以及工具储藏间、卫生间等服务空间，使用空间被清晰地界定出来，空间的层次也更明确。

边院更新前实景图

边院更新后实景图

合院片段从远处看是对鼓楼周边传统城市风貌的回应，从近处看是与周边院落邻里和街角花园的友善对话。虽然只是片段，但"木结构+灰砖+青瓦卷棚"的传统做法使小院中的生活老城味道十足。房子虽然恢复成了传统片段，但承载的是现代生活，希望人们以全新视野去感受城市。在室内外延续传统四合院概念：采用经防腐处理的樟子松，做室内梁架结构，同时用檩条格栅的形式回应室外灰空间：门廊空间格局。同时也隐含了与鼓楼的对话关系。

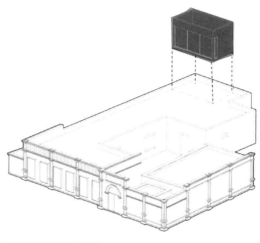

哑院空间位置示意图

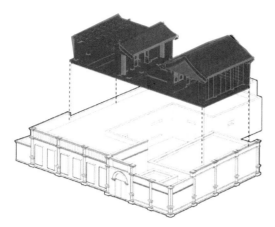

合院空间位置示意图

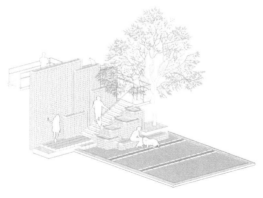

合院空间角落设计示意图

院落北侧被周边邻里边界限定，缺少通风采光的条件，仅能作为库房使用。改造设计选择室内面积向后退让，抽空尽端的一段屋顶板，倚靠着邻里院墙形成哑院，房间被映照在一片灰砖墙上的阳光点亮。

S-5-1 历史建筑室内空间修缮保护设计

北京鼓楼西大街33号院在充分保留历史特色的基础上，根据当下的使用需求进行改造和优化。详见8.3设计策略S-5-1案例应用分析。

南京园博园筒仓先锋书店改造

项目地点：南京市

项目规模：568m²

设计单位：中国建筑设计研究院有限公司

项目背景

南京园博园于2020年开园，设计之初园区规划将所需新功能根据使用性质分别纳入新建与旧建筑再利用两大类型空间之中。而筒仓与书店的关系并不是从一开始就确定的，筒仓明确被作为书店使用，还是因为先锋书店这个使用方的确认，其命运才最终得以明晰。这个项目比较突出地展示出了一体化方式对既有建筑改造的优势，使其得以既与周边肌理产生对话同时也表达了先锋书店的文化品牌。

问题研判

首先是新旧衔接问题，原有结构体系相对完整，但室内层高、空间尺度相对局促，根据新功能的拆除、加建需注意与原有结构的衔接整合。

其次是特色提升问题，原有建筑与周围景观坡地无法协调，滨江风貌较差，需结合立面设计需要嵌入外立面结构体系。

最后是实施技术与组织问题，时间周期较短，从设计到实施仅一年，需引入轻质、装配式结构加固加建技术，并充分考虑施工组织与时序。

设计策略及技术措施应用解析

设计策略	策略编号	技术措施	措施编号	应用
建立室内绿色健康环境评估要点	S-1	通用绿色室内健康环境评估要点	S-1-1	
		待更新项目调研及改造策略制定	S-1-2	
修缮式的室内设计	S-2	物理空间品质改造提升	S-2-1	√
		室内空间视觉美感提升	S-2-2	√
		加固耐久设计	S-2-3	√
新旧并置共存的空间设计	S-3	平衡拆、改、留的室内设计	S-3-1	√
		构配件的再利用设计	S-3-2	
功能兼容与弹性适变空间设计	S-4	室内空间的功能兼容性设计	S-4-1	
		室内空间的弹性适变性设计	S-4-2	
历史文化信息空间保护利用设计	S-5	历史建筑室内空间修缮保护设计	S-5-1	√
		历史文化元素符号凝练	S-5-2	
		历史文化意境的室内空间设计表达	S-5-3	
建立室内空间改造绿色美学	S-6	室内空间改造设计的绿色建材应用	S-6-1	
		轻介入、少用量设计	S-6-2	√
		绿色家具及陈设艺术设计	S-6-3	
		室内绿化设计	S-6-4	
室内空间改造的经济适用性设计	S-7	空间布局与节能设计	S-7-1	
		室内空间易维护设计	S-7-2	
全流程数字化及数字化档案	S-8	大数据决策及优化设计系统	S-8-1	
		数字化建造、存档与运营管理	S-8-2	

S-2-1　物理空间品质改造提升

A筒仓分为上下两层均为南京先锋书店所用。

曾经的"仓"是上下两层的"料仓",用来粉碎矿石的构筑物,上高下矮,中间由一管道连通,上方的石料经机器粉碎后通过漏斗漏在一层的矿车内。

现在的"仓",是"书仓",分为三层,读者可以顺着筒仓楼梯走到屋顶,穿梭于十个圆形花园之间。而之前一层二层之间的料斗被拿掉之后,留下了一个直径800mm的洞口,向上仰望,已经可以看到蓝天之下摇曳的树梢。

上层为9个用于不同图书类目的筒仓,按照功能分别为世界最美图书仓、诗歌塔、人文社科仓、文学仓、古书仓、旅行生活仓、绘本仓、艺术仓,

与筒仓内部连通的屋顶花园示意图

以及一个收银仓。下层整体为文创仓,包含一个库房与收银仓。一层与二层相连通的有楼梯仓与三个暗仓。筒仓顶面为可上人屋顶,楼梯仓除连

接上下两层之外，也可连通屋顶花园。

S-2-2　室内空间视觉美感提升

沿着筒仓圆柱内壁布置书架，并结合照明设计，营造有韵律和升腾的视觉美感，详见8.3设计策略S-2-2案例应用分析。

S-2-3　加固耐久设计

在书架的固定安装上采用的是通过膨胀螺栓提前预埋钢板到修复墙体当中的方式，下部采用三角形支撑对书架起到横向支撑的作用，再通过竖向的龙骨进一步加固了书架，使之更加耐用持久。

三角支撑加固示意图

S-3-1　平衡拆、改、留的室内设计

尽量保留原有建筑墙体，在此基础上进行墙体的修复及开洞，保证每个空间都能够连接互通。

筒仓内壁修复及开洞平面图

S-5-1　历史建筑室内空间修缮保护设计

保留了原有仓体的投料洞口，采用镜面不锈钢的材质使之与光影结合形成迷幻色彩，通过室内材料的包覆形成了一个穿梭于现实与梦境之间的虫洞。不仅是对历史建筑的保护，更使之迸发出了新的生命。

选材上非常精简，主要以白色与镜面为主，以轻量化的书架作为书籍的承载物，更能凸显使用上的轻盈。

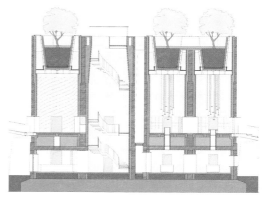

筒仓剖面图

S-6-2　轻介入、少用量设计

项目改造设计中将使用功能与室内造型相融合，利用结构构件进行室内空间造型，详见8.3设计策略S-6-2案例应用分析。

山西焦煤办公楼改造（EPC）

项目地点：山西省太原市

项目规模：2200m^2

问题研判

项目面积虽不大，但工期短，甲方要求高，空间类型多，建设内容包括室内设计与施工、机电改造设计与施工（照明、通风与空调、消防、电增容）、软装设计与采购、智能化设计与施工、企业展厅设计与施工，项目实施技术难度大，设计与施工组织时间周期较短，从设计到实施仅45天，需引入轻质、装配式结构加固加建技术，并充分考虑施工组织与时序。

设计策略及技术措施应用解析

设计策略	策略编号	技术措施	措施编号	应用
建立室内绿色健康环境评估要点	S-1	通用绿色室内健康环境评估要点	S-1-1	
		待更新项目调研及改造策略制定	S-1-2	
修缮式的室内设计	S-2	物理空间品质改造提升	S-2-1	√
		室内空间视觉美感提升	S-2-2	√
		加固耐久设计	S-2-3	
新旧并置共存的空间设计	S-3	平衡拆、改、留的室内设计	S-3-1	
		构配件的再利用设计	S-3-2	
功能兼容与弹性适变空间设计	S-4	室内空间的功能兼容性设计	S-4-1	√
		室内空间的弹性适变性设计	S-4-2	
历史文化信息空间保护利用设计	S-5	历史建筑室内空间修缮保护设计	S-5-1	
		历史文化元素符号凝练	S-5-2	√
		历史文化意境的室内空间设计表达	S-5-3	
建立室内空间改造绿色美学	S-6	室内空间改造设计的绿色建材应用	S-6-1	
		轻介入、少用量设计	S-6-2	
		绿色家具及陈设艺术设计	S-6-3	√
		室内绿化设计	S-6-4	√
室内空间改造的经济适用性设计	S-7	空间布局与节能设计	S-7-1	
		室内空间易维护设计	S-7-2	
全流程数字化及数字化档案	S-8	大数据决策及优化设计系统	S-8-1	
		数字化建造、存档与运营管理	S-8-2	√

S-2-1　物理空间品质改造提升

通过合理布置自然光和人工照明，创造出舒适、温馨且有助于身心健康的照明环境。

利用自然通风与采光示意图

通过安装智能系统、智能照明等设备，实现远程控制、自动调节等功能，提升使用者操作的便捷性和舒适度。利用设备改善空间的温度与湿度。引入新风系统、空气净化器等手段，确保室

智能照明系统示意图

内空气流通、清新。同时，选择低甲醛、无污染的环保建材和家具。

空间动静分区，选用吸声材料、设置隔声设施营造出宁静、舒适的室内环境。在设置多种不同功能区域的同时，注意空间的通透性和流动性，确保各区域之间的联系和互动。

S-2-2　室内空间视觉美感提升

空间的色彩以米黄色为主，搭配白色、木色、

灰色、红色，营造出舒适温馨的空间氛围。同时考虑房间的用途，注重色彩的和谐与对比，使空间更加生动并富有层次。

注重不同材质的质感和光泽度，通过合理搭配使用，创造出丰富的视觉效果。

选择合适的家具和装饰品，提升空间的实用性和舒适度，增加空间的视觉美感。家具的造型、色彩和材质与整体设计风格协调；运用艺术品、照片墙等元素，为空间增添趣味性和个性。

可移动家具便于空间功能转换示意图

空间整体形象提升效果图

灯光的设计上，利用不同的光源，将空间的层次感凸显出来。

通过对空间合理的划分和规划，使空间更加通透、宽敞和舒适。布局时注重空间的流动性和互动性，平衡和对称，使空间看起来更加和谐、美观。

在室内空间中引入绿化元素，增加空间的生机和活力。

S-4-1　室内空间的功能兼容性设计

室内空间满足不同活动的需求，包含展览、接待、会议、监控、调度、办公、休息等，并能在不同功能间进行灵活切换。各种功能区域既能相互独立，又能相互衔接，便于人们在不同区域间移动和互动。

家具和陈设具有足够的灵活性和适应性，以便在不同功能区域间进行移动和重新布置。

空间能够容纳足够的人流和物流，并且具有合理的交通流线设计，以便人们能够方便、快捷地到达目的地，并设置足够的储物空间和设施，以便人们能够方便地存放和取用物品。

S-5-2　历史文化元素符号凝练

将企业中代表着发展进程的雕塑进行三维扫

企业文化雕塑效果图

描复制，作为艺术品置于展厅中，作为企业的文化符号。

S-6-3　绿色家具及陈设艺术设计

装饰性陈设如雕塑、字画、纪念品、工艺品等，为空间增添了艺术气息。

接待室墙面布置大幅山水画效果图

家具的选型以环保，低甲醛为标准，同时注重家具的品质感。

S-6-4　室内绿化设计

室内绿化主要以点缀空间环境为主。选取不同种类的绿植，使其大小和空间相互协调，摆放的位置注重对称的和谐美。在家具中也点缀小绿植，彰显出品质感。

缓解视觉疲劳与心理压力的室内绿化效果图

S-8-2 数字化建造、存档与运营管理

设计牵头EPC项目，设计总协调管控全流程。项目竣工效果好，完成度高，甲方满意度高，实现了设计、施工、甲方三方三赢局面。

解决了项目周期长、落地差、责任不清、超概算、管理复杂等诸多落地问题。

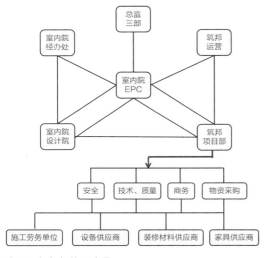

本项目组织架构示意图

首都电影院西单店装修改造项目

项目地点：北京市西城区

项目规模：165503 m²

项目背景

首都电影院的前身是著名京剧表演艺术家马连良等人于1937年共同创立的"新新大剧院"。1950年由周总理将其定名为"首都电影院"。2003年以前，首都电影院像一座地标一般，矗立在长安街旁。这座历史比长安街更悠久的电影院曾是很多北京人的共同记忆。为配合长安街改造，2003年首都电影院进行停业迁建。2008年在西单大悦城重张开业，也就是今天的首都电影院。

问题研判

（1）历史建筑的城市共同记忆待保留

首都电影院，是见证中国现代电影发展的重要丰碑。这个老牌子是北京电影界的骄傲，也是老北京人心中不能抹去的青春印记，首都电影院西单店需要守护这一段宝贵的传统记忆。

（2）需要弹性适变性的功能适应市场变化

民营多厅电影院日益壮大，品牌连锁影院纷纷占据热门地段和商业中心，影院改造需要注重品牌形象塑造，既需要考虑为项目带来客流量，还需要组织好客流量的交通流线。

设计策略及技术措施应用解析

设计策略	策略编号	技术措施	措施编号	应用
建立室内绿色健康环境评估要点	S-1	通用绿色室内健康环境评估要点	S-1-1	
		待更新项目调研及改造策略制定	S-1-2	
修缮式的室内设计	S-2	物理空间品质改造提升	S-2-1	√
		室内空间视觉美感提升	S-2-2	
		加固耐久设计	S-2-3	
新旧并置共存的空间设计	S-3	平衡拆、改、留的室内设计	S-3-1	
		构配件的再利用设计	S-3-2	
功能兼容与弹性适变空间设计	S-4	室内空间的功能兼容性设计	S-4-1	
		室内空间的弹性适变性设计	S-4-2	√

设计策略	策略编号	技术措施	措施编号	应用
历史文化信息空间保护利用设计	S-5	历史建筑室内空间修缮保护设计	S-5-1	
		历史文化元素符号凝练	S-5-2	√
		历史文化意境的室内空间设计表达	S-5-3	
建立室内空间改造绿色美学	S-6	室内空间改造设计的绿色建材应用	S-6-1	
		轻介入、少用量设计	S-6-2	
		绿色家具及陈设艺术设计	S-6-3	
		室内绿化设计	S-6-4	
室内空间改造的经济适用性设计	S-7	空间布局与节能设计	S-7-1	
		室内空间易维护设计	S-7-2	
全流程数字化及数字化档案	S-8	大数据决策及优化设计系统	S-8-1	
		数字化建造、存档与运营管理	S-8-2	

S-2-1　物理空间品质改造提升

运用空间句法软件模拟人流密度和视线热度在空间中的分布。功能模块的设置，尽量避开人流密集的区域。在视线最热的区域，布置 LED 屏幕，使信息传递最为高效。

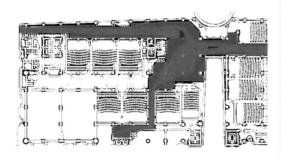

人流密度模拟示意图

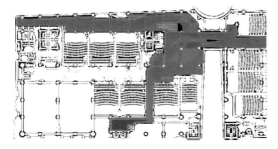

视线热度模拟示意图

S-4-2　室内空间的弹性适变性设计

梳理进场和散场流线，通过智能标识系统，使人流组织更为有序，使日常运营更为合理。

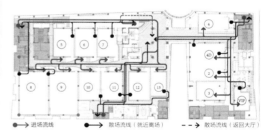

● → 进场流线　　● → 散场流线（就近离场）　　- → 散场流线（返回大厅）

平面流线组织

改造后的空间需包容多元业态，业态综合、业态创新、业态孵化，从商品消费场所向文化体验场所的转型升级，是首都电影院西单店的改造诉求。设计需要为未来的首都电影院西单店提供能够包容多元业态的灵活空间。

根据升级后的首都电影院西单店的品牌定位（品牌强化＋观影新体验＋新业态孵化空间）以及业务板块（光影博物馆、流动影院、西单视界、电影排队），需要为未来的首都电影院西单店实现易于转换的可变场景。

将公共区按照不同的使用功能划分为相对独

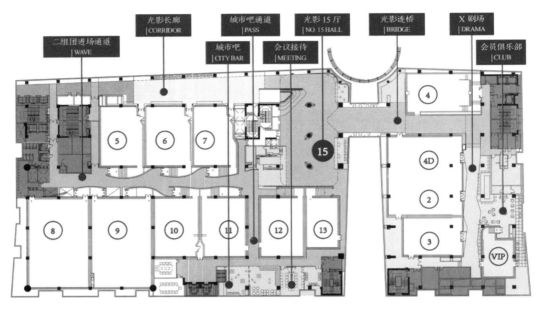

平面功能示意图

立的区域，包括——光影15厅、光影长廊、光影连桥、二组团进场通道、城市吧、会议接待、X剧场、会员俱乐部等。

S-5-2 历史文化元素符号凝练

前厅采用融合原长安街首都电影院外立面的红砖元素，以劈开砖结合磨石的标准化模块单元相结合，形成带有历史感同时具有当代性的表皮装置。

原长安街首都电影院外立面

前厅室内空间立面的红砖元素效果图

国内某银行联合办公空间装修项目

项目地点：湖北省武汉市

项目规模：12560m^2

项目背景

业主长租某TOD项目的其中地上2~8层作为联合办公场所，原项目是集城市商务中心、交通中心、未来中心和教育中心于一体的城市区域TOD标杆项目，以站城一体化开发促进站点与城市共同繁荣，提供集出行、居住、工作、消费等为一体的全方位生活服务，实现客流到商流的转变，促进城市生活生态圈的建立。原项目1~23层规划为办公，25~35层规划为酒店及其配套。

问题研判

（1）待更新项目调研及改造策略不足

项目因物业产权变更，导致部分资料不齐全，需进行充分调研收集资料，并针对性地制定改造策略。

（2）物理空间品质有待改造提升

办公区环境照明效果不佳，局部空间吊顶现状高度不足，空间温度调节及遮阳系统效果不佳，需频繁人工手动操作，且办公区内未使用吸声材料，声环境较差。

（3）室内空间视觉美感需提升

项目除门厅及楼电梯交通区域外，其余为毛坯房状态，需对办公区域进行整体空间形象提升。

（4）局部使用功能变化导致使用荷载变化

由于新增新风机房、淋浴间、网络交换机房、ECC操作间、大型会议室等，使用荷载增大，需进行结构加固。

（5）需弹性可变空间以适应未来业务发展

项目按现预计使用人数进行设计，但需考虑弹性可变空间以适应未来业务发展进行工位增减。

（6）对办公家具的品质需求

对办公人员进行问卷调研，在工位家具功能配置上，非常注重符合人体工程学的座椅以及午休功能，在其家具建议中，需对此着重考虑。

（7）室内绿植需求

办公人员希望在室内多些绿植，缓解视觉疲劳与心理压力，为室内环境增添生机与活力。

设计策略及技术措施应用解析

设计策略	策略编号	技术措施	措施编号	应用
建立室内绿色健康环境评估要点	S-1	通用绿色室内健康环境评估要点	S-1-1	
		待更新项目调研及改造策略制定	S-1-2	√
修缮式的室内设计	S-2	物理空间品质改造提升	S-2-1	√
		室内空间视觉美感提升	S-2-2	√
		加固耐久设计	S-2-3	√
新旧并置共存的空间设计	S-3	平衡拆、改、留的室内设计	S-3-1	
		构配件的再利用设计	S-3-2	
功能兼容与弹性适变空间设计	S-4	室内空间的功能兼容性设计	S-4-1	
		室内空间的弹性适变性设计	S-4-2	√
历史文化信息空间保护利用设计	S-5	历史建筑室内空间修缮保护设计	S-5-1	
		历史文化元素符号凝练	S-5-2	
		历史文化意境的室内空间设计表达	S-5-3	
建立室内空间改造绿色美学	S-6	室内空间改造设计的绿色建材应用	S-6-1	
		轻介入、少用量设计	S-6-2	
		绿色家具及陈设艺术设计	S-6-3	√
		室内绿化设计	S-6-4	√
室内空间改造的经济适用性设计	S-7	空间布局与节能设计	S-7-1	
		室内空间易维护设计	S-7-2	
全流程数字化及数字化档案	S-8	大数据决策及优化设计系统	S-8-1	
		数字化建造、存档与运营管理	S-8-2	

S-1-2　待更新项目调研及改造策略制定

由于原业主产权发生变化，项目资料不齐全，且项目新使用方对原项目功能有所调整，需进行全面调研核实项目情况，并结合现有功能需求制定相应改造策略，详见8.3设计策略S-1-2案例应用分析。

S-2-1　物理空间品质改造提升

设计提升了照明的舒适性，增加能提高工作专注度的隔声、吸声设计，设置空气净化系统改善空气质量。

武汉地域性高温气候背景下，暖通专业核算了冷热量，针对性增加了空调系统。同时设计方案在平面布局上，布置于幕墙南侧，西侧的工位预留了缓冲空间，在最大程度减少夏季高温对人员的影响。

S-2-2　室内空间视觉美感提升

开敞办公区在遵循干净整洁基础上，植入企业色，提升办公区域的活力氛围。顶面结合公区部分使用裸顶设计，提升空间视觉高度的同时使空间更加透气。空间材料简约，多以白涂料、玻璃隔断、PVC地面为主。

更新前实景图

更新后开敞办公区效果图

S-2-3　加固耐久设计

项目由于部分功能调整、荷载变化，需进行加固设计，详见8.3设计策略S-2-3案例应用分析。

S-4-2　室内空间的弹性适变性设计

与业主沟通中发现，视频会议，移动办公，快捷打印等需求当前使用非常旺盛，结合该趋势及未来工作需求的延展性，在设计方案中预留充足功能点位，为办公空间人员的拓展性作充足准备。

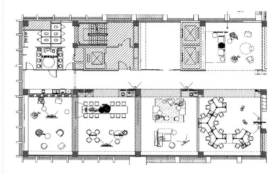

可进行功能切换的运营创新实验室平面布置图

运营创新实验室由形象展示，创新沙龙，创新孵化及孵化体验四大功能组成。创新沙龙区满足移动办公，灵活讨论，休息洽谈的办公需求。所有家具均可灵活移动，可切换为大会议，展览，办公等功能空间。孵化体验区也可灵活切换为智能应用区。运营创新实验室在满足当前需求的同时，也能应对未来需求的不断变化。

S-6-3　绿色家具及陈设艺术设计

前台客服作为主要业务之一，客服坐席区需进行隔声，避免互相干扰。因此，在客服坐席区办公家具设计中配备了1600mm背景屏风及高隔声挡板，工位两侧使用玻璃材质挡板，达到更好的采光效果。夜班区单独配备可折叠床箱，独立照明空调控制系统，让"日夜兼程"的客服部门感受到设计的温暖。

出字工位排布

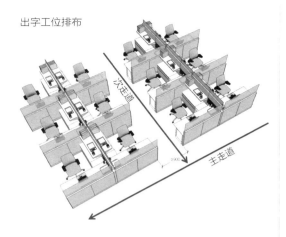

运营客服区工位布置图

S-6-4　室内绿化设计

设计中将绿色植物（可吸潮，去烟等），作为一种材料运用到空间当中，将家具与绿化相结合，或绿化与墙面相结合，创造一个绿色高效的办公空间环境。

室内绿植效果图

8.5 未来展望

城市更新的政策与驱动因素是推动室内专业发展的重要力量。市场需求也是驱动室内专业绿色发展的重要因素。随着公众对环保和健康的关注度不断提高，绿色室内空间改造设计将成为必然趋势。此外，科技进步和创新为城市更新提供了有力支撑。智能化和数字化技术为室内空间改造设计带来了变革的机会。

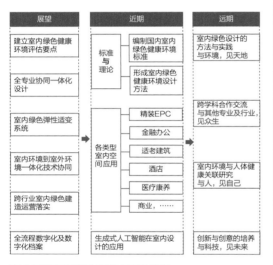

专业展望与近期及远期应用分析图

1. 室内绿色设计的方法与实践（与环境，见天地）

在未来室内绿色健康环境设计方法实践中，倡导人与自然的和谐共存，强调环境对人的正面影响，在设计中体现"天地"观，意味着室内设计已超越简单的空间划分和装饰堆砌，而是致力于构建既能满足物质需求又能满足精神需求，既美观又绿色健康，同时也能打造节约能源的室内空间环境。

2. 跨学科合作与交流（与其他专业及行业，见众生）

室内专业将逐步打破传统的学科边界，积极倡导跨学科合作交流。室内设计中需要与城市

规划、交通、总图、市政、生态景观、历史文化、建筑、结构、机电、结构等专业协作，甚至需要与环境科学家、心理学家等多领域专业人士紧密协作，共同创造出更符合人们需求的室内空间。此外，室内设计的"众生"观也是这一趋势的重要体现。设计师开始注重体现多元文化和包容性，尊重每一个使用者的个性和差异，努力让每一个空间都能"讲述"不同的故事，室内专业的发展将更加开放和融合，通过跨学科的合作，创造出更多元、更人性化、更具有生命力的室内环境。

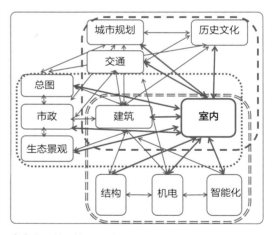

全专业一体化协同设计示意图

3. 室内环境与人体健康关联研究（与人，见自己）

室内环境与人体健康关联研究，注重环境与健康的关系，关注每一个个体的"人"自己，聚焦于环境与个体健康的互动，强调个体的健康权益。其研究是跨学科领域，主要研究室内环境如何影响人类生理和心理健康；研究关注空气、温度、湿度、光照等物理因素，以及空间布局、色彩、噪声等心理因素，探讨各种环境因素如何影响我们的健康状况，以及如何通过优化室内环境来增强生活品质。

4. 创新与创意的培养（与科技，见未来）

创新与创意的培养，强调设计与科技发展的关系，在设计中体现"未来"观，是创新与科技的交融，是前瞻性与人性化的结合，洞察社会、科技的发展趋势，预测人们未来的生活方式，从而在设计中预演未来，创造与时俱进的室内空间环境。

随着5G、物联网等技术的进一步发展，数字化设计工具也为室内设计提供了更多的创新可能性。通过虚拟现实（VR）和增强现实（AR）技术，可以在虚拟环境中模拟和测试设计方案，从而更加直观地呈现设计效果。智能化与数字化技术的应用，使得室内设计更加精准和高效。利用大数据分析用户的喜好和需求，从而为用户量身定制出更符合其需求的设计方案。同时，数字化AI工具可以进行全专业一体化设计，采用工业化生产、装配式施工和后期智慧运维，从而为未来的使用和更新建立全专业、全流程、全生命周期数字档案。

综上所述，未来室内专业的发展路径将着重于推行绿色健康的室内环境设计策略，兼顾生态平衡，实现人与自然的和谐共生；深化跨学科的协作与交流，拓宽视野，与各专业领域及行业无缝对接；探究室内环境对人类健康的影响，以人为本，洞察内在需求；激发创新与创意的教育培养，紧跟科技步伐，预见并塑造未来趋势。

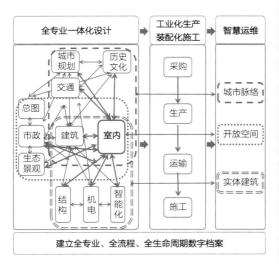

全专业全过程数字化协同示意图

后记

　　《城市更新绿色指引　生态景观/历史文化/交通/总图/市政/结构/机电/室内专业》以2022年中国建设科技集团（简称集团）科技创新基金重大科技攻关项目"新时代高质量发展背景下的城市更新设计方法与实施技术研究"为依托，以绿色城市更新为基本理念，以设计理论—实施路径—模式语言—场景指引—专业协同为基本框架，注重理论与实施案例深度结合。本书以多专业协同为基本特征和实施目标，在编纂过程中面临着面对同一问题不同专业间视角、认知、语境、体系、定位等方面的诸多差异，需要通过多次反复沟通协调和同事们严谨认真、细致务实的对齐工作来稳步推进，过程较为艰辛。但也正因如此，我们更加深刻地意识到城市更新面临的场景和问题是复杂多元的，也认识到多专业协同作为此项工作重要抓手和破局点的重大意义。

　　回顾两年的编纂历程，我们倍感荣幸。由于参编人员都是深耕城市更新规划设计一线的设计师、工程师，大家在多年的城市更新实践中积累了丰富的专业经验，对于痛点的把握非常准确。通过整理资料、调研学习、梳理框架、完善文字、绘制插图的漫长过程，本次书稿编辑工作成为在多专业复合视角下，重新审视过往和梳理心得体验的好机会，这也是大家在繁忙的工作之余投入巨大精力参与编写的源动力，并使大家对城市更新的复杂特征与绿色理念的新发展有了统一认知，有助于未来依托既有成果更加高质高效地完成城市更新设计与实践。

　　在此过程中，感谢集团孙英董事长的高度关注，感谢崔愷院士的耐心梳理与精心指导，通过多轮会议交流统一认识、明确框架，通过多次书稿批注提炼问题、聚焦关键，既确保了全书方向定位的高瞻远瞩，又保证了书稿文字图片的高质务实，真正站在了行业发展与国家战略的前沿。感谢中国建筑设计研究院有限公司景泉副总经理、副总工程师的统筹协调和执行组织，多次召开全专业编制工作会议并全过程分章节逐一校阅书稿，确保书稿内各专业架构与逻辑保持系统性和统一性，对读者偏好、章节体例、排版布局及图片质量确立了正确的方向和标准。感谢集团科技质量部孙金颖主任的大力支持，课题研究期间严格督促并协调资源，感谢李静、许佳慧、韩瑞等各位同事的深度参与和组织协助。

　　感谢中国建设科技集团李存东、白红卫、侯清、井润胜、郑兴灿、李跃飞、李颜强、霍文营、赵锂、潘云钢、张青、郭晓明等各专业总工程师作为本书指导专家在各章节书稿撰写过程中给与的指导和建议，确保本书既有专业深度又便于各专业间的互相理解。

　　感谢中国建筑设计研究院有限公司本土设计研究中心、第一建筑专业设计研究院、工程设计研究院、生态景观建设研究院、总图市政设计研究院、室内空间设计研究院、技术质量中心、国家住宅工程中心、上海分公司，中国城市建设研究院有限公司国土生态景观建设研究院、中国建筑标准设计研究院有限公司建筑设计一院等各部门的参编同事。大家以高涨饱满的热情投入编写工作中，通过坚守城市更新一线多年积累的工程经验，结合对绿色理念的深入感悟和理解，赋予文字以灵魂。同时，为提升全书可读性便于读者理解，各位同事克服种种困难，学习图文编辑、排版和绘图软件，绘制大量分析图，以图为载体提升沟通效率，真正实现了全专业的价值协同、知识协同和目标协同。

为确保本书的实用性，编写组通过大量工程实例对设计策略及技术措施进行了说明，感谢中国建设科技集团各兄弟单位和中国建筑设计研究院有限公司各兄弟部门提供了丰富而翔实的设计案例，使书稿更为生动鲜活，也延伸了本书的适用场景。

感谢中国建筑工业出版社徐冉主任和何楠编辑在排版、出版方面给出的宝贵建议，以及编辑过程中不辞辛劳的整理、校对工作。

由于篇幅所限，参与本书编写工作的还有：孙文浩、谭喆、王洪涛、杨宛迪、张文竹、赵光华、叶平一、严玲、李君丰、张兴雅、吴哲凌、李世隆、曹媛媛、张苏艺、果耕、刘洋、张庆康、赵德天、张沙、孟祥挺、李京沙、孙永霞、常立强、张龙（以上排名依据本书专业排序），在此一并致谢。

城市更新设计与实践道阻且长，我们坚持以绿色理念为指引、以全流程系统性与多专业协同性为特征的路径是清晰的。本书的出版既是对过往所经之路的总结，更是未来道路的起点，希望业界各位专家学者、工程同侪不吝赐教，多提宝贵意见，以本书为开放平台多多交流、分享经验，愿城市更新的绿色道路越走越宽，越走越远！

贾濛、刘畅于车公庄19号院

2024年7月9日

李兴钢　李存东　张　杰　张鹏举　韩冬青　杨一帆　范嗣斌

蒋朝晖　杜春兰　边兰春　褚冬竹　田永英　徐小黎　蹇庆鸣

孙　立　武凤文　章　明　樊　绯　彭小雷　孙金颖　李　静

李跃飞　周　凯　曲　雷　徐　冉　刘　静